Das elektromagnetische Feld

Ein Lehrbuch

von

Emil Cohn

ehemals Professor der theoretischen Physik
an der Universität Straßburg

Zweite völlig neubearbeitete Auflage

Mit 41 Textabbildungen

Springer-Verlag Berlin Heidelberg GmbH

ISBN 978-3-642-50549-2   ISBN 978-3-642-50859-2 (eBook)
DOI 10.1007/978-3-642-50859-2

Das vorliegende Buch ist eine freie Bearbeitung meiner im Jahre 1900 erschienenen Schrift „Das elektromagnetische Feld. Vorlesungen über die Maxwellsche Theorie." Diese erste Auflage ist an einigen Stellen als „Elm. Feld 1" angeführt.

Herr Professor Emde hat seine Freundschaft für das alte Buch auf das werdende neue übertragen; ich verdanke ihm eine große Zahl wertvoller Hinweise. Die Herren Dr. Rossmann und Dipl.-Ing. Kümmich haben vollständige Korrekturen gelesen. Herr cand. rer. nat. Schotzky hat die Vorlagen für die Abbildungen gezeichnet. Ihnen allen auch an dieser Stelle meinen Dank aussprechen zu können, ist mir eine Freude.

Freiburg im Breisgau, Weihnachten 1926.

E. Cohn.

Inhaltsverzeichnis.

Seite

Drittes Kapitel.

Das quasistationäre elektromagnetische Feld.

Viertes Kapitel.

Die Ausbreitung des Feldes.

Fünftes Kapitel.
Weitere Entwicklung der Maxwellschen Theorie.

Anhang.

Ein Rückblick auf die bisherige Entwicklung der Elektrizitätslehre läßt drei deutlich getrennte Abschnitte erkennen. Der erste schließt mit den Arbeiten von Wilhelm Weber und Franz Neumann; der zweite mit den Entdeckungen von Heinrich Hertz; dem dritten gehört noch die Forschung der Gegenwart an. Sie lassen sich kurz so kennzeichnen: Auf der ersten Stufe erscheinen alle Vorgänge bestimmt durch Lage und Bewegung von Elektrizitätsmengen; von diesen gehen die Wirkungen zeitlos aus. Auf der zweiten wird jedes Geschehen in einem bestimmten Raum- und Zeitpunkt abgeleitet aus dem Zustand in unendlich benachbarten Raum- und Zeitpunkten; die Elektrizitätsmengen sind zu mathematischen Symbolen von untergeordneter Bedeutung herabgesunken. Auf der dritten Stufe sind sie wieder in die Grundlagen des Lehrgebäudes aufgenommen; aber die Wirkungen breiten sich von ihnen mit endlicher Geschwindigkeit aus. — Die Grundannahmen des ersten Zeitabschnitts dürfen wir als endgültig widerlegt ansehen. Die dritte Entwicklungsstufe hat als Elektronentheorie und Quantentheorie wesentlich atomistische Form angenommen. In diesem Lehrbuch sollen die Tatsachen dargestellt werden, die sich aus den Grundannahmen der zweiten Periode — der Maxwell-Hertzschen Theorie des kontinuierlichen elektromagnetischen Feldes — ableiten lassen. Es soll dann aufgezeigt werden, wo diese Theorie versagt, und es soll die weitere Entwicklung in derjenigen Richtung verfolgt werden, in welcher sie eine Fortbildung der Kontinuumstheorie bildet.

„Die Maxwellsche Theorie ist das System der Maxwellschen Gleichungen" nach einem Ausspruch von Heinrich Hertz. Es kann demnach für eine geordnete Darstellung dieser Theorie kein besserer Weg gefunden werden, als der der Ableitung aus den Maxwellschen Gleichungen. Aber diese Gleichungen sind geschichtlich das Ergebnis weitgehender Abstraktion, und die angedeutete Behandlung würde daher bei dem Leser eine Fülle von Vorkenntnissen verlangen, die hier nicht vorausgesetzt werden soll. Es werden deshalb im folgenden die Begriffe, deren sich die Maxwellsche Theorie bedient, aus den Erfahrungen abgeleitet werden, die tatsächlich zu ihrer Ausbildung geführt haben.

Erstes Kapitel

Das stationäre elektrische Feld.

§ 1. Das Coulombsche Gesetz.

Auf mannigfache Weise — durch Reibung, durch Berührung mit den Polen einer galvanischen Kette — lassen sich Körper in einen Zustand versetzen, in dem man sie als elektrisiert bezeichnet. Das Maß solcher Elektrisierung sind die Elektrizitätsmengen, die man ihnen — genauer: ihren einzelnen Teilchen — zuschreibt. Das Messungsmittel haben zuerst die mechanischen Kräfte gebildet, die von ihnen ausgehen, und die sie erleiden. Von diesen sagt das Coulombsche Gesetz aus: Zwei elektrisierte Körper stoßen sich ab oder ziehen sich an mit einer Kraft, die dem Produkt der beiden Elektrizitätsmengen direkt und dem Quadrat der Entfernung umgekehrt proportional ist; es gilt das erste oder zweite, je nachdem die Elektrizitätsmengen gleichartig oder ungleichartig sind. Wir wollen den Inhalt dieses Gesetzes erläutern. Vorausgesetzt ist zunächst, daß die Körper ruhen, und daß der elektrische Zustand unverändert bleibt ohne äußere Einwirkung. Man spricht dann von einem elektrostatischen Zustand. Es bleibt nun tatsächlich die gesamte Elektrizitätsmenge eines Körpers unverändert, wenn er vollständig von einem Isolator umgeben ist. Ein Isolator ist u. a. das Vakuum und — mit gewissen Einschränkungen, auf die hier nicht eingegangen werden soll — die atmosphärische Luft. Den Gegensatz bilden die Leiter der Elektrizität. Von einem Isolator also sollen die elektrisierten Körper umgeben sein; bei Coulombs Versuchen war es Luft. Die elektrisierten Körper selbst könnten an sich Leiter oder Isolatoren sein. Im Isolator würde aber eine einmal willkürlich hervorgerufene Elektrisierung seiner einzelnen Teilchen unverändert fortbestehen; im Leiter besteht nur die gesamte Elektrizitätsmenge fort, ihre Verteilung im Beharrungszustand ist durch ein Gesetz, das wir kennenlernen werden, geregelt. Die Elektrisierung des Leiters ist also durch eine Größe gekennzeichnet; er ist dadurch der geeignetere Versuchsgegenstand. Damit ferner das Coulombsche Gesetz etwas Bestimmtes aussage, muß die Entfernung der Elektrizitätsmengen groß sein gegen die Ausmessungen des Raumes, in dem jede von ihnen verbreitet ist. Dies trifft allgemein zu, wenn wir das Gesetz als Elementargesetz für die Elektrizitätsmengen unendlich kleiner Körperelemente betrachten, aus welchem die beobachtbaren Kräfte auf ausgedehnte Körper nach den Gesetzen der Statik abgeleitet werden können. So wollen wir es also verstehen. — Das Coulombsche Gesetz, soweit es bisher besprochen wurde, würde uns befähigen, anzugeben, wie sich die Kräfte zwischen zwei kleinen durch Luft voneinander isolierten elektrisierten Körpern ändern, wenn wir ihren Abstand ändern, und es würde uns ferner — indem wir etwa den einen Versuchskörper unverändert aufbewahrt denken — ein relatives Maß für die Elektrizitätsmenge des jeweils zweiten Versuchskörpers liefern. — Der volle Inhalt des Gesetzes aber ergibt sich erst, wenn wir in solcher Weise die Elektrizitätsmengen von Körpern bestimmen zu verschiedenen Zeitpunkten, zwischen welchen sie nicht dauernd isoliert waren. Wir bezeichnen die Elektrizitätsmenge eines willkürlich herausgegriffenen elektrisierten Körpers als positiv — man wählt herkömmlich ein mit Harz geriebenes Glasstück oder gleichwertig einen mit dem Kupferpol eines Daniellschen Elements in Berührung gebrachten Leiter —; wir nennen gleicherweise positiv geladen alle Körper, die sich nach Definition des Coulombschen Gesetzes als gleichartig, negativ geladen alle Körper, die sich als ungleichartig mit dem ersten erweisen. Dann zeigt der Versuch: wie immer sich die Elektrizitätsmengen von Körpern ändern mögen, — die algebraische Summe der Elektrizitätsmengen aller beteiligten Körper bleibt stets unverändert. Insbesondere also: wie immer Elektrisierung hervorgerufen wird, — es entstehen dabei stets entgegengesetzt gleiche Elektrizitätsmengen. Den Größen, von denen das Coulombsche Gesetz als Elektrizitätsmengen spricht, kommt somit als Grundeigenschaft Unzerstörbarkeit zu.

Im vorstehenden ist das Gesetz zergliedert, und es sind Bedingungen für seine Gültigkeit angegeben. Eine wesentliche Bedingung fehlt noch: denken wir uns geladene Leiter einmal in Luft, dann, mit unveränderten Ladungen, in einem andern Isolator einander gegenüber gestellt; dann haben sich alle Kräfte im gleichen Verhältnis geändert. Wurde aber nur in einem Teil des umgebenden Raumes ein Isolator mit einem andern vertauscht, dann gilt ein Kraftgesetz von der Form des Coulombschen über haupt nicht mehr. — Wir fassen zusammen: in dem ganzen in Betracht kommenden Raum befinde sich außer Leitern ein einziger homogener Isolator; dann wirkt zwischen je zwei Körperelementen im Abstand r, auf denen sich die Elektrizitätsmengen e_1 und e_2 befinden, eine abstoßende Kraft vom Betrage

$$f = \frac{e_1 e_2}{4\pi\varepsilon \cdot r^2}. \tag{1}$$

Hier bezeichnet ε eine positive Konstante, die durch das Material des Isolators bestimmt ist und dessen **Dielektrizitätskonstante** heißt.

Gemäß (1) kann durch Messungen das Verhältnis zweier e oder zweier ε festgestellt werden. Da ferner f in absolutem mechanischem Maß bestimmt werden kann, so ergibt sich das gleiche für e (und, wie sich zeigen wird, für alle noch einzuführenden elektrischen Größen), sobald über den Wert, den man der Dielektrizitätskonstante ε_0 des Vakuums (praktisch gleichbedeutend: der Luft) beilegen will, eine Verfügung getroffen ist. Erlaubt ist jede Verfügung, und in den verschiedenen sog. absoluten Maßsystemen sind verschiedene getroffen worden. Wir wollen hier und künftig unsere Formeln so allgemein halten, daß je nach Bedarf jedes absolute Maßsystem in sie eingeführt werden kann. Eine zusammenfassende Übersicht wird in Kap. III, § 5 gegeben werden. Der Faktor $\frac{1}{4\pi}$, den wir in unsere Formel eingeführt haben, erscheint hier als Ballast; tatsächlich vereinfachen sich hierdurch andere und wichtigere Gleichungen.

Wir haben eine Reihe von Folgerungen aus dem Kraftgesetz (1) zu entwickeln. Zunächst fragen wir nach der Kraft, welche auf den Träger einer Elektrizitätsmenge e von der Gesamtheit der übrigen ausgeübt wird, von denen eine willkürliche e_i sei im Abstande r_i von e. Wir schreiben diese resultierende Kraft

$$\mathfrak{f} = e\mathfrak{E}. \tag{1a}$$

Es ist dann offenbar $\mathfrak{E}$ die Kraft, welche auf den Träger einer an der gleichen Stelle gedachten Elektrizitätsmenge Eins ausgeübt werden würde. $\mathfrak{E}$ heißt die **elektrische Feldstärke** in dem betrachteten Punkt p.

Ist $\mathfrak{r}$ der Radiusvektor von p, $\mathfrak{r}_i$ der Vektor, der von p_i nach p führt, und $\overline{\mathfrak{r}}_i$ der Einheitsvektor in gleicher Richtung, so wird

$$\mathfrak{E} = \sum \mathfrak{E}_i, \qquad \mathfrak{E}_i = \frac{e_i\,\overline{\mathfrak{r}}_i}{4\,\pi\,\varepsilon\cdot r^2_i}. \tag{1b}$$

Für diesen Wert finden wir eine andre Darstellung, indem wir bilden (vgl. Abb. 1)

$$\mathfrak{E}_l\cdot dl = \mathfrak{E}\cdot d\mathfrak{r} = \sum(\mathfrak{E}_i\cdot d\mathfrak{r}) = \sum(|\mathfrak{E}_i|\cdot dr_i) = -d\left\{\sum\frac{e_i}{4\,\pi\,\varepsilon\cdot r_i}\right\}$$

oder

$$\mathfrak{E} = -V\varphi, \tag{2}$$

wo

$$\varphi = \sum\frac{e_i}{4\,\pi\,\varepsilon\cdot r_i}. \tag{3}$$

V bedeutet: Gradient. Gleichbedeutend mit (2) ist [s. (γ)]:

$$\mathfrak{E}_l = -\frac{\partial\varphi}{\partial l}. \tag{2$'$}$$

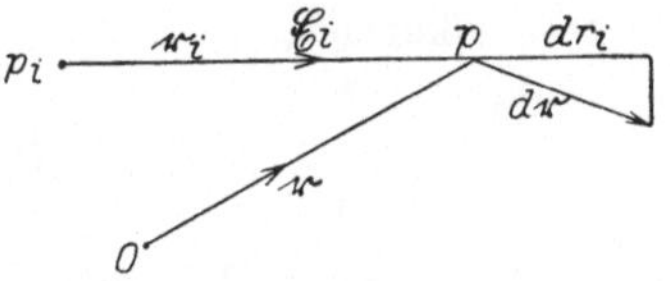

φ heißt das **elektrostatische Potential der Elektrizitätsmengen** e_i **im Punkt (Feldpunkt)** p. (Vielfach **Aufpunkt** genannt). Es stellt sich dar als Funktion der Koordinaten des Feldpunkts. Sein Gefälle ist die Feldstärke $\mathfrak{E}$. Das bedeutet: $\mathfrak{E}$ ist normal zu den Flächen $\varphi = $ const und weist zu abnehmenden φ; sein Betrag ist gleich der Abnahme von φ auf der Längeneinheit der Flächennormale.

Aus (2$'$) folgt:

$$\int\limits_p^{p'} \mathfrak{E}_l\cdot dl = \varphi(p) - \varphi(p'). \tag{2a}$$

Die linke Seite ist das Linienintegral der elektrischen Feldstärke über den Weg l. Man bezeichnet dieses allgemein als die **elektrische Spannung auf dem Wege** l.

Die Gleichung (2a) nun sagt aus, daß diese Spannung in unserm Fall nur vom Anfangs- und Endpunkt des Weges abhängt, nämlich der Potentialdifferenz zwischen Anfangs- und Endpunkt gleich ist.

Physikalisch bedeutet die linke Seite die Arbeit, welche die Kraft $\mathfrak{E}$ bei der Verschiebung ihres Angriffspunkts von p über den Weg l nach p' leistet. Es ist somit $\varphi(p) - \varphi(p')$ die Arbeit, welche die elektrischen Kräfte leisten, wenn im Felde der Elektrizitätsverteilung e_i der Träger einer Elektrizitätsmenge Eins aus dem Punkte p zum Punkte p' verschoben wird. Der Weg, auf welchem die Überführung erfolgt, ist dabei gleichgültig. Ist im besondern im Punkt p' das Potential Null, so bedeutet das Potential in einem beliebigen Punkt p die Arbeit bei der Überführung von p nach jenem Punkt p'.

Es mögen nun die Träger aller Elektrizitätsmengen, — von denen e_i und e_h zwei beliebige bezeichnen sollen —, beliebige unendlich kleine Verschiebungen erfahren. Die Arbeit, die hierbei geleistet wird, ist

$$A_e = \sum (\mathfrak{f} \cdot d\mathfrak{r}) = -\sum d \left\{ \frac{e_i \cdot e_h}{4\pi\varepsilon \cdot r_{ih}} \right\},$$

wo die Summe über alle Kombinationen zweier verschiedener e zu erstrecken ist.

Oder

$$A_e = -dW_e,$$

wo

$$W_e = \sum \frac{e_i e_h}{4\pi\varepsilon \cdot r_{ih}} = \frac{1}{2} \sum_h e_h \left(\sum_i \frac{e_i}{4\pi\varepsilon \cdot r_{ih}} \right) \qquad (4)$$

oder

$$W_e = \frac{1}{2} \sum e_h \varphi_h. \qquad (4\text{a})$$

W_e ist eine Größe, die durch die Elektrizitätsverteilung eindeutig bestimmt ist. Diese möge jedesmal eine elektrostatische sein in zwei verschiedenen Lagen der Körper, d. h. sie möge derartig sein, daß sie dauernd bestehen kann ohne äußeren Eingriff, oder wie wir jetzt genauer sagen wollen, ohne Energiezufuhr von außen. Auch die Überführung aus der ersten in die zweite Lage möge so geschehen, daß der Zustand einem elektrostatischen zum mindesten stets unendlich nahe bleibt. Dann gibt das System nach außen Energie nur in der Form mechanischer Arbeit ab, und diese Arbeit stellt sich dar als die Abnahme der Funktion W_e. Es wird deshalb W_e als die **elektrostatische Energie** des Systems bezeichnet.

$\mathfrak{E}$, φ, W_e wären nach (2), (3), (4) zu berechnen, wenn die e_i durchweg gegeben wären. Aber für einen Leiter kann nur die gesamte Elektrizitätsmenge e_L vorgeschrieben werden, ihre Ver-

teilung über den Leiter ist bestimmt durch die **Gleichgewichts-**
bedingung. Diese lautet: innerhalb jedes homogenen Leiters ist

$$\mathfrak{E} = 0 \quad \text{oder} \quad \varphi = \text{const.} \tag{8a}$$

Mit den so entstehenden Aufgaben beschäftigt sich die Potentialtheorie. Diese Theorie kehrt zunächst die Aufgabe um; sie
lehrt die Elektrizitätsverteilung aus $\mathfrak{E}$ (oder φ) berechnen. Indem wir diesem Vorgehen folgen, gelangen wir gleichzeitig zu
Gleichungen, die einen viel weiteren Gültigkeitsbereich haben
als das Coulombsche Gesetz.

§ 2. Die Differentialgleichungen des elektrostatischen Feldes.

Wir bilden das Oberflächenintegral

$$\oint \varepsilon\,\mathfrak{E}_N \cdot dS$$

über die vollständige Begrenzung eines beliebigen Raumes τ.
(N die äußere Normale) Es ist (vgl. Abb. 2)

$$\varepsilon\,\mathfrak{E}_N \cdot dS = \frac{1}{4\pi} \sum \frac{e_h}{r_h^2} \cos(\mathfrak{r}_h N)\, dS = \pm \frac{1}{4\pi} \sum e_h \cdot d\alpha_h,$$

wenn $d\alpha_h$ den körperlichen Winkel bezeichnet, unter dem das
Flächenelement dS vom Ort p_h der Elektrizitätsmenge e_h aus
erscheint, und $+\,(-)$ gilt, wo der Leitstrahl $\mathfrak{r}_h$ aus τ austritt
(in τ eintritt). Nun ist aber

$$\int \pm\, d\alpha_h = 4\pi \quad \text{oder} \quad = 0,$$

je nachdem p_h innerhalb oder außerhalb τ liegt. Demnach ist
das vorgelegte Integral gleich der algebraischen Summe aller
von der Fläche S eingeschlos-
senen Elektrizität $\sum\limits_{\tau} e$.

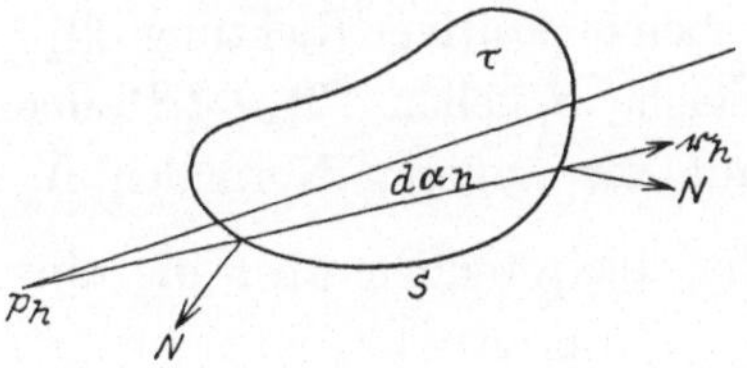

Oder:

$$\oint \mathfrak{D}_N \cdot dS = \sum_{\tau} e, \tag{5}$$

wo $\qquad \mathfrak{D} = \varepsilon\,\mathfrak{E} \qquad$ (6)

die sog. elektrische Erregung bezeichnet.

Abb. 2.

Die Ableitung von (5) setzt voraus, daß keine Elektrizitätsmenge e_h einem Element von S unendlich nahe liegt. Diese Bedingung müßte tatsächlich gestellt werden, wenn, unserer Be-

zeichnung entsprechend, endliche Elektrizitätsmengen in Punkten zusammengedrängt wären. In Wirklichkeit kennen wir hingegen nur Elektrizitätsverteilungen mit endlicher Raumdichte ϱ oder endlicher Flächendichte ω. Dann aber ist, wie in der Potentialtheorie gezeigt wird, $\mathfrak{E}$ überall endlich, und das vorliegende Integral hat daher stets einen bestimmten endlichen Wert, auch wenn die Fläche S dieser Verteilung unendlich nahe kommt [1]).

Wenden wir nun (5) an auf eine Fläche, innerhalb deren die unendlich kleine Elektrizitätsmenge $de = \varrho \cdot d\tau$ oder $de = \omega \cdot dS$ liegt, so ergibt sich [vgl. (ε)]

$$\lim_{\tau=0} \left\{ \frac{1}{\tau} \int_O \mathfrak{D}_N \cdot dS \right\} = \operatorname{div} \mathfrak{D} = \varrho \,, \tag{5a}$$

$$\mathfrak{D}_{n_1} + \mathfrak{D}_{n_2} = \operatorname{div}_s \mathfrak{D} = \omega \,. \tag{5b}$$

Zu (5b) vgl. Abb. 3 und (ε_4).

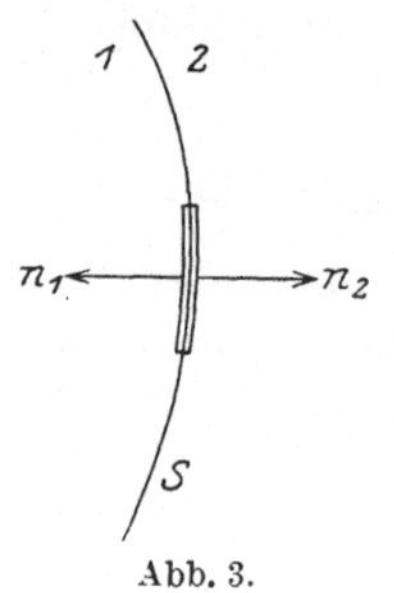

Abb. 3.

Aus dem Coulombschen Gesetz folgt also, daß die elektrische Dichte gleich der Divergenz der elektrischen Erregung ist.

Wir können und werden die Verteilung eines Vektors $\mathfrak{B}$ im Raum — ein Vektorfeld $\mathfrak{B}$ — geometrisch in folgender Weise darstellen: Wir ziehen Kurven, deren Tangenten überall die Richtung von $\mathfrak{B}$ haben — $\mathfrak{B}$-Linien —, und zwar in solcher Dichte, daß $|\mathfrak{B}| \cdot d\Sigma$ Linien durch ein zu $\mathfrak{B}$ normales Flächenelement $d\Sigma$ gehen. Dann folgt schrittweise: Durch ein beliebiges Flächenelement dS mit der positiven Normalen N gehen in positiver Richtung $\mathfrak{B}_N \cdot dS$ Linien. Durch eine beliebige Fläche S gehen $\int \mathfrak{B}_N \cdot dS$ Linien. Für eine geschlossene Fläche mit der äußeren Normalen N gibt $\oint \mathfrak{B}_N \cdot dS$ den Überschuß der austretenden über die eintretenden Linien an. $\operatorname{div} \mathfrak{B}$ ist, wenn $\left\{ \begin{matrix} \text{positiv} \\ \text{negativ} \end{matrix} \right\}$, dem Betrage nach die Anzahl von Linien, die in der (unendlich kleinen) Volumeneinheit $\left\{ \begin{matrix} \text{entspringen} \\ \text{münden} \end{matrix} \right\}$, $\operatorname{div}_s \mathfrak{B}$ die

---

[1]) Zum Wert des Potentials im Punkte p liefern die zu p unendlich benachbarten Elektrizitätsmengen nicht nur keinen unendlich großen, sondern vielmehr einen unendlich kleinen Beitrag.

gleiche Anzahl für die (unendlich kleine) Flächeneinheit. Wo $\operatorname{div}\mathfrak{B} = 0$ ist, können wohl $\mathfrak{B}$-Linien bestehen, aber sie können dort keine Endpunkte besitzen. — Ein Vektor $\mathfrak{B}$, für den durchweg $\operatorname{div}\mathfrak{B} = 0$ ist, heißt quellenfrei.

Die Linien, welche unsern Vektor $\mathfrak{D}$ darstellen, werden herkömmlich, wenn auch nicht ganz zutreffend, als elektrische Kraftlinien bezeichnet.

Wir haben demnach: $\int_{O}\mathfrak{D}_N\cdot dS = e$ gibt den Überschuß der aus S austretenden über die eintretenden Kraftlinien an. Oder: Jede elektrische Kraftlinie entspringt (mündet) am Ort einer positiven (negativen) Elektrizitätsmenge Eins. — Bezeichnen wir ferner mit e_L die gesamte Elektrizitätsmenge eines Leiters, mit S_L eine Fläche, die sich seiner Oberfläche von außen anschmiegt (also die Elektrizität auf seiner Oberfläche mit umfaßt), unter N deren äußere Normale, so ergibt (5):

$$\int_{O}\mathfrak{D}_N\cdot dS_L = e_L. \tag{5c}$$

In der Beziehung zwischen Feld (Erregung) und Elektrizitätsverteilung, die wir soeben besprochen haben, ist auf das Potential kein Bezug genommen. Auch dem Inhalt der Gleichung (2a) können wir eine entsprechende Fassung geben. Sie sagt aus, daß das Linienintegral von $\mathfrak{E}$ Null ist, wenn Anfangs- und Endpunkt des Weges zusammenfallen, also für jeden in sich zurücklaufenden Weg. Das wollen wir bezeichnen durch

$$\int\mathfrak{E}_l\cdot dl = 0. \tag{7}$$

Die Gleichung (7) gilt unabhängig von dem Wert der Funktion φ, unter der einzigen Bedingung, daß φ einwertige Funktion der Lage von p ist.

Folgen wir einer elektrischen Kraftlinie in der Richtung vom Ursprung zur Mündung, so ist $\mathfrak{D}_l$, also auch $\mathfrak{E}_l$, ständig positiv; das Linienintegral, über ein beliebiges Stück der Kraftlinie erstreckt, kann also niemals den Betrag Null ergeben. Aus (7) folgt daher, daß es in einem elektrostatischen Felde keine in sich zurücklaufenden Kraftlinien geben kann.

Es kann auch keine Kraftlinie, ohne sich zu schließen, endlos einen begrenzten Raum durchlaufen. Denn dann würde sie, genügend lange verfolgt, ihrem Ausgangspunkt wieder beliebig nahe kommen; es müßte also das Linienintegral, über eine beliebig kurze Strecke genommen, einen beliebig großen positiven Wert zu Null ergänzen; d. h. die Feldstärke müßte an der betrachteten Stelle unendlich sein. Es soll daher künftig nur zwischen Kraftlinien mit Endpunkten, geschlossenen Kraftlinien und sich ins Unendliche erstreckenden Kraftlinien unterschieden werden.

Betrachten wir ferner eine beliebige Fläche S, legen wir den Weg l beliebig entlang der Fläche auf ihrer einen Seite, und zurück längs der gleichen Linie auf der andern Seite, so folgt aus (7): beim Durchgang durch eine beliebige Fläche kann sich die tangentiale Komponente von $\mathfrak{E}$ nie sprungweise ändern.

Die Gleichungen (5), (6), (7) haben wir abgeleitet aus den Gleichungen (2), (3). Bedingung für die Gültigkeit der Gleichungsgruppe (2), (3) war, daß nur ein homogener Isolator vorhanden sei, und somit ε ein und denselben Wert überall habe. Die neuen Gleichungen (5), (6), (7) aber gelten tatsächlich allgemein, wie auch die Isolatoren und somit die ε-Werte im Raum verteilt sein mögen. Vorausgesetzt bleibt lediglich — für die Gültigkeit von (6) —, daß die Isolatoren isotrop sind.

Auch die Leiter mögen jetzt beliebig inhomogen sein. Dann bedarf die Gleichgewichtsbedingung, die im Leiter erfüllt sein muß, einer Erweiterung. Bilden wir einen zusammenhängenden Leiter aus Schichten verschiedener Substanzen, wie in den galvanischen Elementen oder Ketten von solchen, dann zeigt die Erfahrung, daß das Potential in den beiden Endschichten verschiedene Werte besitzt. Es muß also das Linienintegral von $\mathfrak{E}$, durch eine Trennungsschicht hindurch erstreckt, einen von Null verschiedenen Wert haben; oder: es muß innerhalb einer gewissen dünnen Übergangsschicht $\mathfrak{E}$ von Null verschieden und normal zur Trennungsfläche gerichtet sein. Es liegt nahe, den Satz dahin zu erweitern, daß überall, wo die Eigenschaften eines Leiters sich örtlich ändern, $\mathfrak{E}$ einem vorgeschriebenen Vektor $\mathfrak{K}$ gleich sei:

$$\mathfrak{E} = \mathfrak{K}. \tag{8}$$

Wo von einer bestimmten Schichtung nicht gesprochen werden kann — man denke etwa an eine Salzlösung, in der die Flächen gleicher Konzentration nicht zusammenfallen mit den Flächen gleicher Temperatur — da läßt sich über die Richtung von $\mathfrak{K}$ von vornherein nichts aussagen. Den Vektor $-\mathfrak{K}$ bezeichnet man als **eingeprägte elektrische Feldstärke**. Für einen homogenen Leiter geht (8) in die früher aufgestellte Bedingung (8 a): $\mathfrak{E} = 0$ über.

Den Gleichungen (5), (6), (7) schreiben wir Gültigkeit auch innerhalb der Leiter zu. Es folgt dann aus (7) und (8), daß in einem elektrischen Felde Gleichgewicht nur bestehen kann, wenn

$$\int_{C} \mathfrak{K}_l \cdot dl = 0$$

ist, oder

$$\mathfrak{K} = -V\chi, \tag{9}$$

wo χ eine einwertige Ortsfunktion.

Dies ist eine Bedingung für die Verteilung der $\mathfrak{K}$; sie ist stets erfüllt, wenn jeder Weg, der im Leiter von p nach p' verläuft, geometrisch notwendig die gleichen Schichten durchsetzt.

Es folgt ferner aus (5), (6), (8) für jede geschlossene Fläche, die im Innern des Leiters verläuft,

$$\int_{O} \varepsilon\, \mathfrak{K}_N \cdot dS = \sum_r e.$$

Für einen **homogenen** Leiter, in welchem $\mathfrak{K} = \mathfrak{E} = 0$ ist, bedeutet das, daß sein Inneres frei von Elektrizität ist. Eine ihm mitgeteilte Ladung kann sich demnach im statischen Zustand nur auf seiner Oberfläche befinden. Bei diesem Schluß ist freilich vorausgesetzt, daß das ε des Leiters eine endliche Größe ist, während man doch — weil dieses ε nur mit dem Faktor $\mathfrak{E} = 0$ in den Gleichungen auftritt — aus elektrostatischen Messungen nichts über seinen Wert erfahren kann. Es ist aber durch Beobachtung **veränderlicher** Zustände möglich gewesen, die Dielektrizitätskonstanten mancher Leiter zu bestimmen. (Die Methoden sind in § 6 B. C und in Kap. IV § 7 besprochen.) Dabei haben sich stets endliche Werte ergeben, und als endlich werden wir sie daher allgemein voraussetzen. — Ein inhomogener Leiter enthält im statischen Zustand Elektrizität auch in seinem Innern. Ihre Verteilung kann angegeben werden, sofern man die $\mathfrak{K}$- und die ε-Werte der Leiterelemente kennt. Handle es sich im besondern um die sehr dünne Übergangsschicht zwischen den homogenen Leitern *1* und *2*, und sei das durch die Schicht erstreckte Integral

$$\int_{1}^{2} \mathfrak{K}_l \cdot dl = \Phi.$$

Außerhalb der Übergangsschicht ist auf beiden Seiten $\mathfrak{K} = 0$. Andrerseits ist, wenn wir etwa die Schichtnormale, von *1* nach *2* gerechnet, zur x-Achse nehmen, für die Gesamtdicke der Schicht nach (ε_1):

$$\int_1^2 \varrho \cdot dx = \int_1^2 \frac{\partial\,(\varepsilon\,\mathfrak{K}_x)}{\partial\,x} \cdot dx = \varepsilon_2\,\mathfrak{K}_{2\,x} - \varepsilon_1\,\mathfrak{K}_{1\,x}\,, \quad \text{also} = 0.$$

Die Verteilung von ϱ und $\mathfrak{K}$ über die Schichtdicke ist nicht erkennbar. Das einfachste Bild gibt die Annahme zweier entgegengesetzt gleicher Flächenladungen von der Dichte ω im kleinen Abstand d, mit einer Zwischenschicht von gleichmäßiger Dielektrizitätskonstante ε. Da in der Schicht

$$\mathfrak{E}_x = \frac{\varphi_1 - \varphi_2}{d} = \frac{\varPhi}{d}$$

ist, so muß nach (5 b)

$$\omega = \pm\,\varepsilon\,\frac{\varPhi}{d} \tag{5d}$$

sein. Die angenommene Elektrizitätsverteilung heißt **elektrische Doppelschicht**, $\varPhi$ ihr **Moment** oder ihre **Stärke**. Über die Werte ε, d, ω können, sofern sie nur der Gleichung (5d) genügen, willkürliche Annahmen gemacht werden. Unzulässig aber ist es, $d = 0$ zu setzen und $\varPhi$ als **Potentialsprung** im strengen Wortsinn zu betrachten. Denn, wie wir sehen werden [Gleichung (11)], entfällt auf ein Stück der Übergangsschicht vom Querschnitt Eins ein Energiebetrag

$$\frac{1}{2}\,\varepsilon\,\mathfrak{E}^2 d = \frac{1}{2}\,\frac{\varepsilon\,\varPhi^2}{d}\,;$$

er würde also für $d = 0$ unendlich werden.

Im vorstehenden sind die allgemeinsten Annahmen für ein elektrostatisches Feld enthalten. Wir bezeichnen als **vollständiges Feld** ein Feld, durch dessen Grenzen keine Kraftlinien hindurchtreten. Ein solches kann sich ins Unendliche erstrecken; es wird aber bei allen messenden Versuchen durch Umhüllung mit einem homogenen Leiter nach außen abgegrenzt. Soll diese Art der Begrenzung hervorgehoben werden, so wollen wir von einem **geschlossenen Feld** sprechen. Bei einem geschlossenen Feld ist notwendig auch die **Gesamtzahl** der durch die (hier endliche) Grenzfläche hindurchtretenden Kraftlinien, oder nach (5) die gesamte in ihm enthaltene Elektrizitätsmenge Null. — Es ist ferner das Linienintegral von $\mathfrak{E}$, erstreckt über eine beliebige

Linie auf der endlichen äußeren Grenzfläche, gleich Null — oder: das Potential ist auf der ganzen Grenzfläche konstant.

Beide Sätze sind bei unendlich ausgedehnter Grenzfläche nicht selbstverständlich; wir wollen sie aber auch für diesen Fall, und somit für jedes vollständige Feld als gültig ansehen. Es ist häufig bequem, den konstanten Wert des Potentials auf der äußeren Grenzfläche des Feldes Null zu setzen, und wir werden dies, wie üblich, im allgemeinen tun. Da nur Potential-Differenzen eine physikalische Bedeutung zukommt, so ist diese willkürliche Festsetzung durchaus unbedenklich.

Es gilt nun der Satz: Bei gegebenen Körpern (und folglich gegebenen ε- und $\mathfrak{K}$-Werten) ist jedes vollständige elektrostatische Feld durch seine Elektrizitätsverteilung eindeutig bestimmt. Eindeutigkeitssätze von mathematisch gleicher Wesensart werden uns wiederholt begegnen. Der Beweis soll nur dieses eine Mal ausführlich gegeben werden.

Unser Satz folgt aus dem andern, den er als Sonderfall einschließt: Ein vollständiges elektrostatisches Feld ohne Elektrizitätsverteilung und ohne inhomogene Leiter ist durchweg Null. Denken wir uns zunächst, es seien im Feld nur Isolatoren vorhanden, und demnach die Lage jeder einzelnen unendlich kleinen Elektrizitätsmenge gegeben. Sind diese Mengen durchweg Null, so gibt es also nirgends im Felde Endpunkte von Kraftlinien. Jede vorhandene Kraftlinie muß also entweder in sich zurücklaufen, oder aus dem Felde heraustreten. Das erste ist ausgeschlossen in einem elektrostatischen, das zweite in einem vollständigen Felde. Es kann also keine Kraftlinien in unserm Raum geben.

Sind auch Leiter im Felde vorhanden, so hat jeder von ihnen, da er homogen ist, in seiner ganzen Ausdehnung ein konstantes Potential. Sei L_1 derjenige, dessen Potential von allen einschließlich der Hülle den größten Wert hat. Dann können auf S_1 nur Kraftlinien entspringen, nicht münden. Es wäre dann e_1 positiv, während es Null sein soll. Auf S_1 befinden sich also überhaupt keine Endpunkte von Kraftlinien. Das gleiche folgt jetzt für den Leiter L_2, dessen Potential das zweithöchste ist, und so fort bis zum letzten. Es gibt also auch jetzt nirgends Endpunkte von Kraftlinien, und wir schließen wie zuvor.

Rechnerisch ergibt sich der Beweis so: Es ist, wenn U einwertig und stetig,

$$-\int \nabla U \cdot \mathfrak{B} \cdot d\tau = \int U \cdot \operatorname{div} \mathfrak{B} \cdot d\tau + \int U (\mathfrak{B}_{n_1} + \mathfrak{B}_{n_2}) \, dS_{12}$$
$$+ \oint U \mathfrak{B}_n \cdot dS$$

[siehe (ϑ), mit Ergänzung für Unstetigkeiten von $\mathfrak{B}$].

Nimmt man nun für τ den Raum des Isolators, so wird S von den Oberflächen S_i der Leiter des Feldes und von der Innenfläche S_H der Hülle gebildet, und n ist identisch mit der äußeren Normale N dieser Leiter. Setzen wir weiter

$$U = \varphi, \quad \mathfrak{B} = \mathfrak{D},$$

so kommt:

$$\left.\begin{aligned}
\int \frac{\mathfrak{D}^2}{\varepsilon} \, d\tau &= \int \mathfrak{E}\mathfrak{D} \cdot d\tau = -\int \nabla \varphi \cdot \mathfrak{D} \cdot d\tau = \int \varphi \cdot \operatorname{div} \mathfrak{D} \cdot d\tau \\
&+ \int \varphi (\mathfrak{D}_{n_1} + \mathfrak{D}_{n_2}) \, dS_{12} + \sum \int_{S_i} \varphi_i \mathfrak{D}_n \cdot dS_i + \int_{S_H} \varphi_H \mathfrak{D}_n \cdot dS_H
\end{aligned}\right\} (10)$$

und hierin ist

$$\operatorname{div} \mathfrak{D} = \varrho = 0, \quad \mathfrak{D}_{n_1} + \mathfrak{D}_{n_2} = \omega = 0,$$
$$\varphi_i = \operatorname{const} \quad \text{und} \quad \int_{S_i} \mathfrak{D}_n \cdot dS_i = e_i = 0,$$
$$\varphi_H = 0, \quad \varepsilon \text{ positiv}.$$

Folglich
$$\mathfrak{D} = 0.$$

[In Wahrheit ist die Hüllenoberfläche vor den übrigen Leiterflächen nicht ausgezeichnet: es ist auf ihr lediglich $\varphi_H = \operatorname{const}$, dafür aber $\int_{S_H} \mathfrak{D}_n \cdot dS_H = e_H = 0$, weil einerseits $\sum e_i + e_H = 0$ ist (vollständiges Feld), andrerseits aber jedes $e_i = 0$ sein soll. Hier liegt ein Beispiel für die Bequemlichkeit der Festsetzung $\varphi_H = 0$ vor.]

Sei nun die Elektrizitätsverteilung gegeben: in τ die ϱ, ω; auf den S_i die e_i; ferner im Isolator die ε-Werte, in den Leitern die $\mathfrak{K}$-Werte. Dann ist, wenn φ_i sich auf einen variablen, φ_{i0} auf einen festen Punkt eines Leiters bezieht,

$$\varphi_i = \varphi_{i0} + \delta,$$

wo
$$\delta = -\int_{p_0}^{p} \mathfrak{K}_l \cdot dl$$

eine gegebene Größe bezeichnet. Es mögen nun diesen Bedingungen zwei Felder mit den Werten $\mathfrak{D}', \varphi'$ bzw. $\mathfrak{D}'', \varphi''$ genügen.

Wir bilden dann $\mathfrak{D}'-\mathfrak{D}''=\mathfrak{D}$, $\varphi'-\varphi''=\varphi$, und erhalten wiederum die Gleichung (10) mit den gleichen Bedingungen wie oben, also wiederum $\mathfrak{D}\equiv 0$. Die beiden als verschieden angenommenen Felder sind also tatsächlich identisch, das Feld ist eindeutig bestimmt. Das gleiche folgt, wenn an Stelle der e_i auf jedem Leiter der Potentialwert φ_{i0} eines Punktes (für homogene Leiter einfacher: das Potential φ_i des Leiters) gegeben ist. Und endlich auch, wenn für jeden Leiter entweder e_i oder φ_{i0} gegeben ist. Bei den Coulombschen Versuchen waren die e_i gegeben. Im allgemeinen aber handelt es sich bei Messungen um einen zusammenhängenden Leiter (von dem auch die Hülle einen Teil bildet), so daß also die φ_i jedes Leiterstücks gegeben sind.

Wir schreiben künftig statt (10) kürzer: für ein vollständiges Feld ist

$$\int \mathfrak{E}\mathfrak{D}\cdot d\tau = \sum \varphi e;\qquad\qquad (10\,\mathrm{a})$$

für ein beliebiges Feld ist

$$\int \mathfrak{E}\mathfrak{D}\cdot d\tau = \sum \varphi e + \int_O \varphi \mathfrak{D}_n\cdot dS;\qquad\qquad (10\,\mathrm{b})$$

wo jedes Summenglied durch ein Element des Isolators oder durch ein homogenes Stück der Leiteroberflächen gebildet wird.

Die Grundlage dieser Beweise bildet der noch häufig zu benutzende Satz: Wenn in einem vollständigen Felde τ für jede geschlossene Kurve s:

$$\int_{\circlearrowleft} \mathfrak{A}_s\cdot ds = 0,$$

und für jede geschlossene Fläche S:

$$\int_O \mathfrak{B}_N\cdot dS = 0$$

ist, so ist
$$\int \mathfrak{A}\mathfrak{B}\cdot d\tau = 0.$$

Er ist in anderer Schreibweise im Anhang unter (μ,ϑ) aufgeführt.

Es mögen ferner zu einem Felde $\mathfrak{E}_1$ die Wertesysteme e_1 und $\mathfrak{K}_1$ und zu einem Felde $\mathfrak{E}_2$ die Wertesysteme e_2 und $\mathfrak{K}_2$ gehören. Dann gehört zu dem Felde $\mathfrak{E}=\mathfrak{E}_1+\mathfrak{E}_2$ das Wertesystem $e=e_1+e_2$, $\mathfrak{K}=\mathfrak{K}_1+\mathfrak{K}_2$. Also nach dem Eindeutigkeitssatz auch umgekehrt: Überlagert man zwei Elektrizitätsverteilungen und eingeprägte Feldstärken, so überlagern sich die zugehörigen Felder. Zu beachten ist, daß zu der Elektrizitätsverteilung, die ein geschlossenes Feld bestimmt, die Elektrizitätsmenge der leitenden Hülle ebensowenig gehört, wie die etwaigen Ladungen außerhalb gelegener Körper. Wir setzen der Einfachheit wegen diese Hülle als homogen voraus; dann ist Elektrizität nur auf ihrer inneren und äußeren Oberfläche vorhanden. Die Ladung der Innenfläche gehört zum Felde; aber sie ist durch die Ladungen der eingeschlossenen Körper, die sie zu Null ergänzen muß, bereits mitgegeben. Der Rest der willkürlich bestimmten Gesamtladung befindet sich auf der Außenfläche; aber diese gehört nicht dem geschlossenen Felde, sondern einem davon völlig unabhängigen äußeren Felde an. Die Ladung der Außenfläche aber ist offenbar gleich der algebraischen Summe der Elektrizitätsmengen der Hülle und aller von ihr eingeschlossener Körper. So ergeben sich die beiden folgenden Sätze:

Einerseits: Durch eine leitende Hülle wird der Innenraum vollständig geschützt gegen die elektrostatischen Wirkungen irgendwelcher im Außenraum vorhandenen Körper. — Andrerseits: Für den Außenraum kommt nur die Gesamtelektrizitätsmenge von Hülle und eingeschlossenen Körpern in Betracht, ihre Verteilung auf alle diese Körper ist vollkommen gleichgültig. Das äußere Feld ist also stets dasselbe, als wenn sich die gesamte Elektrizitätsmenge auf der Hülle befände. Tatsache ist nun, daß das äußere Feld durch keinerlei Vorgänge, die innerhalb der Hülle verlaufen, dauernd verändert wird, und hierin liegt der Beweis für den früher angeführten Satz, daß wir nur die Elektrizitätsverteilung, niemals aber die Gesamtmenge der Elektrizität verändern können.

Wir werden im folgenden Paragraphen für einige wichtige Fälle das Feld aus seinen Bestimmungsstücken tatsächlich ableiten.

Die physikalische Bedeutung der Feldstärke $\mathfrak{E}$ beruht nach dem bisher Besprochenen ausschließlich darauf, daß sich aus ihr die mechanischen Kräfte ableiten lassen. Der Zusammenhang ist, unter Voraussetzung des Coulombschen Gesetzes, gleichwertig durch den Kraftausdruck (1a) oder durch den Energieausdruck (4a) [mit (2)] gegeben. Wir wollen annehmen, daß unter unsern jetzigen allgemeineren Voraussetzungen der Ausdruck (4a)

$$W_e = \tfrac{1}{2} \sum e\varphi$$

nach wie vor die elektrostatische Energie angibt, d. h. die Größe, deren Abnahme die bei einer Verschiebung geleistete Arbeit bedeutet. Es wird sich zeigen, daß die Kräfte dann nicht mehr allgemein durch (1a) dargestellt werden. Dies wird in § 4 B ausgeführt werden. Hier soll noch ein zweiter Ausdruck für W_e abgeleitet werden. W_e hat eine Bedeutung nur für ein vollständiges Feld: für ein solches aber folgt aus (10a) unmittelbar:

$$W_e = \int \tfrac{1}{2}\,\mathfrak{E}\mathfrak{D}\cdot d\tau. \tag{11}$$

Wir werden später elektrische Felder kennenlernen, die kein Potential besitzen und nicht durch Elektrizitätsmengen bestimmt sind, und für die also der Energieausdruck (4a) nicht bestehen kann; der Ausdruck (11) aber bleibt auch für diese Felder gültig. In ihm erscheint die Energie als eine Summe, zu der jedes Volumelement des Feldes einen bestimmten Beitrag liefert, so daß auch einem beliebigen Raum, der kein vollständiges Feld bildet, ein bestimmter Energiewert zugeschrieben werden kann. Es wird sich zeigen, daß dieser, zunächst rein mathematischen, Zerlegung eine physikalische Bedeutung zukommt.

Es seien ferner in demselben Raum, also bei vorgeschriebenen ε-Werten, zwei vollständige Felder gegeben mit den Werten $e_1\mathfrak{E}_1\mathfrak{D}_1\varphi_1 W_1$ bzw. $e_2\mathfrak{E}_2\mathfrak{D}_2\varphi_2 W_2$. Dann ist [vgl. (10a)]

$$R = \int \varepsilon\,\mathfrak{E}_1\mathfrak{E}_2\cdot d\tau = \int \mathfrak{E}_1\mathfrak{D}_2\cdot d\tau = \int \mathfrak{E}_2\mathfrak{D}_1\cdot d\tau = \underline{\sum} e_2\varphi_1 = \sum e_1\varphi_2. \tag{12}$$

Besteht das System 1 aus einer Elektrizitätsmenge $e_1 = 1$ im Punkte p_1 oder auf dem Leiter L_1, und das System 2 aus einer Elektrizitätsmenge $e_2 = 1$ im Punkte p_2 oder auf dem Leiter L_2, so folgt

$$\varphi_1\,(p_2) = \varphi_2\,(p_1).$$

D. h.: Eine Elektrizitätsmenge 1 im Punkt p_1 (auf dem Leiter L_1) rufe im Punkt p_2 (auf dem Leiter L_2) das Potential α hervor; dann ruft auch die Elektrizitätsmenge 1 im Punkt p_2 (auf dem Leiter L_2) im Punkt p_1 (auf dem Leiter L_1) das Potential α hervor. (Das Potential 0 und die Elektrizitätsmenge -1 befinden sich jedesmal auf der äußeren Grenze.)

Sei ferner

$$e_1 = e, \quad e_2 = e + \delta e;$$

dann ist

$$\underline{\sum}\,(e + \delta e)\,\varphi = \sum e\,(\varphi + \delta\varphi),$$

also

$$\underline{\sum}\,\varphi\cdot\delta e = \sum e\cdot\delta\varphi.$$

Weiter ist die Energieänderung:

$$\delta W_e = \tfrac{1}{2}\left\{ \sum (e + \delta e)(\varphi + \delta\varphi) - \sum e\varphi \right\}$$

und daraus für unendlich kleine δe und folglich auch unendlich kleine $\delta\varphi$ nach der vorstehenden Gleichung:

$$dW_e = \tfrac{1}{2}\left\{ \sum \varphi \cdot de + \sum e \cdot d\varphi \right\} = \sum \varphi \cdot de = \sum e \cdot d\varphi. \qquad (13)$$

Es folgt, wenn wir W_e als Funktion der e ausgedrückt denken,

$$\frac{\partial W_e}{\partial e_i} = \varphi_i ; \qquad (14\,\mathrm{a})$$

und wenn W_e als Funktion der φ ausgedrückt ist,

$$\frac{\partial W_e}{\partial \varphi_i} = e_i ; \qquad (14\,\mathrm{b})$$

Nach (14a) ist φ_i die Energie, die dem Felde zugeführt werden muß, um dem Punkte p_i (dem Leiter L_i) die Elektrizitätsmenge Eins von der Grenze des Feldes her zuzuführen. Aber es ist nicht mehr die mechanische Arbeit, die zur Überführung eines Körpers mit der Ladung Eins aufzuwenden ist. Dem ersten Teil des Satzes entspricht es, wenn $\mathfrak{E} = -\nabla\varphi$ als die **Kraft auf die Elektrizitätsmenge Eins** bezeichnet wird; aber $e\mathfrak{E}$ ist nicht mehr allgemein die **mechanische Kraft auf den Träger der Elektrizitätsmenge** e; denn dieser kann jetzt im allgemeinen nicht mehr verschoben werden, ohne daß die Verteilung der ε sich ändert (siehe § 4 B).

Die physikalische Bedeutung von R ergibt sich, wenn wir uns in τ zunächst die Felder $\mathfrak{E}_1$ und $\mathfrak{E}_2$ (Energie W_1 bzw. W_2) einzeln, und dann das Feld $\mathfrak{E} = \mathfrak{E}_1 + \mathfrak{E}_2$ mit der Energie W_e denken. Es ist dann

$$W_e = \frac{1}{2}\int (\mathfrak{E}_1 + \mathfrak{E}_2)(\mathfrak{D}_1 + \mathfrak{D}_2)\,d\tau = W_1 + W_2 + R. \qquad (15)$$

Die Abnahme von W_1 (W_2, W_e) ergibt die Arbeit der innern Kräfte des Feldes 1 (des Feldes 2, des Gesamtfeldes). Die Abnahme von R ist also die Arbeit der wechselseitigen Kräfte von 1 und 2. R soll dementsprechend die wechselseitige Energie der Felder 1 und 2 heißen.

§ 3. Das Feld in besonderen Fällen.

A. Bei allen Anordnungen, die zu Messungen dienen, befindet sich Elektrizität nicht im Innern des Isolators, sondern ausschließlich auf den Leitern. Diese mögen bestehen aus einer endlichen Zahl in sich homogener Leiterstücke, die zum Teil unter sich und mit der Hülle verbunden sein können. Die Potentiale der einzelnen Stücke seien φ_i, ihre Elektrizitätsmengen e_i.

Wir wissen bereits, daß das Feld eindeutig bestimmt ist, sobald für jedes Stück entweder φ_i oder e_i gegeben ist. Wir wissen ferner, daß die Felder und somit die Leiterpotentiale φ_i, die verschiedenen gegebenen e_i-Systemen zugehören, sich zugleich mit diesen überlagern. Das heißt aber: die φ_i sind linearhomogene Funktionen der e_i, also auch umgekehrt. Wir schreiben

$$e_i = \alpha_{i1}\,\varphi_1 + \alpha_{i2}\,\varphi_2 + \cdots + \alpha_{in}\,\varphi_n. \tag{16}$$

Die Werte der α_{ik} sind durch die Gestalt der Körper — Leiter und Isolatoren — bestimmt. In (16) ist nach (14b):

$$\alpha_{ik} = \frac{\partial e_i}{\partial \varphi_k} = \frac{\partial^2 W_e}{\partial \varphi_i \cdot \partial \varphi_k} = \frac{\partial e_k}{\partial \varphi_i} = \alpha_{ki}. \tag{17}$$

Die Energie ist

$$W_e = \frac{1}{2}\sum \varphi_i \sum \alpha_{i,k}\,\varphi_k = \frac{1}{2}\alpha_{11}\varphi_1^2 + \alpha_{12}\varphi_1\varphi_2 + \cdots + \frac{1}{2}\alpha_{nn}\varphi_n^2. \tag{18}$$

Die Verwertung der Messungen beruht auf der Kenntnis der Koeffizienten α_{ik}.

Statt (16) kann man auch schreiben, indem man das Potential der Hülle (bisher $= 0$ gesetzt) mit φ_0 bezeichnet:

$$e_i = q_{i0}(\varphi_i - \varphi_0) + q_{i1}(\varphi_i - \varphi_1) + \cdots + q_{in}(\varphi_i - \varphi_n),$$

wo

$$q_{i0} = \sum_{k=1}^{n} \alpha_{ik}, \qquad q_{ik} = -\alpha_{ik} \quad (k \neq 0,\, k \neq i). \tag{16a}$$

In (16a) hat jedes Summenglied eine anschauliche Bedeutung. Es sei erstens $\varphi_i > \varphi_0$, aber jedes $\varphi_k = \varphi_0$ $(k \neq i)$. Dann ist $e_i = (q_{i0} + q_{i1} + \cdots + q_{in})(\varphi_i - \varphi_0)$ und $e_k = -q_{ik}(\varphi_i - \varphi_0)$. Es entspringen aber in diesem Fall alle Kraftlinien auf L_i, und sie münden auf den übrigen Leitern einschließlich der Hülle; d. h. e_i ist positiv, alle e_k sind negativ. Also: alle q sind positive Größen und nach (16a), (17)

$$q_{ik} = q_{ki} \tag{17a}$$

Ferner: $q_{ik}(\varphi_i - \varphi_0)$ ist die Zahl der Kraftlinien, die unter den obigen Voraussetzungen von L_i nach L_k führen. — Ist jetzt zweitens nur $\varphi_k \neq \varphi_0$, so gehen $q_{ki}\,(\varphi_k - \varphi_0)$ Kraftlinien von L_k nach L_i. — Und ist endlich nur $\varphi_h \neq \varphi_0$, wo $h \neq i$, $h \neq k$, so verlaufen **keine** Kraftlinien zwischen L_i und L_k. Überlagern wir alle diese Felder (h soll alle zulässigen Werte durchlaufen), so entsteht das allgemeinste Feld, dem die Gleichungen (16a) entsprechen, und in diesem laufen von L_i nach L_k:

$$q_{ik}\,(\varphi_i - \varphi_0) - q_{ik}\,(\varphi_k - \varphi_0) = q_{ik}\,(\varphi_i - \varphi_k)$$

Kraftlinien. Somit ist jedes Summenglied in (16a) geometrisch gedeutet.

Unter den Gleichungen (16a) denke man auch den Wert von e_0 hingeschrieben, welcher die Ladung auf der Innenseite der Hülle bedeuten soll. Sie ergeben dann

$$\sum_{i=0}^{n} e_i = 0,$$

wie es sein muß, und

$$W_e = \frac{1}{2} \sum_{0}^{n} e_i \varphi_i = \frac{1}{2} \sum_{i,k} q_{ik}\,(\varphi_i - \varphi_k)^2, \qquad (18a)$$

also wesentlich positiv, wie es nach der Form (11) ebenfalls sein muß. Die Vergleichung von (16) und (16a) ergibt noch, daß

$$\alpha_{ii} = q_{i\,0} + q_{i\,1} + \cdots + q_{i\,n}$$

stets positiv und

$$\alpha_{ik} = -q_{ik}\,(k \neq 0, \quad k \neq i)$$

stets negativ ist. α_{ii} ist nach (16) die Elektrizitätsmenge, die man dem Leiter L_i zuführen muß, damit sein Potential um Eins steigt, während die Potentiale der übrigen Leiter unverändert bleiben. α_{ii} wird demgemäß als **elektrostatische Kapazität** von L_i bezeichnet; es ist aber zu beachten, daß α_{ii} von Form und Material des Isolators, nicht aber vom Material von L_i abhängt. Die einzelnen Glieder, deren Summe α_{ii} ist, und deren geometrische Bedeutung soeben erläutert wurde, heißen die **Teilkapazitäten** von L_i.

Die Bedingungen für das Feld $\mathfrak{E}$ lauten in unserm Fall:

allgemein
$$\int_{\cup} \mathfrak{E}_l \cdot dl = 0;$$

$\oint \varepsilon\, \mathfrak{E}_N \cdot dS = 0$, wenn sich innerhalb S nur Isolatoren befinden;

$$\int_{L_i} \varepsilon\, \mathfrak{E}_N \cdot dS_i = e_i,$$

$\mathfrak{E} = 0$ im homogenen Leiter; $\mathfrak{E}$ endlich; und in der Grenzfläche $= 0$.

$$\tag{19}$$

Die erste Gleichung liefert
$$\mathfrak{E} = -V\varphi, \quad \text{wo} \quad \varphi \quad \text{einwertig} \tag{19a}$$
und die übrigen Gleichungen liefern als Bedingungen für φ:

$$\oint \varepsilon\, \frac{\partial \varphi}{\partial N}\, dS = 0,$$

wenn sich innerhalb S nur Isolatoren befinden;

$$-\int_{L_i} \varepsilon\, \frac{\partial \varphi}{\partial N}\, dS_i = e_i,$$

$$\tag{19b}$$

$\varphi = \varphi_i = \text{const}$ für jeden homogenen Leiter; φ stetig, und in der Grenzfläche gleich einer Konstanten, die wir $= 0$ setzen.

Die Leiter mögen unter sich und mit der Hülle zusammenhängen; dann sind die φ_i gegeben; — oder sie mögen voneinander isoliert und homogen sein; dann seien die e_i gegeben. Im einen wie im andern Fall ist das Feld, wie oben gezeigt, eindeutig bestimmt. Allgemein kann man bemerken: wenn der Isolator homogen ist, so fällt bei gegebenen φ_i der konstante Wert ε seiner Dielektrizitätskonstante aus den Bestimmungsgleichungen des Feldes heraus, und somit wird jedes e_i proportional mit ε; d. h. alle Koeffizienten α und q sind in diesem Fall proportional mit ε. — Aus den Gleichungen (19) folgt, daß für jede Fläche, welche L_i, aber keinen andern Leiter einschließt,

$$\oint \varepsilon\, \mathfrak{E}_N \cdot dS = e_i \tag{19c}$$

ist.

Betrachten wir insbesondere ein geschlossenes Feld, das in der Hülle nur einen Leiter enthält. Dann haben wir eine Gleichung von der Form (16a) mit einem Koeffizienten. Sie werde

$$e_1 = C\,(\varphi_1 - \varphi_0)$$

geschrieben. Hierin ist

$$e_1 = \int \mathfrak{D}_N \cdot dS_1 \qquad \text{und} \qquad \varphi_1 - \varphi_0 = \int\limits_1^0 \frac{\mathfrak{D}_l}{\varepsilon} \, dl \, .$$

Als Beispiele wählen wir einige praktisch wichtige Fälle; in den drei ersten soll der Isolator homogen sein.

1. Kugel vom Radius r_1, Potential φ_1, Ladung e_1, in Hülle vom innern Radius r_2. Die Entfernung eines willkürlichen Punkts vom Mittelpunkt sei r. Es ist dann aus Symmetriegründen von vornherein klar, daß φ nur Funktion von r ist. Wählen wir als Fläche S der Gleichung (19c) eine konzentrische Kugelfläche, so kommt

$$-\varepsilon \frac{\partial \varphi}{\partial r} \cdot 4\pi r^2 = e_1$$

für jedes r zwischem r_1 und r_2. Demnach

$$\varphi = \frac{e_1}{4\pi\varepsilon \cdot r} + \text{const},$$

und wenn das Potential der Hülle $= 0$ gesetzt wird,

$$\varphi_1 = \frac{e_1}{4\pi\varepsilon} \left(\frac{1}{r_1} - \frac{1}{r_2} \right).$$

Es ist

$$C = 4\pi\varepsilon \, \frac{r_2 r_1}{r_2 - r_1} \, .$$

C wird sehr groß, wenn der Abstand der Leiterflächen sehr klein wird. Eine solche Anordnung heißt ein Kondensator, C seine Kapazität. Die gleichen Bezeichnungen sind auch üblich im Fall von zwei Leitern von kleinem Abstand und großer Oberfläche, von denen nicht einer die Hülle des andern ist. Es liegt dann ein drei-Leiter-Problem vor, bei dem jedesmal vorausgesetzt wird, daß die Koeffizienten q_{10} und q_{20} sehr klein sind gegen $q_{12} = C$. (Den dritten Leiter bildet die gemeinsame Hülle, bzw. eine im Unendlichen gedachte Fläche.) Im Gegensatz zu solchen, bei fehlender Hülle schlecht definierten, Kondensatoren soll der zuerst genannte ein geschlossener heißen. (Bei einem geschlossenen Kondensator ist notwendig der innere Leiter unzugänglich; den experimentellen Ausweg zeigt das Beispiel 2.) Wächst in unserem Beispiel umgekehrt der äußere Radius unbegrenzt, so wird die Kapazität: $C_0 = 4\pi\varepsilon r_1$. Von diesem untern Grenzwert ist C durch ein sehr kleines, angebbares Intervall getrennt, wenn r_2 einen bestimmten sehr großen Wert hat. Nun kann man allgemein zeigen, daß die Kapazität eines Kondensators sich vergrößert, wenn irgend ein Teil des Feldes durch einen ungeladenen Leiter ausgefüllt wird. Es mögen also außer der Kugel vom Radius r_1 irgendwelche willkürlich geformten Leiter vorhanden sein. Ihre Ladungen seien Null, die Ladung der Kugel sei $C'\varphi_1$. Läßt sich dann um die Kugel eine zweite vom Radius r_2 legen, welche alle sonst vorhandenen Leiter ausschließt, so liegt C' zwischen C und C_0. Es hat demnach einen guten Sinn, von der Kapazität einer einzelnen Kugel zu sprechen.

Den benutzten Hilfssatz kann man sich in folgender Weise klarmachen: Besteht die Oberfläche des eingebrachten Leiters aus Äquipotentialflächen des Feldes, so wird in dem vom Leiter eingenommenen Raum $\mathfrak{E} = 0$, außen aber bleibt das Feld unverändert, da die ihm neu auferlegte Bedingung bereits erfüllt ist. Die Energie hat sich um den Betrag vermindert, der auf den Leiterraum entfiel. Besteht die Leiteroberfläche nicht aus Äquipotentialflächen, so genügt auch das äußere Feld nicht den Bedingungen des Gleichgewichts. Dieses stellt sich her durch eine Neuverteilung der Ladung auf der Leiteroberfläche, d. h. durch elektrische Strömung, und diese verbraucht Wärme. Die Energie sinkt um einen weiteren Betrag. Nun ist in unserm Fall

$$W_e = \frac{1}{2}\, e_1 \varphi_1 = \frac{1}{2}\frac{e_1^2}{C}.$$

Da W_e bei festgehaltenem e_1 gesunken ist, so ist C gestiegen.

2. Unendlich langer Kreiszylinder vom Radius R_1 und Ladung e_1 auf der Längeneinheit, in koaxialer zylindrischer Hülle mit dem Innenradius R_2. φ kann nur Funktion des Abstandes R von der Achse A sein. Als Fläche S der Gleichung (19c) nehmen wir die Oberfläche eines Zylinders vom Radius R und der Höhe Eins. Die Grundflächen tragen nichts zum Integral bei; die Mantelfläche ergibt

$$-2\pi R\,\varepsilon\,\frac{\partial \varphi}{\partial R} = e_1 \quad \text{für } R_1 < R < R_2;$$

folglich

$$-2\pi\varepsilon\,\varphi = e_1 \lg R + \text{const}; \quad \varphi_1 \frac{2\pi\varepsilon}{\lg\left(\dfrac{R_2}{R_1}\right)} = e_1.$$

Also ist

$$\gamma = \frac{2\pi\varepsilon}{\lg\left(\dfrac{R_2}{R_1}\right)} \tag{20}$$

die Kapazität der Längeneinheit. Für einen endlichen Zylinder variiert φ in der Nähe der Enden auch mit dem Abstand von diesen; der gefundene Wert gilt also nur in den von den Enden weit entfernten Raumteilen, und die physikalische Bedeutung von γ ist demnach: der Betrag, um den die Kapazität eines bereits sehr langen Zylinderkondensators wächst, wenn seine Länge um Eins zunimmt. — Für unbegrenzt wachsendes R_2 wird $\varphi_1 = \infty$. Von dem Felde eines einzelnen geladenen Zylinders kann man daher nicht sprechen. Für die Kapazität eines von unregelmäßig geformten Körpern umgebenen Zylinders läßt sich nur eine obere, aber keine untere Grenze angeben; er kann bei gegebener Ladung ein unberechenbar hohes Potential besitzen.

3. Wir bezeichnen mit R' den Abstand von einer zweiten, zu A parallelen Achse A', setzen

$$+2\pi\varepsilon\varphi' = e_1 \lg R' + \text{const}$$

und bilden

$$\Phi = \varphi + \varphi' = \frac{e_1}{2\pi\varepsilon} \lg \frac{R'}{R}.$$

Es gilt immer noch

$$\int_O \varepsilon \frac{\partial \Phi}{\partial N} \, dS = 0$$

für jede Fläche, welche keine der beiden Achsen umschließt, denn das gilt für jeden der beiden Summanden. Für eine zylindrische Fläche von beliebiger Basiskurve und der Höhe Eins, die A von A' trennt, wird das Integral $= -e_1$, wenn N in der Richtung von A nach A' weist. Φ ist endlich und stetig überall, außer in den Achsen A und A'. Im Unendlichen wird

$$\Phi = 0 \ \text{ wie } \ \frac{a}{R},$$

wenn $2a$ der Abstand der Achsen ist. Wählt man also eine Fläche S_1, auf der

$$\frac{R'}{R} = q_1 = \text{const},$$

und eine Fläche S_2, auf der

$$\frac{R'}{R} = q_2 = \text{const}$$

ist, als Leiteroberflächen mit den Ladungen $+ e$ bzw. $- e$ auf der Längeneinheit, so genügt Φ auf ihnen und im Zwischenraum allen Bedingungen, und es ist folglich das Potential für diese Anordnung.

Es sei auf S_1:

$$\Phi = \Phi_1,$$

auf S_2:

$$\Phi = \Phi_2.$$

Dann ist

$$\Phi_1 = \frac{e_1}{2\pi\varepsilon}\lg q_1; \quad \Phi_2 = \frac{e_1}{2\pi\varepsilon}\lg q_2;$$

also die Kapazität der Längeneinheit

$$\gamma = \frac{e_1}{\Phi_1 - \Phi_2} = \frac{2\pi\varepsilon}{\lg\left(\dfrac{q_1}{q_2}\right)}.$$

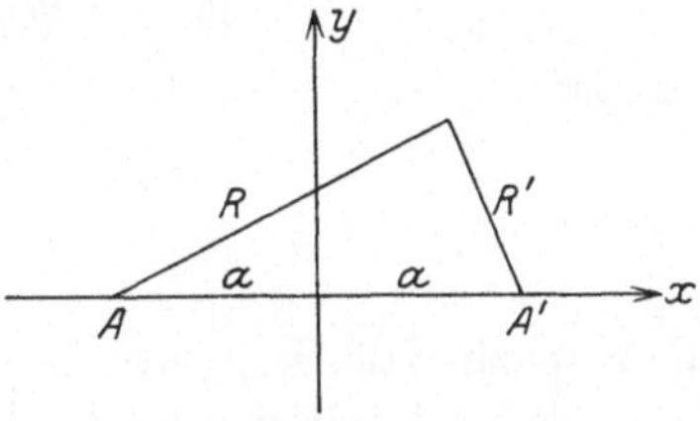

Nun ist der Querschnitt jeder Fläche

$$\frac{R'}{R} = \text{const}$$

ein Kreis, der die Spuren der Achsen A und A' harmonisch trennt. Rechnerisch: Bei der Koordinatenwahl der Abb. 4 ist

$$\frac{R'}{R} = q_1$$

Abb. 4.

gleichbedeutend mit:

$$(x - a)^2 + y^2 = q_1^2\{(x + a)^2 + y^2\}, \quad \text{oder:} \quad (x + h_1)^2 + y^2 = \varrho_1^2,$$

wo

$$h_1 = a\frac{q_1^2 + 1}{q_1^2 - 1}, \qquad \varrho_1^2 = h_1^2 - a^2.$$

Entsprechend für die Fläche:

$$\frac{R'}{R} = q_2.$$

Wir wollen nur den Fall zweier gleicher Zylinder durchrechnen. Es muß dann die Fläche S_2 zu A' liegen wie S_1 zu A, d. h. es muß

$$q_2 = \frac{1}{q_1}$$

sein.

Demnach

$$h_2 = -h_1; \quad \varrho_2^2 = \varrho_1^2.$$

Der Achsenabstand der beiden Leiter wird also

$$2h = 2a \left| \frac{q_1^2 + 1}{q_1^2 - 1} \right|,$$

und der Radius ϱ, wo $\varrho^2 = h^2 - a^2$. Nun sind tatsächlich h und ϱ die gegebenen Größen. Aus ihnen berechnet sich

$$a^2 = h^2 - \varrho^2; \quad q_1^2 = \frac{h+a}{h-a} = \frac{\varrho^2}{(h-a)^2} = \frac{(h+a)^2}{\varrho^2};$$

weiter

$$\lg \frac{q_1}{q_2} = \lg q_1^2 = 2 \lg \frac{h+a}{\varrho} :$$

also ist

$$\gamma = \frac{\pi \varepsilon}{\lg \dfrac{h + \sqrt{h^2 - \varrho^2}}{\varrho}} \tag{20a}$$

die Kapazität der Längeneinheit für zwei entgegengesetzt geladene parallele Kreiszylinder vom Radius ϱ und dem Achsenabstand $2\,h$.

Ist $\varrho \ll h$, so wird

$$\gamma = \frac{\pi \varepsilon}{\lg \dfrac{2h}{\varrho}}. \tag{20b}$$

3a. Die Mittelebene zwischen den beiden Drähten ist eine Fläche von konstantem Potential

$$\Phi_0 = \frac{\Phi_1 + \Phi_2}{2}.$$

Wird diese statt der zweiten Zylinderfläche zur Leiteroberfläche gemacht, so bleibt, bei unverändertem e_1, das Feld zwischen ihr und der ersten Zylinderfläche unverändert. Es ist aber

$$\Phi_1 - \Phi_0 = \frac{\Phi_1 - \Phi_2}{2};$$

folglich ist

$$\gamma = \frac{2 \pi \varepsilon}{\lg \dfrac{h + \sqrt{h^2 - \varrho^2}}{\varrho}} \tag{20c}$$

bzw.

$$\gamma = \frac{2 \pi \varepsilon}{\lg \dfrac{2h}{\varrho}} \tag{20d}$$

die Kapazität der Längeneinheit für einen Draht vom Radius ϱ, der im Abstand h einem unendlich ausgedehnten ebenen Leiter gegenübersteht.

Das in 3. eingeschlagene Verfahren ist vielfacher Anwendung fähig. Die Gleichung (19b):

$$\int\limits_O \varepsilon \frac{\partial \varphi}{\partial N} \, dS = 0 \, ,$$

welche für jedes Volumelement des Isolators gilt, ist für $\varepsilon =$ const gleichbedeutend mit:

$$\Delta \varphi = 0.$$

Zu irgend einer Lösung dieser Differentialgleichung bestimmt man Flächen $\varphi =$ const $= \varphi_i$, welche S_i heißen mögen, und zugleich die Werte

$$-\int \varepsilon \frac{\partial \varphi}{\partial N} \, dS_i = e_i \, .$$

Die Flächen S_i, zu Leiteroberflächen gemacht, und mit den Elektrizitätsmengen e_i geladen, ergeben ein Feld mit dem Potential φ, und insbesondere den Leiterpotentialen φ_i. Man erhält also für diese Leiteranordnung die Lösung der elektrostatischen Aufgabe. — Im besonderen: Lösungen von $\Delta \varphi = 0$, die (wie die unsrige in 3.) nur von zwei Koordinaten x und y abhängen, erhält man, indem man von einer beliebigen Funktion $w = u + \iota v$ der komplexen Variablen $z = x + \iota y$ $(\iota = \sqrt{-1})$ den reellen oder den imaginären Teil nimmt. Die Linien $u =$ const stehen senkrecht auf den Linien $v =$ const. Sind also die einen als Linien konstanten Potentials gewählt, so ergeben die andern die Kraftlinien.

4. Zwei unendlich ausgedehnte ebene parallele Leiterflächen, zwischen denen sich in planparallelen Schichten von den Dicken d_i Isolatoren von den Konstanten ε_i befinden. Das Feld ist im Endlichen offenbar normal zu den Schichten. Heiße es $\mathfrak{E}_i$ in einer Schicht, so ist

$$\varphi_1 - \varphi_2 = \Sigma |\mathfrak{E}_i| d_i$$

und zugleich

$$\omega_1 = \varepsilon_1 |\mathfrak{E}_1| = \varepsilon_i |\mathfrak{E}_i| = -\omega_2 = \frac{e_1}{S} \, ,$$

wenn e_1 die Ladung auf der Fläche S bezeichnet. Also

$$e_1 = C\,(\varphi_1 - \varphi_2),$$

wo
$$C = \frac{S}{\dfrac{d_1}{\varepsilon_1} + \dfrac{d_2}{\varepsilon_2} + \cdots}.$$

Für eine Schicht ist

$$C = \frac{\varepsilon S}{d}. \tag{21}$$

Wird in einen Luftkondensator (ε_0) von der Dicke d eine Platte von der Konstante ε und der Dicke d_1 eingeschoben, so steigt die Kapazität von

$$C_0 = \frac{\varepsilon_0 S}{d} \quad \text{auf} \quad C = \frac{S}{\dfrac{d-d_1}{\varepsilon_0} + \dfrac{d_1}{\varepsilon_1}}.$$

Wird ein Leiter von der Dicke d_1 eingeschoben, so steigt sie auf

$$C' = \frac{\varepsilon_0 S}{d-d_1}.$$

Der Leiter verhält sich also wie ein Isolator von der Konstante ∞. (s. unter C.)

B. Späterer Anwendungen wegen betrachten wir folgenden Fall: Es sei der ganze unendliche Raum von einem homogenen Isolator mit der Konstante ε erfüllt. In ihm befinde sich Elektrizität von der Dichte ϱ, ω. Dann ist im Punkte p das Potential

$$\varphi = \frac{1}{4\pi\varepsilon}\left\{\int \frac{\varrho \cdot d\tau}{r} + \int \frac{\omega \cdot dS}{r}\right\}, \tag{22a}$$

wo r den Abstand zwischen p und $d\tau$, bzw. p und dS bezeichnet. Dies läßt sich unmittelbar aus (3) ablesen. Von unserm jetzigen Standpunkt aus aber ist der Wert von φ so begründet. Es muß sein: $\mathfrak{E} = -\nabla\varphi$, und $\varepsilon \operatorname{div}\mathfrak{E} = \varrho$, $\varepsilon \operatorname{div}_s \mathfrak{E} = \omega$, $\mathfrak{E}$ endlich, und $= 0$ im Unendlichen.

Also gilt für φ:

$$\varepsilon \cdot \varDelta\varphi = -\varrho, \quad \varepsilon\left(\frac{\partial\varphi}{\partial n_1} + \frac{\partial\varphi}{\partial n_2}\right) = -\omega, \tag{22b}$$

φ stetig, und $= \text{const} \equiv 0$ im Unendlichen,

und diese Bedingungen bestimmen φ eindeutig. Der hingeschriebene Wert aber genügt ihnen, wie die Ableitungen am Anfang des § 2 zeigen. [Man setze in (5a, b), (6) ein: $\mathfrak{E} = -\nabla\varphi$ nach (2).] Zur Berechnung können nach Willkür der Integralausdruck oder die Gleichungen (22b) dienen.

Es sei nun durchweg $\omega = 0$; im Raum τ: $\varrho = \varepsilon = \text{const}$, außerhalb: $\varrho = 0$. φ sei in diesem Fall $= g$ gesetzt und als Newtonsches Potential des Raumes τ bezeichnet. Es wird

$$g = \int \frac{d\tau}{4\pi r}, \qquad (23)$$

und dieses g ist bestimmt durch die Bedingungen:

$$\Delta g = \begin{cases} -1 \text{ innerhalb } \tau \\ 0 \text{ außerhalb } \tau \end{cases},$$

g stetig, ∇g stetig, $g_\infty = 0$.

Ist τ eine Kugel vom Radius a, so ist g offenbar nur Funktion des Abstandes r_0 vom Mittelpunkt, und es wird nach (ζ_3):

$$\Delta g = \frac{1}{r_0^2} \frac{\partial}{\partial r_0}\left(r_0^2 \frac{\partial g}{\partial r_0}\right) = \begin{cases} -1 \\ 0 \end{cases} \quad \text{für} \quad r_0 \lessgtr a;$$

g und $\dfrac{\partial g}{\partial r_0}$ stetig überall, auch für $r_0 = a$; $\quad g_\infty = 0$.

Also für $r_0 < a$:

$$r_0^2 \frac{\partial g}{\partial r_0} = -\frac{r_0^3}{3} + c,$$

wo $c = 0$ sein muß, damit g für $r = 0$ endlich bleibt; folglich

$$\frac{\partial g}{\partial r_0} = -\frac{r_0}{3}, \qquad g = -\frac{r_0^2}{6} + c_1;$$

für $r_0 > a$:

$$r_0^2 \frac{\partial g}{\partial r_0} = c_2, \quad \text{folglich} \quad g = -\frac{c_2}{r_0} + c_3, \quad \text{wo} \quad c_3 = 0 \quad \text{wegen} \quad g_\infty = 0.$$

Die Bedingungen für $r_0 = a$ ergeben:

$$-\frac{a}{3} = \frac{c_2}{a^2}, \quad \text{und} \quad -\frac{a^2}{6} + c_1 = -\frac{c_2}{a}.$$

Also ist:

$$\text{für } r_0 < a: g = \frac{a^2}{2} - \frac{r_0^2}{6}; \quad \text{für } r_0 > a: g = \frac{a^3}{3r_0}. \qquad (24\text{a})$$

Für das Newtonsche Potential des Ellipsoids sei auf die Lehrbücher der Potentialtheorie (auch Elm. Feld 1., S. 50ff.) verwiesen. Hier soll lediglich der Wert von g im Innern des Ellipsoids ohne Beweis angegeben werden. Sei die Gleichung der Oberfläche:

$$\frac{x^2}{a^2} + \frac{y^2}{b^2} + \frac{z^2}{c^2} = 1, \qquad \text{wo } a > b > c.$$

Dann ist innerhalb

$$g = \text{const} - \frac{1}{2}\left(A x^2 + B y^2 + C z^2\right),$$

wo A, B, C Konstanten bezeichnen, die von den Achsenverhältnissen abhängen, und für die allgemein gilt:

$$0 < A < B < C < 1; \quad A + B + C = 1;$$

$$A \approx 0, \quad \text{wenn } \frac{c}{a} \approx 0; \quad C \approx 1, \quad \text{wenn } \frac{c}{b} \approx 0.$$

Im besonderen: wenn

$$a = b = \frac{c}{\sqrt{1 - e^2}}$$

(abgeflachtes Rotationsellipsoid), so ist

$$A = B = \frac{1}{2}\left\{\frac{\sqrt{1 - e^2}}{e^3}\arcsin e - \frac{1 - e^2}{e^2}\right\}, \qquad C = 1 - 2A; \tag{24b}$$

wenn

$$b = c = a\sqrt{1 - e^2}$$

(verlängertes Rotationsellipsoid), so ist

$$A = \frac{1 - e^2}{e^2}\left(\frac{1}{2e}\lg\frac{1 + e}{1 - e} - 1\right), \qquad B = C = \frac{1}{2}(1 - A).$$

(Für $e = 0$ ergeben die einen, wie die andern Ausdrücke:

$$A = B = C = \frac{1}{3},$$

in Übereinstimmung mit (24a).

C. Es liegt häufig folgende Aufgabe vor: Ein Feld $\mathfrak{E}_0$ ist gegeben. In dieses wird entweder a) ein homogener ungeladener Isolator von der Dielektrizitätskonstante ε_1 oder b) ein ungeladener Leiter gebracht. Gefragt wird nach dem neuen Feld $\mathfrak{E}$, oder gleichbedeutend nach dem Zusatzfeld

$$\mathfrak{Z} = \mathfrak{E} - \mathfrak{E}_0 \quad \text{oder}$$
$$\mathfrak{Z} = -\nabla\zeta, \quad \zeta = \varphi - \varphi_0. \tag{25}$$

Der Fall b) läßt sich allgemein auf den Fall a) zurückführen. Der eingebrachte Körper erfülle den Raum τ mit der Oberfläche S, den Normalen n nach innen, N nach außen. Das Feld $\mathfrak{E}$ ist dann bestimmt durch folgende Bedingungen, wenn ε die Dielektrizitätskonstante auf der Außenseite von S bezeichnet.

Im Fall a) in τ: div $\mathfrak{E} = 0$,   an S: $\varepsilon_1\mathfrak{E}_n + \varepsilon\mathfrak{E}_N = 0$,

im Fall b) in τ: $\mathfrak{E} = 0$,   an S: $\oint \varepsilon\mathfrak{E}_N \cdot dS = 0$, wozu beiden Fällen gemeinsam die Daten im Außenraum entsprechend den dort gegebenen ϱ, ω, e_L, und die Bedingung

$$\int_{\circ} \mathfrak{E}_l \cdot dl = 0$$

kommen.

Aus den Bedingungen unter a) folgt nach (η_1):

$$\int_{\circ} \varepsilon\, \mathfrak{E}_N \cdot dS = 0\,.$$

Setzt man nun

$$\frac{\varepsilon}{\varepsilon_1} = 0\,,$$

so folgt weiter aus der zweiten Gleichung:

$$\mathfrak{E}_n = 0\,,$$

und hieraus zusammen mit der ersten Gleichung nach (10b): $\int \varepsilon \mathfrak{E}^2 \cdot d\tau = 0$, folglich in τ: $\mathfrak{E} = 0$, — also die Gleichungen des Falles b).

Somit ergibt sich: Ist das Feld gefunden für den Fall, daß τ von einem homogenen Isolator erfüllt ist, so erhält man das Feld für den Fall, daß τ von einem homogenen Leiter erfüllt ist, indem man

$$\frac{\varepsilon_1}{\varepsilon} = \infty$$

setzt.

Entsprechend den Verhältnissen, die bei den Versuchen vorausgesetzt werden (vgl. § 5 und Kap. II, § 9, A), nehmen wir an, es sei bis auf große Entfernungen von dem Raum τ, und somit überall da, wo $\mathfrak{Z}$ von merklichem Betrage ist, der gleiche homogene Isolator von der Dielektrizitätskonstante ε_0 vorhanden, der zuvor auch den Raum τ ausfüllte. Dann ist in τ:

$$\operatorname{div} \mathfrak{E} = 0\,; \quad \operatorname{div} \mathfrak{E}_0 = 0\,.$$

Im Außenraum, soweit er für $\mathfrak{Z}$ in Betracht kommt:

$$\varepsilon_0 \operatorname{div} \mathfrak{E} = \varepsilon_0 \operatorname{div} \mathfrak{E}_0 = \varrho\,.$$

An der Oberfläche S von τ:

$$\varepsilon_1 \mathfrak{E}_n + \varepsilon_0 \mathfrak{E}_N = 0\,; \quad \mathfrak{E}_{0n} + \mathfrak{E}_{0N} = 0\,.$$

Daraus folgt für $\mathfrak{Z}$:

innen wie außen: $\operatorname{div} \mathfrak{Z} = 0$; im Unendlichen: $\mathfrak{Z} = 0$; $\left.\right\}$ (25a)

an S: $\varepsilon_1 \mathfrak{Z}_n + \varepsilon_0 \mathfrak{Z}_N = (\varepsilon_1 - \varepsilon_0)\, \mathfrak{E}_{0N}$

oder für ζ:

$$\text{innen wie außen:} \quad \Delta\zeta = 0; \quad \text{im Unendlichen:} \quad \zeta = 0$$
$$\text{an } S: \varepsilon_1 \frac{\partial\zeta}{\partial n} + \varepsilon_0 \frac{\partial\zeta}{\partial N} = -(\varepsilon_1 - \varepsilon_0)\,\mathfrak{E}_{0N}. \tag{25b}$$

Wir geben die Lösung für einige Fälle. Jedesmal soll das ursprüngliche Feld im Raum τ gleichförmig, d. h. konstant nach Größe und Richtung sein, so daß in der Gleichung

$$\mathfrak{E}_{0N} = \mathfrak{E}_{0x} \cdot \cos(Nx) + \mathfrak{E}_{0y} \cdot \cos(Ny) + \mathfrak{E}_{0z} \cdot \cos(Nz) \tag{25c}$$

die Größen $\mathfrak{E}_{0x}$, $\mathfrak{E}_{0y}$, $\mathfrak{E}_{0z}$ Konstanten bedeuten. In dieses Feld werde

1. eine **Kugel** vom Radius a gebracht. Wir nehmen die Feldrichtung zur x-Achse, nennen ϑ den Winkel (Nx), und betrachten die Funktion

$$g_x = \frac{\partial g}{\partial x},$$

wo

$$g = \int \frac{d\tau}{4\pi r}$$

das Newtonsche Potential der Kugel bezeichnen soll. Dann ist nach (24a):

$$\text{innen:} \quad g_x = -\frac{1}{3}\,x = -\frac{1}{3}\,r_0 \cdot \cos\vartheta$$

($r_0 = $ Abstand vom Mittelpunkt);

$$\text{außen:} \quad g_x = -\frac{1}{3}\,x\left(\frac{a}{r_0}\right)^3 = -\frac{1}{3}\frac{a^3}{r_0^2}\cos\vartheta;$$

also an S:

$$\frac{\partial g_x}{\partial n} = -\frac{\partial g_x}{\partial r_0} = \frac{1}{3}\cos\vartheta, \qquad\qquad \frac{\partial g_x}{\partial N} = \frac{\partial g_x}{\partial r_0} = \frac{2}{3}\cos\vartheta,$$

und innen wie außen:

$$\Delta g_x = 0,$$

im Unendlichen:

$$g_x = 0.$$

Wir können daher den Bedingungen (25b) genügen, indem wir $\zeta = c g_x$ setzen. Die Konstante c ergibt sich durch Einsetzen in die letzte der Gleichungen (25b) als

$$c = -3\,\frac{\varepsilon_1 - \varepsilon_0}{\varepsilon_1 + 2\varepsilon_0}\,\mathfrak{E}_{0x}.$$

Im Innern der Kugel wird

$$\mathfrak{Z}_y = \mathfrak{Z}_z = 0\,, \quad \mathfrak{Z}_x = -c\,\frac{\partial g_x}{\partial x} = -\frac{\varepsilon_1 - \varepsilon_0}{\varepsilon_1 + 2\varepsilon_0}\,\mathfrak{E}_{0x}\,,$$

also

$$\mathfrak{E}_y = \mathfrak{E}_z = 0\,, \quad \mathfrak{E}_x = \frac{3\varepsilon_0}{\varepsilon_1 + 2\varepsilon_0}\,\mathfrak{E}_{0x}\,. \tag{26}$$

Das neue Feld bleibt in der Kugel gleichförmig und dem ursprünglichen gleichgerichtet, ist aber, wenn das umgebende Medium Luft ist, geschwächt.

Wir betrachten jetzt die Funktion g_x für einen beliebigen Raum τ. Es ist, wenn $x'y'z'$ laufende Koordinaten in τ bezeichnen,

$$g_x = \int \frac{\partial \dfrac{1}{r}}{\partial x}\,\frac{d\tau}{4\pi} = -\int \frac{\partial \dfrac{1}{r}}{\partial x'}\,\frac{d\tau}{4\pi} = -\int_{O} \frac{\cos(Nx)}{4\pi r}\,dS \quad \text{nach } (\vartheta_1)\,,$$

d. h. g_x ist das Potential einer Oberflächenverteilung von der Dichte $\omega = -\cos(Nx)$. Es ist demnach:

$$\left.\begin{array}{l} \text{innen wie außen } \Delta g_x = 0\,;\ \text{im Unendlichen: } g_x = 0\,; \\[2mm] \text{an } S\colon\ \dfrac{\partial g_x}{\partial n} + \dfrac{\partial g_x}{\partial N} = \cos(Nx). \end{array}\right\} \tag{27}$$

Dies gilt allgemein; ist aber τ eine Kugel, so ist jede der beiden Größen

$$\frac{\partial g_x}{\partial n} \quad \text{und} \quad \frac{\partial g_x}{\partial N}$$

für sich proportional mit $\cos(Nx)$. Eben deshalb befriedigt eine in g_x lineare Funktion ζ auch die Gleichungen (25b, c). Daß aber

$$\frac{\partial g_x}{\partial n} \quad \left(\text{und folglich auch } \ \frac{\partial g_x}{\partial N}\right)$$

diese Eigenschaft hat, ist dadurch bedingt, daß g_x im Innern der Kugel lineare, g quadratische Funktion von x ist.

Wir führen noch ein

$$g_y = \frac{\partial g}{\partial y} \quad \text{und} \quad g_z = \frac{\partial g}{\partial z}\,,$$

deren bestimmende Eigenschaften aus (27) unmittelbar abgelesen werden können, und erkennen: wenn für einen bestimmten Raum τ das Potential g im Innern quadratische Funktion von x, y, z ist, so genügt man den Gleichungen (25b, c), indem man für ζ einen in g_x, g_y, g_z linearen Ausdruck nimmt.

Einen solchen Raum bildet

2. das **Ellipsoid**, für welches die Funktion g im Innenraum in (24b) angegeben ist. Es folgt aus ihrem Wert:

$$g_x = -Ax, \qquad g_y = -By, \qquad g_z = -Cz,$$

also

$$\frac{\partial g_x}{\partial n} = A \cos(Nx) \ \text{usw.},$$

und folglich nach (27):

$$\frac{\partial g_x}{\partial N} = (1-A) \cos(Nx) \ \text{usw.}$$

Setzen wir also an:

$$\zeta = \alpha g_x + \beta g_y + \gamma g_z,$$

so wird

$$\frac{\partial \zeta}{\partial n} = \alpha A \cos(Nx) + \beta B \cos(Ny) + \gamma C \cos(Nz),$$

und

$$\frac{\partial \zeta}{\partial N} = \alpha(1-A)\cos(Nx) + \beta(1-B)\cos(Ny) + \gamma(1-C)\cos(Nz).$$

Mit diesen Werten wird (25b, c) erfüllt, wenn

$$\varepsilon_1 \alpha A + \varepsilon_0 \alpha (1-A) = -(\varepsilon_1 - \varepsilon_0)\,\mathfrak{E}_{0x}$$

ist, usw. Setzt man noch zur Abkürzung

$$\frac{\varepsilon_1 - \varepsilon_0}{\varepsilon_0} = \eta, \tag{28a}$$

so ergibt sich nach (25): im Innern ist

$$\mathfrak{E}_x = \frac{\mathfrak{E}_{0x}}{1+A\eta}, \qquad \mathfrak{E}_y = \frac{\mathfrak{E}_{0y}}{1+B\eta}, \qquad \mathfrak{E}_z = \frac{\mathfrak{E}_{0z}}{1+C\eta}. \tag{28b}$$

Das Feld im Innern bleibt also auch hier gleichförmig, es ist aber im allgemeinen gegen das ursprüngliche Feld gedreht.

Das Zusatzpotential ist im ganzen Raum:

$$\zeta = -\left\{ \frac{\mathfrak{E}_{0x}}{A + \dfrac{1}{\eta}}\, g_x + \frac{\mathfrak{E}_{0y}}{B + \dfrac{1}{\eta}}\, g_y + \frac{\mathfrak{E}_{0z}}{C + \dfrac{1}{\eta}}\, g_z \right\}.$$

Um einfache Ausdrücke zu erhalten, nehmen wir $\mathfrak{E}_0$ parallel zu x an, und betrachten eine Stelle auf der verlängerten a-Achse in großem Abstand r_0 von τ.

Dort ist

$$g = \frac{\tau}{4\pi r_0}, \qquad \zeta = -\frac{\mathfrak{E}_{0x}}{A + \dfrac{1}{\eta}}\,\frac{\tau}{4\pi}\,\frac{\partial \dfrac{1}{r_0}}{\partial x},$$

$\mathfrak{Z}$ parallel zu x, und

$$\mathfrak{Z}_x = -\frac{\partial \zeta}{\partial x} = \frac{\mathfrak{E}_{0x}}{A + \dfrac{1}{\eta}}\,\frac{\tau}{2\pi r_0^3}.$$

Aus der Beobachtung dieser Feldänderung läßt sich also η, d. h.

$$\frac{\varepsilon_1}{\varepsilon_0}$$

finden, aber bei großen Werten von $\dfrac{\varepsilon_1}{\varepsilon_0}$ nur dann, wenn A sehr klein, also die Achse $2a$ sehr groß gegen wenigstens eine der anderen Achsen ist.

3. **Hohlkugel** mit den Radien a_1 und $a_2 > a_1$ im gleichförmigen Feld $\mathfrak{E}_0$, dessen Richtung wir wieder als x-Achse nehmen. Die letzte der Bedingungen (25b) liefert jetzt zwei Gleichungen, nämlich, wenn wir die Werte von ζ im Hohlraum, in der Kugelschale, im Außenraum bzw. mit ζ_i, ζ_k, ζ_a bezeichnen und wieder $(Nx) = \vartheta$ setzen,

$$\text{für } r_0 = a_1: \quad -\varepsilon_0 \frac{\partial \zeta_i}{\partial r_0} + \varepsilon_1 \frac{\partial \zeta_k}{\partial r_0} = +(\varepsilon_1 - \varepsilon_0)\,\mathfrak{E}_{0x}\cos\vartheta,$$

$$\text{für } r_0 = a_2: \quad -\varepsilon_1 \frac{\partial \zeta_k}{\partial r_0} + \varepsilon_0 \frac{\partial \zeta_a}{\partial r_0} = -(\varepsilon_1 - \varepsilon_0)\,\mathfrak{E}_{0x}\cos\vartheta.$$

Die Rechnung unter 1. zeigt, daß man allen Bedingungen (25b, c) genügen kann durch einen Ansatz von der Form:

$$\zeta = c_1\zeta_1 + c_2\zeta_2,$$

wo für $r_0 < a_1$: $\zeta_1 = r_0\cos\vartheta$, für $r_0 < a_2$: $\zeta_2 = r_0\cos\vartheta$

$$\text{für } r_0 > a_1: \zeta_1 = \frac{a_1^3}{r_0^2}\cos\vartheta, \qquad \text{für } r_0 > a_2: \zeta_2 = \frac{a_2^3}{r_0^2}\cos\vartheta.$$

Einsetzen in die vorangehenden Gleichungen ergibt zur Bestimmung von c_1 und c_2:

$$-\varepsilon_0\,(c_1 + c_2) \qquad + \varepsilon_1\,(-2c_1 + c_2) \qquad = +(\varepsilon_1 - \varepsilon_0)\,\mathfrak{E}_{0x},$$

$$-\varepsilon_1\,(-2c_1\beta + c_2) + \varepsilon_0\,(-2c_1\beta - 2c_2) = -(\varepsilon_1 - \varepsilon_0)\,\mathfrak{E}_{0x},$$

wo $$\beta = \left(\frac{a_1}{a_2}\right)^3.$$

3*

Wir wollen nur das Feld im Hohlraum hinschreiben; es ist dort

$$\zeta = \zeta_i = (c_1 + c_2)\, r_0 \cos\vartheta = (c_1 + c_2)\, x,$$

also $\mathfrak{Z}$ parallel x, und

$$\mathfrak{Z}_x = -(c_1 + c_2);$$

weiter $\mathfrak{E}$ parallel x, und

$$\mathfrak{E}_x = \mathfrak{E}_{0x} - (c_1 + c_2).$$

Das ergibt:

$$\mathfrak{E}_x = \frac{\mathfrak{E}_{0x}}{1 + \dfrac{2}{9}\dfrac{(\varepsilon_1 - \varepsilon_0)^2}{\varepsilon_1 \varepsilon_0}(1 - \beta)}, \qquad \beta = \left(\frac{a_1}{a_2}\right)^3. \tag{29}$$

Das Feld im Hohlraum ist also auf einen bestimmten Bruchteil abgeschwächt. Dieser hängt bei gegebener Form von dem Verhältnis

$$\frac{\varepsilon_1}{\varepsilon_0}$$

ab, und hat bei gegebenem Wert dieses Quotienten eine bestimmte untere Grenze. Null wird das Feld nur für

$$\frac{\varepsilon_1}{\varepsilon_0} = \infty,$$

dann aber bei beliebig dünner Kugelschale. Dies ist das bekannte Verhalten im Hohlraum eines Leiters.

§ 4. Die mechanischen Kräfte im elektrostatischen Feld.

A. Wir betrachten zunächst ein Feld, in welchem sich Elektrizität ausschließlich auf Leitern befindet. Die Kräfte, welche auf die Leiter wirken, können dann angegeben werden, sobald die Koeffizienten α der Gleichungen (16) [oder die q der Gleichungen (16a)] bekannt sind. Wir erhalten nämlich den allgemeinsten Ausdruck der Kräfte, wenn wir die Arbeit A_e berechnen können, welche von ihnen bei beliebigen virtuellen Lagen- und Formänderungen der Leiter geleistet wird. Wie wir in § 6 (S. 68) zeigen werden, fordert das Energieprinzip, die Arbeit gleich der Abnahme zu setzen, welche bei diesen Änderungen der Wert von W_e erleidet, berechnet unter der Annahme, daß jeder homogene Leiter L_i seine Ladung e_i behält.

[Diese Annahme trifft bei tatsächlichen Verschiebungen nicht immer zu: sind mehrere solche L_i miteinander verbunden, so be-

bestehen zwischen ihnen Potentialdifferenzen, die durch die Art der Verbindung gegeben sind; diese bleiben bei den Verschiebungen erhalten, die e_i aber ändern sich. In solchem Fall aber ist die Arbeit A_e nicht die einzige abgegebene Energie; es finden andere Energieumsetzungen von gleicher Größenordnung statt, die mit der Änderung der Elektrizitätsverteilung auf den Leitern (der Strömung) verknüpft sind.]

Denken wir also die Gleichungen (16) nach den φ_i aufgelöst:

$$\varphi_i = \beta_{i1} e_1 + \beta_{i2} e_2 + \cdots + \beta_{in} e_n, \tag{30}$$

wo

$$\beta_{ik} = \beta_{ki}. \tag{31}$$

Dann ist

$$W_e = \frac{1}{2}\beta_{11} e_1^2 + \beta_{12} e_1 e_2 + \cdots + \frac{1}{2}\beta_{nn} e_n^2 \tag{32}$$

und

$$A_e = -\left\{\frac{1}{2} e_1^2 \cdot \delta\beta_{11} + e_1 e_2 \cdot \delta\beta_{12} + \cdots\right\}. \tag{33}$$

Gewöhnlich sind nicht die e_i und β_{ik}, sondern die φ_i und α_{ik} (oder q_{ik}) unmittelbar gegeben. Mittels (16) und (30) kann man diese in (33) einführen. Es ergibt sich zunächst durch zweimalige Benutzung von (30):

$$A_e = -\frac{1}{2}\sum e_i \cdot \delta\varphi_i + \frac{1}{2}\sum \varphi_i \cdot \delta e_i. \tag{33a}$$

Weiter durch zweimalige Benutzung von (16):

$$A_e = +\left\{\frac{1}{2}\varphi_1^2 \cdot \delta\alpha_{11} + \varphi_1 \varphi_2 \cdot \delta\alpha_{12} + \cdots\right\}, \tag{33b}$$

oder:

$$A_e = \frac{1}{2}\sum_{i,k}{}' (\varphi_i - \varphi_k)^2 \cdot \delta q_{ik}. \tag{33c}$$

Die Ausdrücke (33) bis (33c) sind, wie die Herleitung zeigt, identisch gleich; jeder von ihnen ist gültig, gleichviel ob bei den tatsächlichen Verschiebungen die φ_i oder die e_i sich ändern.

Für den einfachsten Fall eines Leiters ist

$$e_1 = \alpha_{11}\varphi_1; \qquad \varphi_1 = \beta_{11} e_1, \qquad \text{wo} \quad \beta_{11} = \frac{1}{\alpha_{11}},$$

$$W_e = \frac{1}{2}\beta_{11} e_1^2 = \frac{1}{2} e_1 \varphi_1 = \frac{1}{2}\alpha_{11}\varphi_1^2,$$

$$A_e = -\frac{1}{2} e_1^2 \cdot \delta\beta_{11} = -\frac{1}{2} e_1 \cdot \delta\varphi_1 + \frac{1}{2}\varphi_1 \cdot \delta e_1 = \frac{1}{2}\varphi_1^2 \cdot \delta\alpha_{11}.$$

Vorrichtungen, durch welche elektrostatische Kräfte gemessen, und damit Potentialdifferenzen bestimmt werden, heißen **Elektrometer.** Hier einige Formen.

Zylinderelektrometer. Ein Zylinder vom Radius R_1 und Potential φ_1 sei umgeben von zwei koaxialen Zylindern vom gleichen Radius R_2 und den Potentialen φ_2 und φ_3. Seine Enden seien von den Enden der äußeren Zylinder sehr weit entfernt (im Verhältnis zum Abstand $R_2 - R_1$). Das ganze möge von einer leitenden Hülle (Potential φ_0) umgeben sein. Es gilt dann der Wert γ der Gleichung (20) für die von den Enden weit entfernten Teile der Zylinderpaare *1, 2* und *1, 3* (s. Abb. 5). An den Enden ist die Verteilung der Kraftlinien nicht bekannt; ebensowenig der Verlauf der Kraftlinien zwischen *2* und *3*, und zwischen *1, 2, 3* und der Hülle. Aber alle diese unbekannten Kraftlinien bleiben offenbar unverändert bei einer Parallelverschiebung δx des inneren Zylinders, während

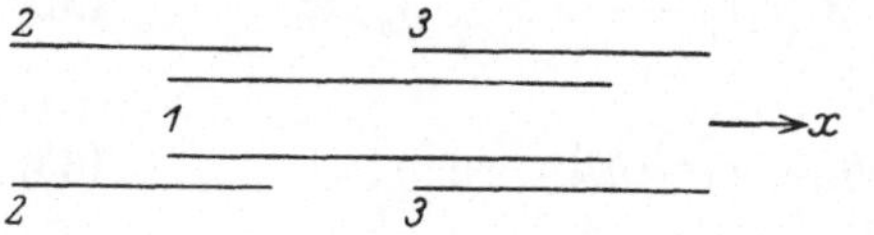

$$\delta q_{13} = -\delta q_{12} = \gamma \cdot \delta x$$

ist. Es wirkt also auf ihn eine Kraft

$$\mathfrak{f}_x = \frac{1}{2}\,\gamma\{(\varphi_1 - \varphi_3)^2 - (\varphi_1 - \varphi_2)^2\}, \qquad \gamma = \frac{2\pi\varepsilon}{\lg\dfrac{R_2}{R_1}}. \tag{34}$$

Aus dieser Anordnung entsteht der **Quadrantelektrometer** durch folgende Änderungen: Man denke das gestreckte Leitersystem der Abb. 5 zum Halbkreis gebogen, durch ein gleiches zur kreisförmigen Anordnung ergänzt, je zwei diametral gegenüberliegende Leiter leitend verbunden, endlich die Form der Leiter verändert unter Aufrechterhaltung der Symmetrieverhältnisse und der Bedingung bezüglich der Ränder. Es wirkt dann auf den innern Leiter *1*, die **Nadel** des Quadrantelektrometers, ein Drehmoment im Sinn der von *2* nach *3* wachsenden Winkel ϑ:

$$\Theta = \frac{1}{2}\,k\{(\varphi_1 - \varphi_3)^2 - (\varphi_1 - \varphi_2)^2\}, \tag{34a}$$

wo

$$k = \frac{\partial q_{13}}{\partial \vartheta} = -\frac{\partial q_{12}}{\partial \vartheta}$$

eine experimentell zu ermittelnde positive Konstante bedeutet.

Wird, durch Verbindung mittels eines homogenen Leiters, $\varphi_1 = \varphi_2$ gemacht, (Doppelschaltung), so hat man

$$\Theta = \frac{1}{2}\,k\,(\varphi_2 - \varphi_3)^2. \tag{34b}$$

Wird dagegen, etwa mittels einer vielgliedrigen galvanischen Kette,

$$\varphi_1 - \varphi_2 = a$$

konstant gehalten und sehr groß gegen das zu messende

$$\varphi_2 - \varphi_3 = x,$$

so hat man

$$\Theta = k\,a\,x. \tag{34c}$$

k enthält neben geometrischen Daten als Faktor die Dielektrizitätskonstante des Isolators, der das Elektrometer erfüllt. Es können also durch Kraftmessungen die Dielektrizitätskonstanten verschiedener Flüssigkeiten und Gase verglichen werden. Nach (34b) mißt man $\varphi_2 - \varphi_3$ in einem willkürlichen, aber für das Instrument unveränderlichen Maß. Nach (34c) ist die Empfindlichkeit abhängig von der willkürlichen Hilfsspannung a. Dafür aber ist sie bei dieser Schaltung unabhängig von der zu messenden Spannung, während sie in der Schaltung von (34b) zugleich mit dieser sich dem Wert Null nähert. Nach (34) kann ferner am Zylinderelektrometer in Doppelschaltung die Größe $\varepsilon\,(\varphi_2 - \varphi_3)^2$ in absolutem mechanischem Maß gemessen werden, also $\varphi_2 - \varphi_3$ in unveränderlichem Maß, sobald man für das ε_0 der Luft einen bestimmten Wert willkürlich festsetzt. (Im sog. absoluten elektrostatischen Maßsystem setzt man

$$\varepsilon_0 = \frac{1}{4\,\pi}\,;$$

dieses Maßsystem hat aber nur noch geschichtliche Bedeutung. Weiteres in Kap. III, § 5.)

Die absoluten Messungen werden tatsächlich fast stets mittels des Schutzringelektrometers ausgeführt. Zwei ebene parallele Leiter sind durch eine Luftschicht von der Dicke d getrennt. Aus dem einen Leiter ist ein vom Rande weit entferntes Stück von der Fläche S durch einen sehr engen Schnitt von dem Rest abgetrennt. Die Kraft, welche auf dieses bewegliche Stück wirkt und die Richtung nach der gegenüberstehenden Platte hat, kann auf dem hier angegebenen Wege nicht einwandfrei berechnet

werden. Aus den in B zu entwickelnden Sätzen aber folgt, daß
sie den Wert

$$f = \int \frac{1}{2}\,\varepsilon_0\,\mathfrak{E}^2 \cdot dS$$

hat, und dies ist, sofern man das Feld für die ganze Ausdehnung
von S als gleichförmig betrachten darf:

$$f = \frac{1}{2}\,(\varphi_1 - \varphi_2)^2 \cdot \frac{S\,\varepsilon_0}{d^2}\ {}^1). \tag{35}$$

Goldblattelektroskop. Indem bei der bekannten Anordnung die Blättchen sich spreizen, nähern sie sich der Hülle, und
wächst somit ihre Kapazität. Sie spreizen sich also tatsächlich,
entgegen der Schwerkraft, um so stärker, je größer die Potentialdifferenz zwischen Blättchen und Hülle ist. Das Instrument kann
empirisch geeicht und so zu einem absoluten Elektrometer gemacht
werden. (Abgeänderte Formen von Exner und Braun.) Aber die
Lage der Hülle ist wesentlich, und beim Fehlen einer leitenden
Hülle sind die Angaben des Instruments ohne Bedeutung. Es ist
irreführend, wenn die Wirkung auf eine gegenseitige Abstoßung
der Blättchen zurückgeführt wird; denn in dem Raum zwischen
den Blättchen ist kein Feld vorhanden.

Die wirksamen Teile eines Elektrometers bestehen aus dem
gleichen Metall. Verbindet man mit ihnen die beiden Teile eines
Kondensators, die ebenfalls aus gleichem Metall bestehen mögen,
so ist zwischen diesen dieselbe Potentialdifferenz vorhanden, die am
Elektrometer gemessen wird. Das gleiche gilt bezüglich der aus
gleichen Metallen bestehenden Endglieder einer galvanischen Kette. Von der Messung der Potentialdifferenz zwischen
verschiedenen Leitern soll später die Rede sein.

In zweiter Linie kann das Elektrometer zur Vergleichung von
Kapazitäten C_1 und C_2 und somit wiederum von Dielektrizitätskonstanten dienen: Das Elektrometer werde mittels einer unveränderlichen galvanischen Kette von der Spannung V_0 zunächst
unmittelbar geladen. In einem zweiten Versuch werde die gleiche
Spannung an einen Kondensator (C_1) angelegt, der dadurch die
Ladung $e = C_1\,V_0$ erhält. Trennt man den Kondensator nun von
der Kette ab und verbindet ihn mit dem vorher ungeladenen Elek-

---

¹) Die Korrektion wegen des Schlitzes bei G. Kirchhoff, Ges.
Abhdlgn., Seite 113.

trometer, so erhält dieses eine Spannung V_1, die gegeben ist durch $e = (C_1 + C_0)\,V_1$, wo C_0 die Kapazität des Elektrometers bedeutet. Indem man

$$\frac{V_1}{V_0}$$

mißt, bestimmt man also

$$\frac{C_1}{C_0} \; ;$$

und mittels einer weiteren Messung

$$\frac{C_1}{C_2} \, .$$

B. Es sollen jetzt die Elementarkräfte in einem elektrostatischen Feld allgemein abgeleitet werden. Die Grundlage bildet der Ansatz, daß die Arbeit dieser Kräfte bei irgend welchen unendlich kleinen Verschiebungen der Körperelemente gleich der Abnahme ist, welche die Energie W_e bei diesen Verschiebungen erfährt unter der Annahme, daß sowohl die Dielektrizitätskonstanten wie die elementaren Elektrizitätsmengen an den Körperelementen haften. Die erste dieser Annahmen läßt die kleinen Änderungen außer Acht, welche die Dielektrizitätskonstante durch Formänderungen des Mediums erfährt. Bezüglich der zweiten Annahme vgl. S. 36 und S. 68. Wenn die Elektrizitätsverteilung und überall der Wert von ε gegeben ist, so ist dadurch das Feld und somit auch W_e bestimmt. Wir haben zu berechnen, wie sich W_e verändert durch willkürlich vorgeschriebene unendlich kleine Verschiebungen der Körperelemente, die ihre de und ihre ε mit sich tragen. Wir werden zunächst voraussetzen, daß die Übergänge zwischen den Körpern und ebenso diejenigen der elektrischen Dichte ϱ durchweg stetig sind, d. h. wir setzen

$$\varepsilon \quad \text{und} \quad \varrho = \frac{de}{d\tau}$$

als stetige Funktionen der Koordinaten voraus (wodurch zugleich Elektriztiätsverteilung mit endlicher Flächendichte ausgeschlossen ist). Wir sind dann sicher, daß unendlich kleine Verschiebungen der Materie in einem bestimmten Raumpunkt stets nur unendlich kleine Änderungen $\delta\varrho$ und $\delta\varepsilon$ hervorbringen, und daß die Veränderungen von W_e, welche den $\delta\varrho$ einerseits und den $\delta\varepsilon$ andrerseits entsprechen, sich einfach überlagern; also

$$\delta W_e = \delta_\varrho W_e + \delta_\varepsilon W_e \, .$$

Es seien nun in einem vollständigen Felde   a) zwei unendlich wenig verschiedene Elektrizitätsverteilungen e und $e + \delta e$ bei gleicher Verteilung der ε gegeben. Es ist dann nach Gleichung (13):

$$\delta_\varrho W_e = \int \varphi \cdot \delta \varrho \cdot d\tau \, .$$

Es seien   b) zwei verschiedene Verteilungen ε und ε_0 der Dielektrizitätskonstanten gegeben bei gleicher Verteilung der e. Es ist dann

$$W_e = \int \frac{1}{2} \, \varphi \varrho \cdot d\tau \, , \qquad W_{e0} = \int \frac{1}{2} \, \varphi_0 \, \varrho \cdot d\tau \, ,$$

wo

$$\mathfrak{E} = -\nabla \varphi \, , \quad \mathfrak{E}_0 = -\nabla \varphi_0 \, , \quad \varrho = \operatorname{div}(\varepsilon \mathfrak{E}) = \operatorname{div}(\varepsilon_0 \mathfrak{E}_0) \, ;$$

also nach (10a)

$$W_e = \int \frac{1}{2} \, \mathfrak{E} \cdot \varepsilon_0 \mathfrak{E}_0 \cdot d\tau \, , \qquad W_{e0} = \int \frac{1}{2} \, \mathfrak{E}_0 \cdot \varepsilon \mathfrak{E} \cdot d\tau \, ,$$

$$W_e - W_{e0} = -\int \frac{1}{2} \, (\varepsilon - \varepsilon_0) \, \mathfrak{E} \mathfrak{E}_0 \cdot d\tau \, . \tag{36}$$

Sind nun die ε und ε_0, und somit auch $\mathfrak{E}$ und $\mathfrak{E}_0$ unendlich wenig verschieden, so wird daraus:

$$\delta_\varepsilon W_e = -\int \frac{1}{2} \, \delta \varepsilon \cdot \mathfrak{E}^2 \cdot d\tau \, .$$

Unser Ansatz:

$$A_e = -\delta W_e = -\delta_\varrho W_e - \delta_\varepsilon W_e = \int \left\{ -\varphi \cdot \delta \varrho + \frac{1}{2} \, \mathfrak{E}^2 \cdot \delta \varepsilon \right\} d\tau$$

verlangt nun, die $\delta \varrho$ und $\delta \varepsilon$ durch die unendlich kleinen Verschiebungen $\mathfrak{u}$ ihrer materiellen Träger auszudrücken. Die Verschiebung $\mathfrak{u}$ führt durch ein Flächenelement dS mit der Normalen N diejenige Elektrizitätsmenge in der Richtung der positiven N, die in einem Parallelepiped von der Grundfläche dS und der Höhe $\mathfrak{u}_N$ enthalten ist, d. h. $\varrho \mathfrak{u}_N \cdot dS$. Somit ist, wenn e die Elektrizitätsmenge in τ bezeichnet, nach (η):

$$-\int \delta \varrho \cdot d\tau = -\delta e = \int_O \varrho \mathfrak{u}_N \cdot dS = \int \operatorname{div}(\varrho \mathfrak{u}) \cdot d\tau \, .$$

Also

$$-\delta \varrho = \operatorname{div}(\varrho \mathfrak{u}) \, .$$

Führe die Verschiebung $\mathfrak{u}$ vom Punkte p' zum Punkte p; seien ε' und ε die Werte in p' und p vor der Verschiebung. Dann besteht nach der Verschiebung in p der Wert $\varepsilon' = \varepsilon + \delta \varepsilon$. Also ist, wenn l die Richtung von $\mathfrak{u}$ bezeichnet:

$$\delta\varepsilon = \varepsilon(p') - \varepsilon(p) = -\frac{\partial\varepsilon}{\partial l}\,|\mathfrak{u}|$$

oder nach (γ):

$$\delta\varepsilon = -\nabla\varepsilon\cdot\mathfrak{u} \qquad [\text{vgl. auch } (\tau)].$$

Somit wird

$$A_e = \int\left\{\varphi\cdot\operatorname{div}(\varrho\mathfrak{u}) - \frac{1}{2}\,\mathfrak{E}^2\cdot\nabla\varepsilon\cdot\mathfrak{u}\right\}d\tau$$

und nach (ϑ), da das Oberflächenintegral verschwindet[1]):

$$A_e = \int\left\{\mathfrak{E}\cdot\varrho\mathfrak{u} - \frac{1}{2}\,\mathfrak{E}^2\cdot\nabla\varepsilon\cdot\mathfrak{u}\right\}d\tau$$

oder:

$$A_e = \int\mathfrak{f}\mathfrak{u}\cdot d\tau,$$

wo

$$\mathfrak{f} = \varrho\,\mathfrak{E} - \frac{1}{2}\,\mathfrak{E}^2\cdot\nabla\varepsilon. \tag{37}$$

Nach Ausweis der vorangehenden Gleichung ist dieses $\mathfrak{f}$ die Kraft, welche auf die Materie in der Volumeinheit wirkt.

Sie ist an allen Stellen, wo die Dielektrizitätskonstante sich räumlich nicht ändert, $= \varrho\,\mathfrak{E}$; an solchen Stellen also hat die Feldstärke noch die ursprüngliche Bedeutung der Kraft auf den Träger der Elektrizitätsmenge Eins. Im allgemeinen aber hat die mechanische Kraft noch einen zweiten Bestandteil; sie treibt auch ein ungeladenes Teilchen in der Richtung abnehmender ε-Werte.

Der Ausdruck (37) wird unbrauchbar an allen Stellen, wo ε sich sprunghaft ändert oder Elektrizität mit Flächendichte verbreitet ist, somit für die Oberflächen von Isolatoren sowohl wie von Leitern. Wir wollen ihn umformen. Die rechtwinkligen Komponenten von $\mathfrak{f}$ sind

$$\mathfrak{f}_x = \varrho\,\mathfrak{E}_x - \frac{1}{2}\,\mathfrak{E}^2\frac{\partial\varepsilon}{\partial x},\;\cdot\cdot$$

wo

$$\varrho = \frac{\partial(\varepsilon\,\mathfrak{E}_x)}{\partial x} + \frac{\partial(\varepsilon\,\mathfrak{E}_y)}{\partial y} + \frac{\partial(\varepsilon\,\mathfrak{E}_z)}{\partial z},\quad \mathfrak{E}^2 = \mathfrak{E}_x^2 + \mathfrak{E}_y^2 + \mathfrak{E}_z^2.$$

---

[1]) Wie stets, wenn es sich um ein vollständiges Feld handelt. Es wird bei den noch vielfach wiederkehrenden Umformungen von Raumintegralen im allgemeinen nicht mehr erwähnt werden.

Das läßt sich schreiben, da

$$\frac{\partial \mathfrak{E}_x}{\partial y} = \frac{\partial^2 \varphi}{\partial x \cdot \partial y} = \frac{\partial \mathfrak{E}_y}{\partial x}$$

ist:

$$\text{nebst} \quad
\left.\begin{aligned}
\mathfrak{f}_x &= \frac{\partial p_x^x}{\partial x} + \frac{\partial p_x^y}{\partial y} + \frac{\partial p_x^z}{\partial z} \\[4pt]
\mathfrak{f}_y &= \frac{\partial p_y^x}{\partial x} + \frac{\partial p_y^y}{\partial y} + \frac{\partial p_y^z}{\partial z} \\[4pt]
\mathfrak{f}_z &= \frac{\partial p_z^x}{\partial x} + \frac{\partial p_z^y}{\partial y} + \frac{\partial p_z^z}{\partial z}
\end{aligned}\right\} \tag{38}$$

$$p_k^i = p_i^k, \tag{38a}$$

wo

$$\left.\begin{aligned}
p_x^x &= -\frac{1}{2}\,\varepsilon\,\mathfrak{E}^2 + \varepsilon\,\mathfrak{E}_x^2, \qquad p_y^x = p_x^y = \varepsilon\,\mathfrak{E}_x\mathfrak{E}_y \\[4pt]
p_y^y &= -\frac{1}{2}\,\varepsilon\,\mathfrak{E}^2 + \varepsilon\,\mathfrak{E}_y^2, \qquad p_z^x = p_x^z = \varepsilon\,\mathfrak{E}_x\mathfrak{E}_z \\[4pt]
p_z^z &= -\frac{1}{2}\,\varepsilon\,\mathfrak{E}^2 + \varepsilon\,\mathfrak{E}_z^2, \qquad p_z^y = p_y^z = \varepsilon\,\mathfrak{E}_y\mathfrak{E}_z
\end{aligned}\right\} \tag{39}$$

Aus den p_k^i bilden wir noch:

$$\left.\begin{aligned}
p_x^N &= p_x^x \cos(Nx) + p_x^y \cos(Ny) + p_x^z \cos(Nz) \\
p_y^N &= p_y^x \quad\text{,,}\quad\; + p_y^y \quad\text{,,}\quad\; + p_y^z \quad\text{,,} \\
p_z^N &= p_z^x \quad\text{,,}\quad\; + p_z^y \quad\text{,,}\quad\; + p_z^z \quad\text{,,}
\end{aligned}\right\}. \tag{40}$$

Dies sind, wie die Bezeichnungen andeuten und wie sich leicht zeigen läßt, die Komponenten eines vom gewählten Koordinatensystem unabhängigen Vektors p^N.

Die physikalische Bedeutung der p_k^i und p^N ergibt sich aus folgendem: Man bilde die Arbeit der Kräfte $\mathfrak{f}$, die an einem beliebigen Volumen angreifen, bei den unendlich kleinen Verschiebungen $\mathfrak{u}$. Sie ist

$$A = \int \left\{ \mathfrak{f}_x \cdot \mathfrak{u}_x + \mathfrak{f}_y \cdot \mathfrak{u}_y + \mathfrak{f}_z \cdot \mathfrak{u}_z \right\} d\tau.$$

Setzt man die Werte aus (38) ein und berücksichtigt (38a), (40), so folgt durch partielle Integration mittels (ϑ_1):

$$\left.\begin{aligned}
A = -\int &\left\{ p_x^x \frac{\partial \mathfrak{u}_x}{\partial x} + p_y^y \frac{\partial \mathfrak{u}_y}{\partial y} + p_z^z \frac{\partial \mathfrak{u}_z}{\partial z} + p_z^y \left(\frac{\partial \mathfrak{u}_z}{\partial y} + \frac{\partial \mathfrak{u}_y}{\partial z} \right) \right. \\
&+ \left. p_x^z \left(\frac{\partial \mathfrak{u}_x}{\partial z} + \frac{\partial \mathfrak{u}_z}{\partial x} \right) + p_y^x \left(\frac{\partial \mathfrak{u}_y}{\partial x} + \frac{\partial \mathfrak{u}_x}{\partial y} \right) \right\} d\tau \\
&+ \int \left\{ p_x^N \mathfrak{u}_x + p_y^N \mathfrak{u}_y + p_z^N \mathfrak{u}_z \right\} dS.
\end{aligned}\right\} \tag{41}$$

Die Faktoren der p_k^i im Raumintegral sind die 6 Größen, welche die **Deformation** (Formänderung) des Körpers bestimmen. Nimmt man für τ das ganze Feld, so verschwindet das Oberflächenintegral, und es zeigt sich: Wenn die Kräfte in der Form (38), (38a) dargestellt sind, so hängt die Gesamtarbeit lediglich von den Deformationen ab; die **Spannungskomponenten** p_k^i sind die Faktoren der Deformationskomponenten im Ausdruck der (für das Volumen Eins berechneten) Arbeit. — Andrerseits: es sei τ ein **beliebiger** Raum; dieser aber sei von einem **starren** Körper erfüllt. Dann sind alle Deformationsgrößen Null; die Arbeit drückt sich also durch das Oberflächenintegral allein aus. Sie ist, wenn wir noch den Vektor p^N einführen, dessen Komponenten p_x^N, p_y^N, p_z^N sind:

$$A = \int_O p^N \mathfrak{u} \cdot dS. \tag{41a}$$

D. h.: an einem beliebigen **starren** Körper leisten die Oberflächenkräfte p^N und die Volumkräfte $\mathfrak{f}$ die **gleiche** Arbeit. Mit anderen Worten: Für ein beliebig begrenztes Volumen liefern die beiden Kraftsysteme dieselbe resultierende Kraft $\mathfrak{F}$ und dasselbe resultierende Drehmoment $\mathfrak{M}$. (Man kann auch unmittelbar zeigen, daß

$$\mathfrak{F} = \int \mathfrak{f} \cdot d\tau = \int_O p^N \cdot dS \quad \text{und} \quad \mathfrak{M} = \int [\mathfrak{r}\,\mathfrak{f}]\,d\tau = \int [\mathfrak{r}\,p^N]\,dS \tag{41b}$$

ist.) Also: Wenn die Kräfte in der Form (38), (38a) dargestellt sind, so sind für das **vollständige** System Impuls und Impulsmoment unveränderlich. Zerlegt man das vollständige System durch eine beliebige Fläche in zwei Teile, so lassen sich Impuls und Impulsmoment der beiden auffassen als Größen, welche sie durch die Elemente der Trennungsfläche hindurch in angebbarer Weise austauschen.

Bestimmten Verzerrungen eines im Gleichgewicht befindlichen elastischen Körpers entsprechen bestimmte Oberflächenkräfte p^N mit den durch (40), (38a) ausgedrückten Eigenschaften. Sie heißen elastische Spannungen. Man hat die Bezeichnung Spannungen dann auf alle Oberflächenkräfte übertragen, die den gleichen Bildungsgesetzen folgen. Man darf sich aber durch diese Bezeichnung nicht zu der Annahme verleiten lassen, daß irgend welche Spannungen — etwa die unsrigen — die Gleichgewichtsfigur des elastischen Körpers bestimmen, auf den sie wirken. Vielmehr: die elastischen Spannungen sind dadurch bestimmt, daß ihre Resultante zusammen mit der Resultante $\mathfrak{f}$ unsrer p^N (und etwaiger sonstiger Kräfte) an jedem Volumteilchen Gleichgewicht ergibt; die so gefundenen elastischen Spannungen bestimmen dann die Verzerrungen. Um das angeführte Mißverständnis auszuschließen, werden nicht-elastische p^N vielfach als fiktive Spannungen bezeichnet.

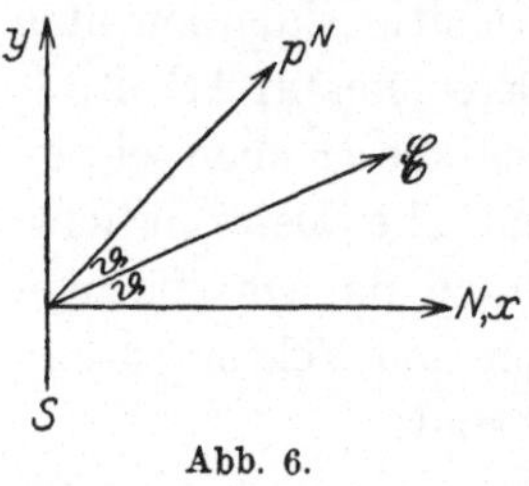

Abb. 6.

Allgemein ist gemäß der Ableitung von (41) p^N die, für die Fläche Eins berechnete, Kraft an einem Oberflächenelement mit der Normale N; genauer: die Kraft, welche der Körper zur Seite der positiven N auf den Körper zur Seite der negativen N ausübt. Ein positives p_N^N bedeutet also einen Zug, ein negatives einen Druck.

Die besonderen Spannungen (39) unseres Feldes, welche von Maxwell angegeben sind und nach ihm benannt werden, lassen sich einfach beschreiben (vgl. Abb. 6): Der Winkel zwischen dem Feld $\mathfrak{E}$ und der Flächennormale N sei ϑ. Man nehme vorübergehend die Richtung von N zur x-Achse, die Ebene $\overline{N\mathfrak{E}}$ zur xy-Ebene. Dann wird

$$p_x^x = -\frac{1}{2}\,\varepsilon\,\mathfrak{E}^2 + \varepsilon\,\mathfrak{E}^2 \cdot \cos^2\vartheta = \frac{1}{2}\,\varepsilon\,\mathfrak{E}^2 \cdot \cos 2\,\vartheta\,;$$

$$p_y^x = \varepsilon\,\mathfrak{E}^2 \cos\vartheta \cdot \sin\vartheta = \frac{1}{2}\,\varepsilon\,\mathfrak{E}^2 \cdot \sin 2\,\vartheta\,;$$

$$p_z^x = 0\,.$$

D. h. die Spannung p^N hat an jeder beliebig gestellten Fläche den gleichen Betrag $\frac{1}{2}\,\varepsilon\,\mathfrak{E}^2$; sie liegt in der Ebene $\overline{N\mathfrak{E}}$ und ihr Pfeil bildet das Spiegelbild von N bezüglich des $\mathfrak{E}$-Pfeils. — Indem man $\vartheta = 0$ und $\vartheta = \dfrac{\pi}{2}$ setzt, erhält man: auf jede zu den Kraftlinien normale Flächeneinheit wirkt ein normaler Zug $\frac{1}{2}\,\varepsilon\,\mathfrak{E}^2$, und auf jede zu den Kraftlinien parallele Flächeneinheit ein normaler Druck von gleichem Betrage. Durch diese Angabe sind zugleich die Spannungen an einer beliebig gestellten Flächeneinheit bestimmt gemäß (40).

Rechnerisch ergibt sich aus (39) und (40):

$$p_x^N = -\frac{1}{2}\,\varepsilon\,\mathfrak{E}^2\cdot\overline{\mathfrak{n}}_x + \varepsilon\,\mathfrak{E}_x\,(\mathfrak{E}_x\cdot\overline{\mathfrak{n}}_x + \mathfrak{E}_y\cdot\overline{\mathfrak{n}}_y + \mathfrak{E}_z\cdot\overline{\mathfrak{n}}_z)\,,$$

wo durch $\overline{\mathfrak{n}}$ der Vektor mit den Komponenten $\overline{\mathfrak{n}}_x = \cos\,(N\,x),\ \ldots$ d. h. der Einheitsvektor in der Richtung von N bezeichnet ist. Also drücken sich die Spannungen, frei von der Bezugnahme auf ein Koordinatensystem aus:

$$p^N = -\frac{1}{2}\,\varepsilon\,\mathfrak{E}^2\cdot\overline{\mathfrak{n}} + (\mathfrak{E}\overline{\mathfrak{n}})\,\varepsilon\,\mathfrak{E}. \tag{39a}$$

Die Spannungskomponenten (39) enthalten die Differentialquotienten von ε und $\mathfrak{E}$ nicht mehr; sie sind daher geeignet, uns auch an Unstetigkeitsflächen die Kräfte zu liefern. Sei τ in (41b) ein unendlich flacher Zylinder mit den Grundflächen $dS_1 = dS_2$ $(= dS)$, und weise N normal von S_1 nach S_2. Dann wird

$$\mathfrak{F} = (p_2^N - p_1^N)\cdot dS.$$

Nun liege in dem Zylinder parallel zur Grundfläche das Element dS einer Unstetigkeitsfläche, und zwar zunächst der Oberfläche eines homogenen Leiters. Dann ist auf der Innenseite $\mathfrak{E} = 0$, also alle $p_k^i = 0$. Auf der Außenseite ist $\mathfrak{E}$ parallel der Normale, also p^N normal nach außen gerichtet und $= \frac{1}{2}\,\varepsilon\,\mathfrak{E}^2$. Dieser normale Zug wirkt an jeder Oberflächeneinheit eines Leiters.

Betrachten wir weiter einen ungeladenen homogenen Isolator, für den also $\varrho = 0$, $\omega = 0$, $\varepsilon = \varepsilon_1 = $ const ist. Im Innern ist nach (37): $\mathfrak{f} = 0$. Für die Oberfläche gilt, wenn außen $\varepsilon = \varepsilon_2$ ist, und wir x normal nach außen wählen [s. (5b) und S. 10]:

$$\varepsilon_1\,\mathfrak{E}_{1\,x} = \varepsilon_2\,\mathfrak{E}_{2\,x} = \mathfrak{D}_x;\quad \mathfrak{E}_{1\,y} = \mathfrak{E}_{2\,y} = \mathfrak{E}_y;\quad \mathfrak{E}_{1\,z} = \mathfrak{E}_{2\,z} = \mathfrak{E}_z;$$

also

$$p_{1\,y}^x = p_{2\,y}^x;\quad p_{1\,z}^x = p_{2\,z}^x;$$

folglich

$$\mathfrak{F}_y = \mathfrak{F}_z = 0.$$

Die Kraft ist also wiederum normal zur Fläche, und zwar ist

$$\mathfrak{F}_x = (p_{2\,x}^x - p_{1\,x}^x)\,dS = \frac{1}{2}\Big\{\varepsilon_2\,(\mathfrak{E}_{2\,x}^2 - \mathfrak{E}_{2\,y}^2 - \mathfrak{E}_{2\,z}^2) - \varepsilon_1\,(\mathfrak{E}_{1\,x}^2 - \mathfrak{E}_{1\,y}^2 - \mathfrak{E}_{1\,z}^2)\Big\}\,dS$$

$$= \frac{1}{2}\Big\{\mathfrak{D}_x^2\Big(\frac{1}{\varepsilon_2} - \frac{1}{\varepsilon_1}\Big) + (\varepsilon_1 - \varepsilon_2)\,(\mathfrak{E}_y^2 + \mathfrak{E}_z^2)\Big\}\,dS;$$

oder, unabhängig von der Koordinatenwahl: auf den Körper wirkt normal nach außen eine Kraft

$$\mathfrak{F}_N = \frac{\varepsilon_1 - \varepsilon_2}{2}\left\{\frac{\mathfrak{D}_N^2}{\varepsilon_1 \varepsilon_2} + \mathfrak{E}_S^2\right\} = \frac{\varepsilon_1 - \varepsilon_2}{2}\,\mathfrak{E}_1 \mathfrak{E}_2, \tag{42}$$

wo $\mathfrak{E}_S$ die in der Fläche S liegende Komponente bedeutet.

C. Wir wollen noch die Kräfte auf einen ungeladenen Körper berechnen, der in ein gegebenes Feld $\mathfrak{E}_0$ eingebracht wird, und dieses Feld in $\mathfrak{E}$ verwandelt. Sei zunächst der Körper ein Isolator. Nach Gleichung (36) ändert sich durch seine Einführung die Energie um

$$W_e - W_{e0} = -\int \frac{1}{2}\,(\varepsilon - \varepsilon_0)\,\mathfrak{E}\,\mathfrak{E}_0 \cdot d\tau.$$

Bei einer virtuellen Verschiebung des Körpers wird also eine Arbeit geleistet

$$A_e = \delta\left\{\int \frac{1}{2}\,(\varepsilon - \varepsilon_0)\,\mathfrak{E}\,\mathfrak{E}_0 \cdot d\tau\right\}. \tag{43}$$

In diesem Ausdruck kommt das Feld nur in dem Raum vor, den der eingebrachte Körper erfüllt; denn nur dort ist $\varepsilon - \varepsilon_0 \neq 0$.

Ist der Körper ein Leiter, so erhält man nach dem Satz in § 3 C, S. 31 das Feld $\mathfrak{E}$ und somit auch die Energie und die Kräfte, indem man

$$\frac{\varepsilon}{\varepsilon_0} = \infty$$

setzt. Aus dieser bloßen Rechnungsregel ist die irrige Meinung entstanden, die Dielektrizitätskonstante eines Leiters sei unendlich. Wir wenden (43) auf die in § 3 C behandelten Fälle der Kugel und des Ellipsoids an.

1. Kugel. Die Gleichungen (26) gelten genähert, wenn $\mathfrak{E}_0$ sich in der Kugel sehr langsam ändert. Bezeichnet dann $\mathfrak{E}_0$ etwa den Wert im Mittelpunkt, so ergibt sich als Kraft auf die Kugel (Konstante ε_1) genähert:

$$\mathfrak{F} = \frac{3\,\varepsilon_0}{2}\,\frac{\varepsilon_1 - \varepsilon_0}{\varepsilon_1 + 2\,\varepsilon_0}\,\tau \cdot V\,(\mathfrak{E}_0^2). \tag{44}$$

Es wird also die Kugel zu Stellen stärkeren oder schwächeren Feldes (größerer oder kleinerer Kraftliniendichte) getrieben, je nachdem ε_1 größer oder kleiner als ε_0 ist. Die Kraft $\mathfrak{F}_L$ auf eine gleich große ungeladene leitende Kugel erhalten wir nach dem angeführten Satz, indem wir

$$\frac{\varepsilon_1}{\varepsilon_0} = \infty$$

setzen. Es wird daher das Verhältnis

$$q = \frac{|\mathfrak{F}|}{|\mathfrak{F}_L|} = \frac{\varepsilon_1 - \varepsilon_0}{\varepsilon_1 + 2\varepsilon_0},$$

woraus

$$\frac{\varepsilon_1}{\varepsilon_0} = \frac{1 + 2q}{1 - q}. \tag{45}$$

So hat Boltzmann Dielektrizitätskonstanten fester Körper gemessen, d. h. mit der Dielektrizitätskonstante der Luft verglichen. — Besitzt die Kugel die Ladung e, so tritt zu $\mathfrak{F}$ die Kraft
$\mathfrak{F}_e = e\mathfrak{E}_0$ hinzu. Sie ist allein vorhanden, wenn das Feld in
Strenge gleichförmig ist, und sie überwiegt stets bei genügend
großer Ladung und genügend kleinem Volumen der Kugel.

2. Ellipsoid. Es wird nach (28a, b)

$$A_e = \delta\left\{ \frac{\varepsilon_0\,\tau}{2}\left(\frac{\mathfrak{E}_{0\,x}^2}{A + \dfrac{1}{\eta}} + \frac{\mathfrak{E}_{0\,y}^2}{B + \dfrac{1}{\eta}} + \frac{\mathfrak{E}_{0\,z}^2}{C + \dfrac{1}{\eta}} \right) \right\}.$$

Da $A < B < C$, so hat die Klammergröße ihren größten Wert,
wenn die x-Achse, d. h. die größte Achse des Ellipsoids, parallel
zum Felde liegt. Dieser Stellung also strebt es zu bei freier Be-
weglichkeit. Ist es drehbar nur um die, vertikal gedachte, c-Achse,
ist H die Horizontalkomponente von $\mathfrak{E}_0$, und $(Hx) = \vartheta$, so wird

$$A = \delta\left\{ \frac{\varepsilon_0\,\tau}{2} H^2 \left(\frac{1}{A + \dfrac{1}{\eta}} - \frac{1}{B + \dfrac{1}{\eta}} \right) \cos^2\vartheta + \text{const} \right\}$$

d. h. das Drehmoment zu wachsenden ϑ ist:

$$\Theta = - \frac{\varepsilon_0\,\tau}{2} H^2 \frac{B - A}{\left(A + \dfrac{1}{\eta}\right)\left(B + \dfrac{1}{\eta}\right)} \sin 2\vartheta. \tag{46}$$

Dieses Θ ist für spitze Winkel ϑ stets negativ, es treibt also stets
die längere Achse in die Feldrichtung, gleichviel ob ε_1 größer
oder kleiner als ε_0 ist. Aus Messungen von Θ an sehr gestreckten
Ellipsoiden würde man wieder

$$\frac{\varepsilon_1}{\varepsilon_0}$$

bestimmen können, wenn man ein gleichförmiges Feld von genügender Ausdehnung herstellen könnte, ohne die Bedingungen
unsres Ansatzes: „alle Leiter sehr entfernt von dem Körper in
τ" zu verletzen.

Allgemein kann man noch bemerken: wenn

$$\frac{\varepsilon_1}{\varepsilon_0}$$

sehr wenig von Eins verschieden ist, dann ist auch $\mathfrak{E}$ sehr wenig von $\mathfrak{E}_0$ verschieden, und man erhält statt (43) als brauchbare Näherung

$$A_e = \delta \left\{ \int \frac{1}{2} (\varepsilon_1 - \varepsilon_0) \, \mathfrak{E}_0^2 \cdot d\tau \right\}. \tag{47}$$

Dieses A_e ist die Arbeit von Elementarkräften $\mathfrak{f} \cdot d\tau$, wo

$$\mathfrak{f} = \frac{\varepsilon_1 - \varepsilon_0}{2} \, V(\mathfrak{E}_0^2). \tag{48}$$

Es wird daher in diesem Fall jedes Volumteilchen für sich — unabhängig von der Körperform — zu Stellen stärkeren oder schwächeren Feldes getrieben, je nachdem ε_1 größer oder kleiner als ε_0 ist.

§ 5. Andere Darstellung von Feld und Kräften.

Wir haben im Anfang den einfachen Fall eines einzigen homogenen Isolators behandelt, und die Gleichungen für Feld und Kräfte in zwei Formen aufgestellt, die wir als Fernwirkungs- und Nahwirkungsgleichungen bezeichnen können. In § 2 erweiterten wir dann, dem Gedankengang der Maxwellschen Theorie folgend, die Bedeutung der Nahwirkungsgleichungen auf den Fall beliebig verteilter Isolatoren. Die ältere Theorie verfuhr anders: sie blieb auch für diesen allgemeinen Fall bei der Form der Fernwirkungsgleichungen, die Feld und Kräfte durch die Lage der Elektrizitätsmengen bestimmen; und die neue Elektronentheorie hat an diese Form wieder angeknüpft. Daß auf dem bisher behandelten Gebiet die Maxwellsche Theorie die Tatsachen richtig wiedergibt, ist außer Zweifel. Es muß also untersucht werden, ob oder wie weit die andere Theorie mit der Maxwellschen übereinstimmt.

Zunächst das Feld. Wir verlangen jetzt, daß allgemein die folgenden Gleichungen gelten:

$$\mathfrak{E} = -V\varphi, \tag{49}$$

wo

$$\varphi = \frac{1}{4\pi\varepsilon_0} \sum \frac{e_1}{r} \quad \text{oder} \quad \varphi = \frac{1}{4\pi\varepsilon_0} \left\{ \int \frac{\varrho_1 \cdot d\tau}{r} + \int \frac{\omega_1 \cdot dS}{r} \right\}. \tag{50}$$

Hierin bedeutet ε_0 eine Konstante, deren Wert unwesentlich ist, aber das Maßsystem bestimmt. Wir nehmen andrerseits als erwiesen an, daß unsre bisherigen Gleichungen gelten:

$$\int_O \mathfrak{E}_l \cdot dl = 0 \quad (7), \qquad \text{oder:} \qquad \mathfrak{E} = -V\varphi, \quad \varphi \text{ einwertig} \quad (2)$$

$$\int_O \varepsilon\, \mathfrak{E}_N \cdot dS = \sum_\tau e \quad (5), \qquad \text{oder:} \qquad \operatorname{div}(\varepsilon\mathfrak{E}) = \varrho; \quad \operatorname{div}_s(\varepsilon\mathfrak{E}) = \omega. \quad (5\,\mathrm{a})$$

Als beiden Theorien gemeinsame Forderung kommt hinzu, daß in einem Leiter das Feld einen vorgeschriebenen Wert, in homogenen Leitern den Wert Null habe.

Offenbar sind die $e_1 \varrho_1 \omega_1$ der Gleichungen (50) verschieden von den $e\varrho\,\omega$ der Gleichungen (5), (5a). Wir nennen sie freie Elektrizität (Dichte), und, sofern es zur Unterscheidung nötig ist, die $e\varrho\,\omega$ jetzt wahre Elektrizität (Dichte). Es handelt sich darum, welche Bedeutung den e_1 zukommt. Aus (49), (50) folgt, wie in § 1 gezeigt wurde, $\operatorname{div}(\varepsilon_0 \mathfrak{E}) = \varrho_1$, also in Verbindung mit (5a):

$$\varrho_1 = \varrho + \varrho', \tag{51}$$

wo

$$\varrho' = -\operatorname{div}(\varepsilon - \varepsilon_0)\,\mathfrak{E} \tag{52}$$

und, entsprechend definiert,

$$\omega' = -\left\{(\varepsilon_1 - \varepsilon_0)\,\mathfrak{E}_{n_1} + (\varepsilon_2 - \varepsilon_0)\,\mathfrak{E}_{n_2}\right\}. \tag{52a}$$

Die freie Elektrizität e_1 setzt sich nach (51) zusammen aus der wahren Elektrizität e und der induzierten Elektrizität e', deren Dichte in (52), (52a) dargestellt ist. Dieses $\varrho'\omega'$ kann nur vorhanden sein in Medien, für welche $\varepsilon \neq \varepsilon_0$ ist. Als Normalmedium mit der Konstante ε_0 wählt man das Vakuum; dann kann es induzierte Elektrizität nur in ponderablen Körpern geben. Wir betrachten einen beliebigen (auch beliebig zusammengesetzten) Körper, der von Vakuum umgeben ist. Für den ganzen Körper ergibt sich nach (η_1):

$$e' = \int \varrho' \cdot d\tau + \int \omega' \cdot dS_{12} = -\int(\varepsilon - \varepsilon_0)\,\mathfrak{E}_N \cdot dS = 0, \tag{53}$$

da ja an der Außenseite von S bereits $\varepsilon = \varepsilon_0$ sein soll.

Gleichungen (52) und (53) sagen aus: Die induzierte Elektrizität hängt vom Felde ab. Sie kann in jedem ponderablen Isolator erzeugt werden; aber auch in dem kleinsten Stück eines solchen, das wir von der übrigen Materie abtrennen, ist sie stets im Gesamtbetrage Null vorhanden. Das führt zu folgender Vorstellung: Ein von wahrer Elektrizität freier Isolator enthält elektrisch polarisierte Teilchen, deren jedes zwei entgegengesetzt gleiche Mengen induzierter Elektrizität besitzt. Ein beliebiges Teilchen möge die Mengen $\pm\,|e_i'|$ haben; $\mathfrak{l}_i$ sei der Vektor, der von $-\,|e_i'|$ zu $+\,|e_i'|$ führt; es werde

$$e_{i+}'\,\mathfrak{r}_{i+} + e_{i-}'\,\mathfrak{r}_{i-} = |\,e_i'\,|\,\mathfrak{l}_i = \mathfrak{p}_i \qquad (54)$$

gesetzt, und es mögen z_i Teilchen dieser Art ihren Mittelpunkt in der Volumeinheit haben. Wir fragen nach der Gesamtmenge der e'_i, die sich innerhalb einer geschlossenen (mathematischen) Fläche befinden. Sie rührt nur her von den Teilchen, die S schneiden. Jedes Teilchen der i-Gruppe, welches S schneidet, liefert den Beitrag $\mp\,|e_i'|$, wenn der Winkel $(\mathfrak{l}_i N)\,\begin{Bmatrix}\text{spitz}\\\text{stumpf}\end{Bmatrix}$ ist. Durch dS treten hindurch $\pm\,z_i l_i\,\cos\,(\mathfrak{l}_i N)\cdot dS$ Teilchen, wenn $(\mathfrak{l}_i N)\,\begin{Bmatrix}\text{spitz}\\\text{stumpf}\end{Bmatrix}$ ist. Die i-Gruppe liefert also durch das Flächenelement dS den Beitrag $-z_i \mathfrak{p}_{iN}\cdot dS$.

Sezten wir

$$\sum (z_i \mathfrak{p}_i) = \sum_{\tau=1} \mathfrak{p} = \frac{1}{\tau}\sum_\tau e'\mathfrak{r} = \mathfrak{P}, \qquad (55)$$

so wird der Gesamtbeitrag von dS: $-\mathfrak{P}_N\cdot dS$; also die innerhalb S vorhandene induzierte Elektrizität:

$$e' = -\int_0 \mathfrak{P}_N\cdot dS \quad\text{oder:}\quad \varrho' = -\operatorname{div}\mathfrak{P}, \quad \omega' = -\operatorname{div}_s\mathfrak{P}. \quad (56)$$

Wir erhalten Übereinstimmung mit (52), indem wir

$$\mathfrak{P} = (\varepsilon - \varepsilon_0)\,\mathfrak{E} \qquad (57)$$

setzen.

Das ergibt folgendes Bild: Durch das Feld $\mathfrak{E}$ werden in jedem Teilchen freie Elektrizitäten e' geschieden, so daß ein solches Teilchen nun polarisiert ist mit dem elektrischen Moment $\mathfrak{p}$; oder auch: bereits als solche vorhandene, aber unregelmäßig ohne Vorzugsrichtung polarisierte Teilchen werden gerichtet; so in jedem Fall, daß das resultierende Moment der Volumeinheit, oder kürzer die elektrische Polarisation $\mathfrak{P}$, dem Felde $\mathfrak{E}$ parallel und proportional ist.

Es sei nun ein homogener Isolator von der Konstante ε_1 gegeben, der frei von wahrer Elektrizität sei. Dann ist in ihm

$$\varrho = \varepsilon_1 \cdot \operatorname{div} \mathfrak{E} = 0 \quad \text{und} \quad \varrho' = -(\varepsilon_1 - \varepsilon_0)\operatorname{div}\mathfrak{E},$$

also auch
$$\varrho' = 0. \tag{58}$$

Die freie Elektrizität befindet sich also ausschließlich auf der Oberfläche, wo

$$\omega' = -\mathfrak{P}_n = -(\varepsilon_1 - \varepsilon_0)\mathfrak{E}_n \tag{58a}$$

ihre Flächendichte ist.

Wir können φ zerlegen in den Anteil

$$\varphi_0 = \frac{1}{4\pi\varepsilon_0}\sum \frac{e}{r}, \tag{59}$$

der der wahren Elektrizität entspricht, und der der tatsächliche Potentialwert wäre, wenn nirgends sich polarisierbare Körper befänden, und den Anteil

$$\varphi' = \frac{1}{4\pi\varepsilon_0}\sum \frac{e'}{r}, \tag{60}$$

der der induzierten Elektrizität oder der Polarisation der Isolatoren entspricht: $\varphi = \varphi_0 + \varphi'$. Das Teilpotential φ' der Gleichung (60) ist identisch mit dem Zusatzpotential ζ der Gleichung (25), wenn wir einerseits ζ bilden für die Gesamtheit der Körper, deren ε von dem normalen Wert ε_0 verschieden ist, und wenn andrerseits die e der Gleichung (59) sich ausschließlich an fest gegebenen Orten, also nicht auf Leiteroberflächen, in einem Medium von der Konstante ε_0 befinden. Das sind Bedingungen, die sich in Strenge nicht erfüllen lassen, die wir aber in den Beispielen des § 3, C als ausreichend erfüllt angenommen haben (s. S. 31).

Die Ausführung von (60) ergibt mittels (56):

$$4\pi\varepsilon_0 \cdot \varphi' = -\int \frac{\operatorname{div}\mathfrak{P}}{r}\,d\tau - \int_O \frac{\mathfrak{P}_n}{r}\,dS, \tag{61a}$$

wo etwaige ω' im Innern in den $\operatorname{div}\mathfrak{P}$ einbegriffen sein sollen, die ω' der Oberfläche aber das zweite Integral liefern. Oder nach (ϑ):

$$4\pi\varepsilon_0 \cdot \varphi' = \int \mathfrak{P}\cdot V'\left(\frac{1}{r}\right)\cdot d\tau, \tag{61b}$$

wo durch V' angedeutet werden soll, daß bei der Bildung von $V\left(\frac{1}{r}\right)$ nicht der Feldpunkt p, für welchen φ' gesucht wird, sondern der Punkt p' des Integrationsraums als veränderlich gedacht ist.

Für einen **homogenen** Isolator ist nach (58) ganz allgemein $\operatorname{div}\mathfrak{P}=0$, also

$$4\pi\varepsilon_0\cdot\varphi'=-\int_O \frac{\mathfrak{P}_n}{r}\,dS\,. \tag{62}$$

Aus dieser Gleichung folgt:

$$\Delta\varphi'=0 \text{ überall, außer an } S;\ \text{im unendlichen } \varphi'=0;$$

an S: $\varepsilon_0\left(\dfrac{\partial\varphi'}{\partial n}+\dfrac{\partial\varphi'}{\partial N}\right)=\mathfrak{P}_n\,.$ (63)

Das sind, da

$$\mathfrak{P}_n=(\varepsilon_1-\varepsilon_0)\,\mathfrak{E}_n \quad\text{und}\quad \mathfrak{E}_n=\mathfrak{E}_{0\,n}-\frac{\partial\varphi'}{\partial n}=-\mathfrak{E}_{0\,N}-\frac{\partial\varphi'}{\partial n}$$

ist, in andrer Schreibweise die Gleichungen (25b) für ζ.

Bisher war nur von dem **Felde** die Rede; wir fanden für dieses eine neue, auf bestimmten molekularen Vorstellungen beruhende, aber der früheren mathematisch völlig gleichwertige Darstellung. Wir fragen jetzt nach einer entsprechenden Darstellung der **Kräfte.** Setzen wir auch jetzt die Arbeit gleich der Abnahme der Funktion W_e, so erhalten wir natürlich das gleiche, wie oben in § 4, nur können wir

$$W_e=\frac{1}{2}\sum e\,\varphi$$

jetzt in andrer Form schreiben, nämlich

$$W_e=\frac{1}{8\pi\varepsilon_0}\sum\left(e\sum\frac{e_1}{r}\right). \tag{64}$$

Es entsteht aber die Frage, ob etwa die Kräfte sich allgemein durch die **freie** Elektrizität so ausdrücken lassen, wie sie im Sonderfall $\varepsilon=\text{const}$ sich durch die **wahre** Elektrizität ausdrücken, also ob etwa allgemein die Kraft auf die Volumeinheit

$$\mathfrak{f}_1=\varrho_1\mathfrak{E}$$

ist. Wir vergleichen damit die tatsächliche Kraft, die nach (37):

$$\mathfrak{f}=\varrho\mathfrak{E}-\frac{1}{2}\,\mathfrak{E}^2\cdot\nabla\varepsilon$$

ist, indem wir die Differenz bilden. Es wird

$$\mathfrak{f}'=\mathfrak{f}-\mathfrak{f}_1=-\varrho'\,\mathfrak{E}-\frac{1}{2}\,\mathfrak{E}^2\cdot\nabla\varepsilon$$

oder, da $\varepsilon_0=\text{const}$, auch

$$=\operatorname{div}\left\{(\varepsilon-\varepsilon_0)\mathfrak{E}\right\}\cdot\mathfrak{E}-\frac{1}{2}\,\mathfrak{E}^2\cdot\nabla(\varepsilon-\varepsilon_0)\,.$$

Dies kann genau wie Gleichung (37) umgeformt werden in

$$\mathfrak{f}'_x = \frac{\partial p'^x_x}{\partial x} + \frac{\partial p'^y_x}{\partial y} + \frac{\partial p'^z_x}{\partial z} \quad \text{usw.},$$

wo die p' sich von den p der Gleichungen (39) nur dadurch unterscheiden, daß ε durch $\varepsilon - \varepsilon_0$ ersetzt ist. Es ergeben sich daher aus den $\mathfrak{f}'$ die resultierenden Kräfte und Drehmomente

$$\mathfrak{F}' = \int_O p'^N \cdot dS, \qquad \mathfrak{M}' = \int_O [\mathfrak{r}\, p'^N]\, dS,$$

in denen jedes p'^N den Faktor $\varepsilon - \varepsilon_0$ enthält. $\mathfrak{F}'$ und $\mathfrak{M}'$ sind also Null, wenn die Fläche S im Vakuum verläuft. D. h.: die Bewegung eines starren Körpers, der von Vakuum (praktisch gleichbedeutend: von Luft) umgeben ist, erfolgt unter der Wirkung der Kräfte $\mathfrak{f}_1$ genau so, wie unter der Wirkung der Kräfte $\mathfrak{f}$. In diesem Umfang also sind die $\mathfrak{f}_1$ den $\mathfrak{f}$ gleichwertig, oder, was dasselbe bedeutet, sind sie richtig. — Das einfachste Gegenbeispiel bildet ein System von Leitern, eingebettet in eine homogene isolierende Flüssigkeit von der Konstante ε_1. Hier stehen bei gegebenen Leiterpotentialen die e_1 zu den e in dem Verhältnis ε_0 zu ε_1, während die Felder die gleichen sind; also ist

$$\frac{|\mathfrak{F}_1|}{|\mathfrak{F}|} = \frac{\varepsilon_0}{\varepsilon_1}.$$

§ 6. Elektrische Strömung.

Als elektrische Strömung bezeichnet man die Erscheinungen, die in einem Leiter auftreten, wenn dort die Bedingung des Gleichgewichts, Gleichung (8), verletzt ist. Die Strömung läßt sich darstellen durch einen Vektor, den wir als Stromdichte $\mathfrak{J}$ bezeichnen wollen. Es gilt von ihr ganz allgemein:

1. Zwischen dem Elektrizitätsinhalt e eines Raumes τ und der elektrischen Strömung durch seine Oberfläche S besteht dieselbe Beziehung, welche auch zwischen dem Flüssigkeitsinhalt und der Flüssigkeitsströmung besteht und als Kontinuitätsgleichung bezeichnet wird. Also

$$\int_O \mathfrak{J}_N \cdot dS = -\frac{\partial e}{\partial t} \tag{65}$$

oder

$$\operatorname{div} \mathfrak{J} = -\frac{\partial \varrho}{\partial t} = -\frac{\partial \operatorname{div} \mathfrak{D}}{\partial t}. \tag{65a}$$

Durch diese Beziehung ist die Messung der $\mathfrak{J}$ grundsätzlich an die Messung der e angeschlossen. Von der so definierten Stromdichte gilt weiter:

2. Sie ist an jeder Stelle proportional dem Überschuß der Feldstärke über ihren Gleichgewichtswert. Also

$$\mathfrak{J} = \sigma\,(\mathfrak{E} - \mathfrak{K}), \tag{66}$$

wo σ eine positive Konstante b zeichnet, die das Leitermaterial kennzeichnet und sein (spezifi ches) elektrisches Leitvermögen heißt. In homogenen Leitern wird

$$\mathfrak{J} = \sigma\mathfrak{E}. \tag{66a}$$

In Isolatoren ist $\sigma = 0$. Gleichung (66) ist das Ohmsche Gesetz in seiner umfassendsten Form. (Dabei ist vorausgesetzt, daß der Leiter isotrop sei.)

3. In dem Leiter entsteht Energie in der Form von Wärme und chemischer Energie, und zwar in der Zeiteinheit im Betrage

$$\Psi = \int \mathfrak{E}\,\mathfrak{J}\cdot d\tau. \tag{67}$$

Es entfällt also auf $d\tau$ der Beitrag

$$d\Psi = dJ + dP,$$

$$\text{wo} \qquad dJ = \frac{\mathfrak{J}^2}{\sigma}\,d\tau, \qquad dP = \mathfrak{J}\,\mathfrak{K}\cdot d\tau. \tag{68}$$

Das erste Glied ist wesentlich positiv; es bedeutet stets entstandene Wärme und wird als **Joulesche Wärme** bezeichnet. Das Vorzeichen des zweiten Glieds wechselt mit der Richtung der Strömung; es tritt auf, wo der Leiter inhomogen ist. Handelt es sich um Metalle, so bedeutet es entstandene oder verschwundene Wärme, **Peltiersche Wärme** genannt. Handelt es sich um Elektrolyte oder die Grenze zwischen Elektrolyten und Metallen, so enthält es — im allgemeinen neben Wärme — entstandene oder verschwundene chemische Energie.

4. An einer Fläche S, welche die Grenze eines Elektrolyten bildet, wird in der Zeit t die Masse

$$M = t\,\eta\,\alpha \int \mathfrak{J}_N\cdot dS \tag{69}$$

eines Ions ausgeschieden, wo α das Äquivalentgewicht des Ions und η eine konstante, lediglich von der Wahl der Maßeinheiten abhängige Zahl bedeutet (**Faradays Gesetz**).

A. Das bisherige gilt für jede Strömung. Im folgenden behandeln wir Vorgänge, bei denen der elektrische Zustand zeitlich unveränderlich, stationär ist, und alle Körper in unveränderlicher Lage sind. Aus der ersten Voraussetzung folgt, daß in Gleichung (65) die rechte Seite Null ist; es muß also allgemein sein

$$\oint \mathfrak{J}_N \cdot dS = 0 \tag{70}$$

oder

$$\operatorname{div} \mathfrak{J} = 0 . \tag{70a}$$

Für die Grenzfläche zweier Leiter nimmt dies die Form an:

$$\mathfrak{J}n_1 + \mathfrak{J}n_2 = 0 \tag{70b}$$

und für die Grenzfläche eines Leiters gegen einen Isolator:

$$\mathfrak{J}_n = 0, \tag{70c}$$

wo n in den Leiter weist.

Wir werden alsbald sehen, daß wie im statischen Feld, so auch hier die tangentialen Komponenten von $\mathfrak{E}$ sich an jeder Fläche stetig ändern. Nach (66a) gilt an der Grenzfläche zweier homogener Leiter das gleiche für $\frac{\mathfrak{J}}{\sigma}$. Nach (70b) aber ist die normale Komponente von $\mathfrak{J}$ stetig. Das ergibt das Brechungsgesetz der Stromlinien: sie liegen zu beiden Seiten in der gleichen Ebene mit der Flächennormale, und die Tangenten ihrer Winkel mit der Normalen verhalten sich wie die Leitvermögen. Ist also $\sigma_1 \gg \sigma_2$, so verlaufen die Stromlinien entweder in dem ersten Leiter merklich tangential, oder in dem zweiten Leiter merklich normal zur Grenzfläche. — Ist der zweite Körper ein vollkommener Nichtleiter, so bleibt nur die erste Möglichkeit; dies spricht Gleichung (70c) aus.

Da der elektrische Zustand stationär sein soll, so muß weiter auch die Energie des Feldes konstant, die gesamte Energieabgabe also Null sein. Aus der zweiten Voraussetzung (Ruhe) aber folgt, daß keine mechanische Arbeit geleistet wird, und dann ist die gesamte Leistung durch die Größe Ψ der Gleichung (67) gegeben. Diese also muß, für das vollständige Stromgebiet berechnet, den Betrag Null ergeben. Dies trifft tatsächlich zu dank der folgenden Beziehung: Es ist allgemein für jedes stationäre Feld ebenso, wie wir dies für statische Felder bereits wissen,

$$\oint \mathfrak{E}_l \cdot dl = 0 , \tag{7}$$

so daß also auch hier stets eine einwertige Ortsfunktion φ existiert
mit der Eigenschaft
$$\mathfrak{E} = -\nabla\varphi . \tag{2}$$

Führen wir dies und (70a) in (67) ein, und beachten, daß an
der Oberfläche des Gebietes (70c) gilt, so folgt nach (ϑ): $\Psi = 0$.

[Aus (7) folgt wieder, wie S. 10, was oben benutzt wurde:
$\mathfrak{E}_s$ stetig.]

Ist τ ein beliebiger von Leitern erfüllter Raum, S_0 der Teil
seiner Oberfläche, der an Isolatoren grenzt, so erhalten wir aus
der Vereinigung von (66) mit (7) und aus (70a, c) folgendes
Gleichungssystem für $\mathfrak{J}$:

$$\text{in } \tau: \int_{\mathfrak{C}} \frac{\mathfrak{J}_l}{\sigma}\, dl = -\int_{\mathfrak{C}} \mathfrak{K}_l \cdot dl, \quad \operatorname{div}\mathfrak{J} = 0; \quad \text{an } S_0: \mathfrak{J}_n = 0 . \tag{71}$$

Sei nun S_0 die **vollständige** Begrenzung von τ; dann folgt in
bekannter Weise (siehe das Muster S. 14): wenn die Anordnung
der Leiter derartig ist, daß für jede in ihnen verlaufende Kurve

$$\int_{\mathfrak{C}} \mathfrak{K}_l \cdot dl = 0$$

ist, so ist $\mathfrak{J} = 0$ durchweg, d. h. das Feld ist statisch. (Als notwendige Bedingung des statischen Feldes haben wir die vorstehende Gleichung für $\mathfrak{K}$ schon in § 2 Gleichung (9) kennen gelernt.) Und weiter: wenn

$$\int_{\mathfrak{C}} \mathfrak{K}_l \cdot dl$$

für jede geschlossene Kurve im Leiter gegeben ist, so ist dadurch
die Strömung eindeutig bestimmt.

Von Bedeutung ist wesentlich nur der Fall, daß die Leiter,
soweit sie nicht homogen sind, in eine Folge von Schichten von je
gleichartiger Beschaffenheit sich zerlegen lassen. Wir sprechen
dann von **galvanischen Elementen**, und zwar von solchen im
engeren Sinn, wenn sie zersetzbare Leiter (Elektrolyte) enthalten; von **Thermoelementen**, wenn sie nur metallische Leiter
enthalten. Das Integral

$$-\int \mathfrak{K}_l \cdot dl = E , \tag{72}$$

durch die Reihenfolge der Schichten in bestimmter Richtung erstreckt, heißt die (**eingeprägte**) **elektromotorische Kraft** der
Kombination, der Kette. Handelt es sich um eine Folge von
Metallen von gleichmäßiger Temperatur, so ist nach dem Gesetz
der **Spannungsreihe** stets $E = 0$, sobald die Endglieder der

Reihe identisch sind; eine wirksame rein-metallische Kette besitzt daher stets ungleichmäßige Temperatur.

Der Raum τ soll eine Folge von Schichten enthalten, die mit zwei homogenen Schichten in S_e und S_a endigt. Dann durchläuft jede geschlossene Kurve in τ notwendig dieselben Schichten zweimal in entgegengesetzter Richtung, und es ist daher

$$\oint \mathfrak{K}_l \cdot dl \text{ stets } = 0 \, .$$

Wenn also τ überall an Isolatoren grenzte, so könnte in ihm kein Strom zustande kommen. Wir nehmen daher an, daß τ nur einen Teil eines Leitersystems bildet (Abb. 7): nur an S_0 sollen Isolatoren grenzen, an S_e und S_a aber Leiter. Über den Rest des Leitersystems machen wir nur die eine Voraussetzung, daß die Strömung durch S_e und S_a normal in τ eintritt, bzw. aus τ austritt; das können wir durch großes Leitvermögen der zunächst anliegenden Leiterteile er-

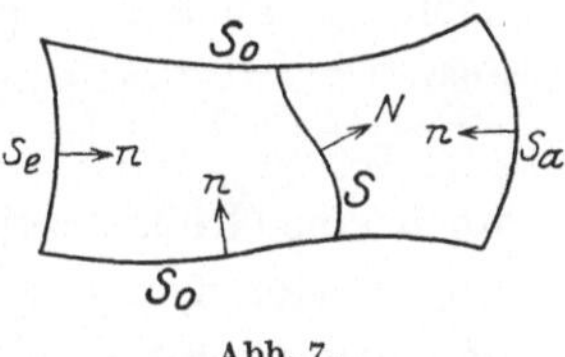

Abb. 7.

reichen. Führen wir durch τ zwei beliebige Querschnitte S und S', und wenden wir (70) auf das zwischen ihnen liegende Leiterstück an, so folgt, daß

$$\int \mathfrak{J}_N \cdot dS = i \tag{73}$$

(wo N stets von S_e nach S_a weisen soll) einen von der besonderen Wahl des Querschnitts unabhängigen Wert ʼhat. Wir nennen ihn den **Strom von S_e nach S_a** . Da auf diesen beiden Flächen sowohl $\mathfrak{K}$ wie $\mathfrak{J}$ normal ist, so gilt das nach (66) auch für $\mathfrak{E}$; es hat also auf ihnen das Potential je einen konstanten Wert: φ_e und φ_a, so daß

$$\int_e^a \mathfrak{E}_l \cdot dl = \varphi_e - \varphi_a \, .$$

Auch $\mathfrak{K}$ läßt sich [ebenso wie in (9)] für unsern Raum τ darstellen als $\mathfrak{K} = - V\chi$, wo dann $\chi_e - \chi_a = - E$ ist.

Wir haben daher für $\mathfrak{J}$ das Gleichungssystem:

$$\left\{ \begin{array}{l|l|l} \text{In } \tau : \operatorname{div} \mathfrak{J} = 0 & \text{an } S_0 : \mathfrak{J}_n = 0 & \text{von } S_e \text{ nach } S_a : \\[2ex] \oint \dfrac{\mathfrak{J}_l}{\sigma} \, dl = 0 & \text{an } S_e \text{ und } S_a : \mathfrak{J}_s = 0 & \displaystyle\int_e^a \dfrac{\mathfrak{J}_l}{\sigma} \, dl = \varphi_e - \varphi_a + E \end{array} \right\} \tag{74}$$

Wir erhalten ferner für die thermisch-chemische Leistung und ihre Teile mittels (ϑ):

$$\left.\begin{aligned}
\Psi &= \int \mathfrak{E}\mathfrak{J}\cdot d\tau = \oint \varphi\,\mathfrak{J}_n\cdot dS = (\varphi_e - \varphi_a)\,i\,, \\
P &= \int \mathfrak{K}\mathfrak{J}\cdot d\tau = \oint \chi\,\mathfrak{J}_n\cdot dS = (\chi_e - \chi_a)\,i = -\,E\,i\,, \\
J &= \Psi - P = \int \frac{\mathfrak{J}^2}{\sigma}\,d\tau = (\varphi_e - \varphi_a + E)\,i\,.
\end{aligned}\right\} \quad (75)$$

Die letzte dieser Gleichungen zeigt, daß $\mathfrak{J} = 0$ ist, wenn $\varphi_e - \varphi_a + E = 0$ ist, und aus (74) folgt dann, daß $\mathfrak{J}$, und somit nach (73) auch i proportional ist mit $\varphi_e - \varphi_a + E$. Wir haben also

$$i\,w = \varphi_e - \varphi_a + E, \tag{76}$$

wo w eine Größe bezeichnet, die nur von der Form des Leiters und den Werten von σ abhängt, und für einen **homogenen** Leiter ($\sigma = \mathrm{const}$) mit σ umgekehrt proportional ist. w heißt der **Widerstand** des Leiters. Die Gleichung spricht das Ohmsche Gesetz in der üblichen Fassung aus. Es ist dabei vorausgesetzt, daß der Leiter aus einer einfachen Schichtenfolge besteht (oder im Sonderfall homogen ist): nur dann hat E eine bestimmte Bedeutung; — und daß seine Oberfläche zerfällt in zwei Stücke von je gleichförmiger Beschaffenheit, durch welche der Strom normal ein- und austritt, und ein drittes Stück, welches an Isolatoren grenzt: nur dann hat w einen bestimmten Sinn.

Die Joulesche Wärme ergibt sich aus (75), (76):

$$J = i^2 w, \qquad \text{die Gesamtleistung: } \Psi = i^2 w - iE \tag{77}$$

Denken wir nun den Leiter zum Ring gebogen derartig, daß die Flächen S_e und S_a zusammenfallen, dann ist $\varphi_e = \varphi_a$; folglich erhalten wir

$$i\,w = E \tag{76a}$$

als Ausdruck des Ohmschen Gesetzes für einen **vollständigen** Stromkreis. Es bleibt die Bedingung, daß der Leiter einfach geschichtet sei.

Der andere Sonderfall eines Leiterstücks ohne innere elektromotorische Kräfte ergibt

$$i\,w = \varphi_e - \varphi_a. \tag{76b}$$

Sind endlich S_e und S_a weder untereinander, noch mit anderen Leitern in Berührung, ist die Kette offen, so ist $i = 0$, also

$$\varphi_a - \varphi_e = E . \tag{76c}$$

Wir behandeln zwei einfache Beispiele:

1. Ein aus homogenen Scheiben geschichteter Zylinder von der Grundfläche q und der Höhe l, längs des Mantels von Isolatoren begrenzt. Wir genügen allen Bedingungen in (74), wenn wir $\mathfrak{J}$ parallel der Erzeugenden und konstant ansetzen, und seinen Betrag I bestimmen aus:

$$I \int_0^l \frac{dz}{\sigma} = \varphi_e - \varphi_a + E .$$

Da zugleich $i = Iq$, so wird

$$w = \frac{1}{q} \int_0^l \frac{dz}{\sigma} .$$

2. Ein Hohlzylinder von der Höhe h aus koaxialen zylindrischen Schichten, mit den Grundflächen an Isolatoren grenzend. Setzen wir an: $\mathfrak{J}$ radial und $h\,2\,\pi\,R I = i = $ const (R Abstand von der Achse), und bestimmen die Konstante aus:

$$\int_e^a \frac{I}{\sigma}\, dR = \varphi_e - \varphi_a + E ,$$

so ist allen Bedingungen genügt. Es folgt:

$$w = \frac{1}{2\pi h} \sum \left\{ \frac{1}{\sigma} \lg \frac{R_2}{R_1} \right\} ,$$

wo mit R_1 und R_2 je der innere und äußere Radius einer Schicht bezeichnet und über alle Schichten zu summieren ist.

Wir knüpfen daran zwei Bemerkungen. An Stelle des Zylinders in 1. denken wir uns einen Leiter, der durch Deformation aus ihm hervorgegangen ist, aber noch solche Form besitzt, daß man überall von einem bestimmten Querschnitt q und einem bestimmten Abstand dl zweier benachbarter Querschnitte mit ausreichender Genauigkeit sprechen kann. Es ist dann den vier ersten Bedingungen genügt durch den Ansatz: $\mathfrak{J}$ normal zum Querschnitt und $i = qI = $ constans, und der letzten durch:

$$i \int \frac{dl}{q\sigma} = \varphi_e - \varphi_a + E ,$$

was ergibt:

$$w = \int \frac{dl}{q\sigma}. \tag{78}$$

Diese Behandlung verzichtet auf die Angabe der Strömung im einzelnen; sie hat Wert, wo nur der Gesamtstrom i in Frage kommt. Man spricht in solchen Fällen von einem **linearen** Leiter und Strom. Für einen Draht aus homogenem Material wird

$$w = \frac{l}{q\sigma}.$$

Ferner: Mit der Strömungsaufgabe in 2. vergleichen wir die elektrostatische Aufgabe, die in Gleichung (20) gelöst ist. Man erhält Erregung $\mathfrak{D}$, Elektrizitätsmenge e, Kapazität C, bzw. aus Stromdichte $\mathfrak{J}$, Strom i, reziproken Widerstand $\frac{1}{w}$, indem man das Leitvermögen σ durch die Dielektrizitätskonstante ε ersetzt. Das gilt allgemein; ein elektrostatisches Feld und ein Strömungsfeld mögen geometrisch identisch sein, so daß den Leiteroberflächen des ersten die Stromeintrittsflächen S_e und S_a des zweiten entsprechen, und es möge durchweg $\varepsilon = k\sigma$ sein, wo k eine Konstante bedeutet, dann ist $Cw = \dfrac{\varepsilon}{\sigma}$.

Der Fall läßt sich freilich streng nie verwirklichen. Es gibt keine Körper, für die $\varepsilon = 0$ ist, und es fehlt daher das elektrostatische Gegenstück zu den Flächen S_0 des Stromfeldes. Dem entspricht, daß bei dem Zylinderkondensator die Endflächen sehr fern von den betrachteten Feldteil angenommen werden mußten. Vollständige Übereinstimmung ist also nur zu erreichen, indem man S_e und S_a zur **vollständigen** Begrenzung macht, was in Strenge nicht ausführbar ist.

Verzweigung. Es mögen jetzt Leiter der bisher betrachteten Art zu einem Netzwerk vereinigt sein, in der Weise, daß — bei im übrigen beliebiger Leitergestalt — die Verbindungen durch lineare Leiter (Drähte) hergestellt sind, so daß man von Knotenpunkten und Umläufen als wohldefinierten Begriffen sprechen kann. Dann gelten die folgenden beiden Kirchhoffschen Sätze:

a) nach (70) ist für jeden Knotenpunkt

$$\sum i = 0, \tag{79a}$$

wobei die zufließenden und die abfließenden Ströme mit entgegengesetztem Vorzeichen zu nehmen sind;

b) nach (76) ist für jeden Umlauf

$$\sum i w = \sum E, \qquad (79\,\mathrm{b})$$

wobei die in verschiedenem Umlaufsinn gerechneten i und E mit entgegengesetztem Vorzeichen zu nehmen sind.

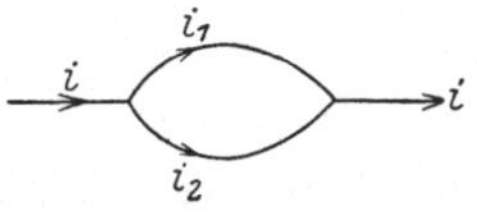

Hiervon zwei Anwendungen: Eine Leitung sei verzweigt nach Abb. 8; in den Zweigen 1 und 2 sollen sich keine elektromotorischen Kräfte befinden. Dann ist

Abb. 8.

$$\left.\begin{array}{l} \text{nach a)}\; i_1 + i_2 = i \\[4pt] \text{nach b)}\; i_1 w_1 = i_2 w_2. \end{array}\right\} \qquad (80)$$

und

Abb. 9 zeigt die Anordnung der Wheatstoneschen Brücke; eine elektromotorische Kraft ist nur an der eingezeichneten Stelle vorhanden. Damit $\varphi_e - \varphi_a = 0$ oder $i_0 = 0$ sei, muß a) $i_1 = i_2$, $i_3 = i_4$, und b) $i_1 w_1 = i_3 w_3$, $i_2 w_2 = i_4 w_4$,

also

$$\frac{w_1}{w_2} = \frac{w_3}{w_4} \qquad (81)$$

sein.

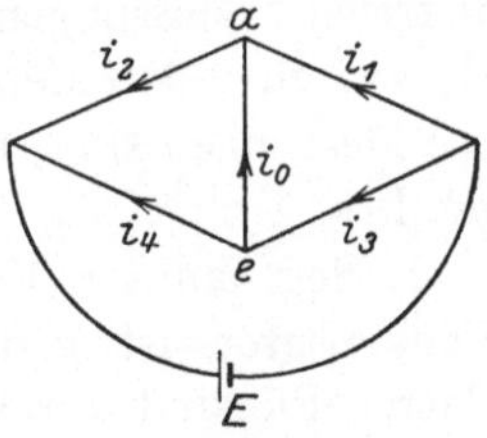

Abb. 9.

B. Messungen. Indem man die Potentialdifferenz zwischen den Polen einer offenen Kette mißt, bestimmt man nach (76c) deren elektromotorische Kraft. Die Ausführung der Messung ist in § 4 A besprochen. Es kann so die elektromotorische Kraft einer gut definierten Anordnung ein für allemal in absolutem Maß bestimmt werden, und dann durch bloße Vergleichung diejenige eines beliebigen andern Elements. Als Normale ist gegenwärtig in Anwendung das Weston-Element (Hg, Hg_2SO_4, $CdSO_4$, CdAmalgam, Hg). Seine elektromotorische Kraft E_w ist bei 20° C gegeben durch

$$E_w \sqrt{4\pi\varepsilon_0} = \frac{1{,}0184}{300}\, \mathrm{gr}^{1/2}\, \mathrm{cm}^{1/2}\, \mathrm{sec}^{-1}. \qquad (82)$$

Das gleiche bedeutet (s. Kap. III, § 5 C) die Aussage: es ist

$$E_w = 1{,}0184 \text{ Volt.} \qquad (82\,\mathrm{a})$$

Was man in solcher Weise bestimmt, das ist stets das E einer Schichtenfolge, deren beide Endglieder identisch sind. Es sind auch ausschließlich solche E, welche die Strömung bestimmen;

denn diese hängt nach (71) nur von den Werten der $\int \mathfrak{K}_l \cdot dl$ über geschlossene Kurven ab. Das einzelne Summenglied, etwa die sog. elektrische Differenz

$$\int_1^2 \mathfrak{K}_l \cdot dl = \Phi$$

zwischen zwei sich berührenden homogenen Leitern tritt lediglich in dem umkehrbaren Anteil der hier erzeugten Leistung zutage. Dieser ist: $P = \pm i\Phi$. Die elektrischen Differenzen zwischen Metallen sind in solcher Weise tatsächlich bestimmt worden. Sie betragen der Größenordnung nach einige Tausendstel des oben angegebenen E_w. — Ganz andere Werte, von der Größenordnung des E_w selbst, hat man durch eine besondere Art elektrometrischer Messungen gefunden, und als elektrische Differenzen E_m zwischen den Metallen, etwa Kupfer und Zink, angesprochen. Die Messungen sind, mit gleichem Ergebnis, in zwei Formen ausgeführt:

1. Sogenannter Voltascher Fundamentalversuch. Ein Kondensator ist gebildet aus einer Kupfer- und einer Zinkplatte. Sie sind durch einen Kupferdraht verbunden und haben eine Ladung $\pm CE_m$. Jede ist mit einem Teil eines Elektrometers verbunden. Dann wird die Verbindung zwischen den Platten aufgehoben; die Platten werden in größere Entfernung voneinander gebracht: die Kapazität sinkt, die Potentialdifferenz steigt also, und das Elektrometer zeigt einen mit dem ursprünglichen Wert E_m proportionalen Ausschlag. Der Versuch wird wiederholt, indem jetzt in die Verbindung der Kondensatorplatten etwa noch ein Weston-Element eingeschaltet wird, so daß an Stelle von E_m jetzt $E_m + E_w$ tritt. Beide Versuche zusammen geben

$$\frac{E_m}{E_w}.$$

2. Lord Kelvins Anordnung. Der Kondensator ist in das Elektrometer selbst verlegt, in welchem zwei Teile — etwa die beiden Quadrantenpaare eines Quadrantelektrometers — aus Kupfer und aus Zink bestehen. Wenn die Nadel auf eine bestimmte Potentialdifferenz gegen das erste Paar geladen wird, erfährt sie einen mit E_m proportionalen Ausschlag. Wieder wird der Versuch wiederholt, nachdem E_m durch $E_m + E_w$ ersetzt ist.

Der Widerspruch zwischen dem Ergebnis dieser Versuche und

der Folgerung aus den Peltierschen Wärmen verschwindet, sobald
man annimmt, daß in der Schichtenfolge: Luft, Zink, Kupfer,
Luft auch an den Grenzen Luft—Zink und Kupfer—Luft elektrische Differenzen vorhanden sind, und daß sie die gesuchte
Differenz Zink—Kupfer weit übertreffen. Denn nur das Feld
in der Luft und seine Veränderungen bilden bei beiden Methoden
das Messungsobjekt. Die Annahme wird durch alle sonstigen
Erfahrungen bestätigt.

Ferner: An den Stellen e und a eines stromdurchflossenen
Leiters möge sich die gleiche Substanz befinden (während zwischen
ihnen eine willkürliche Schichtenfolge mit beliebigem E liegen
mag). Von ihnen aus führe man Drähte aus homogenem Material
zum Elektrometer. Da in diesen Drähten kein Strom fließt, so
mißt man als Potentialdifferenz der beiden Elektrometerteile
zugleich $\varphi_e - \varphi_a$.

Bei der Messung der E und der $\varphi_e - \varphi_a$ sind die Gesetze der
Strömung nicht zur Anwendung gekommen. Die genauesten
Messungen der übrigen Größen beruhen auf Beobachtungen an
stationären Strömen. Hier aber versagt die definierende
Gleichung (65):

$$\int_O \mathfrak{J}_N \cdot dS = -\frac{\partial e}{\partial t};$$

sie liefert nur noch (70):

$$\int_O \mathfrak{J}_N \cdot dS = 0.$$

Trotzdem führt die Kontinuitätsgleichung zum Ziel: Der Strom i
wird verzweigt in i_1 und i_2. Die Kontinuitätsgleichung liefert:

$$i = i_1 + i_2.$$

In alle drei Zweige werden Voltameter eingeführt; sie mögen die
Mengen

$$\frac{M}{\alpha}, \quad \frac{M_1}{\alpha_1}, \quad \frac{M_2}{\alpha_2}$$

ausgeschiedener Äquivalente liefern. Der Versuch zeigt, daß

$$\frac{M}{\alpha} = \frac{M_1}{\alpha_1} + \frac{M_2}{\alpha_2}$$

ist. Also sind die i den $\frac{M}{\alpha}$ proportional. Damit ist auch das
stationäre i zu einer meßbaren Größe geworden. Es kann also

durch den Versuch erhärtet werden, daß in der Gleichung (76):

$$iw = \varphi_e - \varphi_a + E$$

die Größe w eine Konstante für den Leiter ist.

Nachdem dies feststeht, können gemäß (76b):

$$iw = \varphi_e - \varphi_a$$

einerseits Stromstärken i verglichen werden, indem man denselben homogenen Leiter in verschiedene Stromkreise einfügt und seine Enden jedesmal mit dem Elektrometer verbindet, — andrerseits Widerstände homogener Leiter, indem man diese in den gleichen Stromkreis einfügt. — Ist nach dieser Methode ein Widerstandssatz einmal hergestellt, so kann man nun z. B. mit der Nullmethode der Wheatstoneschen Brücke Widerstände mittels eines bloßen Elektroskops vergleichen.

Indem man zugleich die Joulesche Wärme J in mechanischem Maß und $\varphi_e - \varphi_a$ in absolutem elektrischem Maß mißt, könnte man mittels

$$(77): \quad J = i^2 w \quad \text{und} \quad (76\,\text{b}): \quad iw = \varphi_e - \varphi_a$$

einen Widerstand absolut bestimmen. Durch bloße Vergleichung könnte dann später jeder Widerstand in absolutem Maß bestimmt werden. Ließe man ferner den Strom, für welchen J und $\varphi_e - \varphi_a$ gemessen wurden, zugleich durch ein Voltameter gehen, so erhielte man ein für allemal die Konstante η des Faradayschen Gesetzes in absolutem elektrischem Maß, und von da an jedes i absolut mit Hilfe des Voltameters. Tatsächlich sind diese beiden Grundlagen für absolute Messungen auf einem andern Weg gewonnen worden.

Es hat sich ergeben: der Widerstand einer Quecksilbersäule von 100 cm Länge und 1 qmm Querschnitt bei 0^0 C, die Siemens-Einheit, ist:

$$w_s = \frac{1}{1,063} \text{ Ohm.} \tag{83}$$

Das bedeutet (s. Kap. III, § 5 C): es ist

$$w_s \cdot 4\pi\varepsilon_0 = \frac{10^9}{1,063} \cdot \frac{1}{9 \cdot 10^{20}} \frac{\text{sec}}{\text{cm}} \tag{83a}$$

oder: das Leitvermögen des Quecksilbers bei 0^0 C ist

$$\sigma_{\text{Hg}} = 4\pi\varepsilon_0 \cdot 1,063 \cdot 10^{-5} \cdot 9 \cdot 10^{20} \text{ sec}^{-1}. \tag{83b}$$

Ferner: 1 Grammäquivalent eines Ions wird ausgeschieden durch $96\,500 = \dfrac{1}{0,00001036}$ Coulomb.

Das bedeutet: die Konstante η des Faradayschen Gesetzes ist gegeben durch:

$$\alpha \cdot \eta \cdot \sqrt{4\pi\varepsilon_0} = \frac{0,0001036}{3 \cdot 10^{10}} \, \mathrm{gr}^{1/2} \, \mathrm{cm}^{-3/2} \, \mathrm{sec}^1, \tag{84}$$

wobei für Sauerstoff $\alpha = 8$ gesetzt ist (oder für Wasserstoff $\alpha = 1,008$). Die Faktoren weisen auf die Einzelmessungen hin; s. Kap. III, Gleichungen (46), (44), (47).

Das äußere Feld. Wir haben gesehen, daß allgemein die Stromdichte $\mathfrak{J}$ durch die Körperkonstanten $\sigma, \mathfrak{K}$ bestimmt ist. Aus ihr folgt sofort das elektrische Feld im Leiter nach dem Ohmschen Gesetz (66):

$$\mathfrak{E} = \mathfrak{K} + \frac{\mathfrak{J}}{\sigma}.$$

Die Tangentialkomponenten $\mathfrak{E}_s$ von $\mathfrak{E}$ sind durchweg stetig. Also sind auch für den Außenraum (den Isolator) die $\mathfrak{E}_s$ an der ganzen Oberfläche bestimmt. Diese Werte zusammen mit den Körperkonstanten ε und der Elektrizitätsverteilung im Außenraum bestimmen das äußere Feld, — wie sich in bekannter Weise ergibt.

Wir haben bisher angenommen, daß alle Leiter ruhen, und daß der elektrische Zustand stationär ist. Jetzt möge er sich verändern durch Bewegung der Leiter; es mögen aber die Verschiebungen so klein sein und so langsam erfolgen, daß der Zustand einem stationären stets unendlich nahe bleibt. Dann gilt noch in jedem Augenblick

$$\oint \mathfrak{E}_l \cdot dl = 0 \quad \text{oder} \quad \mathfrak{E} = -\nabla\varphi;$$

nur ändert sich die Funktion φ langsam um sehr kleine Beträge, und das gleiche gilt von der Elektrizitätsverteilung. Es ist daher die thermisch-chemische Leistung

$$\Psi = \int \mathfrak{E}\mathfrak{J} \cdot d\tau = \int \varphi \cdot \operatorname{div} \mathfrak{J} \cdot d\tau = -\int \varphi \frac{\partial\varrho}{\partial t} d\tau = -\sum \varphi \frac{\partial e}{\partial t},$$

oder die während dt entstandene Wärme und chemische Energie:

$$\Psi \cdot dt = -\sum \varphi \cdot de.$$

Die Vermehrung der elektrischen Energie $W_e = \frac{1}{2}\sum \varphi e$ ist:

$$dW_e = \frac{1}{2}\sum \varphi \cdot de + \frac{1}{2}\sum e \cdot d\varphi.$$

Das Energieprinzip verlangt, wenn wir mit A_e die bei den Verschiebungen geleistete Arbeit bezeichnen:

$$A_e + \Psi \cdot dt = -dW_e .$$

Also ist:
$$A_e = \frac{1}{2} \sum \varphi \cdot de - \frac{1}{2} \sum e \cdot d\varphi .$$

Das ist der gleiche Ausdruck, den wir in (33a) fanden.

Dadurch rechtfertigt sich zunächst der Ansatz, den wir am Anfang des § 4 bei der Berechnung der Arbeit gemacht haben. Dort lag die besondere Annahme zugrunde, daß das Feld bei ruhenden Körpern statisch sei. Das einfachste Beispiel ist ein durch eine Kette dauernd auf die Potentialdifferenz φ_1 geladener Kondensator, dessen Platten genähert werden: die Kapazität wächst um dC, und damit die elektrische Energie um $\frac{1}{2} \varphi_1^2 \cdot dC$; Arbeit wird abgegeben im gleichen Betrage, vgl. a. a. O.; die Summe $\varphi_1 \cdot de$ $= \varphi_1^2 \cdot dC$ wird von der Kette geliefert.

Bei der Ableitung der Elementarkräfte des elektrostatischen Feldes in § 4 B haben wir eine weitergehende Vorschrift gemacht: es soll $A_e = -\delta W_e$ so berechnet werden, als wenn nicht nur jedes Leiterstück von konstantem φ-Wert als Ganzes, sondern jedes Leiterelement (und somit allgemein jedes Körperelement) bei der Verschiebung seine Elektrizitätsmenge mit sich führte. Tatsächlich würde dies nach eingetretener unendlich kleiner Verschiebung keine neue Gleichgewichtsverteilung ergeben. Aber das Gleichgewicht würde sich herstellen durch eine Strömung, bei der unendlich kleine Elektrizitätsmengen einen unendlich kleinen Potentialfall durchlaufen. Diesem Vorgang entspricht eine Energieabgabe, die noch gegenüber der in Rechnung gezogenen unendlich klein ist.

Unsere Betrachtung zeigt aber weiter, daß wir auch bei durchströmten Leitern die Arbeit der elektrischen Kräfte aus (33a) richtig erhalten. Es sei nun ein Elektrometer mit einer leitenden Flüssigkeit gefüllt, deren Leitvermögen aber verschwindend klein sei gegenüber dem der metallischen Elektrometerteile. Dann ist das Potential jedes Elektrometerteils eine Konstante; es gelten die Beziehungen (16) und (30) zwischen Elektrizitätsmengen und Potentialen, und es folgt wie a. a. O. aus (33a) rein rechnerisch die Gleichung (33c):

$$A_e = \frac{1}{2} \sum (\varphi_i - \varphi_k)^2 \cdot \delta q_{ik} ,$$

die wir in § 4 A für die elektrometrischen Kraftmessungen benutzt haben. D. h. man mißt am Elektrometer Potentialdifferenzen und Dielektrizitätskonstanten der das Elektrometer füllenden Flüssigkeit in der gleichen Weise, ob diese Flüssigkeit nun ein Isolator oder ein Leiter ist. So sind tatsächlich zuerst Dielektrizitätskonstanten leitender Flüssigkeiten bestimmt worden[1]). Vorausgesetzt ist lediglich, daß die in Kap. II zu besprechenden magnetischen Kräfte gegenüber den elektrischen nicht ins Gewicht fallen.

C. Zerfallendes Feld. In einem ruhenden stationären Stromkreis ist, wie wir sahen, die gesamte Leistung Null. In den Elementen wird Energie zugeführt; in den übrigen Teilen der Strombahn wird sie verausgabt. Der elektrische Strom erscheint also als ein Mittel, Energie von Ort zu Ort zu schaffen. Über die Einzelheiten dieser Energieübertragung werden wir in Kapitel IV Aufschluß erhalten. Hier soll noch ein Fall nicht-stationärer Strömung behandelt werden, bei dem die Energieumsetzungen einfacher verlaufen. Zwischen den Belegungen eines Kondensators sei durch eine Kette die Potentialdifferenz φ_1 hergestellt; dann werde die Verbindung zwischen Kette und Kondensator unterbrochen. Ist das Zwischenmedium des Kondensators ein vollkommener Isolator, so bleibt die Spannung φ_1, die Ladung e, und die Energie

$$W_e = \int \frac{1}{2}\, \varepsilon\, \mathfrak{E}^2 \cdot d\tau = \frac{1}{2}\, e\, \varphi_1$$

unverändert bestehen. Es sei nun aber das Medium ein homogener Leiter. Dann entsteht, da $\mathfrak{E} \neq 0$, Strömung. Ihr entspricht eine Leistung, die, weil Energiezufuhr von außen nicht möglich ist, nur auf Kosten der Energie des Feldes geschehen kann. Also ist

$$\Psi = -\frac{\partial W_e}{\partial t} \qquad \text{wo} \qquad \Psi = \sigma \int \mathfrak{E}^2 \cdot d\tau = \frac{2\sigma}{\varepsilon}\, W_e.$$

Daraus folgt:

$$W_e = W_{e0}\, \mathrm{e}^{-\frac{2\sigma t}{\varepsilon}},$$

wo e die Basis der natürlichen Logarithmen bezeichnet. Die Energie muß also im ganzen exponentiell zu Null abfallen. Es

---

[1]) E. Cohn und L. Arons; Wiedemanns Ann. Bd. **33**. 1888.

zeigt sich aber ferner, daß dabei das Feld sich ähnlich bleibt,
d. h. dauernd die Gestalt eines stationären Feldes behält. Es
ist also dauernd

$$W_e = \frac{1}{2}\,C\varphi_1^2 = \frac{1}{2}\,\frac{e^2}{C}\,,$$

und somit ändern sich die Elektrizitätsmenge e, die Spannung φ
und das Feld an jeder Stelle proportional mit $e^{-\frac{\sigma t}{\varepsilon}}$.

Der Quotient

$$\frac{\varepsilon}{\sigma} = T\,, \tag{85}$$

der als Relaxationszeit der Substanz bezeichnet wird, kann
gemessen werden, indem man etwa an einem Elektrometer den
zeitlichen Abfall von φ_1 verfolgt. Das ist möglich gewesen für
Leiter, deren T-Werte bis zu etwa 10^{-5} sec herabgehen. Da man
das Leitvermögen σ, oder genauer gesprochen [s. oben (83 b)] $\frac{\sigma}{\varepsilon_0}$
stets bestimmen kann, so erhält man also für Leiter dieser Art $\frac{\varepsilon}{\varepsilon_0}$.
Die Ergebnisse sind in Übereinstimmung mit denen der früher
erwähnten Kraftmessungen.

Das soeben dargelegte zeigt anschaulich das, was eine Grund-
vorstellung der Maxwellschen Theorie bildet: Im Leiter ist ebensowohl wie im Isolator eine elektrische Erregung möglich, beide
sind Dielektrika; der Unterschied besteht darin, daß im Isolator die einmal erzeugten Kraftlinien unbegrenzt fortbestehen
ohne andauernde Energiezufuhr, während sie im Leiter ohne
äußeres Zutun zerfallen; dieser Zerfall ist elektrische Strömung.
Es drängt sich dann die Vorstellung auf, die stationäre Strömung
komme dadurch zustande, daß die von sich aus zerfallenden
Kraftlinien dauernd durch neu entstehende ersetzt werden. Wir
werden auf diese Vorstellung in Kapitel IV zurückkommen.

Zweites Kapitel.

Das stationäre magnetische Feld.

§ 1. Das Biot-Savartsche Gesetz.

Dem Coulombschen Gesetz für die Kräfte zwischen den
Trägern ruhender Elektrizität kann man ein zweites Elementargesetz gegenüberstellen, welches die Kräfte zwischen den Trägern

bewegter Elektrizität oder elektrischer Ströme angibt. Dieses erhält eine übersichtliche Form, wenn man wiederum einen Hilfsvektor einführt, der einerseits in jedem Feldpunkt durch das erste Stromelement bestimmt wird, und andererseits die Wirkung auf ein in diesem Feldpunkt befindliches zweites Stromelement bestimmt. Der geschichtlichen Entwicklung entsprechend heißt das Feld ein **magnetisches** Feld und der Vektor die **magnetische Induktion.** Wir werden ihn durch $\mathfrak{B}$ bezeichnen. Das Biot-Savartsche Gesetz sagt nun aus, daß das Element $d\mathfrak{r}'$ eines stationären linearen Stromes i' im Abstand r eine elementare Induktion $d\mathfrak{B}$ erzeugt, welche dem Vektorprodukt aus $i' \cdot d\mathfrak{r}'$ und dem vom Ort p' des Stromelements nach dem Feldpunkt p'' weisenden Einheitsvektor $\bar{\mathfrak{r}}$ direkt, und dem Quadrat des Abstands r umgekehrt proportional ist. Wir schreiben:

$$d\mathfrak{B} = \frac{\mu_0}{4\pi}\left[\frac{i' \cdot d\mathfrak{r}'}{c}\,\frac{\bar{\mathfrak{r}}}{r^2}\right]. \tag{1}$$

Hierin ist μ_0 eine Körperkonstante, von deren Bedeutung alsbald die Rede sein wird. Unter c ist eine allgemeine Konstante verstanden, deren Einführung neben μ_0 dazu dient, die Wahl der beiden Einheiten für $\mathfrak{B}$ und für i offen zu halten. Ist die Induktion in p'' nach (1) bestimmt, so erhält man die Kraft $d\mathfrak{f}$ auf ein in p'' befindliches Stromelement $i''d\mathfrak{r}''$ als das durch c geteilte Vektorprodukt beider Größen:

$$d\mathfrak{f} = \left[\frac{i'' \cdot d\mathfrak{r}''}{c}\,\mathfrak{B}\right]. \tag{2}$$

Die Kraft heißt **elektrodynamische** Kraft oder Kraft **magnetischen** Ursprungs. Sie treibt das stromführende Element quer durch die Induktionslinien.

Wir vergleichen (1) und (2) mit dem Ausdruck des Coulombschen Gesetzes Kap. I (1 b, 1 a). Auf elementare Elektrizitätsmengen de', de'' bezogen, lauten diese Gleichungen:

$$d\mathfrak{E} = \frac{de' \cdot \bar{\mathfrak{r}}}{4\pi\varepsilon r^2}, \qquad\qquad d\mathfrak{f} = d\,e'' \cdot \mathfrak{E}.$$

Die beiden Gleichungsgruppen entsprechen sich vollkommen; es sind, abgesehen von den konstanten Faktoren, lediglich an Stelle der gewöhnlichen Produkte, welche die Elektrizitätsmengen als Faktor enthalten, die Vektorprodukte mit den Strom-

elementen als Faktor getreten. Durch einen Skalar (de' bzw. de'')
und einen Vektor ($\mathfrak{r}$ bzw. $\mathfrak{E}$) ist einzig eine Richtung geometrisch bestimmt, die Richtung des Vektors; durch einen Vektor
($i' \cdot d\mathfrak{r}'$ bzw. $i'' \cdot d\mathfrak{r}''$) und einen zweiten ($\mathfrak{r}$ bzw. $\mathfrak{B}$) einzig eine
Ebene (und somit deren Normale). Auch gilt das Gesetz (1)
nur unter einer Bedingung, die ganz gleichartig derjenigen ist,
die die Gültigkeit des Coulombschen Gesetzes eingrenzt; das den
Raum erfüllende Medium muß, wie dort in elektrischer, so hier
in magnetischer Beziehung homogen sein. Durch die
Wahl des Mediums ist der Wert der Konstanten μ bestimmt,
welche magnetische Durchlässigkeit oder Permeabilität
heißt. Wir nehmen in diesem Paragraphen an, daß sich nur solche
Körper im Felde befinden, deren μ-Wert von dem des Vakuums
(μ_0) nicht merklich verschieden ist.

Ein wesentlicher Unterschied aber besteht zwischen den
beiden Elementargesetzen. Eine einzelne Elektrizitätsmenge —
zusammen mit einer zweiten, die sich in sehr großer Entfernung
befinden kann und dann nicht in Betracht kommt — ist etwas
physikalisch mögliches. Ein einzelnes Stromelement aber ist
nicht möglich bei stationärem Strom; denn die Strombahnen
müssen notwendig geschlossen sein. Die Bedeutung des Gesetzes (1) kann also nur sein, daß es die richtigen Integral-
werte $\mathfrak{B}$ für jede geschlossene Strombahn liefert; — und offenbar
gibt es dann andere Elementargesetze, die dasselbe leisten. Dem
entspricht geschichtlich, daß das Coulombsche Gesetz unmittel-
bares Versuchsergebnis war, während das Biot-Savartsche Gesetz
erst durch Nebenannahmen gefolgert werden konnte.

Von der mathematischen Abstraktion des linearen Stromes i
gehen wir über zu dem, was physikalisch stets vorliegt: der
räumlichen Strömung $\mathfrak{J}$. Es ist

$$i' \cdot d\mathfrak{r}' = \mathfrak{J}' \cdot d\tau'$$

und somit

$$d\mathfrak{B} = \frac{\mu_0}{4\pi} \left[\frac{\mathfrak{J}' \cdot d\tau'}{c} \, \frac{\bar{\mathfrak{r}}}{r^2} \right] \quad (1'); \qquad d\mathfrak{f} = \left[\frac{\mathfrak{J}'' \cdot d\tau''}{c} \, \mathfrak{B} \right]. \qquad (2')$$

Aus (1') erhalten wir für die gesamte Induktion, da $Vr = \bar{\mathfrak{r}}$:

$$\mathfrak{B} \frac{4\pi c}{\mu_0} = \int \left[V\left(\frac{1}{r}\right) \cdot \mathfrak{J}' \right] d\tau',$$

oder nach (ϱ), da $\mathfrak{J}'$ von der Lage des Feldpunkts unabhängig und folglich $\operatorname{rot}\mathfrak{J}' = 0$ ist:

$$= \int \operatorname{rot}\left(\frac{\mathfrak{J}'}{r}\right)\cdot d\tau' = \operatorname{rot}\int \frac{\mathfrak{J}'}{r}\cdot d\tau'\,;$$

oder

$$\mathfrak{B} = \operatorname{rot}\mathfrak{A}\,, \tag{3}$$

$$\mathfrak{A} = \frac{\mu_0}{4\pi c}\int \frac{\mathfrak{J}'}{r}\cdot d\tau'\,. \tag{4}$$

Der Vektor $\mathfrak{A}$ ist aus der räumlichen Verteilung des Vektors $\mathfrak{J}'$, der Stromdichte, abgeleitet, wie das skalare Newtonsche Potential aus der Verteilung der skalaren Dichte. Er heißt daher das Vektorpotential (der Strömung). Als Rotation oder Wirbel dieses Vektorpotentials also läßt sich die Induktion $\mathfrak{B}$ darstellen, und aus dieser Form folgt nach (λ_1) sofort:

$$\operatorname{div}\mathfrak{B} = 0\,. \tag{5}$$

Aus den Kräften $d\mathfrak{f}$ läßt sich die Arbeit A_m berechnen, die sie bei einer Verschiebung der durchströmten Leiter leisten. Die Verschiebungen $\mathfrak{u}$ seien unendlich klein; dann ist

$$A_m = \int \mathfrak{u}\cdot d\mathfrak{f}\,.$$

Wir führen die Integration zunächst für einen vollständigen linearen Strom aus. Dieser Begriff versagt, sobald es sich um Feldpunkte in unendlicher Nähe der Strombahn handelt; wir dürfen also unter $\mathfrak{B}$ nur die Induktion verstehen, die von fremden Strömen herrührt, und erhalten dann aus (1) und (2) die Arbeit der wechselseitigen Kräfte zwischen diesen und unserm Strom, der jetzt i heißen möge. Es wird nach (α):

$$A_m = \int \mathfrak{u}\left[\frac{i\cdot d\mathfrak{r}}{c}\,\mathfrak{B}\right] = \frac{i}{c}\int [\mathfrak{u}\cdot d\mathfrak{r}]\,\mathfrak{B}\,.$$

Nun ist (s. Abb. 10) $[\mathfrak{u}\cdot d\mathfrak{r}]$ dem Betrage nach die von dem Stromkurvenelement $d\mathfrak{r}$ bei seiner Verschiebung überstrichene Fläche F, und $[\mathfrak{u}\cdot d\mathfrak{r}]\,\mathfrak{B}$

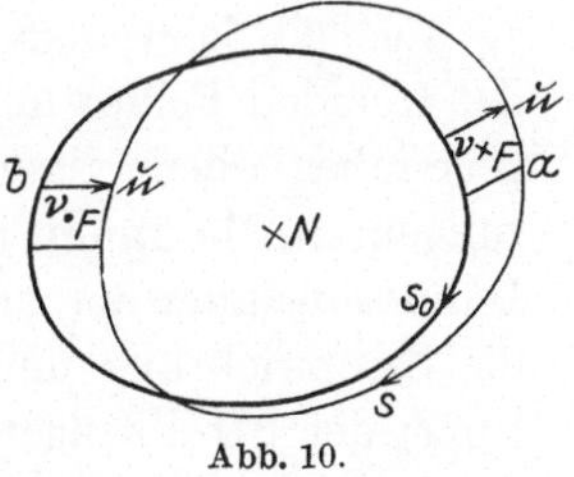

Abb. 10.

ist das Produkt aus dieser Fläche und der zu ihr normalen Komponente $\mathfrak{B}_\nu$ von $\mathfrak{B}$, wenn wir für ν die Achse der Rechtsschrauben-Drehung von $\mathfrak{u}$ nach $d\mathfrak{r}$ wählen. Konstruiert man nun eine Fläche, auf der sowohl die ursprüngliche Stromkurve s_0 wie die neue s liegt, nennt den von s_0 (s) begrenzten Teil der Fläche: S_0 (S), und ihre bezüglich s positive Normale: N, so ist N mit ν

gleich (entgegengesetzt) gerichtet an der Stelle a (b) der Abb. 10. Es liefern also zu A_m Beiträge $\mathfrak{B}_N F$ ($-\mathfrak{B}_N F$) diejenigen F, die eine Vergrößerung (Verkleinerung) von S darstellen. Folglich ist

$$A_m = \frac{i}{c}\left\{\int_S \mathfrak{B}_N \cdot dS - \int_{S_0} \mathfrak{B}_N \cdot dS_0\right\}.$$

Der Ableitung nach ist S eine Fläche, die durch Hinzufügung der $\pm F$ aus S_0 hervorgeht. Nun ist aber nach (5):

$$\int_{()} \mathfrak{B}_N \cdot dS = 0;$$

folglich hat $\int \mathfrak{B}_N \cdot dS$ den gleichen Wert für alle Flächen, die die gleiche Randkurve besitzen. Wenn also S eine beliebige von s umrandete Fläche bezeichnet, so kann der Wert in $\{\,\dots\}$ ohne Einschränkung als die Vermehrung δQ bezeichnet werden, welche das Integral

$$Q = \int \mathfrak{B}_N \cdot dS \tag{6}$$

durch Verschiebung und Gestaltsänderung der Stromkurve erfährt. Somit:

$$A_m = \frac{i}{c}\,\delta Q. \tag{7}$$

Q bedeutet die Anzahl von Induktionslinien, welche in positiver Richtung durch die Stromkurve hindurchtritt; es wird als der **Induktionsfluß** durch die Kurve bezeichnet.

Aus (7) folgt, daß der Stromträger sich unter der Wirkung des fremden Feldes im stabilen Gleichgewicht befindet, sobald Q gegenüber allen virtuellen Verschiebungen und Gestaltsänderungen ein Maximum ist. Der Stromkreis „sucht möglichst viele Induktionslinien zu umspannen". Wird in einer solchen Lage die Stromrichtung umgekehrt, so wechselt auch N seine Richtung; der Stromträger ist jetzt in labilem Gleichgewicht.

Aus (3) folgt nach dem Stokesschen Satz (λ) als eine zweite Form von Q:

$$Q = \int_{()} \mathfrak{A} \cdot d\mathfrak{r}, \tag{8}$$

wo $\mathfrak{A}$ den in (4) definierten Vektor bedeutet und das Integral über die Stromkurve zu erstrecken ist. — Rührt insbesondere die Induktion von einem linearen Strom i_1 her, so wird

$$\mathfrak{A} = \frac{\mu_0}{4\pi c}\,i_1 \int_{()} \frac{d\mathfrak{r}_1}{r}.$$

Die Arbeit, welche bei der Verschiebung eines Stromträgers im Felde eines zweiten Stromes geleistet wird, läßt sich daher in jeder der folgenden Formen schreiben:

$$A_{12} = \frac{i_1}{c} \cdot \delta Q_{12} = \frac{i_2}{c} \cdot \delta Q_{21} = \frac{1}{2}\left(\frac{i_1}{c} \cdot \delta Q_{12} + \frac{i_2}{c} \cdot \delta Q_{21}\right) = i_1 i_2 \cdot \delta L_{12}, \quad (9)$$

wo

$$Q_{12} = \int \mathfrak{B}_{2N} \cdot dS_1 = \int_{\circlearrowleft} \mathfrak{A}_2 \cdot d\mathfrak{r}_1; \quad Q_{21} = \int \mathfrak{B}_{1N} \cdot dS_2 = \int_{\circlearrowleft} \mathfrak{A}_1 \cdot d\mathfrak{r}_2, \quad (6\,\mathrm{a})$$

$$L_{12} = \frac{\mu_0}{4\pi c^2} \int_{\circlearrowleft} \int_{\circlearrowleft} \frac{d\mathfrak{r}_1 \cdot d\mathfrak{r}_2}{r}. \quad (10)$$

Q_{12} bedeutet den Induktionsfluß, den der Strom i_2 durch die Leiterkurve von i_1 sendet, Q_{21} das entsprechende. Es ist

$$\frac{Q_{12}}{i_2} = \frac{Q_{21}}{i_1} \quad (11)$$

L_{12} wird als wechselseitiger Induktionskoeffizient oder Gegeninduktivität der beiden Stromkreise bezeichnet. Die Q und L sind genügend scharf definiert, wenn die Abstände der beiden Leiter durchweg sehr groß sind gegen die Abmessungen ihrer Querschnitte.

Die Erweiterung auf eine beliebige Zahl linearer Ströme liegt auf der Hand. Geht man zu den unendlich dünnen Stromfäden einer beliebigen stationären Strömung $\mathfrak{J}$ über, so ergibt sich

$$A_m = \delta U, \quad \text{wo} \quad U = \frac{\mu_0}{8\pi c^2} \int \mathfrak{J} \cdot d\tau \int \frac{\mathfrak{J}'}{r}\, d\tau' = \frac{1}{2}\int \frac{\mathfrak{J}}{c}\, \mathfrak{A} \cdot d\tau. \quad (12)$$

Bei der Ausführung von δU sind die Stromfäden als an den materiellen Fäden haftend zu denken. Bei der Berechnung von

$$\mathfrak{J}\,d\tau \int \frac{\mathfrak{J}'\,d\tau'}{r}$$

braucht jetzt im Integral der Stromfaden, der $d\tau$ enthält, nicht mehr ausgeschlossen zu werden, denn dieser trägt, wie aus der Potentialtheorie bekannt ist, zum Wert des Integrals nichts endliches bei (vgl. in Kap. I die Anmerkung S. 8).

Es besteht also eine durch die Verteilung der Strömung bestimmte Funktion U, deren Vermehrung bei beliebiger, unendlich kleiner oder auch endlicher Verlagerung der Materie (und an dieser fest haftender Strömung) die Arbeit der elektrodynamischen oder magnetischen Kräfte angibt. Wir wollen sie dem entsprechend als **magnetische Kräftefunktion** bezeichnen.

Zerlegt man den Raum in eine willkürliche Anzahl (n) von Ringen, deren Begrenzungen von Stromlinien gebildet werden und bezeichnet den Gesamtstrom in einem Ring mit $i_1, i_2 \ldots$, so nimmt U die Form an

$$U = \frac{1}{2} L_{11} i_1^2 + L_{12} i_1 i_2 + \cdots + \frac{1}{2} L_{nn} i_n^2. \tag{13}$$

Ist die Anordnung derartig, daß eine Zerfällung in „lineare" Stromringe entsteht, so fällt L_{12} mit der gleichbezeichneten Größe der Gleichung (10) zusammen. Die hier neu auftretenden L_{kk} heißen **Selbstinduktionskoeffizienten** oder **Selbstinduktivitäten**. In der Form (10), mit zusammenfallenden Integrationslinien, lassen sie sich nicht berechnen; das würde ∞ ergeben, als mathematisches Kennzeichen dafür, daß der Begriff „linearer Strom" hier nicht verwendbar ist. Allgemein können, bei beliebigen geometrischen Verhältnissen, die Koeffizienten der Gleichung (13) als Induktionskoeffizienten bezeichnet werden. Ihre physikalische Bedeutung beruht auf eben dieser Gleichung; aber es ist zu beachten, daß sie bestimmte Werte erst annehmen, wenn die Verteilung der Strömung in den Ringen gegeben ist (s. Kap. III, § 6).

§ 2. Die Differentialgleichungen des stationären magnetischen Feldes.

Im vorigen Paragraphen sind das magnetische Feld und dann weiter mechanische Kräfte und Arbeit ausgedrückt durch die Strömung. Wie in Kapitel I, § 2 kehren wir die Aufgabe um: das Feld werde als gegeben betrachtet. Wir fragen zunächst nach der Strömung. Aus (3) folgt

$$\operatorname{rot} \mathfrak{B} = \operatorname{rot} \operatorname{rot} \mathfrak{A}, \qquad \text{oder nach } (\sigma)$$

$$= \nabla \operatorname{div} \mathfrak{A} - \varDelta \mathfrak{A},$$

wenn wir mit $\varDelta \mathfrak{A}$ einen Vektor bezeichnen, dessen Komponenten sind:

$$(\varDelta \mathfrak{A})_x = \varDelta (\mathfrak{A}_x), \, . \, .$$

Nun ist nach (π), da $\mathfrak{J}'$ von der Lage des Feldpunkts unabhängig und somit $\operatorname{div}\mathfrak{J}' = 0$ ist

$$\frac{4\pi c}{\mu_0}\operatorname{div}\mathfrak{A} = \int \mathfrak{J}'\cdot V\left(\frac{1}{r}\right)\cdot d\tau';$$

oder, wenn wir durch V' und div' andeuten, daß nicht die Koordinaten des Feldpunkts p, sondern die des Punkts p' in $d\tau'$ als veränderlich gelten sollen,

$$= -\int \mathfrak{J}'\cdot V'\left(\frac{1}{r}\right)\cdot d\tau'$$

oder nach (π) und (η):

$$= \int \frac{\operatorname{div}'\mathfrak{J}'}{r}\cdot d\tau' - \int \frac{\mathfrak{J}'_N}{r}\cdot dS'.$$

In dem letzten Ausdruck aber ist $\mathfrak{J}'_N = 0$, da $\mathfrak{J}'$ nur innerhalb τ' von Null verschieden ist, und ferner $\operatorname{div}'\mathfrak{J}' = 0$ gemäß der notwendigen Eigenschaft der stationären Strömung. Es wird also $\operatorname{div}\mathfrak{A} = 0$. Andrerseits ist als Folge von (4):

$$-\varDelta\mathfrak{A} = \frac{\mu_0\mathfrak{J}}{c}.\qquad[\text{S. Kap. I, (22 a b)}]$$

Also folgt als Umkehrung von (3), (4):

$$\operatorname{rot}\mathfrak{B} = \frac{\mu_0\mathfrak{J}}{c}.$$

Die Gleichung ist abgeleitet mit Hilfe der Beziehung: $\operatorname{div}\mathfrak{J} = 0$; sie kann aber auch nur bestehen, wenn diese Beziehung gilt [s. (λ_1)].

Wir führen einen neuen Vektor, die magnetische Feldstärke $\mathfrak{H}$ ein durch die Gleichung

$$\mathfrak{B} = \mu_0\mathfrak{H}.\tag{14}$$

Für ihn gilt dann:

$$\operatorname{rot}\mathfrak{H} = \frac{\mathfrak{J}}{c},\tag{15}$$

oder nach (λ) gleichbedeutend, wenn l die Randkurve von L ist:

$$\int \mathfrak{H}_l\cdot dl = \int \frac{\mathfrak{J}_N}{c}\,dL.\tag{16}$$

D. h.: das Umlaufsintegral der magnetischen Feldstärke ist gleich der durch c geteilten Gesamtströmung, die durch die Umlaufskurve l (oder durch eine beliebige von ihr umrandete Fläche L)

in positiver Richtung hindurchtritt, — gleich der Durchflutung von l oder L nach der Bezeichnung der Technik.

Die Stromlinien mögen ein ringartiges Gebilde erfüllen, der Gesamtstrom durch jeden Ringquerschnitt möge i sein, und der Weg l den Ringkörper nicht schneiden. Dann kann er ihn n mal (in positivem Sinn bezüglich der Strömungsrichtung) umzingeln, wo n eine beliebige positive oder negative ganze Zahl oder Null ist, und die rechte Seite von (16) wird $\dfrac{ni}{c}$. Betrachten wir nun einen linearen Stromkreis. Der Ausdruck bedeutet, daß die Verteilung der Strömung über den Querschnitt nicht definiert ist; es hat demnach für Wege l, die den Leiter schneiden, die rechte Seite von (16) keinen angebbaren Wert. Wir müssen uns also auf die soeben betrachteten Wege l beschränken, und erhalten für diese

$$\int_{\odot} \mathfrak{H}_l \cdot dl = \frac{ni}{c}, \tag{17}$$

wenn der Integrationsweg den linearen Strom n-mal positiv umkreist. Liege eine Umkreisung vor, dann sind der Weg l

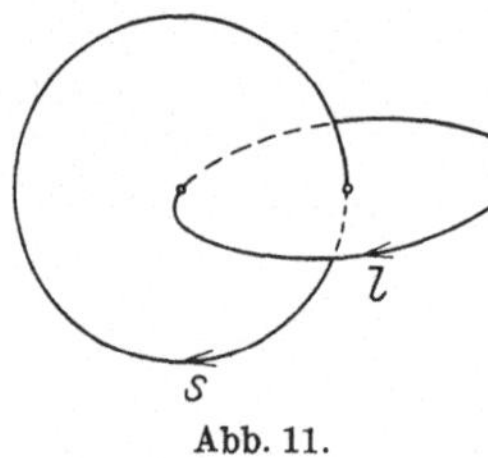

Abb. 11.

und die Stromkurve s verschlungen wie zwei Kettenglieder, und die Abb. 11 zeigt: wenn l ein positiver Umlauf um s ist, so ist auch s ein positiver Umlauf um l.

Betrachten wir ausschließlich den Raum τ, in dem keine Strömung vorhanden ist. In ihm ist durchweg

$$\operatorname{rot} \mathfrak{H} = 0. \tag{a}$$

Nehmen wir nun in τ eine geschlossene Kurve l an, und legen in sie eine Fläche L, die von l vollständig umrandet wird. Sobald für jedes Element von L die Gleichung (a) gilt, folgt nach dem Stokesschen Satz:

$$\int_{\odot} \mathfrak{H}_l\, dl = 0. \tag{b}$$

In unserm Fall aber gilt das nicht allgemein. Es läßt sich eben nicht in jeder geschlossenen Kurve l, die ganz in τ liegt, eine Fläche L ausspannen, die auch ganz in τ liegt: unser τ ist mehrfach zusammenhängend. Am einfachsten liegen die Verhältnisse bei einem ringartigen Strömungsgebiet. Für eine mit

dem Ring nicht verkettete Kurve l gilt (b), für eine mit dem
Ring verkettete gilt (b) nicht. Denken wir aber in τ einen
Querschnitt geführt — er hat die Form einer dem Ring angehefteten Membran —, so entsteht ein neuer Raum τ', der
außer der Ringoberfläche noch die
beiden Seiten S_+ und S_- der Membran als Begrenzung hat (s. Abb. 12).
Dieser Raum besitzt keine geschlossenen Kurven der zweiten Art
mehr, er ist einfach zusammenhängend.   Der   ursprüngliche
Raum τ, aus dem er durch einen
Querschnitt entstand, heißt danach
zweifach zusammenhängend.

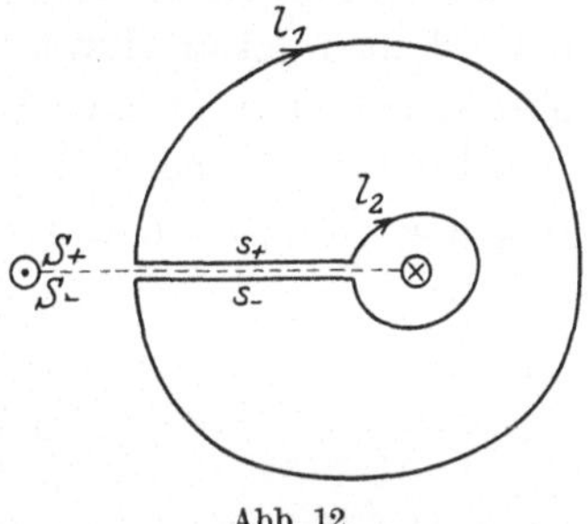

Abb. 12.

Seien in τ zwei verschiedene positive Umläufe um den Ring vor-
gelegt, l_1 und l_2. Wir verbinden sie durch zwei sich deckende
Linien s_+ und s_- zu beiden Seiten des Querschnitts und erhalten so einen vollständigen Umlauf in τ':

$$\overrightarrow{l_1}\ \overrightarrow{s_-}\ \overleftarrow{l_2}\ \overleftarrow{s_+},$$

für den (b) gilt. Die Beiträge von s_- und s_+ heben sich auf,
und es bleibt:

$$\text{Integral über } \overrightarrow{l_1} = \text{Integral über } \overrightarrow{l_2}.$$

[Auch die Ergänzung von τ, der Ring selbst, ist zweifach zu
sammenhängend, und für ihn folgt das gleiche.]

Ohne Einführung des Querschnitts (oder der Sperrfläche) S
und des Raums τ' spricht sich das Vorstehende so aus. Ist in
τ durchweg: rot $\mathfrak{H} = 0$, und bildet l die vollständige Begrenzung einer in τ ausgespannten Fläche L, so ist stets

$$\int \mathfrak{H}_l \cdot dl = 0;$$

besteht dabei l aus mehreren getrennten geschlossenen Kurven,
so sind diese in solcher Richtung zu durchlaufen, daß L stets zur
gleichen (etwa rechten) Seite der wachsenden l liegt. (In unserem Fall setzt sich l zusammen aus dem in positiver Richtung
durchlaufenen l_1 und dem in negativer Richtung durchlaufenen
l_2; zwischen beiden läßt sich eine Fläche L ausspannen, in der
(a) gilt.) — In dieser Form entspricht der Satz genau dem folgenden: Ist in τ durchweg div $\mathfrak{B} = 0$, und bildet S die voll-

ständige Begrenzung eines in τ liegenden Raumes τ_1, so ist stets

$$\int \mathfrak{B}_N \cdot dS = 0\,;$$

besteht dabei S aus mehreren getrennten geschlossenen Flächen, so sind die Normalen N so zu wählen, daß sie τ_1 stets zur gleichen Seite haben (etwa durchweg die äußeren Normalen bilden). Man denke etwa an eine Hohlkugel.

Also rein geometrisch ergibt sich: Wenn in einem zweifach zusammenhängenden ringartigen Raum

$$\operatorname{rot} \mathfrak{H} = 0$$

ist, so ist

$$\int_{\mathfrak{O}} \mathfrak{H}_l \cdot dl = np\,, \tag{c}$$

wo p eine Konstante, der **Periodizitätsmodul**, ist und n eine ganze Zahl, die die Anzahl der positiven Umläufe um den Ring angibt. Der Periodizitätsmodul unsres Vektors ist $\dfrac{i}{c}$.

Man kann diesen Sätzen eine andere Fassung geben: In τ' gilt allgemein (b); also folgt

$$\mathfrak{H} = -V\,\psi'\,, \tag{18a}$$

wo ψ' eine einwertige Skalarfunktion; aber für zwei unendlich benachbarte Punkte auf entgegengesetzten Seiten des Querschnitts wird

$$\psi'_+ - \psi'_- = \int_{+\mathfrak{O}}^{-} \mathfrak{H}_l \cdot dl = \frac{i}{c}\,. \tag{18b}$$

ψ' ist also an dem Querschnitt unstetig. Aus ψ' können wir die durchweg stetige, dafür aber unendlich vieldeutige Funktion

$$\psi = \psi' + n\,\frac{i}{c}$$

bilden, mit der Eigenschaft, daß durchweg in τ gilt:

$$\mathfrak{H} = -V\psi\,.$$

Der Raum, der K lineare Ströme i_k umgibt, wird durch K Querschnitte oder Sperrflächen S_k einfach zusammenhängend, die je eine Stromkurve zur Randkurve haben. Es ist an S_k:

$$\psi'_+ - \psi'_- = \frac{i_k}{c}\,, \tag{18c}$$

und die durchweg stetige Funktion ψ drückt sich aus als

$$\psi = \psi' + \sum_1^K n_k \frac{i_k}{c}, \qquad (18\,\mathrm{d})$$

wo die n_k beliebige ganze Zahlen bedeuten. Wenn ψ' im Unendlichen $= 0$ gesetzt wird, so ist der Wert von ψ' im Punkt p bestimmt als

$$\psi'(p) = \int_p^\infty \mathfrak{H}_l \cdot dl,$$

sobald für die Lage der Sperrflächen eine bestimmte Wahl getroffen ist. Aber $\psi'(p)$ geht in einen andern Zweig der Funktion $\psi(p)$ über, sobald eine Sperrfläche derart verzerrt wird, daß sie dabei den Punkt p überstreicht.

Zu der Differentialgleichung (15) [oder gleichwertig (16)], die sich auf die Rotation [oder das Umlaufsintegral] von $\mathfrak{H}$ bezieht, gesellt sich die weitere (5):

$$\operatorname{div} \mathfrak{B} = 0 \quad [\text{oder gleichbedeutend:} \int_O \mathfrak{B}_N \cdot dS = 0],$$

die die Divergenz [oder das Oberflächenintegral] von $\mathfrak{B}$ betrifft. Beide Vektoren sind verknüpft durch die Gleichung (14):

$$\mathfrak{B} = \mu_0 \mathfrak{H}.$$

Auch die Funktion U der Gleichung (12), deren Zunahme uns die Arbeit bei Verlagerungen der Leiter liefert, können wir jetzt durch die Feldvektoren ausdrücken. Es wird nach (15):

$$U = \int \frac{1}{2} \operatorname{rot} \mathfrak{H} \cdot \mathfrak{A} \cdot d\tau.$$

Der Integrand hat endliche Werte nur, soweit die Strömung reicht. Wir dürfen und wollen aber das Integrationsgebiet ausdehnen bis in unendliche Entfernung. Dann verschwindet an der Grenze $[\mathfrak{H}\,\mathfrak{A}]$ wie $\frac{1}{r^3}$, und wir erhalten durch partielle Integration [s. (o')]:

$$U = \int \frac{1}{2} \operatorname{rot} \mathfrak{A} \cdot \mathfrak{H} \cdot d\tau$$

oder nach (3): $\qquad U = \int \frac{1}{2} \mathfrak{B}\,\mathfrak{H} \cdot d\tau. \qquad (19)$

Die Gleichungen (5), (14), (15), (19)

$$\operatorname{div} \mathfrak{B} = 0, \qquad \mathfrak{B} = \mu_0 \mathfrak{H}, \qquad \operatorname{rot} \mathfrak{H} = \frac{\mathfrak{J}}{c}, \qquad U = \int \frac{1}{2} \mathfrak{B}\,\mathfrak{H} \cdot d\tau$$

sind vollkommen gleichwertig den ursprünglichen Gleichungen (3), (4), (12)

$$\mathfrak{B} = \operatorname{rot} \mathfrak{A}\,, \qquad \mathfrak{A} = \frac{\mu_0}{4\pi c}\int \frac{\mathfrak{J}'}{r}\, d\tau'\,, \qquad U = \int \frac{1}{2c}\,\mathfrak{J}\,\mathfrak{A}\cdot d\tau\,.$$

Die beiden Gleichungssysteme entsprechen genau den beiden Darstellungen, die wir in Kap. I, §§ 1 und 2 für die Gesetze des stationären elektrischen Feldes fanden. Genau wie dort ist ihr Geltungsbereich beschränkt auf den Fall magnetisch homogener Raumerfüllung. Und wie dort erweitert sich der Geltungsbereich des ersten auf den Fall beliebiger Raumerfüllung, sobald wir nur die Verknüpfung zwischen den beiden Feldvektoren durch eine allgemeinere Beziehung ersetzen.

Diese ist freilich jetzt weniger einfach, als in dem Fall der elektrischen Vektoren. Für die ganz überwiegende Mehrzahl aller Körper besteht zwar die Änderung von (14) nur darin, daß $\mathfrak{B} = \mu\,\mathfrak{H}$ ist, wo $\dfrac{\mu}{\mu_0}$ einen von Eins wenig abweichenden Wert hat (μ_0 gilt für das Vakuum). In der Überzahl sind die Körper, für die $\dfrac{\mu}{\mu_0} < 1$ ist; sie heißen diamagnetisch. Die Körper, für welche $\dfrac{\mu}{\mu_0} > 1$ ist, heißen paramagnetisch. Alle diamagnetischen Körper sind magnetisch sehr wenig vom Vakuum unterschieden. Den kleinsten Wert besitzt Wismut; für dieses ist

$$\frac{\mu}{\mu_0} = 1 - 0{,}0002\,.$$

Unter den paramagnetischen Körpern aber befindet sich eine ausgezeichnete Gruppe, der vor allem das Eisen in seinen verschiedenen Abarten, sodann Nickel, Kobalt und einige Verbindungen und Legierungen dieser und einiger verwandter Metalle angehören. Sie heißen ferromagnetisch; wir werden sie auch als Eisenkörper bezeichnen. Für diese kann zunächst der Wert von $\dfrac{\mu}{\mu_0}$ einige Tausend betragen, wenn wir unter μ jedesmal das Verhältnis $\dfrac{B}{H}$ verstehen. Aber dieses Verhältnis ist nicht konstant. Man erhält eine unter Umständen ausreichende Annäherung an die Tatsachen, wenn man μ als Funktion von H (oder von B) behandelt. Allgemein genügt auch das nicht. Vielmehr lehrt die Erfahrung folgendes: Wenn, bei unveränderter

Richtung, H von Null aus ansteigt, so wächst auch B, und zwar zunächst beschleunigt, dann verzögert, bis endlich, bei unbegrenzt wachsendem H, $\dfrac{B}{H}$ sich dem Wert μ_0 unbegrenzt nähert. Läßt man aber, von einem beliebigen Wert ausgehend, H wieder abnehmen, so durchläuft B nicht die frühere Wertfolge, sondern eine Reihe höherer Werte, so daß es für $H = 0$ noch den Wert M besitzt (s. Abb. 13). Dieser heißt Remanenz. Um $B = 0$ zu erzielen, bedarf es eines H von entgegengesetzter Richtung, der Koerzitivkraft K. Läßt man H eine Folge

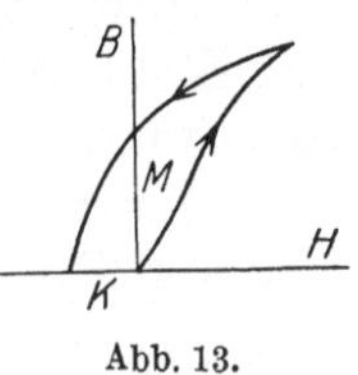

Abb. 13.

von Werten wiederholt zyklisch durchlaufen, so stellt sich auch für B eine zyklische Wertfolge ein, wie es, für entgegengesetzt gleiche Endwerte von H, die Abb. 14 andeutet. Stets bleibt (bei gleichem H) der spätere B-Wert gegen den früheren im Sinn der zwischenliegenden Werte zurück[1]). Das beschriebene Verhalten heißt Hysteresis, die Abb. 14 Hysteresisschleife. Die Induktion in einem Eisenkörper ist also nicht durch den gegenwärtigen Wert der Feldstärke bestimmt; sie hängt von seiner magnetischen Vorgeschichte ab. Dies ist nur eine Erscheinungsform einer ganz allgemeinen Eigenschaft der Eisen-

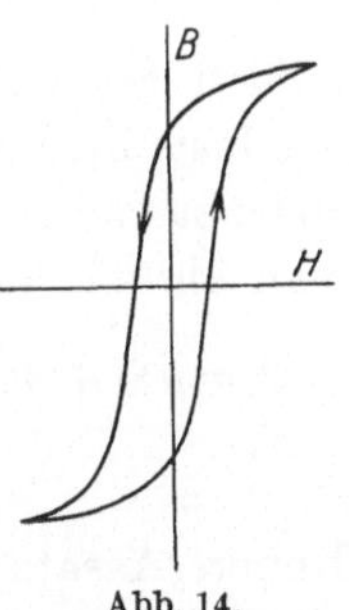

Abb. 14.

körper: ihr Zustand läßt sich durch diejenigen Veränderlichen, die den Zustand anderer Körper eindeutig bestimmen, nicht beschreiben[2]). Eine allgemeingültige Einordnung der magnetischen Hysteresis in die elektromagnetische Theorie ist nicht möglich. Einer für die meisten praktischen Bedürfnisse ausreichenden Darstellung aber kommen zwei Tatsachen zustatten. Erstens: für gewisse Arten weichen Eisens ist die Hysteresis sehr gering; die beiden Äste der Hysteresisschleife fallen nahezu zusammen. Aus diesem Grunde bildet solches Eisen das bevor-

---

[1]) Zahlenwerte z. B. bei Strecker: Hilfsbuch für die Elektrotechnik. 10. Aufl., Starkstromausgabe, Nr. 39.

[2]) Die Erscheinung der Hysteresis im allgemeineren Wortsinn wurde zuerst beobachtet an der Beziehung der thermoelektrischen Kraft zur Dehnung (E. Cohn, Wiedemanns Ann. Bd. 6. 1879).

zugte Material der Wechselstromtechnik (s. Kap. III). Man darf
dann mit ausreichender Näherung

$$\mathfrak{B} = \mu\,\mathfrak{H} \tag{20a}$$

setzen, wo μ eine Funktion von H (oder von B) ist. Zweitens:
wenn harter Stahl, der einmal in einem starken Feld die Rema-
nenz $\mathfrak{M}$ erhalten hat, später in Felder $\mathfrak{H}$ von mäßiger Größe gebracht wird, so wird dadurch zu dem Remanenzwert $\mathfrak{M}$ der Induktion ein mit $\mathfrak{H}$ proportionaler Beitrag hinzugefügt. Man nennt
in diesem Fall den Vektor $\mathfrak{M}$ **permanente Magnetisierung.**
$\dfrac{\mathfrak{M}}{\mu}$ heißt auch **eingeprägte magnetische Feldstärke.** Harter
Stahl bildet das bevorzugte Material für die physikalische Meß-
technik. Man darf für ihn ansetzen:

$$\mathfrak{B} = \mu\,\mathfrak{H} + \mathfrak{M}\,; \quad \mu = \text{const}, \quad \mathfrak{M} = \text{const}. \tag{20b}$$

Beiden Sonderfällen, die zwar nur Grenzfälle darstellen, aber
bei fast allen wissenschaftlichen und technischen Anordnungen
erstrebt und sehr nahe erreicht werden[1]), wird man gerecht, wenn
man als allgemeingültig annimmt:

$$\mathfrak{B} = \mu\,\mathfrak{H} + \mathfrak{M}\,; \quad \mathfrak{M} = \text{const}; \quad \mu = f\,(H)\,\text{pos}, \quad \frac{\delta\,(\mu H)}{\delta H}\,\text{pos}; \atop \text{für } \mathfrak{M} \neq 0\colon \ \mu = \text{const}. \tag{20}$$

Dieser Ansatz umfaßt zugleich die nicht-ferromagnetischen
Körper.

In übersichtlicher bildlicher Darstellung: Wir nehmen den Zusammenhang zwischen B und H für permanent magnetisierte

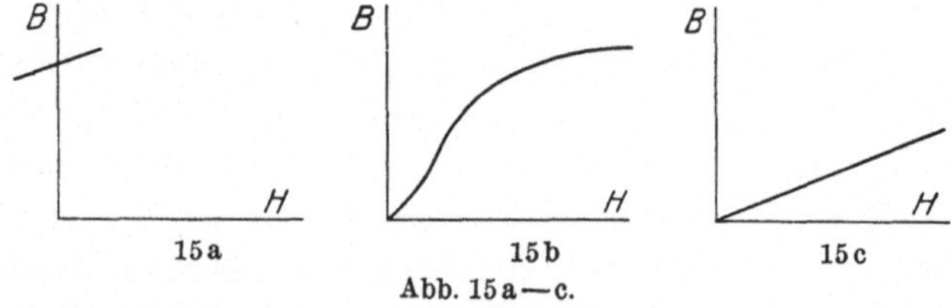

Abb. 15a—c.

Körper gemäß Abb. 15a, für nicht permanent magnetische Eisenkörper gemäß Abb. 15b, für alle übrigen Körper gemäß Abb.15c an.

---

[1]) Bezüglich der Gleichung (20a) siehe z. B. Strecker, a. a. O.: geglühtes
Elektrolyteisen, bezüglich (20b) siehe H. Laub: Arch. f. Elektrot. Bd. 16.
1926.

Die Kurven Abb. 15 b verlaufen zunächst angenähert geradlinig, um dann sich scharf zu krümmen. Den ersten Bereich bezeichnen die Techniker als den **schwacher magnetischer Sättigung.**

Die Gleichungen (20) zusammen mit (5) und (15) sollen von jetzt an die Grundgleichungen für das Feld bilden. Zu ihnen muß der Ausdruck für die Kräftefunktion hinzukommen. Wir wählen dafür die folgende Verallgemeinerung von (19), zu der uns (s. Kap. III, § 1) das Energieprinzip nötigt, und die durch die Erfahrung gerechtfertigt wird:

$$U = \int d\tau \int_0^{\mathfrak{H}} \mathfrak{B} \cdot d\mathfrak{H}, \qquad (21)$$

mit dem Zusatz: bei der Berechnung der Arbeit aus der Vermehrung von U ist anzunehmen, daß der Skalar μ und die Vektoren $\mathfrak{M}$ und $\mathfrak{J}$ an der Materie haften. Also:

$$\left. \begin{array}{l} A_m = \delta U ; \quad d\mu = 0 \ \text{für konstantes } H; \quad d\int \mathfrak{M}_N \cdot dS' = 0; \\ d\int \mathfrak{J}_N \cdot dS' = 0; \end{array} \right\} \quad (22)$$

wo S' eine in der Materie festliegende Fläche bezeichnet. Bezüglich μ bedeutet dieser Ansatz eine Vernachlässigung der kleinen Änderungen, die μ durch die Gestaltsänderung eines Körperelements erfährt, und damit der geringen Kräfte der sog. Magnetostriktion (vgl. elektrische Kräfte in Kap. I, § 4 B). Bezüglich $\mathfrak{M}$ ist es, wie wir annehmen dürfen, der Ausdruck einer Tatsache. Bezüglich $\mathfrak{J}$ ist es eine Rechnungsregel: der tatsächliche Vorgang kann in zwei Teile zerlegt werden, Verschiebung der Materie mit an ihr haftender Strömung und Verschiebung der Strömung gegen die Materie: nur die Änderung von U bei dem ersten Teilvorgang ist in Rechnung zu ziehen (vgl. die Regel für die Elektrizitätsmengen bei der Berechnung von A_e in Kap. I, § 4 B).

Denkt man sich die Lage aller Körperteilchen (mit ihren μ) durch eine endliche Zahl allgemeiner Koordinaten ϑ_n, und das magnetische Feld dann durch eine endliche Zahl von linearen Strömen i_k und magnetischen Mengen m_h (oder Momenten $\mathfrak{K}_h$)[1] bestimmt, und ist Θ_n die zu ϑ_n gehörende verallgemeinerte Kraftkomponente. d. h.

$$A_m = \Sigma\,(\Theta_n \cdot d\vartheta_n),$$

---

[1] Siehe S. 87.

so wird U eine Funktion der Veränderlichen ϑ_n, i_k, m_h (oder $\mathfrak{K}_h$), und Gleichung (22_1) nebst Zusätzen drückt sich einfacher aus durch:

$$\Theta_n = \frac{\partial U}{\partial \vartheta_n}, \tag{22a}$$

wo das Zeichen der partiellen Differentiation bedeutet, daß nicht nur alle ϑ außer ϑ_n, sondern auch alle i und m (oder $\mathfrak{K}$) unverändert bleiben sollen.

§ 3. Allgemeine Eigenschaften des Feldes.

Als gegeben betrachten wir: die Magnetisierung $\mathfrak{M}$, die Durchlässigkeit μ als Funktion von H, und die Strömung $\mathfrak{J}$. Es muß zunächst gezeigt werden, daß dann durch die Gleichungen (5), (15), (20) das Feld $\mathfrak{H}$ und somit auch $\mathfrak{B}$ eindeutig bestimmt ist. Um $\mathfrak{H}$ zu bestimmen, genügen tatsächlich weniger als die soeben genannten Angaben. Man sieht sofort: sobald nur $\mathfrak{J}$ und die Divergenz von $\mathfrak{M}$ überall Null sind, gibt es kein Feld $\mathfrak{H}$. Denn dann ist nach (15): rot $\mathfrak{H} = 0$, nach (5), (20): div $\mu \mathfrak{H} = 0$; also nach (μ, ϑ): $\int \mu \mathfrak{H}^2 \cdot d\tau = 0$, folglich $\mathfrak{H} \equiv 0$. Aber $\mathfrak{B} = \mathfrak{M}$ kann $\neq 0$ sein. — Weiter: es seien $\mathfrak{J}$ und div $\mathfrak{M}$ vorgeschrieben und es werde angenommen, daß ihnen zwei Felder $\mathfrak{H}'$ und $\mathfrak{H}''$ entsprechen. Es werde gesetzt:

$$f(H') = \mu', \quad f(H'') = \mu''.$$

Dann ist nach (15):

$$\text{rot}\,(\mathfrak{H}' - \mathfrak{H}'') = 0,$$

nach (5), (20):

$$\text{div}\,(\mu'\,\mathfrak{H}' - \mu''\,\mathfrak{H}'') = 0,$$

folglich nach (μ, ϑ):

$$\int (\mathfrak{H}' - \mathfrak{H}'')\,(\mu'\,\mathfrak{H}' - \mu''\,\mathfrak{H}'')\,d\tau = 0,$$

Aber nach (20) wächst μH beständig mit H, also:

$$(H' - H'')\,(\mu'H' - \mu''H'') \geqq 0,$$

und um so mehr:

$$(\mathfrak{H}' - \mathfrak{H}'')\,(\mu'\,\mathfrak{H}' - \mu''\,\mathfrak{H}'') \geqq 0.$$

Also kann das Produkt nur $= 0$ sein; d. h. $\mathfrak{H}' \equiv \mathfrak{H}''$.

An den Eindeutigkeitssatz für das elektrostatische Feld (Kap. I, § 2) schloß sich sogleich der Satz von der Überlagerung der

Felder an. Der Zusammenhang zwischen beiden Sätzen war dadurch gegeben, daß die Beziehung zwischen den Feldvektoren linear war. Die Gleichung (20) des stationären magnetischen Feldes aber ist, sofern Eisenkörper vorhanden sind, also $\mu = f(H)$ ist, nicht linear. Die Felder also, die zwei gegebenen Verteilungen von Strömen und magnetischen Mengen entsprechen, überlagern sich im allgemeinen nicht.

Zwei Sonderfälle treten hervor. 1. Es sei durchweg $\mathfrak{M} = 0$. Das gilt streng, wenn keine Eisenkörper vorhanden sind, und genähert, wenn nur sehr weiches Eisen vorhanden ist. In diesem Fall ist das Feld durch $\mathfrak{J}$ bestimmt, und wir sprechen von dem magnetischen Feld elektrischer Ströme. 2. Es sei durchweg $\mathfrak{J} = 0$. Dann ist das Feld $\mathfrak{H}$ durch $\operatorname{div} \mathfrak{M}$ bestimmt. Die Körper, in denen $\mathfrak{M}$ vorhanden ist, heißen permanente Magnete, und das Feld bezeichnen wir als das Feld dieser Magnete. Felder dieser Art sind zuerst bekannt geworden und quantitativ untersucht worden. Die Größe

$$- \operatorname{div} \mathfrak{M} = \varrho_m, \tag{23}$$

auf die es für das Feld $\mathfrak{H}$ allein ankommt, wurde als magnetische Dichte,

$$\int \varrho_m \cdot d\tau = m$$

als die magnetische Menge im Volumen τ bezeichnet. Für jeden vollständigen Magneten ist, da jenseits seiner Oberfläche S notwendig $\mathfrak{M} = 0$ ist,

$$m = -\int \mathfrak{M}_N \cdot dS = 0. \tag{24}$$

Das gilt, wie klein auch der Magnet sein mag; es gilt für jeden herstellbaren Splitter eines vorgelegten Magneten. Die Größen ϱ_m dürfen also nicht willkürlich gegeben werden. Das letzte physikalische Element ist nicht eine einzelne magnetische Menge, sondern die Zusammenfassung zweier entgegengesetzt gleicher Mengen $\pm m$, getrennt durch eine von $-$ nach $+$ führende Strecke $\mathfrak{l}$. Den Vektor $|m|\mathfrak{l} = m_+\mathfrak{r}_+ + m_-\mathfrak{r}_-$ nennt man das magnetische Moment dieses Elements, die Summe $\Sigma |m|\mathfrak{l}$, erstreckt über das Volumen eines Magneten, dessen magnetisches Moment. Die Magnetisierung $\mathfrak{M}$ ist [vgl. den Vektor $\mathfrak{P}$ in Kap. I, § 5 (54), (55)] nichts anderes, als das magnetische

Moment der Volumeneinheit:

$$\mathfrak{M} = \sum_{\tau=1} |m|\, \mathfrak{l} = \sum_{\tau=1} m\mathfrak{r}\,. \tag{23a}$$

Wir wollen jetzt den Vektor $\mathfrak{B}$ zur Darstellung des Feldes benutzen. Führen wir in (15) den Wert von $\mathfrak{H}$ aus (20) ein, so werden die Grundgleichungen des Feldes:

$$\mathrm{div}\,\mathfrak{B} = 0 \quad (5); \qquad \mathrm{rot}\,\frac{\mathfrak{B}}{\mu} = \frac{\mathfrak{J}}{c} + \mathrm{rot}\,\frac{\mathfrak{M}}{\mu} \tag{25}$$

mit dem Zusatz: $\mu = \mathrm{const}$, wo $\mathfrak{M} \neq 0$; $\mu = F(B)$, (oder $= \mathrm{const}$), wo $\mathfrak{M} = 0$. Diese Gleichungen bestimmen, wenn $\mathfrak{J}$ und $\mathfrak{M}$ gegeben sind, eindeutig $\mathfrak{B}$. Aus $\mathfrak{B}$ folgt dann nach (20):

$$\mathfrak{H} = \frac{\mathfrak{B} - \mathfrak{M}}{\mu}\,.$$

Aus (25) ersieht man: Die Induktion $\mathfrak{B}$ ist die gleiche für ein Magnetsystem $\mathfrak{M}$ und für ein Stromsystem $\mathfrak{J}'$, falls durchweg

$$\frac{\mathfrak{J}'}{c} = \mathrm{rot}\,\frac{\mathfrak{M}}{\mu} \tag{26}$$

ist.

Man nennt in diesem Fall die beiden Systeme äquivalent. Was die Gleichung bedeutet, ergibt sich aus der Betrachtung eines Elementarmagneten. Als solchen bezeichnen wir einen beliebig kleinen Magneten von der Form eines geraden Zylinders, in dem μ konstant und $\mathfrak{M}$ konstant und parallel zu den Erzeugenden

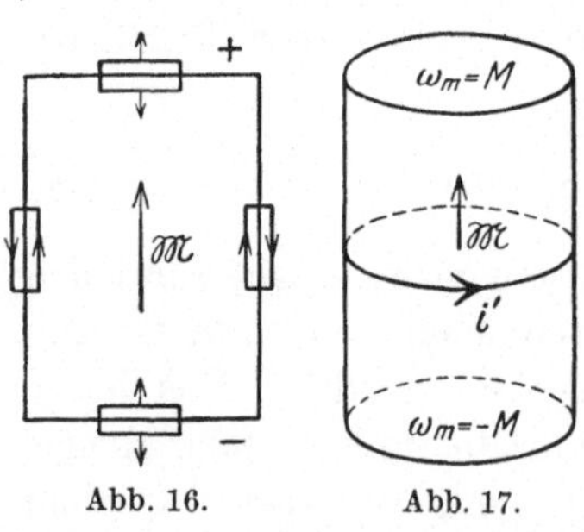

Abb. 16.   Abb. 17.

des Zylinders ist. Im Innern des Zylinders ist sowohl div $\mathfrak{M}$ wie rot $\dfrac{\mathfrak{M}}{\mu}$ gleich Null. Die magnetische Verteilung wie die äquivalente Strömung befinden sich also ausschließlich auf seiner Oberfläche. Es ist (s. Abb. 16 und 17)

$$\int_O \mathfrak{M}_N \cdot dS = \pm\, M\, \Sigma$$

für jede geschlossene Fläche, die ein Stück Σ einer Grundfläche umfaßt, dagegen $= 0$ für jede Fläche, die ein Stück der Zylinderfläche umfaßt. D. h. die magnetische Verteilung befindet sich mit der Flächendichte

$$\omega_m = +\, M, \quad \text{bzw.}\ \ \omega_m = -\, M$$

auf den beiden Grundflächen. — Andrerseits ist

$$\int_{O} \frac{\mathfrak{M}_s}{\mu}\, ds = \frac{M}{\mu}\, l$$

für jede Kurve, die im Sinn der Pfeile in Abb. 16 ein Stück l einer Erzeugenden umläuft; dagegen $= 0$ für jede Kurve, die eine Strecke in einer Grundfläche umläuft. D. h. der Strom kreist auf der Mantelfläche, rechtsläufig um $\mathfrak{M}$, und mit der Stärke

$$\frac{i'}{l} = j' = \frac{c\,M}{\mu}$$

für jede Längeneinheit der Höhe.

Denkt man sich den Zylinder sehr flach und nennt seine Grundfläche F, so kommt man zu folgender Fassung: ein Strom i', der die kleine Fläche F umkreist, ist äquivalent einem scheibenförmigen Magneten, dessen Moment

$$\tau \cdot \mathfrak{M} = \mathfrak{K}$$

normal zu F, in der bezüglich i' positiven Richtung N, liegt und den Betrag

$$\frac{i'}{c}\, \mu F$$

hat. Oder, wenn durch $\overline{\mathfrak{n}}$ ein Einheitsvektor in der Richtung von N bezeichnet wird,

$$\mathfrak{K} = \frac{i'}{c}\, \mu F\, \overline{\mathfrak{n}} \ . \tag{27}$$

Daraus sogleich: Ein linearer Strom i' in der Kurve s ist äquivalent einer quermagnetisierten Scheibe von der sehr kleinen Dicke d und der Durchlässigkeit μ, deren Moment für die Flächeneinheit den Wert

$$\frac{\mu\, i'}{c}$$

hat und die von s umrandet wird, im übrigen aber beliebige Form haben kann. Man nennt die Schale eine **magnetische Doppelschicht**, da man sie kennzeichnen kann durch die Flächendichte

$$\omega_m = \pm\, M = \pm\, \frac{\mu\, i'}{c\, d} \tag{28}$$

der magnetischen Verteilung, die sich auf ihren beiden Seiten befindet. Ihr Feld hängt nur von der **Stärke** der **Doppel-**

schicht
$$\frac{|\omega m|\, d}{\mu} = \frac{i'}{c}$$

ab; vgl. Kap. I § 2 bei (5 d).

Fügt man andrerseits Elementarmagnete von gleichem $\mathfrak{M}$ der Länge nach in beliebiger Leitkurve aneinander, so erhält man einen fadenförmigen Magneten, der nur an seinen Enden magnetische Mengen von der Flächendichte $\pm M$ besitzt; die äquivalente Strömung hingegen ist über die ganze Oberfläche des Fadens verbreitet.

Die Lage aller Körper sei gegeben und in ihnen die Verteilung der Strömung $\mathfrak{J}$ und der Magnetisierung $\mathfrak{M}$. Wir fragen nach der Änderung δU, welche die Funktion $U = \int d\tau \int_0^{\mathfrak{H}} \mathfrak{B} \cdot d\mathfrak{H}$ bei einer unendlich kleinen Veränderung dieser Verteilung erfährt. Bei festem $\mathfrak{H}$ ist

$$\delta\mathfrak{B} = \delta\mathfrak{M},$$

somit
$$\delta U = X + Y, \tag{a}$$

wo
$$X = \int d\tau \cdot \mathfrak{B} \cdot \delta\mathfrak{H}, \qquad Y = \int d\tau \cdot \delta\mathfrak{M} \cdot \mathfrak{H}.$$

Nach (5) und (v) kann $\mathfrak{B} = \mathrm{rot}\,\mathfrak{A}$ gesetzt werden; daher nach (o') und (15):

$$X = \int d\tau \cdot \mathfrak{A} \cdot \mathrm{rot}\,(\delta\mathfrak{H}) = \int d\tau \cdot \mathfrak{A} \cdot \delta\,(\mathrm{rot}\,\mathfrak{H}) = \int d\tau \cdot \mathfrak{A} \cdot \delta\,\frac{\mathfrak{J}}{c}.$$

Wir zerlegen τ in die geschlossenen Stromfäden von der Leitlinie s und dem Querschnitt dq, so daß $d\tau = dq \cdot ds$, $\mathfrak{A} \cdot \delta\mathfrak{J} = \mathfrak{A}_s \cdot \delta I$ wird, und die Stromstärke $di = I \cdot dq$ konstant längs s ist. Dann wird

$$X = \int_q \frac{\delta I}{c}\, dq \int_{\odot} \mathfrak{A}_s\, ds = \int \frac{\delta\,(d i)}{c}\, Q,$$

wo
$$Q = \int_{\odot} \mathfrak{A}_s \cdot ds = \int \mathfrak{B}_N \cdot dS$$

den Induktionsfluß durch die Stromschleife s von $d i$ bedeutet. Oder mit etwas geänderter Bezeichnung, indem wir die Stromfäden in eine endliche Zahl linearer Ströme i_k von genügend kleinem Querschnitt zusammenfassen:

$$X = \sum Q_k \frac{\delta i_k}{c}. \tag{b}$$

Entsprechend kann Y geschrieben werden, indem man durch

$$\mathfrak{K}_h = \int_{\tau_h} \mathfrak{M} \cdot d\tau$$

das Moment eines genügend kleinen Elementarmagneten vom Volumen τ_h bezeichnet:

$$Y = \textstyle\sum' \mathfrak{H}_h \cdot \delta \mathfrak{K}_h. \tag{c$'$}$$

Will man, wie es üblich ist, statt der Magnetisierung $\mathfrak{M}$ die magnetischen Mengen dm einführen,

$$dm = \varrho_m \cdot d\tau, \quad \text{wo} \quad \varrho_m = -\operatorname{div} \mathfrak{M},$$

so muß man voraussetzen, daß die Strömung $\mathfrak{J}$ und die Magnetisierung $\mathfrak{M}$ nirgends zusammenfallen, und daß Magnete und Stromfäden auch nicht miteinander verkettet sind. Dann läßt sich mittels einer endlichen Zahl von Sperrflächen ein einfach zusammenhängender Raum τ' so abgrenzen, daß $\mathfrak{M}$-Werte nur in seinem Innern, nicht auf seiner Oberfläche, vorhanden sind, und in ihm $\mathfrak{H}$ sich darstellt als $\mathfrak{H} = -\nabla \psi'$, ψ' einwertig. Es wird also dann nach (ϑ):

$$Y = \int d\tau \cdot \operatorname{div}(\delta \mathfrak{M}) \cdot \psi' = -\int d\tau \cdot \delta \varrho_m \cdot \psi' = -\textstyle\sum \psi'_h \cdot \delta m_h. \tag{c}$$

Aus (a) mit (b), (c) (c$'$), folgt:

$$\frac{\partial U}{\partial i_k} = \frac{Q_k}{c} \quad (29); \qquad \frac{\partial U}{\partial m_h} = -\psi'_h \quad (30); \qquad \frac{\partial U}{\partial \mathfrak{K}_{h,l}} = \mathfrak{H}_{h,l}. \tag{30$'$}$$

(Der Index k deutet auf eine bestimmte Kurve s_k, der Index h auf einen bestimmten Punkt p_h, der Index l auf eine bestimmte Komponentenrichtung.) Gleichung (30) scheint unbestimmt zu sein, da der Wert von ψ'_h von der Wahl der Sperrflächen abhängt. Es gibt aber keine einzelne magnetische Menge m_h; die Bedeutung von (30) ist daher, daß zugleich mit ∂m_h in p_h eine Menge $-\partial m_h$, die dem gleichen Magneten angehört, im Unendlichen entsteht, d. h. daß ∂m_h auf einem Wege, der die Sperrflächen nicht schneidet, aus dem Unendlichen nach p_h gebracht wird. Dadurch wird (30) zu einer eindeutigen Beziehung.

Aus den vorstehenden Gleichungen folgen sogleich die wechselseitigen Beziehungen zwischen Induktionsflüssen und Potentialen (bzw. Feldstärken):

$$\frac{\partial^2 U}{\partial i_1 \cdot \partial i_2} = \frac{1}{c}\frac{\partial Q_1}{\partial i_2} = \frac{1}{c}\frac{\partial Q_2}{\partial i_1} \equiv L_{12} = L_{21}\,, \tag{31}$$

$$-\frac{\partial^2 U}{\partial m_1 \cdot \partial m_2} = \frac{\partial \psi_1'}{\partial m_2} = \frac{\partial \psi_2'}{\partial m_1} \equiv P_{12} = P_{21}\,, \tag{32}$$

$$-c\frac{\partial^2 U}{\partial i_k \cdot \partial m_h} = -\frac{\partial Q_k}{\partial m_h} = c\frac{\partial \psi_h'}{\partial i_k} \equiv R_{kh}\,, \tag{33}$$

$$c\frac{\partial^2 U}{\partial i_k \cdot \partial \mathfrak{K}_{h,l}} = \frac{\partial Q_k}{\partial \mathfrak{K}_{h,l}} = c\frac{\partial \mathfrak{H}_{h\,l}}{\partial i_k}\,. \tag{33'}$$

In (33) ist sowohl $\dfrac{\partial Q_k}{\partial m_h}$ wie $\dfrac{\partial \psi_h'}{\partial i_k}$

nur bis auf eine additive ganze Zahl bestimmt. Die Gleichheit setzt voraus, daß für beide Größen dieselben Sperrflächen zugrunde liegen. — In dem Sonderfall $\mathfrak{B} = \mu_0 \mathfrak{H}$ gehen die L_{kh} der Gleichung (31) in die konstanten Induktionskoeffizienten der Gleichung (13) über; im allgemeinen Fall sind sie keine Konstanten. Über die L_{kk} gilt das bei Gleichung (13) Gesagte.

Weiter: Nach den Festsetzungen unter (20) ist das Produkt $\delta(\mu\mathfrak{H})\cdot\delta\mathfrak{H}$ stets positiv (oder im Grenzfall Null). Also gilt das gleiche für

$$\int d\tau\cdot\delta(\mu\mathfrak{H})\cdot\delta\mathfrak{H} = \int d\tau\cdot\delta\mathfrak{B}\cdot\delta\mathfrak{H} - \int d\tau\cdot\delta\mathfrak{M}\cdot\delta\mathfrak{H}$$

$$= \int d\tau\cdot\delta\mathfrak{A}\cdot\delta\frac{\mathfrak{J}}{c} - \int d\tau\cdot\delta(\operatorname{div}\mathfrak{M})\cdot\delta\psi'$$

$$= \sum \delta Q_k\cdot\frac{\delta i_k}{c} + \sum \delta\psi_h'\cdot\delta m_h$$

$$= \sum_k \left\{\frac{\delta i_k}{c}\cdot\sum_h\left(\frac{\partial Q_k}{\partial i_h}\delta i_h + \frac{\partial Q_k}{\partial m_h}\delta m_h\right)\right\}$$

$$+ \sum_h\left\{\delta m_h\cdot\sum_k\left(\frac{\partial\psi_h'}{\partial i_k}\delta i_k + \frac{\partial\psi_h'}{\partial m_k}\delta m_k\right)\right\}$$

oder nach (33), (31), (32):

$$= (L_{11}\cdot\delta i_1^2 + 2L_{12}\cdot\delta i_1\cdot\delta i_2 + \cdots)$$

$$+ (P_{11}\cdot\delta m_1^2 + 2P_{12}\cdot\delta m_1\cdot\delta m_2 + \cdots)\,.$$

Damit aber diese Summe positiv sei für willkürliche Werte der δi und δm, müssen alle L_{kk} und alle P_{hh} positiv sein, und ebenso alle symmetrischen Determinanten sowohl der L wie der P. Insbesondere also muß sein

$$L_{11} \geqq 0;\qquad L_{11}L_{22} - L_{12}^2 \geqq 0\,. \tag{34}$$

Da die letzte Beziehung sich als wichtig erweisen wird, sei für sie der elementare Beweis beigefügt: Man setze alle $\delta m = 0$, und ebenso alle δi außer δi_1; dann ergibt sich, daß $L_{11} \geqq 0$ sein muß. Man setze alle $\delta m = 0$; δi_1 willkürlich,

$$\delta i_2 = -\frac{L_{11}}{L_{12}}\,\delta i_1\,,$$

alle übrigen $\delta i = 0$; dann ergibt sich, daß

$$\delta i_1^2\left(L_{11} - 2L_{11} + \frac{L_{11}^2}{L_{12}^2}\,L_{22}\right) \geqq 0$$

sein muß, oder

$$L_{11}\left(-L_{12}^2 + L_{11}L_{22}\right) \geqq 0\,.$$

Endlich: Aus der Verbindung von (22a) und (29) folgt

$$\frac{\partial \Theta_n}{\partial i_k} = \frac{\partial^2 U}{\partial \vartheta_n \cdot \partial i_k} = \frac{1}{c}\frac{\partial Q_k}{\partial \vartheta_n}\,. \tag{35}$$

Dies ist in allgemeingültiger Form die Beziehung zwischen mechanischen Kräften und Induktionsflüssen. Sie ist grundlegend für die Wirkungsweise aller Maschinen, die mittels elektrischer Ströme Arbeit erzeugen: der Elektromotoren, — oder mittels mechanischer Arbeit elektrische Ströme erzeugen: der Generatoren; — zusammen nach der üblichen Bezeichnungsweise: der Dynamomaschinen.

§ 4. Die mechanischen Kräfte im stationären magnetischen Feld.

Die Arbeit, die bei einer Lagenänderung der Körper geleistet wird, ist allgemein als $A_m = \partial U$ nach Anweisung der Gleichungen (21), (22) zu berechnen. Wir beachten, daß in einem festen Raumelement $d\tau$ sich μ auch bei festem $\mathfrak{H}$ infolge der Verschiebungen ändert, daß also bei festem $\mathfrak{H}$ diesmal

$$\partial\mathfrak{B} = \partial\mathfrak{M} + \partial\mu_{H=\text{const}}\cdot\mathfrak{H}$$

ist, und erhalten:

$$A_m = X + Y + Z\,,$$

wo, wie in § 3:

$$X = \int d\tau\cdot\mathfrak{B}\cdot\partial\mathfrak{H} = \int d\tau\cdot\mathfrak{A}\cdot\frac{\partial\mathfrak{J}}{c}\,,\qquad Y = \int d\tau\cdot\mathfrak{H}\cdot\partial\mathfrak{M}$$

und ferner

$$Z = \int d\tau \int_0^H \partial\mu_{H=\text{const}}\, H\cdot\partial H$$

ist. Bezeichnen wir nun eine unendlich kleine Verschiebung durch $\mathfrak{u}$, die Veränderung im festen Raumpunkt durch ∂, und die Veränderung im festen substantiellen Punkt durch d, so ergibt sich rein geometrisch [s. (τ) und (v')] für einen Skalar a:

$$da = \partial a + \mathfrak{u} \cdot \nabla a;$$

für einen Vektor $\mathfrak{A}$:

$$\lim \frac{1}{S'} d\{\textstyle\int \mathfrak{A}_N \, dS'\} = (d'\mathfrak{A})_N \,,$$

wo

$$d'\mathfrak{A} = \partial\mathfrak{A} + \operatorname{div}\mathfrak{A}\cdot\mathfrak{u} - \operatorname{rot}[\mathfrak{u}\,\mathfrak{A}]\,.$$

Also ist nach (22) und wegen $\operatorname{div}\mathfrak{J} = 0$:

$$0 = \partial\mu + \mathfrak{u}\cdot\nabla\mu \quad \text{für} \quad H = \text{const}; \quad \partial\mathfrak{J} = \operatorname{rot}[\mathfrak{u}\mathfrak{J}]$$
$$\partial\mathfrak{M} = \operatorname{rot}[\mathfrak{u}\mathfrak{M}] - \operatorname{div}\mathfrak{M}\cdot\mathfrak{u}.$$

So ergibt sich mittels (o') und (α):

$$X = \int d\tau\cdot\mathfrak{A}\cdot\operatorname{rot}\left[\mathfrak{u}\,\frac{\mathfrak{J}}{c}\right] = \int d\tau\cdot\mathfrak{B}\left[\mathfrak{u}\,\frac{\mathfrak{J}}{c}\right] = \int d\tau\cdot\mathfrak{u}\left[\frac{\mathfrak{J}}{c}\,\mathfrak{B}\right],$$

$$Y = \int d\tau\,(\operatorname{rot}[\mathfrak{u}\mathfrak{M}]\cdot\mathfrak{H} - \operatorname{div}\mathfrak{M}\cdot\mathfrak{u}\,\mathfrak{H}) = \int d\tau\left([\mathfrak{u}\mathfrak{M}]\frac{\mathfrak{J}}{c} - \operatorname{div}\mathfrak{M}\cdot\mathfrak{u}\,\mathfrak{H}\right)$$

$$= \int d\tau\cdot\mathfrak{u}\left(-\left[\frac{\mathfrak{J}}{c}\,\mathfrak{M}\right] - \operatorname{div}\mathfrak{M}\cdot\mathfrak{H}\right),$$

$$Z = -\int d\tau\cdot\mathfrak{u}\int_0^H \nabla\mu\cdot H\cdot\partial H,$$

und durch Addition:

$$A_m = \int \mathfrak{u}\mathfrak{f}\cdot d\tau\,, \quad \text{wo}\;\; \mathfrak{f} = \left[\frac{\mathfrak{J}}{c}\,\mu\mathfrak{H}\right] + \varrho_m\mathfrak{H} - \int_0^H \nabla\mu\cdot H\cdot\partial H\cdot \quad (36)$$

$\mathfrak{f}$ ist die Kraft auf die Volumeinheit. Sie setzt sich aus drei Teilen zusammen:

a) der uns bereits bekannten Kraft auf Stromträger $\left[\frac{\mathfrak{J}}{c}\,\mu\mathfrak{H}\right]$, in der lediglich an Stelle der allgemeinen Konstante μ_0 der örtliche Wert μ getreten ist[1]);

b) einer Kraft auf die Träger magnetischer Mengen $\varrho_m\mathfrak{H}$ = Menge $\times$ Feldstärke;

______

[1]) Es sei darauf hingewiesen, daß dieser Kraftanteil nicht $\left[\frac{\mathfrak{J}}{c}\,\mathfrak{B}\right]$ (mit dem Wert $\mathfrak{B} = \mu\mathfrak{H} + \mathfrak{M}$) ist.

c) einer Kraft, welche auch auf nicht durchströmte und nicht permanent magnetische Körper wirkt, die sich in ihrem magnetischen Verhalten von ihrer Umgebung unterscheiden; falls μ nicht von H abhängt, ist dieser Anteil $-\frac{1}{2}H^2 \cdot V\mu$.

Die Anteile b) und c) bilden das genaue Seitenstück zu den Kräften des stationären elektrischen Feldes.

Die Kräfte unter a) ergeben für einen linearen Strom i, der die sehr kleine starre Fläche F mit der Normalen N umkreist, im gleichförmigen Feld $\mathfrak{H}$ nach (7) die Arbeit

$$\frac{i}{c}\delta Q = \frac{i}{c}F \cdot \mu H \cdot \delta \cos(\mathfrak{H}N),$$

d. h. ein Drehmoment

$$\left[\frac{i}{c}F\,\overline{\mathfrak{n}}\,\mu\,\mathfrak{H}\right],$$

wenn man unter $\overline{\mathfrak{n}}$ einen Einheitsvektor in der Richtung N versteht. Die Kräfte unter b) ergeben im gleichen Feld für ein starres Teilchen vom magnetischen Moment $\mathfrak{K} = |\,m\,|\,\mathfrak{l}$ ein Kräftepaar $\pm\,|\,m\,|\,\mathfrak{H}$ vom Moment $|\,m\,|\,[\mathfrak{l}\,\mathfrak{H}] = [\mathfrak{K}\,\mathfrak{H}]$.

Die virtuelle Arbeit ist also in beiden Fällen die gleiche, falls

$$\mathfrak{K} = \frac{i}{c}\,\mu F\overline{\mathfrak{n}}$$

ist, d. h. nach (27): falls elementarer Strom und elementarer Magnet äquivalent sind. Also: die Träger eines Systems starrer elementarer Ströme und eines Systems starrer elementarer Magnete, welche im Außenraum das gleiche $\mathfrak{B}$-Feld erzeugen, erfahren auch im gleichen äußeren Feld die gleichen Kräfte. Sie sind also in keiner Weise unterscheidbar (s. dazu auch den Schluß des Paragraphen). Das hat dazu geführt, einen permanenten Magneten anzusehen nicht als einen Körper, in dem magnetische Mengen gemäß (23) verteilt sind, sondern als einen Körper, in dem Molekularströme von der durch (26) gegebenen Verteilung dauernd bestehen (Ampère). Tatsächlich stehen die beiden Darstellungen nicht im Widerspruch: Das Feld kann nur durch zwei Vektoren ($\mathfrak{B}$ und $\mathfrak{H}$ oder irgendwelche Verbindungen dieser zwei) vollständig beschrieben werden. Der Körper seinerseits ist gekennzeichnet durch die μ- und $\mathfrak{M}$-Werte seiner einzelnen Elemente. Es ist gleich zulässig, in erster Linie $\mathfrak{H}$ mittels div $\mathfrak{M}$, oder $\mathfrak{B}$ mittels rot $\dfrac{\mathfrak{M}}{\mu}$ darzustellen.

$$\left(\text{Entweder: div}\,\mu\,\mathfrak{H} = -\,\text{div}\,\mathfrak{M} = \varrho_m, \qquad \text{rot}\,\mathfrak{H} = 0\,;\right.$$

$$\left.\text{oder: rot}\,\frac{\mathfrak{B}}{\mu} = \text{rot}\,\frac{\mathfrak{M}}{\mu} \equiv \frac{\mathfrak{J}'}{c}\,, \quad \text{div}\,\mathfrak{B} = 0\right).$$

Den hypothetischen $\mathfrak{J}'$ muß freilich die Eigenschaft beigelegt werden, dauernd zu bestehen ohne Energieverbrauch; aber diese Annahme kann nicht mehr als physikalisch unzulässig bezeichnet werden, seit wir wissen, daß bei sehr tiefen Temperaturen der Widerstand bestimmter Metalle unter jede angebbare Grenze sinkt.

Nach dem früher (S. 89 f.) Gesagten wird ein gleichförmig längsmagnetisierter Stab entweder durch zwei magnetische Mengen an seinen Enden, oder durch eine Stromverteilung über die ganze Seitenfläche, — eine gleichförmig quermagnetisierte Scheibe entweder durch einen Strom um ihren Rand, oder durch eine magnetische Verteilung über die ganze Fläche gekennzeichnet. Im ersten Fall ist die magnetische Darstellung die einfachere, im zweiten Fall die Darstellung durch Ströme. Das entsprechende gilt sehr nahe für alle in der Richtung von $\mathfrak{M}$ gestreckten bzw. für alle flachen Formen. Aber aus später auszuführenden Gründen haben Magnete in der Regel gestreckte Form; man ist daher praktisch stets dabei geblieben, die Wirkungen, die sie ausüben und erleiden, mittels ihrer magnetischen Verteilung darzustellen. — Der häufig anzutreffende Satz: „es gibt keinen wahren Magnetismus" drückt keine Tatsache der Erfahrung aus. Er besagt nur, daß man zur Darstellung des Feldes den Vektor $\mathfrak{B}$ wählen will, und die Beziehung zwischen ihm und dem zweiten Vektor (die nicht zu entbehren ist) dahingestellt sein läßt.

Zur Veranschaulichung des allgemeinsten magnetischen Feldes haben zwei Arten von Linien gedient: solche, welche die Induktion $\mathfrak{B}$ darstellen, Induktionslinien, — und solche, welche die magnetische Erregung $\mu\,\mathfrak{H}$ darstellen, Kraftlinien. Von den Induktionslinien gilt allgemein: sie verlaufen in geschlossenen Bahnen. Von den Kraftlinien gilt: sie verlaufen teils in geschlossenen Bahnen, teils besitzen sie Endpunkte; an diesen Endpunkten befinden sich magnetische Mengen. Überall außerhalb permanenter Magnete fallen Induktionslinien und Kraftlinien zusammen. Wenn dem oben angeführten Satz, wie dies häufig geschieht, die Fassung gegeben wird: „Es gibt keine magnetischen Kraftlinien mit Endpunkten", so wird dadurch eine weitere Unklarheit herbeigeführt.

Die Kräfte $\mathfrak{f}$ der Gleichung (36) lassen sich durch Spannungen darstellen. Das kann einfach durch Umformung des in (36) gegebenen Ausdrucks geschehen. Wir wollen aber, zum Zweck späterer Benutzung, die Spannungen unmittelbar aus dem Ansatz (22) ableiten. Dazu schreiben wir zunächst, indem wir in (21) partiell integrieren:

$$A_m = \partial \int d\tau \cdot \mathfrak{B}\,\mathfrak{H} - \partial \int d\tau \int_{\mathfrak{H}=0}^{\mathfrak{H}} \mathfrak{H} \cdot d\mathfrak{B} ,$$

und formen den ersten Anteil mittels der oben schon benutzten Hilfsmittel um. Er wird

$$= \int d\tau\,(\mathfrak{B}\cdot\partial\mathfrak{H} + \mathfrak{H}\cdot\partial\mathfrak{B}) = \int d\tau\,(\operatorname{rot}\mathfrak{A}\cdot\partial\mathfrak{H} + \mathfrak{H}\cdot\partial\mathfrak{B})$$

$$= \int d\tau \left(\mathfrak{A}\cdot\frac{\partial\mathfrak{J}}{c} + \mathfrak{H}\cdot\partial\mathfrak{B}\right) = \int d\tau \left(\mathfrak{A}\cdot\operatorname{rot}\left[\mathfrak{u}\,\frac{\mathfrak{J}}{c}\right] + \mathfrak{H}\cdot\operatorname{rot}[\mathfrak{u}\,\mathfrak{B}] + \mathfrak{H}\cdot d'\mathfrak{B}\right)$$

$$= \int d\tau \left(\mathfrak{B}\left[\mathfrak{u}\,\frac{\mathfrak{J}}{c}\right] + \frac{\mathfrak{J}}{c}[\mathfrak{u}\,\mathfrak{B}] + \mathfrak{H}\cdot d'\mathfrak{B}\right) = \int d\tau\cdot\mathfrak{H}\cdot d'\mathfrak{B} .$$

Also

$$A_m = \int_{\tau} d\tau\cdot\mathfrak{H}\cdot d'\mathfrak{B} - \partial \int d\tau \int_{\mathfrak{H}=0}^{\mathfrak{H}} \mathfrak{H}\cdot d\mathfrak{B} . \qquad (37)$$

In diesen Integralen wollen wir nun, was wir dürfen, unter $d\tau$ ein bestimmtes substantielles Volumen $d\tau'$ verstehen. Nach (22) ist: $d'\mathfrak{B} = d'(\mu\mathfrak{H})$, und nach (20): $d\mathfrak{B} = d(\mu\mathfrak{H})$. In $d\tau'$ ändern sich die Parameter μ und $\mathfrak{M}$ der Funktion $\mathfrak{H} = f(\mathfrak{B})$ nicht. Aber $d\tau'$ ist veränderlich, es ist nämlich [s. (φ)] $\partial\,(d\tau')$ $= \operatorname{div}\mathfrak{u}\cdot d\tau'$; und $d'\mathfrak{A}$ ist jetzt zu berechnen nach der Regel

$$d'\mathfrak{A} = d\mathfrak{A} + \mathfrak{A}\cdot\operatorname{div}\mathfrak{u} - (\mathfrak{A}\nabla)\mathfrak{u}$$

[s. (v'')]. Es wird:

$$\int_{\tau'} d\tau'\cdot\mathfrak{H}\cdot d'\mathfrak{B} = \int_{\tau'} d\tau'\cdot\mathfrak{H}\cdot d'(\mu\mathfrak{H})$$

$$= \int_{\tau'} d\tau'\cdot\mathfrak{H}\{d(\mu\mathfrak{H}) + \mu\mathfrak{H}\cdot\operatorname{div}\mathfrak{u} - (\mu\mathfrak{H}\nabla)\mathfrak{u}\}$$

und

$$\partial \int_{\tau'} d\tau' \int_{\mathfrak{H}=0}^{\mathfrak{H}} \mathfrak{H}\cdot d\mathfrak{B} = \int_{\tau'} d\tau'\cdot\mathfrak{H}\cdot d(\mu\mathfrak{H}) + \int_{\tau'} d\tau'\cdot\operatorname{div}\mathfrak{u}\cdot\int_{0}^{\mathfrak{H}} \mathfrak{H}\cdot d(\mu\mathfrak{H}),$$

also

$$A_m = \int d\tau' \left\{ \int_0^H \mu H \cdot dH \cdot \operatorname{div} \mathfrak{u} - \mathfrak{H} \cdot (\mu \mathfrak{H} \nabla) \mathfrak{u} \right\} \qquad (38)$$

oder ausgeschrieben nach (δ):

$$A_m = - \int d\tau' \left\{ \left(-\int_0^H \mu H \cdot dH + \mu \mathfrak{H}_x^2 \right) \frac{\partial \mathfrak{u}_x}{\partial x} + \cdot \cdot \right.$$
$$\left. + \mu \mathfrak{H}_x \mathfrak{H}_y \left(\frac{\partial \mathfrak{u}_x}{\partial y} + \frac{\partial \mathfrak{u}_y}{\partial x} \right) + \cdot \cdot \right\}.$$

Dies ist die Arbeit von Spannungen p_k^i, wo

$$p_x^x = -\int_0^H \mu H \cdot dH + \mu \mathfrak{H}_x^2; \quad \cdot \cdot \qquad p_y^x = p_x^y = \mu \mathfrak{H}_x \mathfrak{H}_y; \, \cdot \cdot \qquad (38a)$$

[s. Kap. I, (41)]. Aus diesen Spannungen berechnen sich die Kräfte $\mathfrak{f}$ als

$$\mathfrak{f}_x = \frac{\partial p_x^x}{\partial x} + \frac{\partial p_x^y}{\partial y} + \frac{\partial p_x^z}{\partial z} \quad \text{usw.}$$

Man erhält, unter Berücksichtigung von (15), (20), (23) die Komponenten des Vektors $\mathfrak{f}$ in (36), wie es sein muß.

Die Spannungen lassen sich so beschreiben: Auf jede zum Felde $\mathfrak{H}$ normale Flächeneinheit wirkt ein normaler Zug vom Betrage

$$\zeta = \mu H^2 - \int_0^H \mu H \cdot dH = \int_0^H H \cdot d(\mu H),$$

und auf jede zum Felde parallele Flächeneinheit ein normaler Druck vom Betrage

$$\delta = \int_0^H \mu H \cdot dH.$$

Überall, wo μ vom Felde unabhängig — eine reine Materialkonstante — ist, wird

$$\zeta = \delta = \frac{1}{2} \mu H^2.$$

Hier sind die magnetischen Spannungen das genaue Seitenstück der elektrischen.

Gleichgewicht und Bewegung eines starren Körpers sind durch die resultierende Kraft

$$\mathfrak{F} = \int \mathfrak{f} \cdot d\tau$$

und das resultierende Drehmoment

$$\mathfrak{N} = \int [\mathfrak{r}\,\mathfrak{f}] \, d\tau$$

bestimmt. Diese ergeben sich aus den Spannungen p^N an seiner Oberfläche als

$$\mathfrak{F} = \int_{\bigcirc} p^N \cdot dS, \qquad \mathfrak{R} = \int_{\bigcirc} [\mathfrak{r}\,p^N] \cdot dS \qquad\qquad \text{[s. Kap. I, (41 b)].}$$

Dabei sind im Fall der Unstetigkeit die p^N-Werte auf der äußeren Seite zu nehmen.

Es sei nun der starre Körper ein Magnet. Seine Magnetisierung werde durch die äquivalente Strömung ersetzt. Dann bleibt das $\mathfrak{B}$-Feld ungeändert. Im Außenraum, wo $\mathfrak{M} = 0$ ist, heißt das, daß das $\mathfrak{H}$-Feld ungeändert bleibt. Gemäß den Werten der p^N sind also $\mathfrak{F}$ und $\mathfrak{R}$ ungeändert geblieben. D. h.: Gleichgewicht und Bewegung starrer Magnete — und alle tatsächlichen Magnete sind, praktisch gesprochen, starre Körper — sind in gleicher Weise durch die Magnetisierung und durch die äquivalente Strömung bestimmt.

§ 5. Das Feld im Fall $\mathfrak{M} = 0$.

Wir setzen im folgenden voraus, daß sich keine permanenten Magnete im Felde befinden, von Eisenkörpern also nur solche von unmerklicher Remanenz. Es ist dann $\mathfrak{B} = \mu\,\mathfrak{H}$ — Induktionslinien und Kraftlinien sind identisch — und folglich nach (5) durchweg $\operatorname{div}(\mu\,\mathfrak{H}) = 0$. Das bedeutet nach (ε_4) für jede Grenzfläche Stetigkeit der Normalkomponente von $\mu\,\mathfrak{H}$. Andrerseits ergibt Gleichung (16), da $\mathfrak{J}$ endlich sein muß[1]): Das Umlaufsintegral von $\mathfrak{H}$ um eine beliebige Linie in der Grenzfläche ist stets Null; d. h. die Tangentialkomponente von $\mathfrak{H}$ ist stetig. Aus beiden Sätzen zusammen folgt das Brechungsgesetz der Kraftlinien: Sie liegen beiderseits in der gleichen Ebene mit der Flächennormale; und wenn μ und μ_0 die beiden Werte der Durchlässigkeit, und α und α_0 die Winkel zwischen Kraftlinien und Flächennormale bezeichnen, so ist

$$\frac{\operatorname{tg}\alpha}{\operatorname{tg}\alpha_0} = \frac{\mu}{\mu_0}.$$

(vgl. Brechung der Stromlinien Kap. I, § 6, A). Bezieht sich nun μ auf Eisen und μ_0 auf Luft (oder einen beliebigen

---

[1]) Die Flächenströmung ist, bei endlichem Leitvermögen, lediglich eine — häufig bequeme — mathematische Abstraktion; sie würde unendlich große Joulesche Wärme bedeuten.

nicht ferromagnetischen Körper), so ist $\mu \gg \mu_0$. Also: entweder verlaufen die Kraftlinien im Eisen parallel der Oberfläche und treten in die Luft gar nicht aus; oder sie verlaufen in der Luft sehr nahe normal zur Grenzfläche, auch wenn sie im Eisen einen großen Winkel mit der Normale bilden. Das bedeutet (s. Abb. 18), daß die Kraftlinien sich beim Übergang von der Luft ins Eisen im allgemeinen sehr stark zusammendrängen. Es ist also möglich, durch Verwendung von Eisen die überwiegende Zahl der Kraftlinien in vorgeschriebene Bahnen zu zwingen.

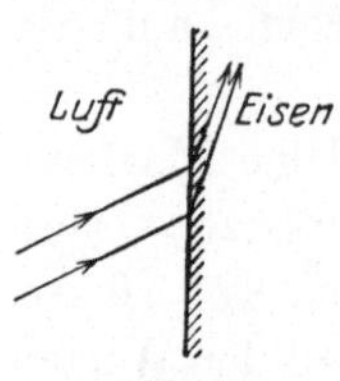

Abb. 18.

Die Ausführung für technische Zwecke nimmt eine der beiden folgenden Formen an, je nachdem es sich um durchweg ruhende Körper handelt oder eine Bewegung verlangt wird.

Erster Fall. Ein ringartiger Eisenkörper von unregelmäßiger Gestalt sei in N unregelmäßig verteilten Windungen von einem Draht mit dem Strom i umgeben. Man erhält das Feld in erster Näherung, wenn man $\dfrac{\mu_0}{\mu} = 0$ annimmt. Dann treten keine Kraftlinien in die Umgebung aus; der ganze Induktionsfluß verläuft im Eisenring. Sein Wert für irgend einen Ringquerschnitt S:

$$q = \int \mathfrak{B}_N \, dS \tag{39a}$$

ist unabhängig von der Wahl des Querschnitts.

Das Feld ist vollständig bestimmt durch folgende Bedingungen: für jeden (einmaligen positiven) Umlauf im Ringkörper ist

$$\int_{\circlearrowleft} \frac{\mathfrak{B}_l}{\mu} \, dl = \frac{N i}{c} \; ; \tag{39b}$$

für jede andere geschlossene Kurve ist das Integral gleich Null. Es ist durchweg

$$\operatorname{div} \mathfrak{B} = 0 , \tag{39c}$$

und diese Gleichung nimmt an der Ringoberfläche die Form an:

$$\mathfrak{B}_n = 0. \tag{39d}$$

Die Aufgabe fällt formal zusammen mit der Strömungsaufgabe für den ringartigen geschichteten Leiter in Kap. I, Gleichung (71), (72), (73). Es entsprechen den

$$i \; \mathfrak{J} \; \sigma \; E$$

des Strömungsfeldes die

$$q \; \mathfrak{B} \; \mu \; \frac{N i}{c}$$

des magnetischen Feldes.

Ein Unterschied besteht aber insofern, als σ eine Materialkonstante, μ aber eine Funktion von B ist:

$$\mu = F(B). \tag{39e}$$

Mit einem geeigneten mittleren Wert von B und dem zugeordneten Wert von μ und mit einem mittleren Wert der Umlaufslänge l und einer zu B normalen Fläche S kann man schreiben:

$$\frac{B l}{\mu} = \frac{N i}{c} \quad \text{und} \quad q = B S.$$

Das ergibt:

$$R q = \frac{N i}{c}, \tag{39f}$$

wo

$$R = \frac{l}{\mu S} = \frac{l}{S \cdot F\left(\dfrac{q}{S}\right)}. \tag{39g}$$

Die Gleichungen (39 f, g) haben die äußere Form des Ohmschen Gesetzes. Die Anordnung wird deshalb als **magnetischer Kreis**, R als **magnetischer Widerstand** bezeichnet. Dieses R ist zwar von $N i$ unabhängig, aber von q abhängig, während sein elektrisches Gegenbild nur von Form und Material des Ringes abhängt. Eine erweiterte Form von (39g) ist:

$$R = \Sigma R_h = \sum \frac{l_h}{S_h \cdot F\left(\dfrac{q}{S_h}\right)}, \tag{39h}$$

wo sich die einzelnen Summenglieder auf geeignet begrenzte Abschnitte des Ringkörpers beziehen, und die einzelnen l_h und S_h mehr oder weniger scharf eingegrenzte Mittelwerte für eben diese Abschnitte bedeuten. Mittels (39f) und (39h) kann man für ein gegebenes q die notwendige Durchflutung $\frac{N i}{c}$ berechnen. Aber das Ergebnis bleibt eine bloße Näherung; denn $\frac{\mu_0}{\mu}$ ist nicht Null, sondern nur sehr klein; das wirkliche elektrische Gegenstück ist nicht der von Luft umgebene, sondern etwa der in einen Elektrolyten eingebettete metallische Stromleiter. Daraus folgt im allgemeinen, daß der Induktionsfluß q von Querschnitt zu Querschnitt wechselt. Nur in dem besonderen Fall, daß es sich um einen Umdrehungskörper handelt, dessen Oberfläche mit den stromführenden Windungen gleichmäßig bedeckt ist, erhält man aus (39f), (39g) den richtigen Wert. — Die Anordnung dieses ersten Falls liegt bei der Drosselspule vor (s. Kap. III, § 2).

Zweiter Fall. Der Ring sei aufgeschnitten und durch einen schmalen Luftspalt unterbrochen. Der Ansatz $\frac{\mu_0}{\mu} = 0$, der im vorigen Fall eine erste Näherung lieferte, würde jetzt $\mathfrak{B} \equiv 0$ ergeben. (Wie sich unter gleichen Bedingungen für das Strömungsfeld $\mathfrak{J} \equiv 0$ ergibt.) Wir erhalten jetzt eine erste Näherung, indem wir bedenken, daß mit Kraftlinienwegen im Eisen hauptsächlich nur sehr viel kürzere Luftwege in Wettbewerb treten können. Demnach setzen wir an: aus der Ringoberfläche S_0 treten keine Kraftlinien aus, aus den Stirnflächen des Schlitzes treten sie normal aus (vgl. oben). Denken wir uns noch den Luftzwischenraum, in dem wir $\mu = \mu_0 \neq 0$ ansetzen, seitlich durch eine Fläche S_o' begrenzt, die S_0 zu einer vollständigen Ringfläche ergänzt, so gelten wieder die Gleichungen (39b, c, d) für den so vervollständigten Ring, und wir erhalten

$$(R_0 + \textstyle\sum R_h)\, q = \frac{Ni}{c}, \tag{39i}$$

wo R_0 den magnetischen Widerstand des Luftzwischenraums bezeichnet. Ist dessen Breite (l_0) sehr klein gegen die Abmessungen der Stirnflächen, so hängt R_0 nicht merklich von der willkürlichen Wahl von S_o' ab und ist also eine praktisch wohlbestimmte Größe. Beträgt ferner $\frac{\mu}{\mu_0}$ etwa Tausend, so ist R_0 das ausschlaggebende Glied der Summe, auch wenn l_0 sehr klein ist gegen Σl_h. Die R_h brauchen also nur angenähert bekannt zu sein. — Die zweite Näherung erhält man, indem man den seitlichen Austritt der Kraftlinien durch die Ringoberfläche berücksichtigt. Das geschieht durch einen Ansatz, dessen elektrisches Gegenstück die Kirchhoffschen Gleichungen für ein Netzwerk linearer Ströme bilden würden: man nimmt an, daß nur von den Enden der einzelnen Ringabschnitte aus Kraftlinien in die Luft gestreut werden (s. Abb. 19). Zwischen dem Induktionsfluß q_0 im Schlitz, der ausgenutzt werden soll, und den q_h der einzelnen Abschnitte bestehen dann Beziehungen von der Form $q_h = \nu_h q_0$, wo die Streuungsfaktoren ν_h

unechte Brüche sind. Die Gleichung des magnetischen Haupt-
kreises nimmt die Form an:

$$\left(R_0 + \Sigma \nu_h R_h\right) q_0 = \frac{Ni}{c} \quad (39\,\mathrm{k}), \qquad \text{wo} \qquad R_h = \frac{l_h}{F\left(\dfrac{\nu_h q_0}{S_h}\right) S_h}. \quad (39\,\mathrm{l})$$

Um die Werte der Faktoren ν_h oder, anders ausgedrückt, die Verhältnisse der einzelnen sich abzweigenden Streuflüsse zu dem
Hauptfluß angeben zu können, muß man
die magnetischen Widerstände der Streu-
bahnen abschätzen. Dies ist mit ausreichender Genauigkeit möglich; die tatsächliche
Unsicherheit in der Berechnung von Ni entspringt der ungenügenden Kenntnis der
Funktion $\mu = F(B)$. Die Wirkung dieser
Unsicherheit wird gemildert durch den Einfluß des Luftspalts. Sobald im magnetischen
Kreise der Widerstand der Luftstrecke stark

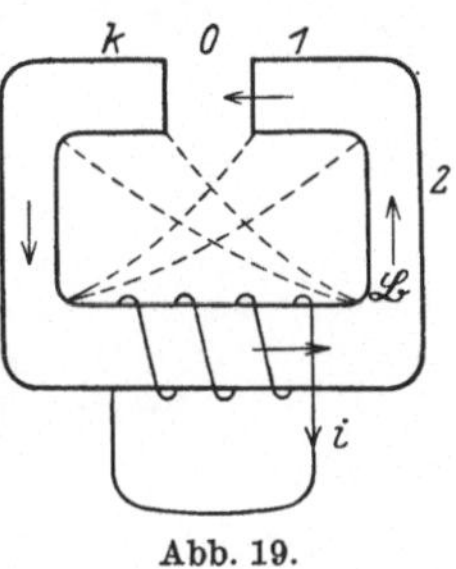

Abb. 19.

überwiegt, kommt man auch mit der Annahme einer konstanten Durchlässigkeit aus.

Die Anordnung ist ein Elektromagnet. Wenn auch q_0
stets kleiner ist als der Induktionsfluß innerhalb der felderzeugen-
den Stromwindungen, so kann doch, durch Verjüngung des Eisen-
querschnitts gegen den Schlitz hin, die Dichte des Induktionsflusses, d. h. die Induktion B_0 selbst, in kleinen Teilen des Luft-
raums außerordentlich hoch getrieben werden. Eine Vorstellung
geben folgende Zahlen: Die Horizontalkomponente des magnetischen Feldes der Erde ist in absolutem magnetischen Maß
(s. Kap. III, § 5) etwa 0,2; das Feld zwischen den Polen eines
Elektromagneten kann über 50 000 betragen.

Wir gehen über zu einem Felde, das durch zwei lineare Ströme
erzeugt wird. Es liege ein Ring im weiteren Wortsinn — Umdrehungskörper von beliebiger Querschnittsform — vor. Wir denken
ihn gleichmäßig bewickelt mit zwei Spulen von N_1 und N_2 Windungen, die die Ströme i_1 und i_2 führen. Die Kraftlinien verlaufen in Kreisen um die Ringachse, und es ist für jede von ihnen

$$\frac{lB}{\mu} = \frac{1}{c}\left(N_1 i_1 + N_2 i_2\right),$$

wo l die Länge der Kraftlinie bedeutet.

Der Induktionsfluß q ist also der gleiche für alle Ringquerschnitte und er ist nur Funktion des einen Arguments $N_1 i_1 + N_2 i_2$

$$q = f\,(N_1 i_1 + N_2 i_2). \tag{40}$$

Die gesamte Induktion — der Spulenfluß — für die Stromkurve von i_1 ist:

$$Q_1 = N_1 q,$$

diejenige für die Stromkurve von i_2:

$$Q_2 = N_2 q.$$

Daraus folgt:

$$c\,L_{12} = \frac{\partial Q_1}{\partial i_2} = \frac{\partial Q_2}{\partial i_1} = N_1 N_2 \cdot f';$$

$$c\,L_{11} = \frac{\partial Q_1}{\partial i_1} = N_1^2 \cdot f'; \quad c\,L_{22} = \frac{\partial Q_2}{\partial i_2} = N_2^2 \cdot f';$$

folglich

$$L_{11}\,L_{22} = L_{12}^2 \tag{41}$$

Es liegt also der Grenzfall **vollkommener Kopplung** vor. Die Beziehung (41) ist kennzeichnend für die besondere Anordnung der Leiter, die zur Folge hat, daß jede Kraftlinie mit jeder Windung **beider** Leiter verkettet ist. Hat der Ringkörper nicht die hier vorausgesetzte Umdrehungsform oder sind die Wicklungen nicht gleichmäßig über ihn verteilt, so tritt wieder Streuung ein, und an Stelle von Gleichung (41) tritt die Ungleichung:

$$L_{11} L_{22} > L_{12}^2$$

[s. (34)]. Die Anordnung heißt entsprechend ihrer Verwendung ein **Transformator** (s. Kap. III, § 2).

§ 6. Die Kräfte im Fall $\mathfrak{M} = 0$.

Unter unserer Voraussetzung ist die Kraft auf die Volumeinheit nach (36):

$$\mathfrak{f} = \left[\frac{\mathfrak{J}}{c}\,\mu\,\mathfrak{H}\right] - \int \nabla \mu \cdot H \cdot dH\,. \tag{36a}$$

A. Wir setzen zunächst weiter voraus, daß an den betrachteten Stellen $\nabla \mu = 0$ ist. Das ergibt bis auf unmerklich kleine Größen die Kräfte auf stromführende, nicht ferromagnetische Leiter, etwa Kupferdrähte, in Luft. (Im Felde können dabei Eisenkörper in beliebiger Anordnung und auch permanente Magnete vorhanden sein.) Wir erhalten dann in Übereinstimmung mit

Gleichung (2) eine Kraft

$$d\mathfrak{f} = \left[\frac{\mathfrak{J}}{c}\,\mu\mathfrak{H}\right] d\tau \quad \text{oder} \quad d\mathfrak{f} = \left[\frac{i\cdot d\mathfrak{r}}{c}\,\mu\mathfrak{H}\right],$$

welche das stromführende Leiterteilchen quer durch die Kraftlinien des Feldes treibt.

Betrachten wir zuerst Vorrichtungen, die zur Messung sehr schwacher Ströme bestimmt sind. Der Stromleiter wird in ein starkes äußeres Feld $\mathfrak{H}$ gebracht, gegen welches das Feld des Stromes verschwindend klein ist.

a) Saitengalvanometer. Ein Stück des Leitungsdrahtes ist im Felde normal zu $\mathfrak{H}$ ausgespannt; seine Durchbiegung ist ein Maß für i. Der bewegliche Teil hat eine sehr kleine Masse; die Anordnung ist daher ausgezeichnet durch schnelle Einstellung.

b) Drehspulgalvanometer. Ein fast geschlossener magnetischer Kreis (Abb. 20) enthält einen Luftspalt, der einen Teil eines Hohlzylinders bildet. In diesem verläuft, abgesehen von den Rändern, das Feld radial und ist von konstantem Betrage. Die dort befindlichen stromführenden Windungen erfahren daher ein Drehmoment, welches dem Strom proportional und in einem beträchtlichen Winkelbereich konstant ist. Es wird

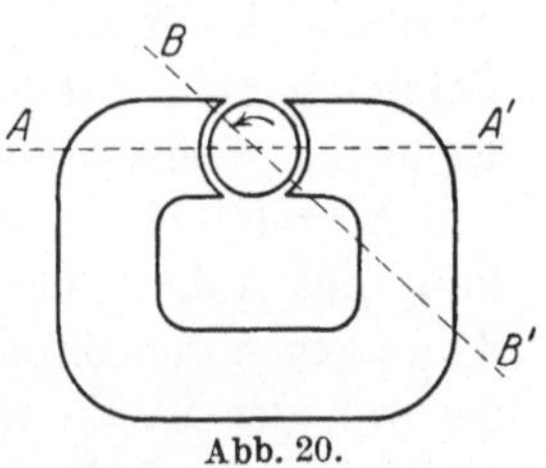

Abb. 20.

durch die elastische Torsion der Aufhängevorrichtung gemessen. Der Ablenkungswinkel ist der Stromstärke proportional.

Die beiden genannten Instrumente messen Ströme in einem ihnen eigentümlichen Maß. Die Methoden, durch welche Ströme in unveränderlichem („absolutem“) Maß gemessen werden, s. § 8 C.

Die betrachteten Kräfte dienen ferner zur Arbeitsleistung in den Elektromotoren. In einem nahezu geschlossenen Kreis wird ein magnetisches Feld erzeugt. Der Feldmagnet ist fast stets ein Elektromagnet; er kann aber grundsätzlich ebensowohl ein permanenter Magnet sein. Der durch den Luftspalt abgetrennte drehrunde Teil, der Anker, ist mit stromführenden Windungen belegt. Er dreht sich relativ zum Feldmagneten. Welcher der beiden Teile sich absolut — d. h. gegen die Erde — bewegt, ist unwesentlich; in der Darstellung wollen wir den Anker als rotierend behandeln. Der Induktionsfluß kann einheitlich im

Durchmesser den Anker durchsetzen: zweipolige Maschine; oder in mehreren über den Ankerumfang verteilten Schleifen: vier-, sechs- und mehrpolige Maschine. Wir nehmen die erstgenannte Form an. Die Ankerwicklung kann entweder einen Ringkörper umschließen: ältere Form, Grammesche Ringwicklung, — oder auf der Mantelfläche eines Zylinders (oder ä u ß e r e n Mantelfläche eines Hohlzylinders) liegen: heutige Form, Trommelwicklung. Liegen die Stromwindungen in e i n e r schmalen Spule auf dem Zylinder, so haben wir die Anordnung des Drehspulgalvanometers; denn da der Zylinder aus Symmetriegründen kein Drehmoment erfährt, ist es ohne Bedeutung, ob er feststeht, wie dort, oder sich mitdreht, wie hier. Ein wesentlicher Unterschied aber besteht darin, daß der Ankerstrom selbst ein Feld erzeugt — das A n k e r f e l d —, das gegenüber demjenigen des Feldmagneten keineswegs zu vernachlässigen ist. Das Drehmoment würde Null sein, wenn die Normale der Windungsebene sich in der Symmetrieebene des Feldmagneten, Stellung AA' der Abb. 20, befindet, und die Richtung wechseln beim Durchgang durch diese Stellung, falls der Magnet allein das Feld bestimmte. Durch die Mitwirkung des Ankerfeldes aber wird die Nullstellung oder n e u t r a l e Z o n e gegen den Sinn der Drehung verschoben, um einen Winkel, der von der Stärke des Ankerstroms abhängt, etwa nach BB'. Damit das Drehmoment dauernd gleiche Richtung hat, muß der Ankerstrom in der Stellung BB' seine Richtung wechseln. — Dies kann auf zweierlei Weise geschehen.

Entweder, indem die Ankerwindungen durch Schleifringe dauernd in gleicher Weise mit dem äußeren Stromkreis verbunden bleiben, und in diesem jeweils im richtigen Augenblick die Stromrichtung umgekehrt wird: s y n c h r o n e r W e c h s e l s t r o m m o t o r — oder, indem beim Durchtritt durch die neutrale Zone die Verbindungen der Ankerleitung mit dem äußeren Stromkreis selbsttätig, durch einen K o m m u t a t o r vertauscht werden, während im äußeren Kreis dauernd ein Strom von k o n s t a n t e r Richtung fließt: G l e i c h s t r o m m o t o r.

Auf diese zweite Anordnung wollen wir hier etwas näher eingehen. Wenn, wie bisher angenommen wurde, e i n e schmale Ankerspule vorhanden ist, so bleibt das Drehmoment annähernd konstant, solange diese sich nicht in der Nähe der neutralen Zone befindet; es sinkt dann schnell ab zum Wert

Null, steigt in gleicher Weise wieder an, und so fort. Es sei nun aber der ganze Zylinder gleichmäßig mit einer Folge solcher schmalen Spulen bedeckt, die zusammen eine in sich geschlossene Leitung bilden; von den Verbindungsstellen je zweier Spulen mögen Ansatzdrähte zu einem Kommutator führen, der nun stets diejenigen Spulen, die zunächst der Nullstellung liegen, mit der äußeren Leitung verbindet. Dann addieren sich die Drehmomente sämtlicher Spulen, das gesamte Drehmoment aber schwankt nur um die Beträge, die auf eine einzelne Spule beim Durchgang durch die neutrale Zone entfallen. Bei großer Spulenzahl erhält man also ein Drehmoment von nicht nur konstanter Richtung, sondern auch annähernd konstantem Betrage.

Das Ankerfeld hat jetzt eine feste Lage im Raum; es kann daher für den ganzen Ankerumfang aufgehoben werden durch eine geeignete Anordnung von Spulen, die ebenfalls vom Ankerstrom durchflossen werden, die aber auf dem feststehenden Magnetgestell angebracht sind (Kompensationsspulen). Die neutrale Zone verbleibt dann — und zwar für jede Stärke des Ankerstroms — in der Symmetrieebene des Feldmagneten, und der Anker dreht sich gegen das unveränderliche ruhende Feld des Magneten. Unter diesen Umständen läßt sich die Arbeit

$$A_m = \int \mathfrak{u} \cdot d\mathfrak{f} = \frac{i}{c} \int \mathfrak{u} \, [d\mathfrak{r} \cdot \mathfrak{B}],$$

die bei der Verschiebung eines linearen Leiters geleistet wird (vgl. den Anfang des Kapitels), in der Form

$$\frac{i}{c} \, \delta Q$$

ausdrücken, wo Q den Induktionsfluß des fremden Feldes durch die Stromkurve bezeichnet. D. h. Gleichung (35) nimmt die Sonderform an:

$$\Theta = \frac{i}{c} \frac{\partial Q}{\partial \vartheta} \tag{35a}$$

wo Θ das Drehmoment, ϑ den Drehwinkel bedeutet.

Es sei nun Φ der Induktionsfluß, den der Feldmagnet durch den Körper des Ankers sendet. Dann wächst Q für jede Stromschleife während eines vollen Umlaufs zweimal von $-\Phi$ bis $+\Phi$; denn die positive Seite der Schleife wechselt jedesmal beim Wenden des Stroms. Der Strom in der Schleife aber ist die Hälfte des Stromes i_a, der dem Anker zugeführt wird. Daher ist, wenn sich p Schleifen auf dem Anker befinden, die gesamte Arbeit bei einem Umlauf:

$$A_m = p\,2\,\Phi\,\frac{i_a}{c},$$

und somit das mittlere Drehmoment:

$$\overline{\Theta} = \frac{2p}{2\pi c}\,i_a\,\Phi. \tag{42}$$

Wir haben hier die geometrisch einfachsten Verhältnisse vorausgesetzt. Für jede Ausführungsform der Maschine bleibt bestehen, daß das Drehmoment dem Produkt aus Ankerstrom und Induktionsfluß des Feldmagneten proportional ist:

$$\Theta = k i_a \Phi, \tag{42a}$$

wo k eine Konstante der Maschine bezeichnet.

Einen völlig konstanten Betrag würde man für das Drehmoment erhalten, wenn es möglich wäre, die Elemente der Strombahn in stetiger Folge mit dem Kommutator zu verbinden. Das geschieht bei folgender Anordnung. (Vorbild des Barlowschen Rades.) Eine Stromquelle werde (Abb. 21) einerseits mit dem festen Punkt A eines kreisförmigen Leiters, andrerseits mit der Achse C verbunden, von der aus ein drehbarer radialer Leiter zu dem

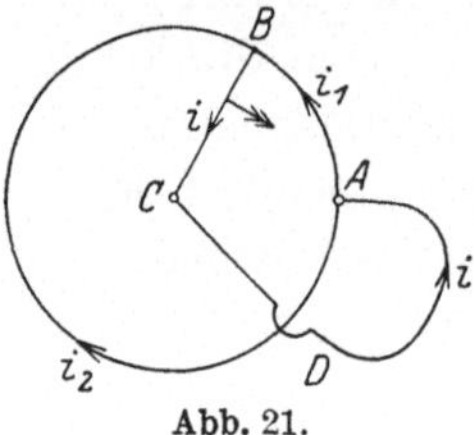

Abb. 21.

veränderlichen Punkt B des Kreises führt. Längs $BCDA$ fließt dann ein Strom i, der sich zwischen A und B in i_1 und i_2 gabelt. Das ganze befinde sich in einem gleichförmigen Felde $\mathfrak{B}$, das senkrecht zur Kreisebene von vorn nach hinten verlaufen möge. An welcher Stelle sich nun auch der radiale Leiter befinden mag, stets wirkt auf jede Längeneinheit die Kraft $\frac{i\,B}{c}$, und stets im Sinn des Doppelpfeils der Abbildung. Der Leiter wird also dauernd im gleichen Sinn herumgetrieben, und das Drehmoment hat dauernd den gleichen Wert. — Aus diesem Vorlesungsapparat läßt sich durch stufenweise Umformung die sog. Unipolarmaschine entwickeln. Ihr Name ist geschichtlich begründet. Ihre wesentliche Eigentümlichkeit ist, daß sich mit dem Anker nicht eine Reihe geschlossener Strom-

schleifen dreht, sondern in der einfachsten Anordnung (s. Abb. 22)
ein zur Drehachse paralleler Leiter ab , der von den radial verlaufenden Kraftlinien $\mathfrak{B}$ durchweg und in jeder Lage im gleichen
Sinn geschnitten wird. Der Rest
$aAlBb$ des Ankerstromkreises steht
fest; die Verbindung zwischen beiden
Teilen wird durch zwei Schleifringe
hergestellt.

Der Übergang eines endlichen
Leiterstücks — einer oder mehrerer
Windungen der Ankerwicklung —
von der einen Hälfte des Stromlaufs
in die andere hat weitere Folgen,
die erst an späterer Stelle besprochen
werden können (Kap. III, § 3). Die
hier gegebene Darstellung ist also,
soweit sie nicht die Unipolarmaschine
betrifft, unvollständig.

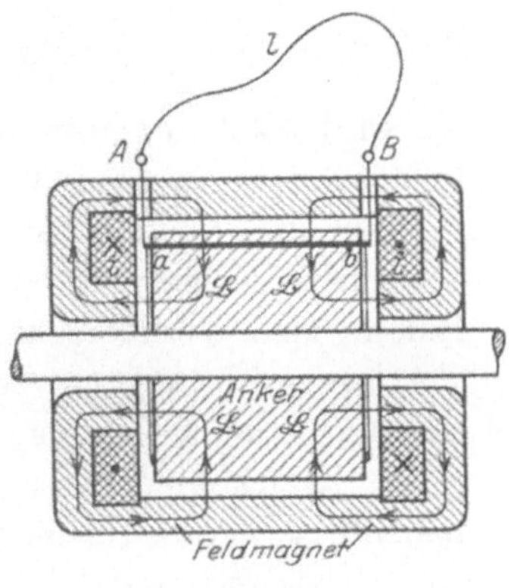

Abb. 22.

B. Wir setzen jetzt voraus, daß an den betrachteten Stellen
$\mathfrak{J} = 0$ ist, behandeln also Körper, die weder permanent magnetisch, noch von Strömen durchflossen sind. Die Kraft auf $d\tau$
ist dann

$$d\mathfrak{f} = - d\tau \int \nabla \mu \cdot H \cdot dH .$$

Kräfte sind also nur vorhanden, wo μ sich örtlich ändert. Von
Belang sind nur die Fälle, in denen verschiedene Körper mit un-
stetigem Übergang aneinander grenzen. Wir ersetzen daher die
Kräfte durch die äquivalenten Spannungen (38a), und nehmen
zunächst an, daß a) ein nicht ferromagnetischer Körper ($\mu=$const)
sich in ebensolcher Umgebung (μ_0, im allgemeinen Luft) befindet.
Dann erhalten wir eine zur Oberfläche normale, nach außen ge-
richtete Kraft, die [vgl. Kap. I § 4 B (42)] auf die Flächeneinheit
berechnet den Wert hat:

$$\mathfrak{F}_N = \frac{\mu - \mu_0}{2} \left(\frac{\mathfrak{B}_N^2}{\mu \mu_0} + \mathfrak{H}_S^2 \right) . \tag{43}$$

Die Beobachtung dieser Kräfte dient zur Ausmessung starker
horizontaler magnetischer Felder: Steighöhenmethode. An
die fragliche Stelle wird die Oberfläche einer Flüssigkeit gebracht,
für die $\frac{\mu}{\mu_0}$ bekannt und wenig von Eins verschieden ist. **Für das**

tatsächliche Feld darf wegen des Faktors $(\mu - \mu_0)$ in ausreichender Näherung das Feld gesetzt werden, das vor Einbringung der Flüssigkeit vorhanden war, und um dessen Messung es geht. $\mathfrak{B}_N$ ist Null; die Kraft wird

$$\mathfrak{F}_N = \frac{1}{2}\,\frac{\mu - \mu_0}{\mu_0}\,\mu_0\,H^2.$$

$\mathfrak{F}_N$ wird als hydrostatischer Druck gemessen. Also wird $\mu_0 H^2$ in absolutem mechanischen Maß bestimmt.

Für die Technik ist allein wichtig der Fall, daß b) der bewegliche Körper ein Eisenkörper ist, und folglich $\mu \gg \mu_0$ ist. Indem man vorübergehend etwa die äußere Normale N als x-Achse wählt, erkennt man leicht, daß auch jetzt die tangentialen Spannungskomponenten stetig, und folglich die tangentialen Kraftkomponenten Null sind, und daß die Normalkomponente der Kraft, für die Flächeneinheit berechnet, den Wert hat

$$\mathfrak{F}_N = \left(\int \mu H\cdot dH - \mu\mathfrak{H}_N^2\right) - \left(\frac{\mu_0}{2}H_0^2 - \mu_0\mathfrak{H}_{0N}^2\right), \qquad (44)$$

oder wenn man einen Mittelwert $\bar{\mu}$ definiert durch

$$\frac{\bar{\mu}}{2}H^2 = \int \mu H\cdot dH,$$

$$\mathfrak{F}_N = \frac{\bar{\mu}}{2}\mathfrak{H}_S^2 - \left(\mu - \frac{\bar{\mu}}{2}\right)\mathfrak{H}_N^2 - \frac{\mu_0}{2}\mathfrak{H}_{0S}^2 + \frac{\mu_0}{2}\mathfrak{H}_{0N}^2.$$

Bedenkt man nun, daß

$$\mathfrak{H}_{0S} = \mathfrak{H}_S, \quad \mu_0\mathfrak{H}_{0N} = \mu\mathfrak{H}_N, \quad \mu \gg \mu_0,$$

und daß $\bar{\mu}$ von gleicher Größenordnung wie μ ist, so sieht man, daß stets das dritte Glied gegen das erste und das zweite gegen das vierte verschwindet. Also gilt allgemein

$$\mathfrak{F}_N = \frac{\bar{\mu}}{2}\mathfrak{H}_S^2 + \frac{\mu_0}{2}\mathfrak{H}_{0N}^2, \qquad (44a)$$

d. h. die Kraft ist allgemein so groß, wie wenn das Feld im Eisen parallel, in der Luft normal zur Grenzfläche wäre. Das Verhältnis dieser beiden Glieder aber hängt von der tatsächlichen Richtung der Kraftlinien ab. Es sei der Winkel zwischen Kraftlinie und Flächennormale im Eisen mit α, in der Luft mit α_0 bezeichnet, so daß

$$\operatorname{tg}\alpha = \frac{\mathfrak{H}_S}{\mathfrak{H}_N}, \quad \operatorname{tg}\alpha_0 = \frac{\mathfrak{H}_S}{\mathfrak{H}_{0N}}, \quad \frac{\operatorname{tg}\alpha}{\mu} = \frac{\operatorname{tg}\alpha_0}{\mu_0}$$

ist. Dann verhält sich das erste zum zweiten Glied wie

$$\frac{\bar{\mu}}{\mu_0}\left(\frac{\mu_0}{\mu}\right)^2 \operatorname{tg}^2\alpha \quad \text{zu } 1,$$

oder der Größenordnung nach wie

$$\frac{\mu_0}{\mu}\operatorname{tg}^2\alpha \quad \text{zu } 1.$$

Ist also $\operatorname{tg}^2\alpha$ nicht sehr groß, so verschwindet das erste Glied gegen das zweite; es wird

$$\mathfrak{F}_N = \frac{\mu_0}{2}\,\mathfrak{H}_{0N}^2.$$

Dies ist der häufig als allgemeingültig angeführte Ausdruck. Ist aber $\operatorname{tg}^2\alpha$ groß, — nicht dagegen $\operatorname{tg}\alpha\cdot\operatorname{tg}\alpha_0 = \frac{\mu_0}{\mu}\operatorname{tg}^2\alpha$, so sind beide Glieder von gleicher Größenordnung; und wenn endlich auch $\operatorname{tg}\alpha\cdot\operatorname{tg}\alpha_0$ sehr groß ist, so wird

$$\mathfrak{F}_N = \frac{\bar{\mu}}{2}\,\mathfrak{H}_s^2.$$

Diese Kräfte finden Anwendung in den **Hubmagneten** (Lüftung von Bremsen). — Sie dienen ferner zur Messung der Ströme, die das Feld hervorrufen: **Weicheiseninstrumente**. Da die Kräfte nur von den Quadraten der Feldkomponenten abhängen, sind sie von der Stromrichtung unabhängig und in erster Näherung dem Quadrat der Stromstärke proportional.

C. Beide Anteile der Kraft (36a) treten auf an den **Nutenankern** von Dynamomaschinen. Die Ankerdrähte liegen meistens nicht auf der Oberfläche eines glatten Ankerkörpers, wie wir unter A annahmen, sondern sie sind in offene oder geschlossene Längsnuten des Zylinders versenkt. Die Kraftlinien des äußern (fremden) Feldes $\mathfrak{H}_f$ dringen dann nur zum Teil in den Luftraum ein, der die Drähte umgibt, und die Kräfte auf diese sind daher wesentlich abgeschwächt. Dafür aber wirken Kräfte der unter B behandelten Art auf die Eisenwände der Nuten, die mit den erstgenannten gleichsinnig wirken. In welchem Maß dieser Austausch stattfindet, hängt von der Gestalt der Nut ab. Wir wollen den Grenzfall betrachten. Die Nut sei ein zu den Kraftlinien von $\mathfrak{H}_f$ paralleler unendlich enger Spalt von der Länge l. Sie befinde sich gegenüber einem Polschuh. In der Nut liege ein Leiter mit dem Strom i (vgl. Abb. 23). Der Einfachheit wegen

soll ferner die Durchlässigkeit des Eisens als konstant angenommen werden, so daß sich das fremde Feld $\mathfrak{H}_f$ und das Eigenfeld
$\mathfrak{H}_e$ der Stromwindung überlagern (vgl. Anfang von § 3). Die

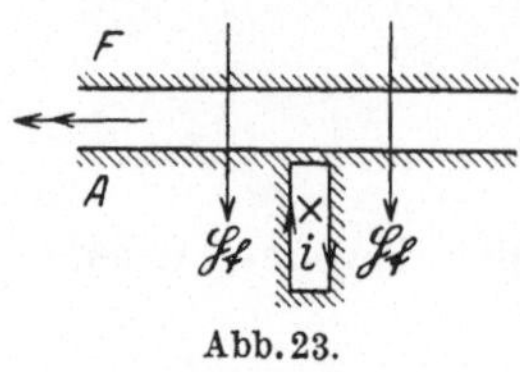

Abb. 23.

Kraftlinien des Feldes $\mathfrak{H}_f$ durchsetzen den
Luftraum zwischen Anker A und Feldmagnet F normal, während sie an der
Grenzfläche Eisen-Nut tangential verlaufen.
Es geht also zwischen Anker und Feldmagnet
die Induktion $\mathfrak{B}_f$, zwischen Eisen und Nut
aber die Feldstärke $\mathfrak{H}_f$ stetig über. Mit $\mathfrak{H}_f$
sei das Feld i m E i s e n bezeichnet, so daß also $\mu\,\mathfrak{H}_f$ die Induktion
im Eisen, wie auch in der Luft zwischen Anker und Feldmagnet,
dagegen $\mu_0\,\mathfrak{H}_f$ die Induktion in der Nut ist. In der Richtung
des Doppelpfeils wirkende Kräfte mögen positiv gezählt werden.
Auf die Längeneinheit des Drahtes wirkt dann nach (2) die Kraft:

$$f_1 = \frac{i}{c}\,\mu_0 H_f\,.$$

Auf einen Streifen des rechten Spaltrandes von der Breite Eins
wirkt nach (43) die Kraft:

$$\frac{\mu-\mu_0}{2}\int\limits_0^l\left(\mathfrak{H}_S^2 + \frac{\mathfrak{B}_N^2}{\mu\mu_0}\right)_R\cdot dl;$$

auf den Streifen des linken Spaltrandes:

$$-\frac{\mu-\mu_0}{2}\int\limits_0^l\left(\mathfrak{H}_S^2 + \frac{\mathfrak{B}_N^2}{\mu\mu_0}\right)_L\cdot dl.$$

Hierin ist l die Spaltlänge,

$$\mathfrak{H}_S=(\mathfrak{H}_f+\mathfrak{H}_e)_S,\qquad \mathfrak{B}_N=\mathfrak{B}_{eN},\qquad \mathfrak{H}_{fR}=\mathfrak{H}_{fL}=\text{const}_l,$$
$$\mathfrak{B}_{eR}=-\mathfrak{B}_{eL},\qquad \mathfrak{H}_{eR}=-\mathfrak{H}_{eL}.$$

Also ergibt sich für die beiden Spaltränder zusammen:

$$f_2 = (\mu-\mu_0)\int\limits_0^l\mathfrak{H}_f(\mathfrak{H}_{eR}-\mathfrak{H}_{eL})\cdot dl = (\mu-\mu_0)\,H_f\!\oint\mathfrak{H}_e\cdot d\mathfrak{r},$$

wo die geschlossene Kurve mit dem Element $d\mathfrak{r}$ die der Abbildung ist. Es ist aber, da sie den Strom i rechtsläufig umkreist,

$$\oint\mathfrak{H}_e\cdot d\mathfrak{r} = \frac{i}{c}\,.$$

Demnach

$$f_2 = \frac{i}{c}\,(\mu - \mu_0)\,H_f.$$

Bei glattem Anker würde auf die Längeneinheit des Leiters die Kraft:

$$f = \frac{i}{c}\,B_f = \frac{i}{c}\,\mu H_f = f_1 + f_2$$

wirken. Durch die Verlegung des Leiters in die Nut ist sie in zwei Anteile gespalten, von denen nur einer am Stromleiter, der andere am Ankereisen angreift. In dem hier behandelten Fall einer sehr engen spaltartigen Nut ist der zweite Anteil weitaus überwiegend; die wenig widerstandsfähige Wicklung ist fast vollständig entlastet.

§ 7. Der Sonderfall $\mu = \mathrm{const}_H$.

Es soll jetzt vorausgesetzt werden, daß der Wert von μ nicht von der Feldstärke abhängt. Damit sind alle Körper außer den ferromagnetischen zugelassen, ferner permanente Magnete, andere Eisenkörper nur mit genäherter Geltung im Zustand schwacher magnetischer Sättigung; (s. aber auch S. 103). In den Differentialgleichungen des Feldes, welche sich zusammenziehen lassen in

$$\operatorname{rot}\mathfrak{H} = \frac{\mathfrak{I}}{c}\,, \qquad \operatorname{div}(\mu\mathfrak{H}) = -\operatorname{div}\mathfrak{M} \qquad (45)$$

oder

$$\operatorname{rot}\frac{\mathfrak{B}}{\mu} = \frac{\mathfrak{I}}{c} + \operatorname{rot}\frac{\mathfrak{M}}{\mu}\,, \qquad \operatorname{div}\mathfrak{B} = 0 \qquad (45\,\mathrm{a})$$

[mit der Verknüpfung

$$\mathfrak{B} = \mu\mathfrak{H} + \mathfrak{M}\,, \quad \mu = \mathrm{const}, \quad \mathfrak{M} = \mathrm{const} \qquad (46)]$$

sind jetzt die μ-Werte für jeden Punkt des Feldes gegebene Größen. Die Gleichungen sind demnach linear in $\mathfrak{H}$ bzw. $\mathfrak{B}$, und es folgt (vgl. Kap. I, § 2), daß die Felder verschiedener magnetischer und Strom-Verteilungen sich einfach überlagern. In leicht verständlicher Bezeichnung:

$$\left.\begin{aligned}
&\mathfrak{H} = \mathfrak{H}(\mathfrak{I}) + \mathfrak{H}(\mathfrak{M}); \qquad \mathfrak{H}(\mathfrak{I}_1 + \mathfrak{I}_2) = \mathfrak{H}(\mathfrak{I}_1) + \mathfrak{H}(\mathfrak{I}_2);\\
&\qquad \mathfrak{H}(\mathfrak{M}_1 + \mathfrak{M}_2) = \mathfrak{H}(\mathfrak{M}_1) + \mathfrak{H}(\mathfrak{M}_2)
\end{aligned}\right\} \quad (47)$$

und ebenso für $\mathfrak{B}$.

$\mathfrak{H}\,(\mathfrak{J})$ ist bestimmt durch die Bedingungen:

$$\operatorname{rot}\mathfrak{H}\,(\mathfrak{J})=\frac{\mathfrak{J}}{c}\,,\qquad \operatorname{div}(\mu\,\mathfrak{H}\,(\mathfrak{J}))=0\,;$$

wegen der zweiten dieser Bedingungen ist es darstellbar in der Form [s. (ν)]

$$\mathfrak{H}\,(\mathfrak{J})=\frac{1}{\mu}\operatorname{rot}\mathfrak{A}\,.\qquad\qquad (47\,\mathrm{a})$$

$\mathfrak{H}\,(\mathfrak{M})$ ist bestimmt durch die Gleichungen:

$$\operatorname{rot}\mathfrak{H}\,(\mathfrak{M})=0,\quad \operatorname{div}(\mu\,\mathfrak{H}\,(\mathfrak{M}))=-\operatorname{div}\mathfrak{M}\,;$$

wegen der ersten dieser Gleichungen ist es darstellbar in der Form:

$$\mathfrak{H}\,(\mathfrak{M})=-V\psi,\ \text{wo }\psi\text{ einwertig und stetig.}\qquad (47\mathrm{b})$$

Die Kräftefunktion U in (21) wird:

$$U=\int d\tau\,\frac{1}{2}\,(\mathfrak{B}+\mathfrak{M})\,\mathfrak{H}\,.$$

Führt man hier

$$\mathfrak{H}=\mathfrak{H}\,(\mathfrak{J})+\mathfrak{H}\,(\mathfrak{M}),\qquad \mathfrak{B}=\mathfrak{B}\,(\mathfrak{J})+\mathfrak{B}\,(\mathfrak{M})$$

ein, und beachtet, daß nach (μ,ϑ) sowohl

$$\int d\tau\cdot\mathfrak{H}(\mathfrak{M})\cdot\mathfrak{B},\quad\text{wie}\int d\tau\cdot\mathfrak{H}(\mathfrak{M})\cdot\mu\mathfrak{H}(\mathfrak{J}),\quad\text{wie}\int d\tau\cdot\mathfrak{H}(\mathfrak{M})\cdot\mathfrak{B}(\mathfrak{M})$$

Null ist, weil jedesmal der erste Faktor keine Rotation, der zweite keine Divergenz besitzt, so folgt:

$$U=U\,(\mathfrak{J})+U\,(\mathfrak{M})+U\,(\mathfrak{J},\,\mathfrak{M})\qquad\qquad (48)$$

wo

$$\left.\begin{aligned}U\,(\mathfrak{J})&=\int d\tau\cdot\frac{1}{2}\,\mu\{\mathfrak{H}(\mathfrak{J})\}^{2};\\[4pt]U\,(\mathfrak{M})&=\int d\tau\cdot\frac{1}{2}\,\mathfrak{M}\cdot\mathfrak{H}\,(\mathfrak{M})=-\int d\tau\cdot\frac{1}{2}\,\mu\{\mathfrak{H}\,(\mathfrak{M})\}^{2};\\[4pt]U\,(\mathfrak{J},\mathfrak{M})&=\int d\tau\cdot\mathfrak{H}\,(\mathfrak{J})\cdot\mathfrak{B}\,(\mathfrak{M})=\int d\tau\cdot\mathfrak{H}\,(\mathfrak{J})\cdot\mathfrak{M}\,.\end{aligned}\right\}\quad(49)$$

Führen wir wieder wie in § 3 lineare Ströme i_k mit ihren Sperrflächen S_k und Induktionsflüssen Q_k, magnetische Mengen m_h, und das einwertige, an den S_k unstetige Potential ψ' ein, und bezeichnen die Herkunft der Q_k und ψ' entsprechend dem Vorstehenden, so wird

$$Q_k=Q_k\,(i)+Q_k\,(m),\qquad\quad \psi'=\psi'\,(i)+\psi'\,(m),$$
$$\psi'\,(i)=\sum_k\psi'\,(i_k);\qquad \psi'\,(m)=\sum_h\psi'\,(m_h).$$

Die Unstetigkeit $\dfrac{i_1}{c}$ von ψ' an der Fläche S_1 entfällt auf den Summanden $\psi'(i_1)$; alle übrigen Summenglieder sind dort stetig; $\psi'(m)$ ist identisch mit dem ψ der Gleichung (47b).

Durch die bekannten Umformungen mittels (47a) und (o'), bzw. (47b) und (ϑ) (s. § 3) ergibt sich:

$$
\left.
\begin{aligned}
U(\mathfrak{J}) &= \frac{1}{2}\sum \frac{i_k}{c}\cdot Q_k(i); \qquad U(\mathfrak{M}) = -\frac{1}{2}\sum m_h\cdot \psi_h'(m); \\[2mm]
U(\mathfrak{J},\mathfrak{M}) &= \sum \frac{i_k}{c}\cdot Q_k(m) = -\sum m_h\cdot \psi_h'(i) \\[2mm]
&= \frac{1}{2}\sum \frac{i_k}{c}\cdot Q_k(m) - \frac{1}{2}\sum m_h\cdot \psi_h'(i)\,.
\end{aligned}
\right\}
\tag{49a}
$$

Also mit Benutzung des letzten Ausdrucks:

$$
U = \frac{1}{2}\sum \frac{i_k}{c}\cdot Q_k - \frac{1}{2}\sum m_h\cdot \psi_h'\,.
\tag{50}
$$

Die $Q_k(i)$ und $\psi_h'(i)$ sind jetzt homogen-lineare Funktionen der i_k, die $Q_k(m)$ und $\psi_h'(m)$ ebensolche Funktionen der m_h, und die Gleichungen (31), (32), (33) S. 92 gehen über in

$$
\frac{1}{c}\frac{Q_1(i_2)}{i_2} = \frac{1}{c}\frac{Q_2(i_1)}{i_1} = L_{12}
\tag{31a},
$$

$$
\frac{\psi_1'(m_2)}{m_2} = \frac{\psi_2'(m_1)}{m_1} = P_{12},
\tag{32a}
$$

$$
-\frac{Q_k(m_h)}{m_h} = c\,\frac{\psi_h'(i_k)}{i_k} = R_{kh},
\tag{33a}
$$

wo die L, P, R jetzt konstante, d. h. von den i und m unabhängige Größen bedeuten, die durch die Lage und Art (μ-Werte) der Körper bestimmt sind.

Der Induktionskoeffizient L_{12} bedeutet den Induktionsfluß, den ein in der Kurve s_1 fließender Strom von der Stärke $\dfrac{1}{c}$ durch die Kurve s_2 hindurchsendet, — und zugleich den Fluß, den derselbe Strom in s_2 durch s_1 sendet.

P_{12} bedeutet das Potential, das eine im Punkt p_1 befindliche magnetische Menge Eins im Punkt p_2 erzeugt, — und zugleich das Potential, das die gleiche in p_2 befindliche Menge in p_1 erzeugt.

8*

R_{kh} bedeutet den Induktionsfluß, den eine im Punkt p_h gelegene magnetische Menge Eins durch s_k von der positiven zur negativen Seite hindurchsendet, — und zugleich das Potential, das ein in der Kurve s_k fließender Strom von der Stärke c im Punkt p_h erzeugt.

Die Teilfunktionen $U(\mathfrak{J})\ldots$ lassen sich darstellen in der Form

$$\begin{aligned}
U(\mathfrak{J}) &= \frac{1}{2}\,L_{11}\,i_1^2 + L_{12}\,i_1 i_2 + \cdots;\\[2mm]
U(\mathfrak{M}) &= -\left\{\frac{1}{2}\,P_{11}\,m_1^2 + P_{12}\,m_1 m_2 + \cdots\right\}\\[2mm]
U(\mathfrak{J},\mathfrak{M}) &= -\sum_{k,\,h}\left(R_{kh}\,\frac{i_k}{c}\,m_h\right).
\end{aligned} \qquad (49\,\mathrm{b})$$

Entsprechend der Bedeutung von U zerfällt die Arbeit bei Verschiebung der Körper in

$$A_m(\mathfrak{J}) = \delta U(\mathfrak{J}); \quad A_m(\mathfrak{M}) = \delta U(\mathfrak{M}); \quad A_m(\mathfrak{J},\mathfrak{M}) = \delta U(\mathfrak{J},\mathfrak{M}),$$

und das entsprechende gilt von den Kräften. Die aus dem ersten, zweiten und dritten Ausdruck sich ergebenden Kräfte sind bedingt durch die Strömung — durch die Magnetisierung — durch das gleichzeitige Bestehen von Strömung und Magnetisierung. Um die Bedeutung der einzelnen Glieder klarzustellen, wollen wir drei Sonderfälle betrachten: 1. Es sei ein Stromkreis $(i,\,L)$ vorhanden und keine Magnete. Dann wird

$$A_m = \delta U(\mathfrak{J}) = \frac{1}{2}\,i^2 \cdot \delta L\,.$$

L ändert sich, wenn die Stromkurve verzerrt wird; es ändert sich aber auch bei Bewegung einer starren Stromkurve relativ zu Eisenkörpern. — Ebenso 2.: $A_m = \delta U(\mathfrak{M})$ ist von Null verschieden, nicht nur wenn (bei Abwesenheit von Strömen) ein starrer Magnet gegen einen andern, sondern auch, wenn ein einzelner starrer Magnet relativ zu weichem Eisen bewegt wird. — Endlich 3.: Ein einzelner starrer Magnet werde relativ zu einem einzelnen starren Stromleiter bewegt, bei Abwesenheit fremder Eisenkörper. Dann ist nicht nur $A_m(\mathfrak{J},\mathfrak{M})$, sondern auch $A_m(\mathfrak{J})$ von Null verschieden; denn der Magnet ist — ganz abgesehen von seiner Magnetisierung $\mathfrak{M}$ — ein Körper, dessen μ von dem der umgebenden Luft verschieden ist, und dessen Lage daher den Wert von L ändert (vgl. 1.).

§ 8. Der Sonderfall $\mu = \mu_0$.

In diesem Paragraphen machen wir die Annahme, daß der Wert von μ an keiner Stelle des Feldes von dem Vakuumswert μ_0 merklich verschieden sei. Damit ist das Bestehen elektrischer Ströme sehr wohl vereinbar, — es sei denn, daß sie etwa in Eisendrähten fließen; denn es ist z. B. für Kupfer

$$\frac{\mu}{\mu_0} - 1 \approx 10^{-5} .$$

Mit der Anwesenheit von Magneten ist die Annahme tatsächlich nicht verträglich. Wir wollen aber auch diese hier zulassen. Die Lehre vom magnetischen Felde geht nämlich, geschichtlich betrachtet, von der Beobachtung der Kräfte zwischen permanenten Magneten aus, und sie wurde zunächst entwickelt unter der — stillschweigenden — Annahme, daß das **Material** dieser Magnete sich von der umgebenden Luft magnetisch nicht unterscheide. Erst später wurde dann das neben den Magneten etwa vorhandene Eisen als ein Material von wesentlich anderem Verhalten der Theorie angegliedert. Aber auch abgesehen von seiner geschichtlichen Bedeutung bildet der Ansatz: „$\mu = \mu_0$ in permanenten Magneten", der sich z. B. noch bei **Heinrich Hertz** findet, eine gut brauchbare Näherung für die Theorie mancher magnetischen Messungsmethoden, wie in § 9 gezeigt werden soll.

Die Feldgleichungen (15), (5), (20), (23) ergeben jetzt:

$$\operatorname{rot} \mathfrak{H} = \frac{\mathfrak{J}}{c} . \qquad \mu_0 \operatorname{div} \mathfrak{H} = - \operatorname{div} \mathfrak{M} = \varrho_m . \qquad (51)$$

Diese Gleichungen können allgemein integriert werden. Sie liefern:

$$\mathfrak{H} = \operatorname{rot} \frac{\mathfrak{A}}{\mu_0} - \nabla \psi . \quad \frac{\mathfrak{A}}{\mu_0} = \frac{1}{4\pi c} \int \frac{\mathfrak{J}' \cdot d\tau'}{r} , \quad \psi = \frac{1}{4\pi\mu_0} \int \frac{\varrho_m' \cdot d\tau'}{r} . \qquad (52)$$

In der Tat: es ist für jedes $\mathfrak{A}$ und ψ: $\operatorname{div} \operatorname{rot} \mathfrak{A} = 0$, $\operatorname{rot} \nabla \psi = 0$, und es ist ferner für unsere Funktionen:

$$\operatorname{rot} \operatorname{rot} \frac{\mathfrak{A}}{\mu_0} = \frac{\mathfrak{J}}{c} \qquad \text{(s. den Anfang von § 2),}$$

und

$$-\operatorname{div} \nabla \psi = - \Delta \psi = \frac{\varrho_m}{\mu_0} \qquad \text{(vgl. Kap. I, (22a, b)).}$$

In (52) ist der erste Anteil

$$\mathfrak{H}(\mathfrak{J}) = \mathrm{rot}\,\frac{\mathfrak{A}}{\mu_0}$$

das Feld der Strömung $\mathfrak{J}$, das wir in § 1 behandelt haben.

Die Umformung, die von (1) zu (4) führte, ergibt, in umgekehrter Folge durchlaufen: von einem im Punkt p_1 gelegenen Stromelement $i_1 d\mathfrak{r}_1$ rührt in p_2 ein Feld

$$\mathfrak{H}_2(i_1 d\mathfrak{r}_1) = \frac{i_1}{4\pi c r^2}[d\mathfrak{r}_1 \cdot \bar{\mathfrak{r}}] \tag{52a}$$

her, wenn $\bar{\mathfrak{r}}$ den Einheitsvektor in der Richtung $p_1 p_2$ und r den Abstand beider Punkte bezeichnet.

Zu $\mathfrak{H}(\mathfrak{J})$ gesellt sich das Feld der Magnete $\mathfrak{H}(\mathfrak{M}) = -V\psi$. Dieses hat vollkommen die Form des stationären elektrischen Feldes, welches für $\varepsilon = \mathrm{const} = \varepsilon_0$ gilt [s. Kap. I, § 1, (2) (3)]. Wir haben nur $\mathfrak{E}$, φ, ε_0, ϱ, e durch $\mathfrak{H}$, ψ, μ_0, ϱ_m, m zu ersetzen. Von jeder magnetischen Menge dm_1 in p_1 rührt in p_2 ein Feld

$$\mathfrak{H}_2(dm_1) = \frac{dm_1 \bar{\mathfrak{r}}}{4\pi\mu_0 r^2} \tag{52b}$$

her.

Die Kräfte im Felde, für die Volumeinheit berechnet, sind nach (36):

$$\mathfrak{f} = \left[\frac{\mathfrak{J}}{c}\,\mu_0\mathfrak{H}\right] + \varrho_m\mathfrak{H}, \tag{53}$$

wo

$$\mathfrak{H} = \mathfrak{H}(\mathfrak{J}) + \mathfrak{H}(\mathfrak{M}). \tag{54}$$

Das erste Glied in (53) ergibt eine Kraft auf ein Stromelement $i_2 d\mathfrak{r}_2$ in p_2, die sich nach (54) additiv zusammensetzt aus der Kraft, die von Strömen herrührt, und der Kraft, die von Magneten herrührt. Der erste Anteil liefert nach (52a) als Beitrag eines im Punkt p_1 gelegenen Stromelements $i_1 d\mathfrak{r}_1$:

$$d\mathfrak{f}_1 = \frac{\mu_0}{4\pi c^2}\cdot\frac{i_1 i_2}{r^2}\Big[d\mathfrak{r}_2\,[d\mathfrak{r}_1\cdot\bar{\mathfrak{r}}]\Big]. \tag{55}$$

Zu dem zweiten liefert eine in p_1 gelegene magnetische Menge dm_1 nach (52b) den Beitrag:

$$d\mathfrak{f}_2 = \frac{1}{4\pi c}\frac{dm_1\cdot i_2}{r^2}[d\mathfrak{r}_2\cdot\bar{\mathfrak{r}}]. \tag{56}$$

Das zweite Glied in (53) ergibt die Kraft auf eine magnetische Menge dm_2 in p_2, die sich zusammensetzt aus $\mathfrak{H}(\mathfrak{J})\cdot dm_2$ und

$\mathfrak{H}\,(\mathfrak{M}) \cdot dm_2$. Zu dem ersten Anteil liefert das Stromelement $i_1 d\mathfrak{r}_1$ in p_1 den Beitrag:

$$d\mathfrak{f}_3 = \frac{1}{4\pi c} \frac{i_1 \cdot dm_2}{r^2} [d\mathfrak{r}_1 \cdot \bar{\mathfrak{r}}] \,. \tag{57}$$

Zu dem zweiten liefert die magnetische Menge dm_1 in p_1 den Beitrag:

$$d\mathfrak{f}_4 = \frac{1}{4\pi\mu_0} \frac{dm_1 \cdot dm_2}{r^2} \bar{\mathfrak{r}} \,. \tag{58}$$

Die hier zusammengestellten **Elementargesetze** erhalten die einfachste Form, wenn man $4\pi\mu_0 = 1$, $4\pi c = 1$ setzt. Das hat Veranlassung gegeben, diese Festsetzungen als Grundlage eines Maßsystems zu wählen, welches **absolutes magnetisches Maßsystem** heißt. Mit der weiteren Festsetzung, daß Zentimeter (c), Gramm (g), Sekunde (s) als Einheiten der Länge, Masse und Zeit gelten sollen, wird es auch als (absolutes magnetisches) c-g-s-System bezeichnet.

Zu den Kräften ist noch folgendes zu bemerken. Zunächst: Die Wechselwirkung zwischen dm_1 in p_1 und $i_2 d\mathfrak{r}_2$ in p_2 erhalten wir einerseits nach (56) als Kraft $d\mathfrak{f}_2$ auf $i_2 d\mathfrak{r}_2$; andrerseits als Kraft auf dm_1, indem wir in (57) die Indizes 1 und 2 vertauschen, und demgemäß $\bar{\mathfrak{r}}$ durch $-\bar{\mathfrak{r}}$ ersetzen, was $-d\mathfrak{f}_2$ ergibt. Die beiden entgegengesetzt gleichen Kräfte bilden ein Kräftepaar; aber das **resultierende** Drehmoment aller zwischen dm_1 und den Elementen der geschlossenen Strombahn s_2 wirkenden Kräfte ist Null, wie es sein muß. Beweis: Wir wählen p_1 als Anfangspunkt der $\mathfrak{r}$, und haben dann zu zeigen, daß

$$\mathfrak{N} = \int [\mathfrak{r} \cdot d\mathfrak{f}_2] \quad \text{Null ist,}$$

wo $\mathfrak{r} \equiv \mathfrak{r}_2$, und folglich

$$d\mathfrak{r}_2 = d\mathfrak{r} = d\,(r \cdot \bar{\mathfrak{r}}) = \bar{\mathfrak{r}} \cdot dr + r \cdot d\bar{\mathfrak{r}} \,.$$

Es ist bis auf den konstanten Faktor:

$$d\mathfrak{f}_2 = \frac{[d\mathfrak{r} \cdot \bar{\mathfrak{r}}]}{r^2} = -\frac{[\bar{\mathfrak{r}} \cdot d\bar{\mathfrak{r}}]}{r} \,,$$

also

$$d\mathfrak{N} = -[\bar{\mathfrak{r}}[\bar{\mathfrak{r}} \cdot d\bar{\mathfrak{r}}]] = d\bar{\mathfrak{r}} \quad \text{nach } (\beta) \,,$$

da $\bar{\mathfrak{r}}^2 = 1$, und $\bar{\mathfrak{r}} \cdot d\bar{\mathfrak{r}} = 0$ ist. Folglich

$$\mathfrak{N} = \int_{s_2} d\mathfrak{N} = \int d\bar{\mathfrak{r}} = 0 \,,$$

Ferner: Nach (53) ist die Feldstärke $\mathfrak{H}$, die wohl als Kraft auf die magnetische Menge Eins bezeichnet wird, unter unsern jetzigen Bedingungen tatsächlich die Kraft auf den Träger dieser magnetischen Menge.

Die Elementarkraft $d\mathfrak{f}_4$ stellt das bekannte Coulombsche Gesetz dar. Coulomb erschloß es aus Beobachtungen an langen dünnen, in bestimmter Weise magnetisierten Stahlstäben; er fand, daß den beiden Enden jedes Stabes entgegengesetzt gleiche m_1 bzw. m_2 zuzuschreiben waren. Gauß zeigte dann, daß man die Kräfte zwischen beliebigen Magneten darstellen kann, wenn man das Coulombsche Gesetz als Elementargesetz betrachtet und jedem Magneten eine geeignete Verteilung der m zuschreibt, derart jedoch, daß stets $\Sigma m = 0$ ist. Was Gauß fand, spricht sich mit andern Worten so aus (vgl. Kap. I, § 5): Jeder Magnet ist gekennzeichnet durch eine bestimmte Verteilung eines Vektors — der Magnetisierung $\mathfrak{M}$ —, mit der die magnetische Dichte gemäß der Beziehung

$$\varrho_m = \frac{dm}{d\tau} = - \operatorname{div} \mathfrak{M}$$

zusammenhängt. [Geschichtlich ist hier die in Kap. I, § 5 vorgetragene Auffassung der elektrischen Polarisation entsprungen, und ebenso die Einführung des quellenfreien Vektors $\mathfrak{B} = \mu\,\mathfrak{H} + \mathfrak{M}$.]

Führt man dieses $\mathfrak{M}$ in (52) ein, so wird nach (ϑ):

$$4\pi\mu_0 \cdot \psi(p) = - \int \frac{\operatorname{div}' \mathfrak{M}'}{r}\, d\tau' = \int \mathfrak{M}' \cdot V'\left(\frac{1}{r}\right) \cdot d\tau', \qquad (59)$$

wo das Zeichen $'$ bedeutet, daß bei der Ausführung der Operationen div und V nicht der Feldpunkt p, sondern der Punkt p' in $d\tau'$ als veränderlich behandelt werden soll.

Die Koeffizienten $L\ P\ R$ der Gleichungen (31a), (32a), (33a) lassen sich jetzt explizit darstellen. Für die L ist dies schon in § 1 ausgeführt; es ist

$$L_{12} = \frac{\mu_0}{4\pi c^2} \int\limits_{s_1} \int\limits_{s_2} \frac{d\mathfrak{r}_1 \cdot d\mathfrak{r}_2}{r}. \qquad (10)$$

Aus (52) ergibt sich

$$\psi_1'(m_2) = \frac{1}{4\pi\mu_0} \frac{m_2}{r}$$

und somit

$$P_{12} = \frac{1}{4\pi\mu_0 \cdot r}. \qquad (60)$$

Zur Berechnung von R_{kh} haben wir gemäß (33a) zwei Wege:
Aus (52b) ergibt sich

$$Q_k(m_h) = \int \mu_0\, \mathfrak{H}(m_h)_N \cdot dS_k = \frac{m_h}{4\pi} \int \frac{\cos(N\mathfrak{r})}{r^2}\, dS_k\,.$$

Nun ist, je nach der Lage von p_h,

$$\mp \frac{\cos(N\mathfrak{r})\cdot dS_k}{r^2}$$

der körperliche Winkel, unter dem die $\begin{Bmatrix} \text{positive} \\ \text{negative} \end{Bmatrix}$ Seite von dS_k
von p_h aus gesehen wird. (In Abb. 24
gilt $+$ und negativ.) Rechnet man die
Winkel der ersten Art positiv, die der zweiten Art negativ, und bezeichnet ihre algebraische Summe — die kurz bezeichnet
zu werden pflegt als der körperliche Winkel, unter dem S_k von p_h aus erscheint —
mit α, so ist also

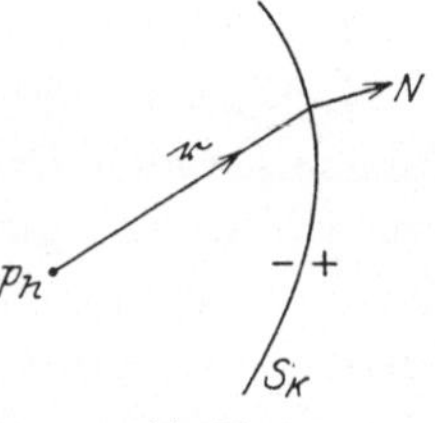

Abb. 24.

$$Q_k(m_h) = -\frac{m_h\cdot\alpha}{4\pi}\,,$$

d. h.

$$R_{kh} = \frac{\alpha}{4\pi}\,. \tag{61}$$

Oder so: Das Potential $\psi'(i_k)$ ist dasjenige der äquivalenten
in S_k ausgespannten magnetischen Doppelschicht von der sehr
kleinen Dicke d und der Flächendichte

$$\omega_m = \pm\frac{\mu_0 i_k}{cd}\,. \tag{28}$$

Dieses ist nach (52):

$$\psi_h'(i_k) = \frac{i_k}{4\pi c}\cdot\frac{1}{d}\left(\int\limits_{S+} - \int\limits_{S-}\right)\frac{dS_k}{r} = \frac{i_k}{4\pi c}\int \frac{\left(\frac{1}{r}\right)_+ - \left(\frac{1}{r}\right)_-}{d}\, dS_k$$

$$= \frac{i_k}{4\pi c}\int \frac{\partial\left(\frac{1}{r}\right)}{\partial N}\, dS_k = -\frac{i_k}{4\pi c}\int \frac{\cos(N\mathfrak{r})}{r^2}\, dS_k = +\frac{i_k}{4\pi c}\,\alpha\,,$$

also

$$R_{kh} = \frac{\alpha}{4\pi}$$

wie oben.

[In sachlicher Übereinstimmung mit dem oben Gesagten ist
folgende Definition: α ist der körperliche Winkel, unter dem

die Stromkurve s_k von p_h aus erscheint, — positiv (negativ) zu nehmen, wenn der im Sinn von i_k erfolgende Umlauf des Fahrstrahls $\mathfrak{r}$ ein negativer (positiver) Umlauf um N ist.]

Wir behandeln

A. das Feld von Strömen für einige Einzelfälle. Die zu erfüllenden Gleichungen sind:

$$\operatorname{rot} \mathfrak{H} = \frac{\mathfrak{J}}{c}, \qquad \operatorname{div} \mathfrak{H} = 0. \tag{62}$$

Aus ihnen oder aus den gleichwertigen Formeln des § 1 ist das Feld zu berechnen.

1. Ein Stromkreis mit dem Strom i enthalte u. a. einen sehr langen geraden Draht vom Radius a. Die Strömung ist in ihm, wie wir wissen, gleichmäßig über den Querschnitt verteilt. Das Feld hat in der Nachbarschaft dieses Leiterstücks axiale Symmetrie; die Kraftlinien sind daher Kreise um die Drahtachse. Der Betrag von $\mathfrak{H}$ im Abstand R von der Achse ergibt sich, indem man das Umlaufsintegral von $\mathfrak{H}$ für den Kreis mit diesem Halbmesser bildet: $c \cdot 2\pi R \cdot H =$ Strömung durch die Kreisfläche. Diese ist für jeden außerhalb des Drahtes verlaufenden Kreis $= i$, für einen im Draht verlaufenden Kreis $= i \cdot \dfrac{R^2}{a^2}$, also

$$\text{außen: } H = \frac{i}{c} \cdot \frac{1}{2\pi R}, \quad \text{innen: } H = \frac{i}{c} \cdot \frac{R}{2\pi a^2}. \tag{63}$$

2. Um einen Ringkörper von beliebiger Querschnittsform sei in N engen gleichmäßig verteilten Windungen ein Draht mit dem Strom i gewunden. Für jeden Feldpunkt, dessen Abstand vom Draht groß ist gegen den Radius des Drahtes und gegen den Abstand der Windungen, kann man diesen Strom ersetzen durch eine gleichmäßig über den Ringumfang verteilte Strömung. Das Feld hat dann Symmetrie um die Ringachse; jede Kraftlinie bildet einen Kreis um sie, und längs jedes Kreises ist H konstant. Ist l die Länge einer solchen Kreisbahn, L die Kreisfläche, so muß

$$c \cdot l H = N \cdot \int \mathfrak{J}_N \cdot dL$$

sein, also

$= N i$ für jede Kreislinie, die innerhalb des Ringkörpers verläuft,

$= 0$,,   ,,   ,,   ,, außerhalb ,,   ,,   ,,

Das Feld beschränkt sich also auf den Ringkörper, und dort ist im Abstand R von der Achse

$$H = \frac{Ni}{2\pi Rc}. \tag{64}$$

3. Ein sehr langer Zylinder sei in gleicher Weise umwickelt, mit n Windungen auf der Längeneinheit. In den von den Enden sehr weit entfernten Teilen des Feldes kann man ihn ersetzt denken durch einen Ring von sehr großem Halbmesser. Das Feld folgt also dort aus 2., wenn man $\frac{N}{2\pi R} = n$ setzt. Außen ist kein Feld, innen ist das Feld gleichförmig, parallel der Erzeugenden des Zylinders, und vom Betrage

$$H = \frac{ni}{c}. \tag{65}$$

Genauer erhält man $\mathfrak{H}$ mittels des Äquivalenzsatzes. Jede Stromwindung kann bezüglich der Induktion $\mathfrak{B}$ ersetzt werden durch eine magnetische Doppelschicht von der Dicke $d = \frac{1}{n}$ und folglich nach (28) einer magnetischen Flächendichte $\omega_m = \pm\,\mu_0 n\,\frac{i}{c}$ auf beiden Seitenflächen. Diese Flächenbelegungen zerstören sich in ihrer Wirkung gegenseitig, bis auf die Belegungen an den Endlfächen S der Spule. Das Feld $\mathfrak{H}\,(\mathfrak{M})$ dieser Belegungen läßt sich berechnen als

$$\mathfrak{H}\,(\mathfrak{M}) = -\nabla\psi, \qquad \psi = \frac{1}{4\pi\mu_0}\int\frac{\omega_m\cdot dS}{r}.$$

Mit ihm ist das Feld $\mathfrak{H}$ des gegebenen Stromes identisch im Außenraum; innerhalb der Stromspule aber ist

$$\mathfrak{H} = \frac{\mathfrak{B}}{\mu_0} = \mathfrak{H}\,(\mathfrak{M}) + \frac{\mathfrak{M}}{\mu_0},$$

wo $\mathfrak{M}$ parallel der Spulenachse und

$$\frac{|\mathfrak{M}|}{\mu_0} = \frac{ni}{c}.$$

H ist kleiner als $\frac{ni}{c}$.

4. In einem Kreise vom Halbmesser a fließe der lineare Strom i; wir suchen das Feld auf der Achse des Kreises im Abstand x von der Kreisebene. Das Biot-Savartsche Gesetz liefert als Beitrag des Bahnelements ds:

$$dH = \frac{i\cdot ds}{4\pi cr^2},$$

wo $r^2 = x^2 + a^2$, und als Richtung von $d\mathfrak{H}$ die Normale zu $\mathfrak{r}$ in der durch $\mathfrak{r}$ und die Achse gelegten Ebene. Die Resultante $\mathfrak{H}$ ist parallel der Achse. Wird die zur i-Richtung positive Normale der Kreisebene als $+\,x$-Achse gewählt, so ist

$$d\mathfrak{H}_x = dH\,\frac{a}{r} \quad\text{und}\quad H = \mathfrak{H}_x = \frac{i}{4\pi c}\,\frac{2\pi a^2}{r^3}\,.$$

Insbesondere im Mittelpunkt des Kreises:

$$H = \frac{i}{4\pi c}\,\frac{2\pi}{a}\,. \tag{66}$$

Wir wollen noch für einige Fälle die **Induktivitäten** L berechnen. Sie sind für $\mu = \mathrm{const}_H$ nach (49), (49b) allgemein definiert durch die Gleichung:

$$U = \int \frac{1}{2}\,\mu\,H^2 \cdot d\tau = \frac{1}{2}\,L_{11}\,i_1^2 + L_{12}\,i_1 i_2 + \cdots,$$

wo $\mathfrak{H}$ das Feld der Ströme i bedeutet; und nach (31a) S. 115 ist

$$L_{12}\,i_2 = \frac{1}{c}\int \mathfrak{B}_{2N}\cdot dS_1\,.$$

Im Fall $\mu = \mu_0$ wird nach (12):

$$U = \frac{\mu_0}{8\pi c^2}\int \mathfrak{J}\cdot d\tau \int \frac{\mathfrak{J}'\cdot d\tau'}{r}\,,$$

und dementsprechend nach (10):

$$L_{12} = \frac{\mu_0}{4\pi c^2}\int\limits_{\circlearrowleft} \int\limits_{\circlearrowleft} \frac{\cos(ds_1\cdot ds_2)}{r}\,ds_1\,ds_2\,.$$

Die Stromkurven seien nun zwei Kreise von den Radien A und a, welche in parallelen Ebenen vom Abstand x liegen und deren Mittelpunkte sich auf der gleichen Normalen dieser Ebenen befinden. Dann wird

$$L_{12} = \frac{\mu_0}{4\pi c^2}\,P\,, \quad\text{wo}\quad P = 2\pi\int\limits_0^{2\pi} \frac{A\,a\cos\vartheta\cdot d\vartheta}{\sqrt{x^2 + A^2 + a^2 - 2\,A\,a\cos\vartheta}}\,.$$

Setzt man

$$\vartheta = \pi - 2\eta\,, \quad k^2 = \frac{4\,A\,a}{(A+a)^2 + x^2}\,,$$

so wird

$$\cos\vartheta = 2\sin^2\eta - 1$$

und

$$P = 4\pi\, \sqrt{A\,a}\cdot k \int\limits_0^{\frac{\pi}{2}} \frac{2\sin^2\eta - 1}{\sqrt{1 - k^2 \sin^2 \eta}}\, d\eta\,,$$

oder

$$P = 4\pi\, \frac{\sqrt{A\,a}}{k}\left\{ (2 - k^2)F - 2E \right\},$$

wo

$$F = \int\limits_0^{\frac{\pi}{2}} \frac{d\eta}{\sqrt{1 - k^2 \sin^2 \eta}}\,, \qquad E = \int\limits_0^{\frac{\pi}{2}} \sqrt{1 - k^2 \sin^2 \eta}\cdot d\eta$$

die vollständigen elliptischen Integrale erster bzw. zweiter Gattung zum Modul k bezeichnen.

Es mögen insbesondere die beiden Kreise einander sehr nahe liegen, d. h. $A-a$ und x sehr klein gegen A sein. Dann wird k^2 sehr nahe gleich Eins. Setzt man dann

$$k'^2 = 1 - k^2 = \frac{(A - a)^2 + x^2}{(A + a)^2 + x^2}\,,$$

so ist[1])

$$F = \lg\left(\frac{4}{k'}\right) + \frac{1}{4}\left\{ \lg\left(\frac{4}{k'}\right) - 1 \right\} k'^2 + \cdots;$$

$$E = 1 + \frac{1}{2}\left\{ \lg\left(\frac{4}{k'}\right) - \frac{1}{2} \right\} k'^2 + \cdots.$$

In erster Näherung wird

$$k' = \frac{b}{2A}\,,$$

wo b den kürzesten Abstand der beiden Kreislinien bezeichnet, und

$$P = 4\pi A \left\{ F - 2E \right\} = 4\pi A \left\{ \lg\frac{8A}{b} - 2 \right\}. \tag{67}$$

(P ist der Wert von L_{12} im sog. absoluten magnetischen Maßsystem.)

Um eine Selbstinduktivität L aus

$$U = \int \frac{1}{2}\,\mathfrak{B}\,\mathfrak{H}\,d\tau = \frac{1}{2}\,L\,i^2$$

zu berechnen, zerlegen wir τ (s. Abb. 25) in einen ringförmigen Raum τ_1, der den Stromkörper enthält, und den Außenraum τ_2,

---

[1]) S. z. B. Schlömilch: Höhere Analysis Bd. II, Seite 322 f.

und schreiben entsprechend: $U = U_1 + U_2$. Die Grenzfläche F beider Räume können und wollen wir aus magnetischen Kraftlinien bilden. Eine beliebige an F angeheftete Membran S_0 macht τ_2 zum einfach zusammenhängenden τ_2'. In τ_2' gilt:

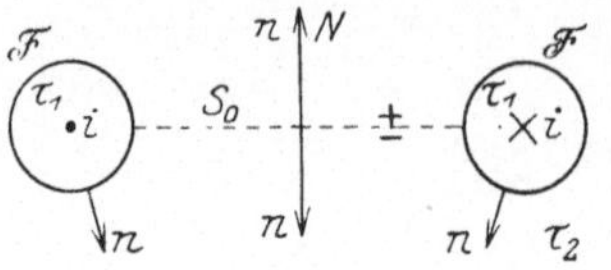

$$\operatorname{div} \mathfrak{B} = 0 \, ; \quad \text{an } F : \; \mathfrak{B}_n = 0 \, ;$$

$$\mathfrak{H} = - \nabla \psi' \, , \quad \psi' \text{ einwertig} ;$$

$$\text{an } S_0 : \; \psi'_+ - \psi'_- = \frac{i}{c} \, .$$

Abb. 25.

Es wird nach (ϑ):

$$U_2 = \int \frac{1}{2} \, \psi' \, \mathfrak{B}_n \cdot dS \, ,$$

wo S aus S_{0+}, S_{0-} und F besteht; folglich

$$U_2 = \frac{1}{2} \frac{i}{c} \int \mathfrak{B}_N \cdot dS_0 \, . \tag{68}$$

Erstes Beispiel. Der Strom fließe in zwei unendlich langen parallelen Drähten vom Radius R im Abstand d, die wir uns beiderseits in unendlicher Entfernung verbunden und so zur geschlossenen Bahn ergänzt denken. Wir fragen nach dem Wert von U für den Raum τ, der von zwei zu den Drahtachsen normalen Ebenen im Abstand h begrenzt wird. Ist durchweg $\mu = \mu_0$, so erhalten wir das Feld durch Überlagerung der beiden Felder, die sich gemäß (63) für die einzelnen Drähte ergeben. Ist $\frac{d}{R}$ sehr groß, so ist in jedem Draht und an seiner Oberfläche das Feld dasselbe, als wenn nur in ihm ein Strom flösse. In diesem Fall nun bleibt, wie im Anfang des folgenden Paragraphen gezeigt wird, die Feldstärke $\mathfrak{H}$ überall unverändert, wenn im Draht μ_1, im Außenraum μ_2 an die Stelle von μ_0 tritt. Diese Verhältnisse wollen wir voraussetzen.

Die beiden Drahtoberflächen werden von Kraftlinien gebildet; wir wählen sie zur Fläche F, und den Teil der durch die Drahtachsen gehenden Ebene, welcher zwischen den Drähten liegt, zur Fläche S_0. Es wird

$$U_1 = 2h \int_0^R \frac{1}{2} \, \mu_1 H^2 \cdot 2\pi \varrho \cdot d\varrho \, , \quad \text{wo} \quad H = \frac{i}{c} \frac{\varrho}{2\pi R^2} \, ;$$

also

$$U_1 = \frac{h}{2}\,\frac{\mu_1}{4\,\pi\,c^2}\,i^2\,.$$

$$U_2 = 2h\,\frac{1}{2}\,\frac{i}{c}\int\limits_{R}^{d-R}\mu_2\,\mathfrak{H}_N\cdot d\varrho, \quad \text{wo}\quad \mathfrak{H}_N = H = \frac{i}{c}\,\frac{1}{2\pi\varrho}\,;$$

also

$$U_2 = \frac{h}{2}\,\frac{\mu_2}{\pi c^2}\,i^2\lg\frac{d-R}{R}\,.$$

Demnach

$$U(\tau) = U_1 + U_2 = \frac{h}{2}\,\frac{i^2}{4\pi c^2}\left\{\mu_1 + \mu_2\,4\lg\frac{d-R}{R}\right\}.$$

Die physikalische Bedeutung dieses Ausdrucks liegt darin, daß der Wert von U um $U(\tau)$ wächst, wenn die Paralleldrähte um h verlängert werden; der Faktor von h ist daher die Kraft, mit welcher ein beliebig geformter Bügel, der die Verbindung zwischen den Drähten herstellt, nach außen getrieben wird. Da dieser Faktor positiv ist, so wirkt die Kraft tatsächlich stets nach außen, im Sinn einer Ausweitung des Stromkreises.

$$\frac{\partial L}{\partial h} = \frac{1}{4\,\pi\,c^2}\left\{\mu_1 + \mu_2\,4\lg\frac{d-R}{R}\right\} \tag{69}$$

ist als Selbstinduktivität der Längeneinheit der Doppeldrähte zu bezeichnen. Falls es sich um Kupferdrähte in Luft handelt, ist $\mu_1 = \mu_2 = \mu_0$; dann überwiegt der zweite, vom äußeren Feld herrührende Beitrag. Bestehen aber die Drähte aus Eisen, so überwiegt, selbst bei sehr großen Werten von $\frac{d}{R}$, das erste Glied, das den Beitrag der Drähte darstellt.

Zweites Beispiel. Der Stromträger sei ein Draht vom Radius R, der zu einem Kreise vom Radius A gebogen ist; A soll sehr groß gegen R sein; im Draht soll wieder μ_1, im Außenraum μ_2 gelten. Das Feld $\mathfrak{H}$ im Draht und auf seiner Oberfläche ist wieder dasselbe wie das eines geraden Drahtes, und somit (s. oben) von den μ-Werten unabhängig. Die Drahtoberfläche wird von Kraftlinien gebildet. Wir bilden eine mit dem Drahtkreis koaxiale Ringfläche Σ, die durch Umdrehung eines mit dem Drahtquerschnitt konzentrischen Kreises vom Radius α entstehen soll. α kann und soll sehr groß gegen R, aber sehr klein gegen A gewählt werden. Wegen der ersten Bedingung ist außerhalb Σ das Feld dasselbe, als wenn der ganze Strom in der Drahtachse flösse. Wegen der zweiten Bedingung ist innerhalb Σ das Feld dasselbe, als wenn der Draht gerade ausgestreckt wäre; dann aber ist es nach (63) außerhalb des Drahtes ebenfalls dasselbe, als ob der Strom in der Drahtachse zusammengedrängt wäre. Zusammengefaßt: überall außerhalb des Drahtes ist das Feld dasjenige eines in der Drahtachse fließenden Stromes i. Wir nehmen für F die Oberfläche des Drahtes. Dann ist das Integral

$$\int \mathfrak{B}_N \cdot dS_0$$

der Gleichung (68) identisch mit der Größe

$$c L_{12} i = \frac{\mu_0}{4\pi c} P i$$

der Gleichung (67), sofern man in dieser $b = R$, $\mu_0 = \mu_2$ setzt. Also

$$U_2 = \frac{1}{2} \frac{i^2}{4\pi c^2} \mu_2 4\pi A \left\{ \lg \frac{8A}{R} - 2 \right\}.$$

Für das Drahtinnere aber erhalten wir, wie in dem vorigen Beispiel (an Stelle von $2h$ tritt $2\pi A$):

$$U_1 = \frac{1}{2} \frac{i^2}{4\pi c^2} \mu_1 \pi A.$$

Also

$$U = \frac{1}{2} L i^2, \quad \text{wo} \quad L = \frac{\pi A}{4\pi c^2} \left\{ \mu_1 + \mu_2 4 \left(\lg \frac{8A}{R} - 2 \right) \right\}. \quad (70)$$

B. Das Feld von Magneten in Einzelfällen.

1. Der Magnet sei gleichförmig magnetisiert, d.h. $\mathfrak{M}' = \text{const}$ in τ'. Dann folgt aus (59), wenn wir jetzt bei der Operation V den Feldpunkt als veränderlich behandeln und demgemäß

$$V'\left(\frac{1}{r}\right) = - V\left(\frac{1}{r}\right)$$

schreiben:

$$\psi = - \frac{\mathfrak{M}'}{\mu_0} V g, \quad (71)$$

wo, wie früher,

$$g = \int \frac{d\tau'}{4\pi r}$$

das Newtonsche Potential des Raums τ' bezeichnet.

2. Es sei in τ': $\operatorname{div} \mathfrak{M}' = 0$ (unter welcher Annahme der Fall 1. als Sonderfall einbegriffen ist); dann folgt aus (59):

$$4\pi \mu_0 \cdot \psi = \int \frac{\omega_m' \cdot dS}{r}, \quad (72)$$

wo $$\omega'_m = - \mathfrak{M}'_n$$

die Oberflächendichte der magnetischen Verteilung bedeutet. Ist im besondern der Magnet fadenförmig gestaltet, und ist $\mathfrak{M}$ parallel dem Faden und von konstantem Betrag, so wird ψ das Potential zweier entgegengesetzt gleicher Mengen, die sich an den Fadenenden befinden.

3. Die Magnetisierung sei willkürlich, der betrachtete Feldpunkt aber weit vom Magneten entfernt. Setzt man dann für $\Gamma'\left(\frac{1}{r}\right)$ einen konstanten mittleren Wert, so folgt aus (59) als erste Näherung:

$$4\pi\mu_0 \cdot \psi = \nabla'\left(\frac{1}{r}\right) \cdot \mathfrak{K}', \tag{73}$$

wo

$$\mathfrak{K}' = \int \mathfrak{M}' \cdot d\tau' \tag{74}$$

das magnetische Moment des Magneten bezeichnet.

4. Für Meßzwecke pflegt man Magnete aus Stäben von kleinem Querschnitt oder aus gestreckten Umdrehungskörpern herzustellen, und es so einzurichten, daß die magnetische Verteilung in gleichen Abständen von den beiden Enden entgegengesetzt gleich ist, und im zweiten Fall außerdem Rotationssymmetrie besitzt. Unter diesen Bedingungen kann man eine weitgehende zweite Näherung erzielen, indem man zwei bestimmten Punkten bestimmte entgegengesetzt gleiche magnetische Mengen zuschreibt. Sind $\pm m$ diese Mengen, ist $\mathfrak{l}$ die Strecke von $-|m|$ nach $+|m|$, und ist das Moment dieser fingierten Verteilung $|m|\mathfrak{l} = \mathfrak{K}$, so ergibt also eine bestimmte Wahl von $\mathfrak{K}$ die erste, eine bestimmte Wahl der beiden Faktoren die zweite Näherung. Man spricht dann von den zwei Polen des Magneten mit der Polstärke m und dem Polabstand l. Es ist aber zu beachten, daß solche Pole sich nicht für jeden Magneten angeben lassen, und daß sie, wo sie vorhanden sind, den wirklichen Magneten nicht allgemein ersetzen. Eine Ausnahme bildet nur der unter 2. erwähnte Sonderfall. Nähere Ausführung z. B. Elm. Feld 1., S. 181 ff. — In einem allgemeineren Sinn wird der Ausdruck Pol für diejenigen Oberflächenstücke eines Magneten gebraucht, aus denen die Kraftlinien in verhältnismäßig großer Dichte austreten. Die gleiche Bezeichnung wird dann auch auf Elektromagnete angewandt; so haben wir, im Anschluß an die

Ausdrucksweise der Elektrotechnik, von 2-, 4-, ...poligen Dynamomaschinen und von ihren Polschuhen gesprochen.

C. Die Kräfte zerfallen nach dem oben Ausgeführten in vier Gruppen, aus denen wir Einzelfälle betrachten wollen. Es wird sich jedesmal um starre Körper handeln. Nun kann man allgemein bemerken: Unter unserer Voraussetzung $\mu = \mu_0$ verschiebt sich das Feld eines starren Stromleiters oder Magneten mit ihm; die Kräftefunktion U dieses Feldes ändert sich dabei nicht; d. h. die innern Kräfte leisten bei dieser Verschiebung keine Arbeit. Gemäß dem Satz von der Überlagerung der Felder bedeutet dies, daß bei der Berechnung der Arbeit nur das äußere Feld in Betracht zu ziehen ist.

Für einen starren linearen Stromkreis ist die Arbeit

$$A_m = \frac{i}{c}\,\delta\, Q_a, \qquad (75)$$

wo Q_a den vom fremden Feld herrührenden Induktionsfluß durch die Stromkurve bedeutet. [Das gleiche gilt mit großer Annäherung auch, wenn der Stromleiter bei der Bewegung in dauernd gleicher Weise von Eisen umgeben bleibt; denn auch dann führt er nahezu vollkommen sein Feld mit sich. Vorausgesetzt ist aber dabei, daß man auch jetzt Eigenfeld und fremdes Feld überlagern, d. h. μ wie eine Konstante behandeln darf.]

Für einen starren Magneten ist die Arbeit:

$$A_m = -\int \delta\psi_a \cdot dm, \qquad (76)$$

wo ψ_a das Potential des fremden Feldes $\mathfrak{H}_a$ am Ort von dm bezeichnet, und $\delta\psi_a$ die Änderung, welche dieses durch die Verschiebung von dm erfährt.

Aus dem Kraftwert $\mathfrak{f} = \varrho_m\,\mathfrak{H}_a$ leitet man dies so ab: $\mathfrak{u}$ sei die unendlich kleine Verschiebung; dann ist

$$A_m = \int \mathfrak{u}\mathfrak{f} \cdot d\tau = \int \mathfrak{u}\,\mathfrak{H}_a \cdot dm. \quad \text{Aber} \quad \mathfrak{u}\,\mathfrak{H}_a = -\mathfrak{u}\cdot\nabla\psi_a = -\delta\psi_a.$$

Gleichbedeutend mit (76) ist, da die dm sich bei der Verschiebung nicht ändern,

$$A_m = -\delta\int \psi_a \cdot dm = -\delta\int \psi_a\,\varrho_m \cdot d\tau = \delta\int \mathfrak{H}_a\,\mathfrak{M} \cdot d\tau. \qquad (77)$$

Einzelfälle. 1. Eine sehr lange Spule mit dem Strom i_1 und n_1 Windungen auf der Längeneinheit, von denen jede die Fläche S_1 umschließt, rage in eine ebensolche parallele Spule mit dem Strom i_2 und n_2 Windungen auf der Längeneinheit so weit hinein, daß alle Enden sehr weit voneinander entfernt sind; beide Ströme mögen gleichsinnig fließen. Sinkt dann die innere Spule um δx weiter in die äußere ein, so wächst Q_1 um $\delta Q_1 = n_1 \cdot \delta x \cdot \mu_0 H_2 S_1$, wo nach (65):

$$H_2 = \frac{n_2 i_2}{c} \; ;$$

es ist daher nach (75):

$$\mathfrak{f}_x = \frac{i_1}{c} \frac{\delta Q_1}{\delta x} = \frac{\mu_0 i_1 i_2}{c^2} n_1 n_2 S_1 \, . \tag{78}$$

Sind die vier Spulenenden nicht genügend weit voneinander entfernt, so ist (vgl. A. 3) deren äquivalente magnetische Belegung zu berücksichtigen. **Stromwage.**

2. Ein um eine vertikale Achse drehbarer Leiter, Strom i_1, befinde sich in einem gleichförmigen Feld mit der horizontalen Komponente H. Die maximale Projektion einer vom Strom umrandeten Fläche auf eine passend gewählte Vertikalebene sei S_1, die positive Normale von S_1 sei N, der Winkel $(HN) = \vartheta_1$. Dann ist $Q_1 = \mu_0 H S_1 \cos \vartheta_1$, und es wirkt folglich zu wachsenden ϑ_1 ein Drehmoment

$$\Theta = - \frac{i_1}{c} \mu_0 H S_1 \sin \vartheta_1 \, . \tag{79}$$

2a. Betrachten wir (in erster Näherung) das Feld eines vertikalen Kreisstroms i_2 von großem Radius a in der nächsten Umgebung seines Mittelpunkts als gleichförmig, so wird (bei entsprechend kleiner Fläche S_1) das Drehmoment nach (66):

$$\Theta = - \frac{\mu_0 i_1 i_2}{4 \pi c^2} \frac{2\pi}{a} S_1 \sin \vartheta_1 \, , \tag{80}$$

wo ϑ_1 jetzt den Winkel zwischen den positiven Normalen der beiden Stromflächen bedeutet. Grundlage von **Wilhelm Webers Elektrodynamometer**.

2b. Ein auf große Strecken gleichförmiges Feld haben wir dauernd überall da, wo sich keine Eisenkörper in der Nähe befinden. Es heißt das **erdmagnetische Feld**, die Vertikalebene durch seine Richtung der **magnetische Meridian**. Seine Horizontalkomponente weist ungefähr von Süd nach Nord. Verstehen wir diese unter H, so erfährt also ohne unser Zutun jede um eine vertikale Achse drehbare Strombahn das

Drehmoment Θ der Gleichung (79). W. Webers Bilifargalvanometer. Richtung und Pfeil von H können wir uns durch diese Anordnung eindeutig festgestellt (d. h. auf die willkürlich festgesetzte positive Stromrichtung bezogen) denken.

3. Ein Magnet befinde sich in einem gleichförmigen Feld $\mathfrak{H}$. Dann wird nach (77):

$$A_m = \delta\,(\mathfrak{H}\,\mathfrak{K}) = HK \cdot \delta \cos\,(\mathfrak{H}\,\mathfrak{K}), \tag{81}$$

wo $\mathfrak{K} = \int \mathfrak{M} \cdot d\tau$ das Moment des Magneten bedeutet. Der Magnet ist also im stabilen Gleichgewicht, wenn die Richtung von $\mathfrak{K}$, die magnetische Achse, mit der Richtung des fremden Feldes zusammenfällt. Ist er um eine vertikale Achse drehbar, und bezeichnen wir jetzt und im folgenden durch $\mathfrak{K}$ die horizontale Komponente des Moments (die in den Versuchen tatsächlich das Moment selbst ist), durch H wieder die Horizontalkomponente des Feldes, und durch ϑ den Winkel zwischen beiden, so ergibt sich ein Drehmoment

$$\Theta = -\,HK \cdot \sin\vartheta \tag{81a}$$

zu wachsenden ϑ. Es ist nach (79) gleich dem Drehmoment auf den Träger des äquivalenten Stroms, der gemäß (27) durch

$$\frac{\mu_0\,i}{c}\,S = K$$

gegeben ist.

Gleichung (81) findet Anwendung auf einen im Erdfeld befindlichen Magneten (Bussole). Die Richtung von $\mathfrak{K}$, d. h. die Richtung von dem — im weiteren Wortsinn — negativen Pol zum positiven Pol, stellt sich also im Gleichgewicht in die Süd-Nord-Richtung ein. Danach heißt der positive Pol auch Nordpol, der negative Südpol. Mittels eines bekannten Magneten ist dann die Pfeilrichtung jedes Feldes festzulegen, und weiter das Vorzeichen jeder magnetischen Menge.

4. Ein kleiner Magnet befinde sich im Mittelpunkt des Kreisstromes i der Anordnung 2a, der im magnetischen Meridian stehe. Das Drehmoment um die Vertikale ist dann nach (66) oder nach (80) und (27):

$$\Theta_1 = -\,\frac{iK}{4\pi c}\,\frac{2\pi}{a}\,\sin\vartheta_1 \tag{82}$$

zu wachsenden ϑ_1.

Unter H in (81a) werde die Horizontalkomponente des Erdfeldes verstanden; dann ist

$$\vartheta + \vartheta_1 = \frac{\pi}{2},$$

und der Magnet ist im Gleichgewicht, wenn $\Theta = \Theta_1$ oder

$$\operatorname{tg} \vartheta = \frac{i}{4\pi c}\frac{1}{H}\frac{2\pi}{a} \tag{83}$$

ist. Hier bedeutet ϑ die durch den Strom i hervorgerufene Ablenkung des Magneten aus dem magnetischen Meridian. Tangentenbussole. (Das entsprechende gilt für das Elektrodynamometer.)

Bei beliebiger Form der Stromwindungen tritt an Stelle von (66):

$$H = \frac{i}{c}\, g,$$

wo g, eine reziproke Länge, durch Vergleichung mit einer Tangentenbussole experimentell bestimmt werden kann. Es wird dann

$$\operatorname{tg} \vartheta = \frac{i}{c}\frac{g}{H}. \tag{83a}$$

5. Es sei $\mathfrak{H}$ das Feld, welches am Ort unseres Magneten ein anderer Magnet vom Moment $\mathfrak{K}'$ erzeugt, der sich in der großen Entfernung r befindet. Wenn wir es (in erster Näherung) als gleichförmig ansehen, so können wir (81) anwenden, und haben $\mathfrak{H}\mathfrak{K} = -\nabla\psi\cdot\mathfrak{K}$, wo ψ aus (73) zu entnehmen ist; also

$$4\pi\mu_0\cdot\mathfrak{H}\mathfrak{K} = -\nabla\left(\nabla'\left(\frac{1}{r}\right)\mathfrak{K}'\right)\cdot\mathfrak{K} \tag{84a}$$

oder

$$= -\left\{\mathfrak{K}_x\mathfrak{K}'_x\frac{\partial^2\left(\frac{1}{r}\right)}{\partial x\cdot\partial x'} + \mathfrak{K}_x\mathfrak{K}'_y\frac{\partial^2\left(\frac{1}{r}\right)}{\partial x\cdot\partial y'} + \cdots\right\}$$

$$= -\frac{K K'}{r^3}\left\{\cos(\mathfrak{K}\mathfrak{K}') - 3\cos(\mathfrak{K}\mathfrak{r})\cos(\mathfrak{K}'\mathfrak{r})\right\}. \tag{84b}$$

Es befinde sich etwa $\mathfrak{K}'$ magnetisch östlich von $\mathfrak{K}$ und seine Achse liege in östlicher Richtung, so daß $(\mathfrak{K}'\mathfrak{r}) = 0$ ist (sog. erste Hauptlage). Dann ist

$$4\pi\mu_0\cdot\mathfrak{H}\mathfrak{K} = \frac{2 K K'}{r^3}\cos(\mathfrak{K}\mathfrak{r}),$$

und es ergibt sich ein Drehmoment

$$\Theta_1 = -\frac{2 K K'}{4\pi\mu_0 r^3}\sin(\mathfrak{K}\mathfrak{r})$$

zu wachsenden Winkeln ($\mathfrak{Kr}$), wo wiederum

$$(\mathfrak{Kr}) = \frac{\pi}{2} - \vartheta$$

ist. Also besteht Gleichgewicht mit der Wirkung des Erdfeldes, wenn

$$\frac{K'}{4\pi\mu_0 H} = \frac{1}{2}\, r^3 \cdot \operatorname{tg}\vartheta\,. \tag{85}$$

Um den Winkel ϑ wird ein beliebiger Magnet ($\mathfrak{K}$) durch den Magneten $\mathfrak{K}'$ aus der Richtung abgelenkt, die ihm das Erdfeld anweist.

Aus Messungen von $\mathfrak{f}_x$ in (78) oder von Θ in (80) ergibt sich, wenn derselbe Strom i durch beide Leiter fließt,

$$\frac{4\pi\mu_0}{(4\pi c)^2}\, i^2$$

in mechanischem Maß, oder was [s. oben bei (58)] dasselbe bedeutet, i^2 in absolutem magnetischem Maß (W. Weber). — In gleichem Maß folgt aus (79) $i_1 H$ und aus (83) $\dfrac{i}{H}$, also, wenn derselbe Strom i durch Bifilargalvanometer und Tangentenbussole fließt, einzeln i und H (W. Weber). — In gleichem Maß folgt aus (81a) HK, und aus (85) $\dfrac{K'}{H}$. Es führe nun in einem ersten Versuch der Magnet K' unter der Wirkung des Erdfeldes Schwingungen um seine Gleichgewichtslage aus; dann ergibt sich aus Schwingungsdauer und Trägheitsmoment das Direktionsmoment, und somit nach (81a): HK'. In einem zweiten Versuch lenke derselbe Magnet K' den Magneten K ab; dann ergibt sich nach (85): $\dfrac{K'}{H}$. Aus beiden Versuchen zusammen folgen also K' und H einzeln (Gauß). Eine Korrektion ergibt sich daraus, daß das μ des Magneten tatsächlich nicht $=\mu_0$ ist; s. im folgenden Paragraphen.

Wie wir in Kap. I (s. dort § 6) die Messung von Strömen und Widerständen auf die von Potentialdifferenzen zurückführen konnten, so jetzt die Messung von Widerständen und Potentialdifferenzen auf die von Strömen. Insbesondere: Widerstandsvergleichungen geschehen z. B. in der Wheatstoneschen Brücke (Abb. 9), indem das Ausbleiben des Stromes in der Brücke festgestellt wird. — Potentialdifferenzen $\varphi_a - \varphi_b = wi$ innerhalb eines Stromkreises werden gemessen, indem zwischen a und b eine Zweigleitung angelegt wird, die durch einen Strommesser führt. Ist ihr Widerstand w_1, der Strom in ihr i_1, so ist $\varphi_a - \varphi_b = w_1 i_1$. Bei festgehaltenem w_1 kann also jeder Strommesser auch als Spannungsmesser geeicht werden. Damit die gemessene Spannung gleich derjenigen ist, die vor Anlegung der Abzweigung bestand, muß $i_1 \ll i$ also $w_1 \gg w$ sein.

§ 9. Der allgemeine Fall. Das Zusatzfeld.

In der folgenden Behandlung des allgemeinen Falls wird dieser an den Sonderfall $\mu = \mu_0$ angeschlossen. Es wird die Frage gestellt: wie ändert sich das Feld, wenn in bestimmten Raumteilen der Körper von der Konstante μ_0 durch einen bestimmten anderen Körper ersetzt wird, in dem μ entweder einen gegebenen konstanten Wert besitzt oder eine gegebene Funktion der Feldstärke ist.

Das ursprüngliche Feld heiße $\mathfrak{H}_0$, das neue $\mathfrak{H}$. Sie sind bestimmt durch die Gleichungen:

$$\operatorname{rot} \mathfrak{H}_0 = \frac{\mathfrak{J}}{c}\,; \qquad \operatorname{div}(\mu_0 \mathfrak{H}_0) = -\operatorname{div} \mathfrak{M}\,, \tag{86}$$

$$\operatorname{rot} \mathfrak{H} = \frac{\mathfrak{J}}{c}\,; \qquad \operatorname{div}(\mu \mathfrak{H}) = -\operatorname{div} \mathfrak{M}\,. \tag{87}$$

Führt man das Zusatzfeld $\mathfrak{Z}$ ein durch

$$\mathfrak{Z} = \mathfrak{H} - \mathfrak{H}_0 \tag{88}$$

und setzt noch

$$(\mu - \mu_0)\,\mathfrak{H} = \mathfrak{R}, \tag{89}$$

so ergibt sich:

$$\operatorname{rot} \mathfrak{Z} = 0\,; \qquad \mu_0 \operatorname{div} \mathfrak{Z} = -\operatorname{div} \mathfrak{R}. \tag{90}$$

Die erste dieser Gleichungen zeigt, daß das Zusatzfeld niemals einer Strömung entspricht; die zweite zeigt, daß es einer Magnetisierung $\mathfrak{R}$ zugeschrieben werden kann, und daß es aus dieser so abzuleiten ist, als wenn der Wert μ_0 überall erhalten geblieben wäre. Diese Magnetisierung ist nur in den Körpern vorhanden, für welche $\mu \neq \mu_0$ ist. Nehmen wir als das ursprüngliche homogene Medium das Vakuum an, so sind dies alle ponderabeln Körper. Diese werden als magnetisch polarisierbar bezeichnet, $\mathfrak{R}$ als induzierte oder temporäre Magnetisierung. (Zahlenmäßig macht es keinen merkbaren Unterschied, wenn wir für

„Vakuum" „Luft" setzen.) $\Re$ ist abhängig vom Felde $\mathfrak{H}$ und verschwindet zugleich mit diesem (vgl. das elektrische Gegenstück Kap. I, § 5). — Aus (90) folgt [vgl. (51), (52), (59)]

$$\mathfrak{Z} = -\nabla\zeta; \quad 4\pi\mu_0\cdot\zeta = -\int\frac{\operatorname{div}'\Re'}{r}d\tau' = \int\Re'\cdot\nabla'\left(\frac{1}{r}\right)\cdot d\tau'. \quad (91)$$

Für große Entfernungen von dem polarisierten Körper gilt [vgl. (73), (74)]:

$$4\pi\mu_0\cdot\zeta = \nabla'\left(\frac{1}{r}\right)\cdot\int\Re'\cdot d\tau', \qquad (92)$$

wo das Integral das induzierte oder temporäre magnetische Moment des Körpers bedeutet. Ergibt sich die induzierte Magnetisierung als gleichförmig, so gilt [vgl. (71)]:

$$\zeta = -\frac{\Re}{\mu_0}\nabla g, \qquad \text{wo} \quad g = \int\frac{d\tau'}{4\pi r}. \qquad (93)$$

Um aber diese Ausdrücke benutzen zu können, muß man $\Re$, d. h. $\mathfrak{H}$ bereits kennen. Man bleibt darauf angewiesen, die Gleichungen (87) zu integrieren, — oder solche, die außer $\mathfrak{Z}$ nur gegebene Größen enthalten.

Zunächst eine Anordnung, bei der sich die Berechnung des Feldes $\mathfrak{H}$ besonders einfach gestaltet. Das Feld soll ausschließlich von Strömen, nicht von Magneten herrühren. Dann ist es möglich, im Felde $\mathfrak{H}_0$ ein System von Kraftlinien herauszugreifen, welches eine geschlossene Fläche S ausfüllt. Wir setzen noch voraus, daß in dem Innenraum τ_i von S längs jeder Kraftlinie H_0 einen konstanten Wert hat. Jetzt soll τ_i von einem homogenen Körper mit der Durchlässigkeit μ erfüllt werden, während außen (in τ_a) $\mu = \mu_0$ bleibt. Dann ist das neue Feld $\mathfrak{H}$ im ganzen Raum identisch mit $\mathfrak{H}_0$. Beweis:

Es war

in τ_a und τ_i: $\operatorname{rot}\mathfrak{H}_0 = \dfrac{\mathfrak{Z}}{c}$, $\operatorname{div}\mathfrak{H}_0 = 0$;

in τ_i: $\mathfrak{H}_0\cdot\nabla H_0 = 0$;   an S: $\mathfrak{H}_{0n} = \mathfrak{H}_{0N} = 0$.

Es soll sein

in τ_a und τ_i: $\operatorname{rot}\mathfrak{H} = \dfrac{\mathfrak{Z}}{c}$;

in τ_a: $\operatorname{div}\mathfrak{H} = 0$;   an S: $\mu\mathfrak{H}_n + \mu_0\mathfrak{H}_N = 0$;

in τ_i: $\operatorname{div}\mu\mathfrak{H} = 0$, μ nur $f(H)$; (nicht explizite Ortsfunktion).

Wenn aber $\mathfrak{H}_0$ seinen Bestimmungsgleichungen genügt, so genügt auch $\mathfrak{H} = \mathfrak{H}_0$ den seinigen. Diese Behauptung ist bewiesen, sobald gezeigt ist, daß in τ_i gilt: div $\mu\,\mathfrak{H} = 0$ für $\mathfrak{H} = \mathfrak{H}_0$. Es ist aber nach (π): div $\mu\,\mathfrak{H} = \mu \cdot$ div $\mathfrak{H} + \mathfrak{H} \cdot \nabla\mu$. Hierin ist $\nabla\mu = \lambda \cdot \nabla H$, wo $\lambda = f'(H)$ ein Skalar; es verschwinden also beide Glieder einzeln für $\mathfrak{H} = \mathfrak{H}_0$. Die Forderung, daß H_0 konstant sein soll längs jeder Kraftlinie, ist, wie man sieht, nur dann wesentlich, wenn $\nabla\mu \neq 0$ ist, d. h. für Eisenkörper.

Die Anwendung auf die in § 8, A unter 1., 2., 3. behandelten Fälle ergibt: Das Feld $\mathfrak{H}$ ändert sich nicht, 1. wenn ein stromführender langer gerader Draht mit einem koaxialen Eisenrohr umgeben wird, oder wenn in ihm selbst das Kupfer durch Eisen ersetzt wird; 2. wenn eine Ringspule ganz oder zum Teil durch einen koaxialen Eisenring ausgefüllt wird. 3. Wenn in eine sehr lange gerade Spule ein sehr langer Eisenstab von beliebigem Querschnitt eingeschoben wird, so ändert sich das Feld nicht merklich an den Stellen, die von den Spulenenden wie von den Stabenden weit entfernt sind.

Jedesmal aber ändert sich im Eisen die Induktion:

$$\text{aus} \quad \mathfrak{B}_0 = \mu_0\,\mathfrak{H}_0 \quad \text{wird} \quad \mathfrak{B} = \mu\,\mathfrak{H}_0.$$

Die allgemeinere Aufgabe teilen wir.

A. Es sollen im Felde keine Magnete vorhanden sein. Wir erhalten aus (86), (87), (88):

$$\text{rot }\mathfrak{B} = 0; \quad \text{div }\mu\,\mathfrak{B} = -\text{div }(\mu - \mu_0)\,\mathfrak{H}_0. \qquad (94)$$

Insbesondere: Der Raum τ_i mit der Oberfläche S soll einen homogenen Körper von der Durchlässigkeit μ enthalten; außerhalb τ_i soll $\mu = \mu_0$ sein. Es ist div $\mu\,\mathfrak{H} = \mu$ div $\mathfrak{H} + \mathfrak{H} \cdot \nabla\mu$. Wir nehmen μ zunächst als Konstante an. Ergibt sich bei diesem Ansatz, daß $\mathfrak{H}$ ein konstanter Vektor oder $\nabla H \perp \mathfrak{H}$ wird, so ist (vgl. oben) $\mathfrak{H} \cdot \nabla\mu = 0$, und die Lösung gilt daher auch für Eisenkörper. Wir erhalten aus (94):

$$\left. \begin{aligned} \text{überall: rot }\mathfrak{B} &= 0, \\ \text{überall, außer an } S\text{: div }\mathfrak{B} &= 0, \\ \text{an } S\text{: } \mu\,\mathfrak{B}_n + \mu_0\,\mathfrak{B}_N &= (\mu - \mu_0)\,\mathfrak{H}_{0\,N}. \end{aligned} \right\} (94a)$$

Die vorliegende Aufgabe stimmt mathematisch überein mit der in Kap. I, § 3 C. behandelten elektrostatischen, sofern man durchweg μ für ε setzen darf; s. Kap. I, (25), (25a). Die dort behandelten Fälle: Kugel, Ellipsoid, Hohlkugel im gleichförmigen Feld, hatten zur Voraussetzung, daß bis auf sehr große

Entfernungen von dem betrachteten Körper sich ein homogener Isolator erstrecke. Das ist tatsächlich nicht ausführbar, da man ein gleichförmiges elektrisches Feld nur zwischen einander nahen Leitern herstellen kann. Im Gegensatz dazu können wir durch Ströme ein starkes gleichförmiges magnetisches Feld herstellen, ohne die Bedingung eines im Außenraum homogenen Mediums zu verletzen. Andrerseits aber wurde in dem Körper selbst ε als konstant vorausgesetzt, während μ in Eisen nicht konstant ist. Nach dem soeben Gesagten können wir gleichwohl die Ergebnisse für Kugel und Ellipsoid übertragen, — die für die Hohlkugel erhaltenen aber nur unter der Voraussetzung eines schwachen äußeren Feldes, wie es z. B. das Erdfeld ist.

Für ein Ellipsoid im homogenen Feld gilt, wenn wir noch

$$\frac{\mu - \mu_0}{\mu_0} = \varkappa \tag{95}$$

setzen:

$$\mathfrak{H}_x = \frac{\mathfrak{H}_{0x}}{1 + A\varkappa}, \qquad \mathfrak{H}_y = \frac{\mathfrak{H}_{0y}}{1 + B\varkappa}, \qquad \mathfrak{H}_z = \frac{\mathfrak{H}_{0z}}{1 + C\varkappa}, \tag{96}$$

wo A, B, C die in Kap. I (24 b) behandelten Konstanten bedeuten [s. Kap. I (28 a, b)]. Daraus findet sich bei gegebenem $\mathfrak{H}_0$ der Betrag $H = F(\mu)$. Hierzu kommt die das Material kennzeichnende Gleichung $\mu = f(H)$. Beide zusammen bestimmen μ, und dann folgen aus (95), (96) die Komponenten von $\mathfrak{H}$. Umgekehrt ergeben sich aus unsern Gleichungen die Mittel zur experimentellen Bestimmung der Funktion $f(H)$. Die induzierte Magnetisierung ist

$$\mathfrak{R}_x = \frac{\mu_0 \mathfrak{H}_{0x}}{\dfrac{1}{\varkappa} + A}, \qquad \mathfrak{R}_y = \frac{\mu_0 \mathfrak{H}_{0y}}{\dfrac{1}{\varkappa} + B}, \qquad \mathfrak{R}_z = \frac{\mu_0 \mathfrak{H}_{0z}}{\dfrac{1}{\varkappa} + C}, \tag{97}$$

und aus ihr ergeben sich in einfacher Weise sowohl die Fernwirkungen des polarisierten Ellipsoids, wie die Drehkräfte, die es in einem gleichförmigen Felde erfährt [s. oben Gleichung (93) bzw. am Ende dieses Abschnitts Gleichung (104)]. Indem man die einen oder die andern bei gegebenem $\mathfrak{H}_0$ beobachtet, erhält man $\varkappa$ oder μ zunächst als Funktion von H_0 [in (104) mit H bezeichnet], und somit nach (96) als Funktion von H.

Die Zahl $\dfrac{\varkappa}{4\pi}$ wird als magnetisches Aufnahmevermögen (Suszeptibilität) bezeichnet; sie ist positiv für paramagnetische, negativ für diamagnetische Körper. — Falls $\mathfrak{H}$ parallel

$\mathfrak{H}_0$ wird, so heißt die durch die Gleichung

$$H_0 = H\,(1 + \varkappa f) \tag{98}$$

definierte Größe $4\pi f$ **Entmagnetisierungsfaktor.** Es ist danach $f = 0$ im Fall des Ringkörpers (und in den beiden Fällen der endlosen Zylinder), $f = A$ (oder C) im Fall eines Ellipsoids, wenn es mit seiner größten (oder kleinsten) Achse parallel der Feldrichtung liegt. Für Eisenkörper ist $\varkappa$ eine große Zahl; es wird daher im allgemeinen bei gegebenem äußeren Felde die induzierte Magnetisierung $\mathfrak{R} = \varkappa\mu_0\,\mathfrak{H}$ sehr nahe proportional $\dfrac{1}{f}$, und unabhängig von $\varkappa$; nur bei Körperformen, für welche f nahezu Null ist, wird $\mathfrak{R}$ annähernd proportional $\varkappa$. Nur bei solchen Formen also kann man aus dem beobachteten Wert der induzierten Magnetisierung auf den Wert von $\varkappa$ oder $\dfrac{\mu}{\mu_0}$ schließen. Unter diesen scheidet der Ringkörper aus; seine induzierte Magnetisierung hat keine Divergenz, und er erzeugt daher überhaupt kein Zusatzfeld $\mathfrak{Z}$ (vgl. Kap. III § 5 B).

Wir sind deshalb auf das Ellipsoid angewiesen. Nun folgt aus den Eigenschaften der Konstanten A, B, C, daß f nur dann klein ist, wenn $\mathfrak{H}_0$ der größten Achse parallel ist, und wenn diese sehr groß ist mindestens gegen eine der andern Achsen. Qualitativ ergibt sich also: Um bei gegebenem äußerm Feld und großer Durchlässigkeit einen temporären Magneten von großer Fernwirkung zu erhalten, muß man dem Körper gestreckte Form geben und das Feld in der Längsrichtung wirken lassen. Soll aus der Fernwirkung auf den Wert von $\dfrac{\mu}{\mu_0}$ geschlossen werden, so muß diese Form ein Ellipsoid sein.

Für eine Hohlkugel aus Eisen in einem gleichförmigen und schwachen Feld gilt: das Feld im Hohlraum bleibt gleichförmig, ist aber geschwächt im Verhältnis

$$1 : \frac{1}{q}, \quad \text{wo} \quad q = 1 + \frac{2}{9}\,\frac{(\mu - \mu_0)^2}{\mu \cdot \mu_0}\left\{1 - \left(\frac{a_1}{a_2}\right)^3\right\},$$

wo a_1 und a_2 die Kugelradien bedeuten. Ähnliches gilt für das Innere eines polarisierten Hohlzylinders. Man benutzt beide Anordnungen, um den Innenraum gegen die Einwirkung des Erdfeldes zu schützen (**Panzerung eines Galvanometers**).

Die Ausdrücke ändern sich nicht, wenn μ und μ_0 vertauscht werden (s. die vorstehende Formel). Auch ein Eisenzylinder wird durch einen Luftring gegen ein Feld im ihn umgebenden Eisen abgeschirmt. In den Dynamomaschinen muß diese unerwünschte Wirkung durch möglichst geringen Abstand zwischen Magnetgestell und Anker herabgedrückt werden. (Der Satz: „der magnetische Widerstand des Kreises muß möglichst gering gemacht werden", ist ein andrer Ausdruck für die gleiche Sache.)

Eine genäherte Lösung der Feldgleichungen kann man stets erhalten, sobald μ sehr wenig von μ_0 verschieden ist, also für alle nicht ferromagnetischen Körper. Es ist dann auch $\mathfrak{H}$ wenig von $\mathfrak{H}_0$ verschieden, und in erster Näherung also

$$\mathfrak{R} = (\mu - \mu_0)\,\mathfrak{H}_0, \tag{99}$$

d. h. die induzierte Magnetisierung ist einzig durch das äußere Feld bestimmt, unabhängig von der Körperform.

B. Die bisher behandelten Lösungen der Gleichungen (87) hatten das Gemeinsame, daß der Körper, in dem wir $\mu \neq \mu_0$ anzunehmen hatten, keine permanente Magnetisierung besaß. Geben wir diese Einschränkung auf, so dürfen wir die Gleichungen (86), (87) nicht mehr so verstehen, daß sie zwei Felder bestimmen, die durch eine tatsächliche Veränderung auseinander hervorgehen können; denn wir können nicht zwei Magnete mit den Durchlässigkeiten μ_0 und μ und mit der gleichen Magnetisierung $\mathfrak{M}$ herstellen. Die Gleichungen (87) allein stellen einen wirklichen Fall dar. Die Gleichungen (86) bestimmen lediglich das Feld, das bestehen würde, wenn u. a. auch der Magnet die Durchlässigkeit μ_0 besäße. Sind die Gleichungen (87) gelöst, so bedeutet $\mathfrak{R} = (\mu - \mu_0)\,\mathfrak{H}$ die induzierte Magnetisierung, die man zu der permanenten $\mathfrak{M}$ hinzufügen muß, um die sog. freie Magnetisierung $\mathfrak{M}_1$ zu erhalten. Dieses

$$\mathfrak{M}_1 = \mathfrak{M} + (\mu - \mu_0)\,\mathfrak{H} \tag{100}$$

ist diejenige Magnetisierung, aus der man das Feld richtig erhält, wenn man dem Magneten die Durchlässigkeit μ_0 zuschreibt.

Im besonderen also: Was wir aus den Fernwirkungen des Magneten nach den Gleichungen von § 8, B berechnen, das ist tatsächlich nicht das $\mathfrak{M}$ unsrer allgemeinen Gleichungen, sondern die freie Magnetisierung $\mathfrak{M}_1$ des Magneten in einem Felde $\mathfrak{H}'$, das nur von ihm selbst herrührt (und das durch keine Eisenkörper beeinflußt ist). Dieses Feld ist bestimmt durch die Gleichungen

$$\operatorname{rot} \mathfrak{H}' = 0; \qquad \operatorname{div} \mu\, \mathfrak{H}' = -\operatorname{div} \mathfrak{M}. \qquad (101)$$

Vergleichen wir hiermit die Gleichungen (94), die das Zusatzfeld eines polarisierbaren, aber nicht permanent magnetischen Körpers bestimmen, so zeigt sich: bei gleichem τ und μ folgt das $\mathfrak{H}'$ der Gleichungen (101) aus dem $\mathfrak{Z}$ der Gleichungen (94) und (90), wenn wir

$$(\mu - \mu_0)\, \mathfrak{H}_0 \text{ durch } \mathfrak{M}, \quad \text{und} \quad \mathfrak{R} = (\mu - \mu_0)\, \mathfrak{H} \text{ durch } \mathfrak{M}_1,$$

$$\text{also} \quad \frac{\mathfrak{H}_x}{\mathfrak{H}_{0x}} \text{ durch } \frac{\mathfrak{M}_{1x}}{\mathfrak{M}_x} \text{ usw.}$$

ersetzen. Für ein gleichförmig permanent magnetisiertes Ellipsoid erhält man daher durch Übertragung von (96):

$$\mathfrak{M}_{1x} = \frac{\mathfrak{M}_x}{1 + A\varkappa}, \qquad \mathfrak{M}_{1y} = \frac{\mathfrak{M}_y}{1 + B\varkappa}, \qquad \mathfrak{M}_{1z} = \frac{\mathfrak{M}_z}{1 + C\varkappa}. \qquad (102)$$

Einer bestimmten Stahlsorte läßt sich eine bestimmte maximale wirkliche Magnetisierung $\mathfrak{M}$ aufzwingen. Die scheinbare Magnetisierung $\mathfrak{M}_1$, die in dem erzeugten äußern Felde zur Geltung kommt, ist jener nahezu gleich bei einem gestreckten längsmagnetisierten Ellipsoid, — aber nur ein kleiner Bruchteil von ihr bei einem flachen quermagnetisierten. Qualitativ das gleiche findet allgemein statt bei gestreckten bzw. flachen Formen.

Dieser selbstinduzierten Magnetisierung überlagert sich eine weitere in jedem fremden Feld. Diese entspricht für die Beobachtung dem, was wir bei unmagnetischem weichem Eisen als die induzierte Magnetisierung schlechthin messen, und kann also aus Fernwirkungen — magnetometrisch — bestimmt werden. So ergibt sich z. B. bei Ellipsoidgestalt und gleichförmigem fremden Feld der Wert von μ. Bei der am Ende von § 8 besprochenen Gaußschen Methode liegt die Achse des — gestreckten und längsmagnetisierten — Magneten sehr nahe parallel dem Erdfeld H bei den Schwingungsbeobachtungen, die $K \cdot H$ bestimmen, dagegen normal zu H bei den Ablenkungsbeobachtungen, aus denen $\frac{K}{H}$ berechnet wird. K bedeutet daher in den beiden Ausdrücken tatsächlich nicht das gleiche. Die Korrektion kann ausgeführt werden, sobald für beide Lagen die durch ein bekanntes Feld induzierte Magnetisierung experimentell gefunden ist. (Näher ausgeführt z. B. Elm. Feld 1., S. 217ff.)

C. Kräfte auf starre Körper. Bei der soeben nochmals erwähnten Gaußschen Methode haben wir in § 8, C die Kräfte auf den Magneten so berechnet, als ob sein μ gleich dem der umgebenden Luft und seine scheinbare Magnetisierung die wahre wäre. Daß dieser zunächst unbegründete Ansatz zum richtigen Ergebnis führt, soll jetzt in allgemeinerer Form gezeigt werden.

Es ist $\operatorname{div}\mathfrak{M} = -\operatorname{div}\mu\,\mathfrak{H}$, also nach (100):

$$\operatorname{div}\mathfrak{M}_1 = -\operatorname{div}\mu_0\,\mathfrak{H}.$$

Der Ausdruck für die Kraft auf die Volumeinheit war unter den Bedingungen des § 8 [s. (53)]:

$$\mathfrak{f}_1 = \left[\frac{\mathfrak{J}}{c}\,\mu_0\,\mathfrak{H}\right] + \varrho_{1\,m}\,\mathfrak{H}\,, \quad \text{wo} \quad \varrho_{1\,m} = -\operatorname{div}\mathfrak{M}_1 = \operatorname{div}\mu_0\,\mathfrak{H}.$$

Die dort vorausgesetzten Bedingungen sind im allgemeinen nicht erfüllt, insbesondere gelten sie tatsächlich nicht für Magnete. Der richtige Ausdruck ist allgemein nach (36):

$$\mathfrak{f} = \left[\frac{\mathfrak{J}}{c}\,\mu\,\mathfrak{H}\right] + \varrho_m\,\mathfrak{H} - \int \nabla\mu\cdot H\cdot dH\,, \quad \text{wo} \quad \varrho_m = -\operatorname{div}\mathfrak{M} = \operatorname{div}\mu\,\mathfrak{H}.$$

Wir bilden

$$\mathfrak{f}' = \mathfrak{f} - \mathfrak{f}_1 = \left[\frac{\mathfrak{J}}{c}\,(\mu-\mu_0)\,\mathfrak{H}\right] + \operatorname{div}\left((\mu-\mu_0)\,\mathfrak{H}\right) - \int \nabla(\mu-\mu_0)H\cdot dH$$
$$(\text{da} \quad \nabla\mu_0 = 0).$$

$\mathfrak{f}'$ unterscheidet sich von $\mathfrak{f}$ nur dadurch, daß $\mu-\mu_0$ an die Stelle von μ getreten ist. Es läßt sich daher in der Form

$$\mathfrak{f}'_x = \frac{\partial p'^x_x}{\partial x} + \frac{\partial p'^y_x}{\partial y} + \frac{\partial p'^z_x}{\partial z} \quad \text{usw.}$$

durch Spannungen p' darstellen, die aus den p der Gleichungen (38a) durch die gleiche Vertauschung hervorgehen. Die p' enthalten alle den Faktor $\mu-\mu_0$ und verschwinden folglich an der Oberfläche der polarisierten Körper. D. h. (vgl. Kap. I, § 5 am Ende): **starre polarisierbare Körper**, insbesondere Magnete, bewegen sich unter dem Einfluß der Kräfte $\mathfrak{f}_1$ ebenso wie unter dem der Kräfte $\mathfrak{f}$.

Die Arbeit bei der Verschiebung eines stromlosen, aber beliebig permanent oder (und) temporär magnetisierten starren Körpers in einem fremden Feld $\mathfrak{H}_a$ ist demnach gemäß (76):

$$A_m = -\int \delta\psi_a\cdot dm_1 = \int \delta\mathfrak{H}_a\cdot\mathfrak{M}_1\cdot d\tau\,, \tag{103}$$

(aber **nicht**, entsprechend (77),

$$= -\delta\int \psi_a\cdot dm_1 = \delta\int \mathfrak{H}_a\mathfrak{M}_1\cdot d\tau;$$

denn nur die m und $\mathfrak{M}$ sind konstante, die m_1 und $\mathfrak{M}_1$ aber vom Feld $\mathfrak{H}_a$ abhängige Größen).

Wir betrachten im einzelnen noch die Kräfte auf starre polarisierbare, aber nicht permanent magnetisierte Körper. Es ist dann $\mathfrak{M}_1$ identisch mit $\mathfrak{R}$, und das fremde Feld $\mathfrak{H}_a$ identisch mit dem Feld, das ohne die induzierte Magnetisierung besteht, d. h. mit demjenigen, das unter A. mit $\mathfrak{H}_0$ bezeichnet wurde. Also ist für ein Ellipsoid im gleichförmigen Feld nach (97):

$$\mathfrak{M}_{1x} = \frac{\mu_0 \mathfrak{H}_{ax}}{\dfrac{1}{\varkappa} + A}, \quad \ldots$$

Ist etwa das Ellipsoid drehbar um seine c-Achse, und

$$\mathfrak{H}_{ax} = H \cdot \cos\vartheta, \qquad \mathfrak{H}_{ay} = H \cdot \sin\vartheta,$$

so wird das Drehmoment zu wachsenden ϑ:

$$\Theta = \frac{\partial \mathfrak{H}_{ax} \cdot \mathfrak{M}_{1x} + \partial \mathfrak{H}_{ay} \, \mathfrak{M}_{1y}}{\partial \vartheta} \cdot \tau = -\frac{\mu_0}{2} H^2 \tau \, \frac{B - A}{\left(B + \dfrac{1}{\varkappa}\right)\left(A + \dfrac{1}{\varkappa}\right)} \sin 2\vartheta . \quad (104)$$

Die Gleichung hätte aus Kap. I (46) übertragen werden können durch einfache Vertauschung von ε und μ; sie ist hier auf anderem Wege gewonnen. Sie zeigt, daß stets die längere Achse in die Feldrichtung getrieben wird, gleichviel ob μ größer oder kleiner als μ_0 ist. Ist aber $\dfrac{\mu}{\mu_0}$ wenig von Eins verschieden, also $\varkappa$ sehr klein, so wird Θ proportional mit $\varkappa^2$. Daher erfahren diamagnetische und paramagnetische, aber nicht der Eisenklasse angehörende Körper in einem gleichförmigen Feld überhaupt keine wahrnehmbaren Richtkräfte. Zum Nachweis ihrer — negativen oder positiven — $\varkappa$-Werte dienen ausschließlich nichtgleichförmige Felder.

Erstens: für Kugelgestalt und beliebiges $\varkappa$ ergibt sich [vgl. Kap. I (44)] die Kraft

$$\mathfrak{F} = \frac{3\mu_0}{2} \frac{\mu - \mu_0}{\mu + 2\mu_0} \tau \cdot \nabla(H_a^2). \quad (105)$$

Der Körper wird daher ins Feld oder aus dem Feld getrieben, je nachdem

$$\mu > \mu_0 \ (\varkappa > 0), \quad \text{oder} \quad \mu < \mu_0 \ (\varkappa < 0) \text{ ist.}$$

Zweitens: Ist $\varkappa \ll 1$, so folgt aus (103) mit $\mathfrak{M}_1 = \mathfrak{R} = (\mu - \mu_0)\mathfrak{H}_a$:

$$A_m = \int \frac{\mu - \mu_0}{2} \cdot \delta(\mathfrak{H}_a^2) \cdot d\tau ,$$

d. h. auf jede Volumeinheit wirkt, unabhängig von der Gestalt des Körpers, eine Kraft

$$\mathfrak{f} = \frac{\mu - \mu_0}{2} \cdot V(H_a^2). \tag{106}$$

Sie ist proportional mit der ersten Potenz von $\varkappa$, und kann in Feldern von starkem Gefälle auch für sehr kleine $\varkappa$-Werte wahrnehmbar und meßbar gemacht werden. Der einzige allgemeingültige Inhalt von (106) ist, daß jedes Teilchen des Körpers zu Stellen größerer oder kleinerer Feldstärke getrieben wird, je nachdem $\varkappa$ positiv oder negativ ist. Wie sich ein länglicher drehbarer Körper einstellt, hängt von der Gestalt des Feldes ab. Irrig ist die vielfach aufgestellte Behauptung, ein paramagnetischer Stab stelle sich in die Richtung der Kraftlinien, ein diamagnetischer normal zu ihnen. Das gilt tatsächlich nur für die besondere Gestalt, die das Feld zwischen zwei zugespitzten Polen besitzt.

Drittes Kapitel.

Das quasistationäre elektromagnetische Feld.

§ 1. Das Faradaysche Induktionsgesetz.
Das quasistationäre Feld und seine Energie.

Wir haben bisher nur unveränderliche Zustände in ruhenden Körpern betrachtet. Wenn wir einmal Veränderungen der elektrischen Verteilung, der Strömung, der Lage von Körpern einführten, so waren dies stets Änderungen, die wir als unendlich klein und unendlich langsam verlaufend voraussetzen durften. Unter diesen Bedingungen sind elektrische Ströme nur in Körpern mit inneren (eingeprägten) elektromotorischen Kräften möglich. Faraday hat gefunden, daß auch in durchweg homogenen Körpern Ströme entstehen können. In einem geschlossenen linearen Leiter entsteht ein Strom, wenn in benachbarten Leitern der Strom sich ändert, oder wenn benachbarte stromführende Leiter oder Magnete ihre Lage gegen ihn ändern. Das gemeinsame aller Fälle ist, daß der magnetische Induktionsfluß Q, welcher die Stromkurve durchsetzt, sich ändert. Man nennt einen so entstandenen Strom Induktionsstrom. Seine Stärke ist in jedem Zeitpunkt der Änderungsgeschwindigkeit von Q direkt und dem

Widerstand w des Leiters umgekehrt proportional; von anderen Größen hängt sie nicht ab. Es ist nämlich

$$wi = -\frac{1}{c}\frac{dQ}{dt},\tag{1}$$

wo

$$Q = \int B_N \cdot dS$$

ist, und c die bereits in Kap. II eingeführte allgemeine Konstante bezeichnet. Durch die Wahl von $+N$ ist in der Stromkurve die Richtung der wachsenden s festgelegt; das Minuszeichen bedeutet, daß i in der Richtung der abnehmenden s fließt, wenn Q zunimmt. Gleichung (1) hat die Form des Ohmschen Gesetzes; für die innere elektromotorische Kraft E ist die Größe

$$-\frac{1}{c}\frac{dQ}{dt}$$

eingetreten. Ist in dem Kreise ein E vorhanden, so tritt an Stelle von (1):

$$wi = E - \frac{1}{c}\frac{dQ}{dt}.\tag{1a}$$

In der Stromgleichung erscheint also die Induktionsänderung als etwas der elektromotorischen Kraft gleichwertiges; man bezeichnet daher allgemein

$$-\frac{1}{c}\frac{dQ}{dt}$$

als **induzierte elektromotorische Kraft**. Gleichwohl trifft diese Bezeichnung das Wesen der Sache nicht.

Wir wollen auf die Elementarform des Ohmschen Gesetzes zurückgehen. Sie lautet [siehe Kap. I, (66)]:

$$\mathfrak{J} = \sigma\,(\mathfrak{E} - \mathfrak{K})$$

oder für einen linearen Leiter mit dem Strom i, der Leitlinie s und dem Querschnitt q:

$$\frac{i}{q\sigma} = \mathfrak{E}_s - \mathfrak{K}_s.$$

Diese Beziehung zwischen Strömung und Feldstärke besteht nicht nur für stationäre Zustände, sondern gilt ganz allgemein. [Daß sie eine Beziehung zwischen Größen darstellt, die unabhängig voneinander meßbar sind, ist in Kap. I ausgeführt, s. S. 65 f.] Sind p_1 und p_2 zwei Punkte auf der Stromkurve s, und setzen wir wieder [vgl. Kap. I (78) und (72)]

$$\int_{p_1}^{p_2} \frac{ds}{\sigma q} = w, \qquad -\int_{p_1}^{p_2} \mathfrak{R}_s \cdot ds = E ,$$

so ergibt sich wie früher:

$$w\,i = E + \int_{p_1}^{p_2} \mathfrak{E}_s \cdot ds \tag{2}$$

und für eine geschlossene Kurve:

$$w\,i = E + \oint \mathfrak{E}_s \cdot ds . \tag{3}$$

Nun galt für stationäre Zustände und ruhende Körper die grund-
legende Beziehung:

$$\oint \mathfrak{E}_s \cdot ds = 0 .$$

So ergab sich für den vollständigen geschlossenen Kreis:
$w\,i = E$ [Kap. I (76a)]. An Stelle dieser Gleichung ist jetzt die
Gleichung (1a) getreten. Beide stimmen tatsächlich überein,
sobald $\frac{dQ}{dt} = 0$ ist. Allgemein aber sind der Ohmsche und der
Faradaysche Erfahrungssatz nur dann verträglich, wenn man
annimmt, daß

$$\oint \mathfrak{E}_s \cdot ds = -\frac{1}{c} \frac{dQ}{dt} \tag{4}$$

ist: Die Umlaufsspannung des elektrischen Feldes ist gleich
der Abnahme des magnetischen Induktionsflusses durch den
Umlauf in der Zeiteinheit, geteilt durch c.

Das ist die zweite Fassung des Induktionsgesetzes; sie ist
zugleich einwandfreier und umfassender als die erste. Einwandfreier: die innere elektromotorische Kraft ist eine bestimmte
Größe für jeden einzelnen Abschnitt des Leiters. Die sog. induzierte elektromotorische Kraft kann nur für den vollen Umlauf angegeben werden; sie ist gleich der Umlaufspannung. —
Umfassender: Die Gleichung (1a) hat nur für einen linearen
leitenden Kreis und nur für die Strömung in ihm einen Inhalt.
Die Gleichung (4) dagegen drückt eine Eigenschaft des Feldes
aus. — Wir geben ihr einen erweiterten, von der Erfahrung
bestätigten Inhalt, indem wir annehmen: sie gilt für jede geschlossene Kurve, mag diese nun in beliebig geformten Leitern,

oder mag sie ganz oder zum Teil in Isolatoren verlaufen. Wir können sie für ruhende Körper gemäß der Bedeutung von Q auch schreiben:

$$c \cdot \operatorname{rot} \mathfrak{E} = -\frac{\partial \mathfrak{B}}{\partial t}. \tag{4a}$$

Für den Fall der Bewegung ist der geschlossene Weg s der Gleichung (4) eine durch feste substantielle Punkte gehende Kurve, und wir müssen folglich unter S eine substantielle Fläche verstehen. Die Verallgemeinerung lautet daher jetzt, nach (v') und unter Berücksichtigung von $\operatorname{div} \mathfrak{B} = 0$:

$$c \cdot \operatorname{rot} \mathfrak{E} = -\frac{d' \mathfrak{B}}{dt} = -\frac{\partial \mathfrak{B}}{\partial t} + \operatorname{rot} [\mathfrak{w} \, \mathfrak{B}], \tag{4b}$$

wenn $\mathfrak{w}$ die Geschwindigkeit der Materie bezeichnet.

Gleichung (4) genügt zur Bestimmung des linearen Stromes i der Gleichung (3). Bei der Ableitung von (3) wurde angenommen, daß i längs der Kurve s konstant sei. Das mußte der Fall sein, so lange wir den Zustand als stationär voraussetzten [vgl. Kap. I, (70), (73)]. Jetzt aber liegt in dieser Annahme eine Beschränkung. Sie lautet, in allgemeinster Form ausgesprochen: Die Strömung soll keine Divergenz haben. Eine Strömung, welche nicht stationär ist, aber diese Eigenschaft mit der stationären Strömung teilt, nennen wir quasistationär. Die Vereinigung der drei Gleichungen:

$$\mathfrak{J} = \sigma \, (\mathfrak{E} - \mathfrak{K}) \qquad \text{(Ohmsches Gesetz)},$$

$$\operatorname{div} \mathfrak{J} = 0 \qquad\qquad \text{(quasistationäre Strömung)},$$

$$c \cdot \operatorname{rot} \mathfrak{E} = -\frac{d' \mathfrak{B}}{dt} \qquad \text{(Induktionsgesetz)}$$

ergibt in bekannter Weise: Die Strömung $\mathfrak{J}$ ist eindeutig bestimmt, sobald neben den Körperkonstanten σ und $\mathfrak{K}$ jederzeit der Vektor $\mathfrak{B}$ (und die Bewegung der Körper) bekannt ist.

Wir setzen nun weiter voraus, daß das Feld $\mathfrak{H}$ und die Induktion $\mathfrak{B}$ in jedem Zeitpunkt überall die Werte haben, die der gegenwärtigen Lage der Stromträger und Magnete und den gegenwärtigen Werten der Strömung entsprechen, geradeso, wie wenn dieser Zustand stationär wäre. D. h. nach Kap. II, (15), (5), (20): wir nehmen als gültig an:

$$\operatorname{rot} \mathfrak{H} = \frac{\mathfrak{J}}{c}; \quad \operatorname{div} \mathfrak{B} = 0; \quad \mathfrak{B} = \mu \mathfrak{H} + \mathfrak{M}.$$

Wir setzen endlich voraus, daß die mechanischen Kräfte magnetischen Ursprungs sich aus diesem Felde so berechnen, wie es uns für ein stationäres Feld bekannt ist.

Auch das elektrische Feld ist uns bisher nur bekannt, soweit es stationär ist und alle Körper ruhen. Dann ist rot $\mathfrak{E} = 0$, es gibt keine geschlossenen elektrischen Kraftlinien, und aus dieser Eigenschaft folgt, daß das Feld durch die Endpunkte der Kraftlinien, die Elektrizitätsmengen, eindeutig bestimmt ist. Diese Eigenschaft besteht nicht mehr, sobald $\dfrac{dQ}{dt} \neq 0$ ist. Es überlagert sich dann einem System elektrischer Kraftlinien, welche in Elektrizitätsmengen enden, ein zweites System geschlossener Kraftlinien (s. die Bemerkung in Kap. I, S. 9f.).

Wir wollen aber die zeitlichen Änderungen als so langsam voraussetzen, daß die Energie noch mit hinlänglicher Genauigkeit durch den ersten Anteil bestimmt ist. Wir wollen ferner annehmen, daß auch die Kräfte elektrischen Ursprungs die gleichen sind wie im stationären Feld.

Sofern die hier zusammengestellten Annahmen erlaubt sind, sprechen wir von einem quasistationären elektromagnetischen Feld. Den Grad der durch sie erreichten Näherung können wir erst beurteilen, wenn wir die streng gültigen Gleichungen für Feld und Kräfte kennen (Kap. IV, § 1 bzw. IV, § 9 und V, § 4 C).

Von der Energie des magnetischen Feldes ist bisher nicht die Rede gewesen. Wir können sie angeben, sobald wir zu den bisherigen Annahmen noch die folgenden, in aller Strenge bewährten hinzufügen: die Gesamtenergie des Feldes setzt sich additiv aus der bereits bekannten elektrischen

$$W_e = \int \frac{1}{2}\,\mathfrak{E}\mathfrak{D} \cdot d\tau$$

und der magnetischen W_m zusammen; die chemisch-thermische Leistung hat allgemein den Wert

$$\Psi = \int \mathfrak{E}\mathfrak{J} \cdot d\tau;$$

sie ist bei ruhenden Körpern die einzige Energieabgabe.

Die Feldgleichungen für ruhende Körper lauten:

$$\mathfrak{J} = c \cdot \mathrm{rot}\,\mathfrak{H},$$
$$\frac{\partial \mathfrak{B}}{\partial t} = -c \cdot \mathrm{rot}\,\mathfrak{E}.$$

Wir multiplizieren die erste mit $\mathfrak{E} \cdot d\tau$, die zweite mit $\mathfrak{H} \cdot d\tau$, addieren, integrieren über den Raum τ und erhalten mittels (o'):

$$\Psi + \int d\tau \cdot \mathfrak{H}\, \frac{\partial \mathfrak{B}}{\partial t} = - \int_{O} c\, [\mathfrak{E}\mathfrak{H}]_N \cdot dS,$$

folglich für das vollständige Feld:

$$\Psi \cdot dt + \int d\tau \cdot \mathfrak{H} \cdot d\mathfrak{B} = 0.$$

Das erste Glied stellt die in dt nach außen abgegebene Energie dar; das zweite muß daher die Zunahme der inneren Energie des Feldes sein. Die elektrische Energie ändert sich bei ruhenden Körpern nicht, da — wegen $\operatorname{div} \mathfrak{J} = 0$ — die Verteilung der Elektrizität sich nicht ändert. Also kommt die Zunahme ausschließlich auf Rechnung der magnetischen Energie. Diese haben wir daher zu setzen:

$$W_m = \int d\tau \int \mathfrak{H} \cdot d\mathfrak{B} \tag{5}$$

oder, da $\mathfrak{M}$ ein konstanter Vektor,

$$= \int d\tau \int \mathfrak{H} \cdot d(\mu \mathfrak{H}).$$

Als untere Grenze des Integrals nehmen wir $\mathfrak{H} = 0$.

Jetzt mögen unendlich kleine Verschiebungen der Körperelemente stattfinden; dann sind die Feldgleichungen:

$$\mathfrak{J} = c \cdot \operatorname{rot} \mathfrak{H},$$
$$\frac{d'\mathfrak{B}}{dt} = -c \cdot \operatorname{rot} \mathfrak{E},$$

und aus ihnen folgt für das vollständige Feld:

$$\Psi \cdot dt = - \int d\tau \cdot \mathfrak{H} \cdot d'\mathfrak{B}.$$

Fügen wir hinzu

$$dW_m = d\left\{ \int d\tau \int \mathfrak{H} \cdot d\mathfrak{B} \right\}$$

nach (5), und die Arbeit der magnetischen Kräfte

$$A_m = \int d\tau \cdot \mathfrak{H} \cdot d'\mathfrak{B} - d\left\{ \int d\tau \int \mathfrak{H} \cdot d\mathfrak{B} \right\}$$

nach Kap. II (37), so ergibt sich:

$$\Psi \cdot dt + A_m + dW_m = 0. \tag{6}$$

Es ist ferner, gemäß unsern obigen Annahmen, $A_e + dW_e = 0$, wo A_e die Arbeit der elektrischen Kräfte bedeutet; und somit, wenn wir mit $A = A_e + A_m$ die gesamte geleistete Arbeit, und mit $$W = W_e + W_m \qquad (7)$$

die gesamte elektromagnetische Energie bezeichnen,

$$\Psi \cdot dt + A + dW = 0. \qquad (8)$$

Unsere Annahmen im Verein befriedigen also das Energieprinzip [vgl. Kap. II, bei Gleichung (21)].

[Am Ende des Kapitel I wurde abgeleitet, daß

$$\Psi \cdot dt + A_e + dW_e = 0$$

ist. Hält man diese Gleichung mit der vorstehenden Gleichung (6) zusammen, so kann es scheinen, als ob der Betrag $\Psi \cdot dt$ zweimal in die Energiebilanz aufgenommen sei. Das trifft jedoch nicht zu: Der Posten in Kap. I bezieht sich ausschließlich auf ungeschlossene Ströme, die durch Bewegung von Leitern entstehen, der Posten in Gleichung (6) bezieht sich ausschließlich auf geschlossene Ströme.]

In (6) ist [siehe Kap. II (21), (22)]

$$A_m = dU , \qquad U = \int d\tau \int \mathfrak{B} \cdot d\mathfrak{H}$$

(a. a. O. die bei der Bildung von dU zu beachtenden Bedingungen).

Zwischen den Funktionen U und W_m besteht eine bemerkenswerte allgemeine Beziehung. Es ist zunächst

$$U + W_m = \int d\tau \cdot \mathfrak{B}\mathfrak{H} . \qquad (9)$$

Man setze $\mathfrak{B} = \operatorname{rot} \mathfrak{A}$, forme das Integral um nach (o'), und benutze, daß

$$\operatorname{rot} \mathfrak{H} = \frac{\mathfrak{J}}{c}$$

ist; dann kommt (vgl. Kap. II, § 3 S. 90 bei X):

$$U + W_m = \int \frac{di}{c} Q ,$$

wo Q den Induktionsfluß durch die Schleife von di bezeichnet. Oder in andrer Schreibweise (Zusammenfassung der Stromfäden in eine endliche Anzahl linearer Ströme i_k):

$$U + W_m = \sum' \frac{i_k}{c} Q_k .$$

Dies ist nach Kap. II (29):

$$= \sum' i_k \frac{\partial U}{\partial i_k} .$$

Also
$$W_m = -U + \sum' i_k \cdot \frac{\partial U}{\partial i_k}. \tag{10}$$

Diese Gleichung entspricht vollkommen einer allgemeinen Beziehung der Mechanik. Versteht man unter den i_k die verallgemeinerten Geschwindigkeitskomponenten — d. h. die nach der Zeit genommenen Differentialquotienten derjenigen geometrischen Größen, die die Lage des Systems bestimmen —, unter W_m die Energie des mechanischen Systems, so ist U die sog. Lagrangesche Funktion (bei Helmholtz heißt ihr negativ genommener Wert das kinetische Potential).

Zwei Sonderfälle treten hervor: 1. Das Feld rühre ausschließlich von Magneten her. Dann ist nach (10) $W_m = -U$. Also wird $A_m = -dW_m$ (dasselbe kann auch unmittelbar aus (6) abgelesen werden: Ψ ist Null). Die Arbeit wird auf Kosten der magnetischen Energie geleistet. — 2. Das Feld rühre ausschließlich von Strömen her. Es ist

$$\mathfrak{M} = 0, \quad \text{also} \quad \mathfrak{B} = \mu \mathfrak{H};$$

daher $\quad U = \int d\tau \int \mu \mathfrak{H} \cdot d\mathfrak{H}$, $\quad$ während $\quad W_m = \int d\tau \int \mathfrak{H} \cdot d(\mu \mathfrak{H})$

ist. Ist aber weiter μ von H unabhängig, so wird

$$U = W_m = \int d\tau \cdot \frac{1}{2} \mu \mathfrak{H}^2 \quad \text{und folglich} \quad A_m = +dW_m.$$

[Ebenso aus (10): U ist homogene quadratische Funktion der i; folglich nach dem Eulerschen Satz

$$\sum i_k \frac{\partial U}{\partial i_k} = 2U.]$$

Die Arbeit ist gleich der Zunahme der Energie.

Nun ist die Lagrangesche Funktion gleich kinetische minus potentielle Energie. Hält man die Übertragung der mechanischen Begriffe auf das magnetische Feld für zulässig, so folgt also: Ist die gesamte Energie potentiell, so ist $dU = -dW_m$. Ist die gesamte Energie kinetisch, so ist $dU = +dW_m$. Aus der Gegenüberstellung der beiden Fälle kann man versucht sein zu folgern, daß die verschiedenen Auffassungen über permanente Magnete, die nach dem Äquivalenzsatz möglich sind, bedingt seien durch die Auffassung der Energie ihres Feldes, sei es als potentieller, sei es als kinetischer Energie. Dabei würde man aber außer acht lassen, daß der Satz unter 2. nur unter der Bedingung $\mu = \mathrm{const}_H$ gilt, und daß diese Bedingung nicht erfüllt ist, sobald sich Eisenkörper im Felde befinden.

In diesem Kapitel wird uns vorzugsweise die Strömung, also das elektrische Feld in den Leitern, beschäftigen. Das allgemeine hierüber ist bereits gesagt. Ehe wir auf Einzelfälle eingehen, sei das elektrische Feld im Isolator kurz besprochen (vgl. den Sonderfall des stationären Feldes in Kap. I, § 6 B). Nehmen wir an, das Feld in den Leitern sei bekannt. Dann kennt man auch die tangentiale Komponente des Feldes an den Leiteroberflächen. Damit ist sogleich die tangentiale Komponente auf der Seite des Isolators gegeben. Denn nach (4b) ist $\mathrm{rot}\left\{\mathfrak{E} - \dfrac{1}{c}[\mathfrak{w}\,\mathfrak{B}]\right\}$ eine endliche Größe, also die tangentiale Komponente von $\mathfrak{E} - \dfrac{1}{c}[\mathfrak{w}\,\mathfrak{B}]$ durchweg stetig. (Für ruhende Körper einfach nach (4a): $\mathfrak{E}_s$ setzt sich stetig durch die Oberfläche fort.) Gegeben sind ferner die Gesamtelektrizitätsmenge jedes Leiters und eine etwaige Elektrizitätsverteilung im Isolator; gegeben ist ferner überall die Dielektrizitätskonstante des Isolators. Durch diese Daten aber und durch die Gleichung (4b) ist das Feld im Isolator bestimmt, sobald wir $\dfrac{d'\mathfrak{B}}{dt}$ als bekannt voraussetzen dürfen.

Die magnetische Induktion $\mathfrak{B}$ hat keine Divergenz; sie ist quellenfrei. Der einfachste Fall, und zugleich ein sehr wichtiger, liegt vor, wenn die $\mathfrak{B}$-Linien ein einziges Ringgebiet erfüllen; vgl. Kap. II, § 5. Dann ist außerhalb des Ringes der Wirbel von $\mathfrak{E}$ gleich Null, nicht aber $\mathfrak{E}$ selbst. — In dem besonderen Fall, wo das Ringgebiet axiale Symmetrie, besitzt, (dünner Kreisring, unendlich langer Kreiszylinder), ist in der Achse $\mathfrak{E} = 0$. — Allgemein: Nicht das elektrische Feld, sondern sein Wirbel ist an das Vorhandensein veränderlicher magnetischer Induktion geknüpft. Das elektrische Feld selbst kann stark sein, wo $\dfrac{d'\mathfrak{B}}{dt} = 0$ ist; es kann Null sein, wo $\dfrac{d'\mathfrak{B}}{dt}$ große Werte hat.

[Der Zusammenhang zwischen $-\mathfrak{E}$ und $\dfrac{d'\mathfrak{B}}{dt}$ ist genau der gleiche, wie der zwischen dem stationären magnetischen Feld $\mathfrak{H}$ und der stationären Strömung $\mathfrak{J}$, der in Kap. II behandelt ist.

Der soeben angeführte Sonderfall entspricht der Strömung im unendlich langen Draht. Während aber keine Darstellung einen Zweifel darüber läßt, daß das magnetische Feld auch außerhalb der durchströmten Leiter vorhanden ist, verleitet die Behandlung der „induzierten elektromotorischen Kraft" vielfach zu der Vorstellung, das induzierte Feld (nicht sein Wirbel) sei an eine am gleichen Ort stattfindende Induktionsschwankung gebunden.]

§ 2. Ruhende Körper.

Wir setzen eine beliebige Zahl ruhender linearer Stromkreise voraus. Für jeden von ihnen gilt eine Gleichung von der Form (1a):

$$w_k i_k = E_k - \frac{1}{c} \frac{\partial Q_k}{\partial t}.$$

Multipliziert man mit i_k und addiert, so folgt die Energiegleichung (für die Zeiteinheit):

$$\sum (E_k i_k - w_k i_k^2) = \sum \frac{i_k}{c} \frac{\partial Q_k}{\partial t}. \tag{11}$$

Dies ist, auf unsern Fall angewandt, die Gleichung (6). A_m ist $= 0$. Die linke Seite ist nach Kap. I, (77) $= -\Psi$, d. h. gleich dem Überschuß der von den Stromquellen gelieferten über die als Joulesche Wärme verbrauchte Energie. Die rechte Seite ist, wie sich durch die bekannten Umformungen leicht ergibt, $= \frac{\partial W_m}{\partial t}$.

1. Es sei zunächst ein Stromkreis vorhanden. Dann ist

$$\frac{1}{c} \frac{\partial Q}{\partial t} = \frac{1}{c} \frac{\partial Q}{\partial i} \frac{\partial i}{\partial t} = L \frac{\partial i}{\partial t},$$

also

$$w i = E - L \frac{\partial i}{\partial t}. \tag{12}$$

L ist [s. Kap. II (34)] eine positive Größe, bei Gegenwart von Eisenkörpern eine Funktion von i, sonst eine Konstante. Die Energiegleichung wird:

$$E i - w i^2 = L i \frac{\partial i}{\partial t} = \frac{\partial W_m}{\partial t}. \tag{13}$$

a) Der bisher offene Stromkreis werde zur Zeit $t = 0$ geschlossen. Dann ist nach (12) $\frac{\partial i}{\partial t} \geq 0$, solange $i \leqq \frac{E}{w}$ ist. Der Strom steigt also von 0 zu seinem stationären Endwert $i_1 = \frac{E}{w}$ an.

Während des Anstiegs entsteht die magnetische Energie W_m; die Elemente haben sie neben der Jouleschen Wärme zu liefern.

b) In dem Stromkreis mit dem stationären Strom i_1 werde zur Zeit $t = 0$ die Stromquelle mit der elektromotorischen Kraft E ausgeschaltet. Die Stromgleichung wird

$$w i = - L \frac{\partial i}{\partial t}$$

mit der Bedingung: $i = i_1$ für $t = 0$. Der Strom sinkt von i_1 zu 0 ab. Dabei verschwindet die magnetische Energie, indem sie sich in Joulesche Wärme verwandelt.

Wir setzen $L = \mathrm{const}$, so daß $W_m = \tfrac{1}{2} L i^2$ wird. Dann ist das Integral von (12) im Fall a):

$$i = \frac{E}{w} \left(1 - \mathrm{e}^{-\frac{w t}{L}} \right),$$

im Fall b):

$$i = i_1 \mathrm{e}^{-\frac{w t}{L}}.$$

Die Konstante $\dfrac{L}{w}$, die jedesmal den zeitlichen Verlauf bestimmt, heißt die **Zeitkonstante** des Stromkreises; sie hat die Dimension einer Zeit.

2. Man denke sich einen (ersten) Strom, welcher zwei gleich große, parallele und unmittelbar benachbarte Flächen von geringer Ausdehnung in entgegengesetzter Richtung umfließt. Der Induktionsfluß, welchen ein zweiter Strom durch die Stromkurve des ersten hindurchsendet, ist dann verschwindend klein, und dasselbe gilt (da $L_{12} \equiv L_{21}$) für den Induktionsfluß, den der erste Strom durch die Kurve des zweiten sendet. Eine verdrillte Hin- und Rückleitung kann angesehen werden als aus Stromschleifen der gedachten Art zusammengefügt. Indem man zwei entfernte aufgeschnittene Stromschleifen I und II durch zwei verdrillte Drähte miteinander verbindet, erreicht man, daß der Induktionsfluß Q durch die gesamte Strombahn in zwei Anteile Q' und Q'' zerfällt, die durch zwei sich nicht durchdringende Felder bestimmt sind. Wir teilen die ganze Strombahn in zwei Stücke — im folgenden durch die oberen Indizes unterschieden — von denen (siehe Abb. 26) das eine, die Schleife II umfassende, im Punkt a beginnen und in dem unmittelbar benachbarten Punkt b enden möge. Die

Gleichung (1 a) kann dann geschrieben werden

$$-\left(w'i - E' + \frac{1}{c}\frac{\partial Q'}{\partial t}\right) = +\left(w''i - E'' + \frac{1}{c}\frac{\partial Q''}{\partial t}\right) = V. \qquad (14)$$

Die durch diese Gleichung definierte Größe V heißt die an den Kreis II angelegte elektrische Spannung. Sie verhält sich für diesen Kreis wie eine in der Stromrichtung wirkende elektromotorische Kraft (und für den Kreis I wie eine gegen die Stromrichtung wirkende). Ihre Kenntnis ersetzt für II alle Kenntnisse über die Größen, die den Rest des Stromkreises kennzeichnen. — Es ist nach dem Ohmschen Gesetz

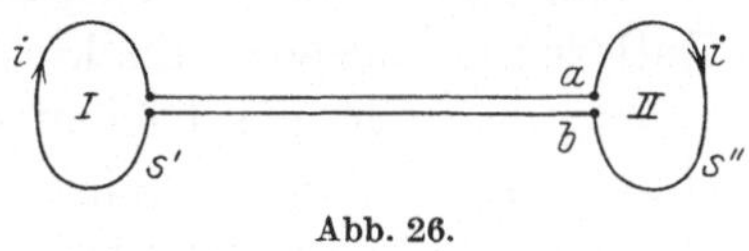

Abb. 26.

$$w''i - E'' = -\int_{\substack{s'' \\ b}}^{a}\bigg|\, \mathfrak{E}_s \cdot ds,$$

und nach dem Faradayschen Gesetz

$$\frac{1}{c}\frac{\partial Q''}{\partial t} = +\int_{\substack{a \\ s'' \\ b}}^{\substack{b}}\bigg|\, \mathfrak{E}_s \cdot ds,$$

also nach (14):

$$V = \int_{a}^{b} \mathfrak{E}_s \cdot ds, \qquad (15)$$

wo als Integrationsweg die gerade Verbindung der beiden unmittelbar benachbarten Punkte zu verstehen ist. Diese zweite Bedeutung der Spannung kennzeichnet sie gegenüber dem Isolator; sie darf dessen Durchschlagsfestigkeit nicht übersteigen.

Multiplizieren wir (14) mit i, so entsteht

$$-\left(\Psi' + \frac{\partial W_m'}{\partial t}\right) = +\left(\Psi'' + \frac{\partial W_m''}{\partial t}\right) = iV. \qquad (16)$$

Hiernach ist iV die Energie, die in der Zeiteinheit von I nach II übertragen wird.

In der hier behandelten Art einen Stromkreis zu zerlegen, sind wir häufig genötigt: Bei der Ausführung von Messungen müssen wir den unveränderlichen Stromkreis des Meßgeräts von dem Induktionsfluß des wechselnden äußeren Stromkreises frei halten. — Wenn wir eine von uns zu benutzende Leitung an das Netz einer elektrischen Zentrale anschließen, so kennen wir die bestimmenden Größen in der Zentrale und der Zuleitung nicht; gegeben ist uns nichts weiter als die Spannung zwischen den Enden der Zuleitung.

Für praktische Zwecke genügt es meist, die Verbindungsdrähte unverdrillt nahe nebeneinander zu führen.

Von einer elektrischen Spannung zwischen zwei in endlicher Entfernung liegenden Punkten kann man im allgemeinen nicht reden; denn da die Umlaufsspannung bei veränderlichen Zuständen nicht Null ist, so hängt das Linienintegral der Gleichung (15) vom Wege ab. Ist aber in II eine enggewickelte, etwa noch mit Eisen gefüllte, Spule enthalten, so ist Q'' und somit V auch dann noch mit praktisch ausreichender Schärfe definiert, wenn die Punkte a und b nicht in unmittelbarer Nähe liegen. Denn die verhältnismäßige Änderung von Q'' bleibt sehr gering bei Verlagerung des Verbindungsweges ab, solange dieser nur nicht in die Spule eindringt. In diesem Sinn spricht man von den wechselseitigen und dem Selbstinduktionskoeffizienten einer offenen Spule, und von der Spannung zwischen ihren Enden.

3. Im folgenden lassen wir den Index $''$ fort und setzen den Leiter als homogen voraus ($E = 0$). Es sei V als einfach harmonische Funktion der Zeit von der (Kreis-)Frequenz v oder der Wechselzahl $\dfrac{v}{\pi}$ gegeben:

$$V = V_0 \sin (vt - \alpha),$$

so daß

$$wi + L\frac{di}{dt} = V_0 \sin (vt - \alpha) \tag{17}$$

wird. Wir nehmen zunächst $L = \text{const}$ an. Ist dann für $t = 0$: $i = 0$ vorgeschrieben, so ist das vollständige Integral:

$$i = \frac{V_0}{w'}\left\{ \sin (\alpha + \varphi)\cdot e^{-\frac{wt}{L}} + \sin (vt - (\alpha + \varphi)) \right\},$$

wo

$$w' = \sqrt{w^2 + (vL)^2}, \quad \operatorname{tg}\varphi = \frac{vL}{w}, \quad 0 < \varphi < \frac{\pi}{2}. \tag{18}$$

i setzt sich zusammen aus einem Glied, das mit wachsender Zeit zu Null abklingt, und einem rein periodischen, das den Beharrungszustand darstellt. Wir betrachten zuerst dieses, nehmen also

$$i = \frac{V_0}{w'} \sin (vt - (\alpha + \varphi)) \tag{19}$$

an. Die Energiegleichung

$$w \int_0^T i^2 \cdot dt + \int_0^T L\,i \cdot di = \int_0^T V\,i \cdot dt \tag{20}$$

liefert, wenn wir für T ein ganzes Vielfaches der Periode $\dfrac{2\,\pi}{\nu}$ (oder eine beliebige, aber gegen die Periode sehr große Zeit) wählen:

$$w\,\frac{i_0^2}{2} \cdot T = \frac{V_0\,i_0\,\cos\varphi}{2} \cdot T\,. \tag{20a}$$

Die rechte Seite gibt die dem Leiter von außen zugeführte Energie, die linke die daraus entstandene Joulesche Wärme an. Die magnetische Energie hat als periodische Funktion der Zeit keinen (oder einen verschwindenden) Anteil an der Energiebilanz. Während also das Verhältnis von Spannungsamplitude zu Stromamplitude durch den Scheinwiderstand (die Impedanz) w' ausgedrückt wird, entscheidet über den Energieverbrauch der Ohmsche oder Wirkwiderstand w, den wir weiter wie bisher als Widerstand schlechthin bezeichnen werden. Für eine Spule mit Eisenkern — Drosselspule, siehe Kap. II, § 5 — ist bei den in der Technik benutzten Wechselzahlen

$$\frac{w}{\nu L} \ll 1\,, \quad \text{also} \quad \frac{w}{w'} \ll 1\,, \quad \varphi \approx \frac{\pi}{2}\,;$$

sie setzt die Stromstärke herab, wie ein großer Widerstand es tun würde, aber ohne dessen Energieverbrauch. — Fassen wir jetzt den Ausgleichsvorgang ins Auge, der vom Stromschluß ($t = 0$) zum Beharrungszustand hinüberleitet. Es sei wieder

$$\frac{w}{\nu L} \ll 1\,.$$

Dann ergibt (18) für die ersten Schwingungsperioden: $\left(t \sim \dfrac{\pi}{\nu},\ \dfrac{wt}{L} \ll 1\right)$:

$$i = \frac{V_0}{\nu L}\big\{\cos\alpha - \cos(\nu t - \alpha)\big\}\,, \tag{21}$$

während der Beharrungszustand gegeben ist durch

$$i = -\frac{V_0}{\nu L}\cos(\nu t - \alpha)\,. \tag{22}$$

Für $\alpha = \dfrac{\pi}{2}$ schwingt daher i zuerst zwischen $\pm\dfrac{V_0}{\nu L}$, für

$\alpha = 0$ aber zwischen 0 und $2\,\dfrac{V_0}{\nu L}$, während es im Beharrungs-zustand stets im Intervall $\pm\,\dfrac{V_0}{\nu L}$ liegt. Da der Wert von α, d. h. die Spannungsphase im Zeitpunkt des Stromschlusses, dem Zufall überlassen ist, muß daher die Leitung für eine größere, als die dauernd beabsichtigte Stromstärke bemessen sein.

Dies gilt in erhöhtem Maß, wenn man die Eigenschaften des Eisens berücksichtigt, denen zufolge L eine Funktion von i ist. Die verschiedene Größenordnung von w und νL machte sich unter unsern bisherigen Annahmen dadurch geltend, daß wi verschwand gegenüber

$$L\,\frac{di}{dt} = \frac{1}{c}\,\frac{dQ}{dt}\,;$$

denn (21) ist die strenge Lösung der Gleichung

$$L\,\frac{di}{dt} = V_0 \sin\left(\nu t - \alpha\right), \tag{17a}$$

die aus (17) durch diese Vernachlässigung entsteht. Das Größenordnungsverhältnis besteht auch jetzt noch. Wenn wir demgemäß als gültig für die ersten Schwingungen ansetzen:

$$\frac{1}{c}\,\frac{dQ}{dt} = V_0 \sin\left(\nu t - \alpha\right), \tag{17b}$$

und beachten, daß für $i = 0$ auch $Q = 0$ ist, so ergibt sich zunächst

$$\frac{Q}{c} = \frac{V_0}{\nu}\left\{\cos\alpha - \cos\left(\nu t - \alpha\right)\right\}. \tag{23}$$

Je nach der Phase von V, in welcher der Stromschluß erfolgt, schwankt also der Höchstwert von $\left|\dfrac{Q}{c}\right|$ zwischen $\dfrac{V_0}{\nu}$ und $2\,\dfrac{V_0}{\nu}$. Denken wir uns nun, um übersichtliche Verhältnisse zu haben, wieder wie in Kap. II, § 5 einen gleichmäßig bewickelten dünnen Eisenring. Dann ist mit den dortigen Bezeichnungen

$$lH = \frac{Ni}{c}\,, \qquad Q = NBS\,, \qquad B = \mu H\,, \qquad \text{folglich} \qquad Q = \mu\,\frac{S}{l}\,\frac{N^2 i}{c}\,.$$

Also ist, bei entsprechend gewähltem Maßstab, die $Q,\,i$-Kurve identisch mit der $B,\,H$-Kurve des Eisens, aus dem der Ring besteht. Sie wird etwa durch Abb. 27 dargestellt. Man entnimmt aus ihr, daß, wenn Q auf den doppelten Wert wächst, i auf ein hohes Vielfaches steigen kann. [Da wir die Vernachlässigung von w bereits in die Differentialgleichung eingeführt haben, läßt sich natürlich der Grad der Annäherung für ein bestimmtes, wenn auch beliebig kleines w aus unsrer Darstellung nicht entnehmen.]

Was den Dauerzustand bei eisengefüllten Spulen betrifft, so läßt sich allgemein nur sagen: der Strom ist auch jetzt ein rein periodischer Wechselstrom, aber kein einfach harmonischer, — oder gemäß der Fourierschen Entwicklung einer beliebigen periodischen Funktion: der Grundschwingung sind harmonische Oberschwingungen überlagert.

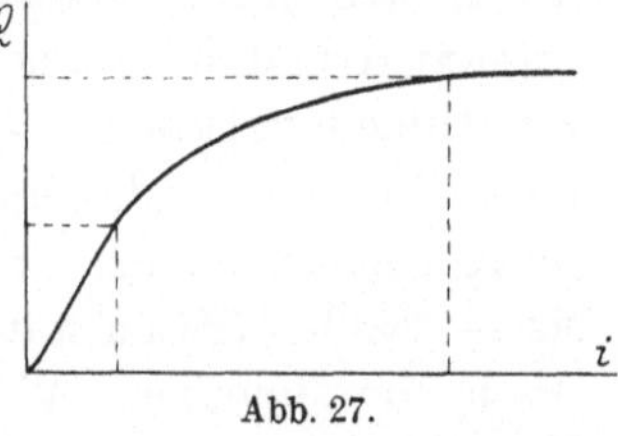

Abb. 27.

Wir haben bisher angenommen, daß B eindeutige Funktion von H, also Q oder L eindeutige Funktion von i ist. Dann ist in

$$(20) \quad L i \cdot d i = \frac{i}{c} \, dQ$$ das vollständige Differential einer Funktion von i, — der magnetischen Energie. Diese hat nach Ablauf einer Periode wieder den Anfangswert. Berücksichtigen wir aber die Hysteresis (s. Kap. II, § 2), so gilt dies nicht. Allgemein ist

$$\frac{i}{c} \, dQ = \int_\tau d\tau \cdot \mathfrak{H} \cdot d\mathfrak{B}$$

(und in dem soeben betrachteten Sonderfall einfach $= \tau \, \mathfrak{H} \cdot d\mathfrak{B}$). Von der dem Stromkreis zugeführten und nicht in Joulesche Wärme umgesetzten Energie

$$\int_0^T L i \cdot d i$$

entfällt also auf die Volumeinheit der Betrag

$$\int_0^T \mathfrak{H} \cdot d\mathfrak{B} .$$

Dies ist, wenn wir für T eine volle Periode nehmen, der Flächeninhalt der Hysteresisschleife der Abb. 14. Diese Energie tritt als Wärme auf; sie ist im technischen Sinn vergeudet. Der Satz ist von Warburg gefunden[1]). Er bezieht sich auf einen vollen Kreisprozeß; welcher Betrag von Wärme bei den einzelnen Veränderungen dB auftritt, ist unbekannt.

---

[1]) Wiedemanns Ann. Bd. 13. 1881.

Wir haben ferner angenommen, daß nur in unserm linearen Leiter ein Strom (i) auftritt. Auch das trifft nicht zu, wenn eine stromführende Spule mit Eisen gefüllt ist. Denn die magnetischen Kraftlinien des von i erzeugten Feldes durchsetzen das Eisen, und indem die Feldstärke sich ändert, entstehen im Eisen Induktionsströme entsprechend Gleichung (4). Man schränkt die möglichen Bahnen für diese Wirbelströme ein, indem man das Eisen unterteilt, d. h. es aus dünnen Blättern schichtet, in denen die Kraftlinien verlaufen; — und man vermindert ihre Stärke, indem man Eisen von niedrigem elektrischen Leitvermögen — bei gleichzeitiger hoher magnetischer Durchlässigkeit und geringer Hysteresis — wählt. (Eisen mit Siliziumzusatz, sog. legiertes Eisen.) Auch die Joulesche Wärme der Wirbelströme ist vergeudete Energie.

Hysteresiswärme und Wirbelstromwärme zusammen werden in der Technik als Eisenverluste bezeichnet.

4. Wechselstromtransformator. (Vgl. Kap. II, § 5). Zwei Spulen (Windungszahlen N_1 und N_2, Widerstände w_1 und w_2) seien eng und gleichmäßig auf einen Ringkörper (Querschnitt S, mittlere Umfanglinie l) aus unterteiltem Eisen (Durchlässigkeit μ) gewickelt. An den Enden der einen, der primären, liege die gegebene Wechselspannung

$$V_1 = V_{10} \sin \nu t . \tag{24}$$

Die andere, sekundäre, sei durch eine gegebene Nutzleitung geschlossen. Gefragt wird nach dem Induktionsfluß q durch den Ringquerschnitt, dem primären Strom i_1, dem sekundären Strom i_2, der sekundären Spannung V_2 an den Enden der Nutzleitung. i_1 und i_2 sollen im gleichen Umlaufssinn positiv gerechnet werden, V_1 soll einer positiven elektromotorischen Kraft in der primären Spule, V_2 einer solchen in der Nutzleitung gleichwertig sein. Durch die zu Anfang hervorgehobenen Voraussetzungen sollen einerseits Streuung, andrerseits Wirbelströme als ausgeschlossen gelten. Dann ist (s. für das folgende Kap. II, § 5):

$$\frac{1}{c}(N_1 i_1 + N_2 i_2) = Rq , \quad \text{wo} \quad q = \mu H S , \quad R = \frac{l}{\mu S} . \tag{25}$$

(Hier ist der Ausschluß der Wirbelströme zur Geltung gekommen.)

Ferner nach (14) gemäß unsern Richtungsfestsetzungen:

$$\left.\begin{aligned} V_1 &= w_1 i_1 + \frac{N_1}{c}\frac{\partial q}{\partial t} \\ V_2 &= -w_2 i_2 - \frac{N_2}{c}\frac{\partial q}{\partial t} \,. \end{aligned}\right\} \tag{25}$$

Endlich, wenn w und L sich auf die Nutzleitung beziehen:

$$V_2 = w i_2 + L\frac{\partial i_2}{\partial t}\,. \tag{25}$$

Aus den drei ersten Gleichungen folgt:

$$\overline{V_1 i_1} - \overline{V_2 i_2} = \overline{w_1 i_1^2} + \overline{w_2 i_2^2} + \overline{Rq\frac{\partial q}{\partial t}}\,, \tag{26}$$

wo die Striche zeitliche Mittelwerte bedeuten sollen.

$V_1 i_1$ ist die der primären Spule zugeführte, $V_2 i_2$ die an die Nutzleitung abgegebene Leistung, die rechte Seite also der Eigenverbrauch des Transformators. Er besteht aus der Jouleschen Wärme in den beiden Spulen und der Hysteresiswärme,

$$\left(\text{denn es ist } \overline{Rq\frac{\partial q}{\partial t}} = \overline{lS\,\mathfrak{H}\,\frac{\partial\mathfrak{B}}{\partial t}}\right).$$

Die Wirbelstromwärme ist durch den Ansatz bereits ausgeschlossen.

Zur Abschätzung der Größenordnungsverhältnisse nehmen wir μ als konstant an, und dementsprechend auch L. Dann werden die Gleichungen (25) linear-homogen; q, V_2, i_1, i_2 werden Sinus-Funktionen der Zeit.

In solchen Fällen, die uns noch häufig begegnen werden, ist es rechnerisch bequem, alle Größen in der Form $f\cdot e^{\iota \nu t}$ anzusetzen ($\iota = \sqrt{-1}$), wo die f dann unabhängig von t, — im allgemeinsten Fall reine Funktionen der Koordinaten sind. Hat man diese gefunden, so bilden alle reellen — und ebenso alle imaginären — Anteile der $f\cdot e^{\iota\nu t}$ eine Lösung der Aufgabe. Wir werden in Zukunft oft so verfahren. Bei hingeschriebenen komplexen Ausdrücken sind dann stets ihre reellen (oder imaginären) Anteile gemeint. Ergibt sich also irgend eine Größe in der Form $A\,e^{\iota(\nu t - \varphi)}$, wo A und φ reelle Funktionen der Koordinaten bezeichnen sollen, so bedeutet das eine Amplitude A und eine Phase φ. — Es ist aber zu beachten, daß dieses Verfahren nur bei solchen Gleichungen möglich ist, in denen die abhängig Veränderlichen linear-homogen enthalten sind. Für uns bedeutet das, daß wir es nur auf die Feldgleichungen, nicht auf die Energiegleichung anwenden dürfen, und auch auf die Feldgleichungen nur, sofern wir μ als konstant behandeln.

Hier setzen wir an: $V_1 = \text{const } e^{i\nu t}$, und erhalten dann:

$$
\left.
\begin{aligned}
&\frac{1}{c}(N_1 i_1 + N_2 i_2) = R q, \quad \text{wo} \quad R = \text{const} = \frac{N_1^2}{c^2 L_{11}} = \frac{N_2^2}{c^2 L_{22}}, \\
&V_1 = w_1 i_1 + \frac{N_1}{c}\, \iota \nu q, \\
&V_2 = -w_2 i_2 - \frac{N_2}{c}\, \iota \nu q \\
&V_2 = (w + \iota \nu L) i_2 .
\end{aligned}
\right\}
\qquad (25\,\mathrm{a})
$$

$\left(\text{Die Funktion } f(x) \text{ der Gleichung Kap. II (40) ist} = \dfrac{x}{c\,R}\right).$

Nun ist zunächst bei jedem technischen Transformator nach seiner Bauart

$$w_1 \ll \nu L_{11} \quad \text{(a)} \qquad (\text{und } w_2 \ll \nu L_{22}).$$

Der Transformator kann ferner nicht nützlich verwandt werden bei zu hohem Widerstand der Nutzleitung (Grenzfall: offene Sekundärspule), und ebensowenig bei zu niedrigem (Grenzfall: Kurzschluß der Sekundärspule); in den beiden Grenzfällen würde die gesamte zugeführte Leistung im Transformator selbst verbraucht werden. Das Gebiet bester Ausnutzung ist dadurch abgegrenzt, daß einerseits

$$| w + \iota \nu L | \ll \nu L_{22} \qquad \text{(b)},$$

andrerseits

$$| w + \iota \nu L | \gg w_2 \quad \text{(c);} \quad \text{und} \quad \gg w_1 \frac{N_2^2}{N_1^2} \quad \text{(d)}$$

ist. Diese Bedingungen seien erfüllt. Dann ergeben die Gleichungen (25 a), daß

$$\left| \frac{c\,w_2 i_2}{N_2 \nu q} \right|, \qquad \left| \frac{c\,w_1 i_1}{N_1 \nu q} \right|, \qquad \left| \frac{c\,R q}{N_2 i_2} \right|$$

sehr klein gegen Eins sind. Man erhält also, von kleinen Korrektionen abgesehen, für den gekennzeichneten Nutzungsbereich des Transformators:

$$
\left.
\begin{aligned}
&V_1 = \frac{N_1}{c}\frac{\partial q}{\partial t}, \\
&V_2 = -\frac{N_2}{c}\frac{\partial q}{\partial t}, \\
&w i_2 + L \frac{\partial i_2}{\partial t} = V_2, \\
&i_1 = -\frac{N_2}{N_1} i_2 .
\end{aligned}
\right\}
\qquad (25\,\mathrm{b})
$$

Daß heißt: 1. Durch das vorgeschriebene V_1 ist unmittelbar — unabhängig von der Belastung des Transformators (den Werten von w und L) — der Induktionsfluß q und die sekundäre Spannung V_2 bestimmt. Die beiden Stromstärken und die Leistung richten sich nach der Belastung. 2. Die beiden Spannungen verhalten sich wie die Windungszahlen. 3. Die beiden Stromstärken verhalten sich umgekehrt wie die Windungszahlen. 4. Von den geringen Eisenverlusten und der noch geringeren Jouleschen Wärme in den Drahtwicklungen abgesehen, verwandelt daher der Transformator lediglich die zugeführte Energie, und zwar derart, daß nicht nur, wie (26) zeigt, $\overline{V_1 i_1} = \overline{V_2 i_2}$, sondern auch in jedem Augenblick

$$\frac{V_2}{V_1} = \frac{i_1}{i_2} = -\frac{N_2}{N_1}$$

ist. Man übersieht nun leicht, was die Abgrenzungen (b), (c), (d) physikalisch bedeuten. Es ist nach (25b):

$$i_1(w + \iota v L) = \left(\frac{N_2}{N_1}\right)^2 V_1.$$

Bei offener Sekundärleitung aber ist der Leerlaufstrom (i_1) gegeben durch:

$$(i_1)\iota v L_{11} = V_1 \quad \text{oder:} \quad (i_1)\iota v L_{22} = \left(\frac{N_2}{N_1}\right)^2 V_1.$$

Die Ungleichung (b) bedeutet also, daß der Leerlaufstrom sehr klein ist gegen den Primärstrom bei normaler Inanspruchnahme des Transformators. — (c) sagt für den Sekundärkreis aus, daß bei normaler Inanspruchnahme die Klemmspannung V_2 sehr groß ist gegen den Ohmschen Spannungsverlust $w_2 i_2$ im Transformator. — (d) besagt das gleiche für den Primärkreis.

Die von uns vernachlässigten Wirbelströme wirken wie ein Nebenschluß der Sekundärleitung, — die Streuung wie ein Nebenschluß des Induktionsflusses.

5. Betrachten wir jetzt ein Netzwerk von N linearen Leitern (vgl. Kap. I, § 6 A). Für jeden Zweig k haben wir wieder als Ausdruck des Ohmschen Gesetzes:

$$w_k i_k - E_k = \int_{(k)} \mathfrak{E}_s \cdot ds.$$

Addieren wir alle diejenigen Gleichungen, die sich auf eine Schleife

h beziehen, so erhalten wir:

$$\sum_{h}(w_k i_k - E_k) = -\frac{1}{c}\frac{\partial Q_h}{\partial t}. \tag{27a}$$

Dazu kommen die Gleichungen, die für die p Verzweigungspunkte aussagen, daß die Summe der dort zufließenden Ströme Null ist:

$$\sum' i_k = 0. \tag{27b}$$

Kirchhoff hat gezeigt[1]), daß es $p-1$ unabhängige Gleichungen (27b) und $N-(p-1)$ unabhängige Gleichungen (27a) gibt. Die Gleichungen (27b) drücken also alle N Größen i aus als Summe einer Anzahl $n = N-(p-1)$ von Strömen i', die in geschlossenen Bahnen fließen, und sich in den einzelnen Zweigen überlagern. Man führe auf der linken Seite von (27a) diese i' ein. Auch die Q_h drücken sich durch die i' aus, und zwar für $\mu = $ const linear. Man hat also n (lineare) Gleichungen für die n Größen i'. — So ist die Aufgabe allgemein zu lösen (Helmholtz[2])). Praktisch gestaltet sie sich in der Regel einfacher. Enthalten einzelne Zweige eng gewundene, und etwa noch mit Eisen gefüllte, Spulen, so sind (s. unter 2.) die Q_h im wesentlichen durch Form und gegenseitige Lage dieser Spulen und durch die Stromstärken in ihnen bestimmt. Die Gleichungen (27a) nehmen dann die Form an:

$$\sum_{h}\left(w_k i_k - E_k + \frac{1}{c}\frac{\partial Q_k}{\partial t}\right) = 0, \tag{27c}$$

wo Q_k eine — für $\mu = $ const lineare — Funktion der i_k ist. Die Gleichungen (27b, c) haben die Form der Kirchhoffschen Sätze für stationäre Ströme, siehe Kap. I (79a, b). Findet insbesondere eine wechselseitige Induktion zwischen den Spulen nicht statt, so ist

$$\frac{Q_k}{c} = i_k L_{kk},$$

wo L_{kk} die Selbstinduktivität. Sei z. B. ein Strom i in zwei Leiter mit Selbstinduktion, aber ohne wechselseitige Induktion

---

[1]) Poggendorfs Ann. Bd. 72. 1847; auch Ges. Abhdlgn. S. 22.
[2]) Poggendorfs Ann. Bd. 83. 1851; auch Wiss. Abhdlgn. Bd. 1, S. 435.

und ohne innere elektromotorische Kräfte, verzweigt; dann ist

$$i_1 + i_2 = i, \left.\begin{array}{l} \\ \\ \end{array}\right\}$$
$$w_1 i_1 + L_{11} \frac{d i_1}{d t} = w_2 i_2 + L_{22} \frac{d i_2}{d t}. \quad\quad (28)$$

Ist $i \sim e^{\iota \nu t}$, so wird

$$i_1 (w_1 + \iota \nu L_{11}) = i_2 (w_2 + \iota \nu L_{22}). \quad\quad (28\,\mathrm{a})$$

Die Stromstärken stehen also im umgekehrten Verhältnis der Scheinwiderstände, nicht der Ohmschen Widerstände.

§ 3. Induktion durch Bewegung.

Wir wollen jetzt Induktionsströme betrachten, die durch Bewegung entstehen. Zunächst: gegen ein unveränderliches Feld bewege sich ein homogener Leiter. Es sei also innerhalb des Leiters erstens, bezogen auf ein ruhendes Koordinatensystem.

$$\frac{\partial \mathfrak{B}}{\partial t} = 0,$$

zweitens

$$\mathfrak{J} = \sigma \mathfrak{E}.$$

Dann ist nach (4 b):

$$\mathrm{rot}\, \mathfrak{E} = \mathrm{rot} \left[\frac{\mathfrak{w}}{c} \mathfrak{B}\right], \quad \text{also} \quad \mathfrak{E} = \left[\frac{\mathfrak{w}}{c} \mathfrak{B}\right] - \nabla \varphi,$$

wo $\mathfrak{w}$ die Geschwindigkeit und φ eine einwertige Ortsfunktion bedeutet. In dem Leiter soll keine permanente Magnetisierung vorhanden sein, und er soll sich bezüglich seiner Durchlässigkeit von seiner Umgebung nicht unterscheiden (etwa Kupfer in Luft). Dann ist nach Kap. II, (36) die Kraft auf die Volumeinheit

$$\mathfrak{f} = \left[\frac{\mathfrak{J}}{c} \mathfrak{B}\right].$$

Also wird in der Zeiteinheit eine Arbeit geleistet

$$A_m = \int \mathfrak{w} \left[\frac{\mathfrak{J}}{c} \mathfrak{B}\right] d\tau = - \int \mathfrak{J} \left[\frac{\mathfrak{w}}{c} \mathfrak{B}\right] d\tau.$$

Da $\mathrm{div}\, \mathfrak{J} = 0$ ist, ist

$$\int \mathfrak{J} \cdot \nabla \varphi \cdot d\tau = 0, \quad \text{folglich} \quad A_m = - \int \mathfrak{J} \mathfrak{E} \cdot d\tau = - \int \frac{\mathfrak{J}^2}{\sigma} d\tau,$$

d. h. stets eine negative Größe. Unsere Voraussetzungen besagen, daß einerseits die Kräfte nur von der Strömung herrühren,

und daß andrerseits die Strömung nur durch die Bewegung entsteht. Wir haben also den Satz: Wenn durch Bewegung von Leitern
in ihnen Induktionsströme entstehen, so entstehen zugleich
Kräfte auf den durchströmten Leiter, welche der Bewegung ent-
gegenwirken. (Lenzsche Regel.) Nach dem Grundgesetz
der Induktion (4) kommt es nur auf die relative Bewegung von
Feld und Leiter an; ob das unveränderliche Feld (das oben als
ruhend bezeichnete Koordinatensystem) gegen die Erde ruht
oder eine beliebige Bewegung hat, ist ohne Bedeutung. — Auf
einen linearen Stromkreis angewandt, lautet der Satz: Die
Richtung des Induktionsstroms ist stets so, daß die Kräfte auf
den Stromträger seine Bewegung hemmen.

Bezeichnen wir die in einem geschlossenen linearen Leiter induzierte elektromotorische Kraft mit E', so ist allgemein nach (4):

$$E' = - \frac{1}{c}\frac{dQ}{dt}.$$

Q ändert sich periodisch, wenn eine Leiterschleife sich in einem
Magnetfeld um eine feste Achse dreht. Durch diese Drehung
wird daher ein Wechselstrom in der Schleife erzeugt, und somit
auch in einem äußeren Leiter, der ohne Kommutator mit ihr
verbunden ist: Wechselstromgenerator.

Bewegt sich ein Leiter mit konstantem Strom gegen ein
unveränderliches Feld, und ist seine jeweilige Lage durch den
Wert von ϑ bestimmt, so wird

$$E' = - \frac{1}{c}\frac{\partial Q}{\partial \vartheta}\frac{d\vartheta}{dt}.$$

Zugleich ist nach Kap. II, (35a) die Kraftkomponente Θ, die zur
Koordinate ϑ gehört, gegeben durch:

$$\Theta = \frac{i}{c}\frac{\partial Q}{\partial \vartheta}.$$

Wir können also für diesen Fall die Ergebnisse von Kap. II übertragen. So folgt: Jeder Gleichstrommotor kann auch als Gleich-
stromgenerator dienen. Eine Maschine, die, mit dem Strom i
gespeist, dem Anker das konstante Drehmoment

$$\Theta = ki\Phi \tag{29a}$$

erteilt [s. Kap. II (42a)], ergibt umgekehrt, durch mechanische
Kraft angetrieben, im Anker die elektromotorische Kraft

$$E' = - k\Phi\omega, \tag{29b}$$

wo
$$\omega = \frac{d\vartheta}{dt}$$

die als konstant vorausgesetzte Winkelgeschwindigkeit bezeichnet. Der hingeschriebene Wert von Θ ist tatsächlich ein Mittelwert; um diesen finden Schwankungen statt mit der Periode: Winkel-abstand der Spulen geteilt durch ω. Das gleiche gilt für E'. Nur bei der Unipolarmaschine ist Θ und ebenso E' konstant.

Die Schwankungen von Θ und E' kommen dadurch zustande, daß jeweils eine Ankerspule aus dem einen Schließungsbogen des äußeren Stromkreises in kürzester Zeit in den andern übergeht. Während des Übergangs ist sie durch den Kommutator kurz ge-schlossen. Damit nicht in ihr ein starker Induktionsstrom ent-steht, der zu Funken oder Flammenbogen zwischen Bürste und Kommutator führen würde, muß die Wirkung der Selbstinduktion durch ein äußeres Feld herabgedrückt werden, welches die Spule im Augenblick des Kurzschlusses durchschreitet. Dieses Feld erzeugen Wendepole, welche, ebenso wie die Kompensations-spulen (siehe Kap. II, § 6 A), an dem festen Gestell angebracht sind und durch den Ankerstrom erregt werden.

Es sei w der Widerstand der Ankerleitung, V die Spannung zwischen ihren Enden, so gerechnet, daß iV die dem Anker zugeführte elektrische Leistung ist. Dann tritt zu (29a, b) hinzu:

$$wi - E' = V \tag{29c}$$

[wegen des Vorzeichens s. bei (14) und (16).]

(29a, b, c) sind die Gleichungen, welche die Wirkungsweise der Gleichstrommaschine bestimmen. Sie bestehen gleichzeitig; man kann willkürlich den Strom als Ursache, die mechanische Kraft als Folge ansehen, oder umgekehrt.

wi^2 ist die im Anker verbrauchte Wärme, $\Theta\omega = k\Phi i\omega = -E'i$ die abgegebene mechanische Leistung. Die Energiegleichung ist:

$$i^2 w = iV + iE'.$$

Wir wollen unter i stets den absoluten Betrag verstehen. Dann ist

für den Motor: $V > 0,\ E' < 0,\ |V| > |E'|$;
für den Generator: $V < 0,\ E' > 0\ |V| < |E'|$.

Die Maschine arbeitet zweckmäßig nur dann, wenn die Joulesche Wärme sehr klein ist gegen die aufgenommene oder abgegebene

Leistung, also wenn $iw \ll |E'|$ ist. Im Beharrungszustand ist Θ eine vorgeschriebene Größe: das zu überwindende bzw. das antreibende Drehmoment der äußeren Kräfte. Der Induktionsfluß Φ kann unmittelbar gegeben sein: Fremderregung des Magnetfeldes; — oder durch den Strom i selbst hervorgerufen werden, der Anker- und Magnetwicklungen hintereinander durchfließt: Hauptschlußmaschine; — oder durch einen Zweigstrom von i: Nebenschlußmaschine.

Die Maschine laufe als Motor. Φ sei fest gegeben (Fremderregung). Eine bestimmte Spannung V werde aufrecht erhalten. Die Belastung Θ werde geändert, doch so, daß die Grenzen guter Ausnutzung der Maschine gewahrt bleiben. Dann ist nach (29c): $w \cdot \delta i = \delta E'$, und zugleich

$$wi \ll |E'|, \quad \text{also} \quad \left|\frac{\delta i}{i}\right| \gg \left|\frac{\delta E'}{E'}\right|, \quad \text{oder nach (29b):} \quad \left|\frac{\delta i}{i}\right| \gg \left|\frac{\delta \omega}{\omega}\right|.$$

Nach (29a) aber ist:

$$\frac{\delta i}{i} = \frac{\delta \Theta}{\Theta}. \quad \text{Somit:} \quad \left|\frac{\delta \omega}{\omega}\right| \ll \left|\frac{\delta \Theta}{\Theta}\right|.$$

Große verhältnismäßige Änderungen der Belastung bringen also nur kleine verhältnismäßige Änderungen der Umlaufsgeschwindigkeit hervor. Das gleiche gilt für die Nebenschlußmaschine, — nicht aber für die Hauptschlußmaschine.

Die Gegenüberstellung der Gleichungen (29a) und (29b) ergibt noch: da die Versenkung der Ankerdrähte in Nuten das Drehmoment nicht ändert, so ändert sie auch die induzierte elektromotorische Kraft nicht.

Aus wirtschaftlichen Gründen ist es angezeigt, eine große Zahl von Stromverbrauchern aus einer Zentrale zu versorgen. Ist der Strom i, die Spannung an der Zentrale V_0, an der Verbrauchsstelle V, der Widerstand der Zuleitung w, so ist $V_0 i$ die erzeugte, $V i$ die genutzte, $V_0 i - V i = w i^2$ die vergeudete Leistung. Um diese unter einer bestimmten Grenze zu halten bei vorgeschriebener Nutzleistung und vorgeschriebener Kupfermenge der Zuleitung, also gegebenem w, muß i unter, und demnach V über einer bestimmten Grenze gehalten werden. Da aber die wirkliche Verbrauchsspannung aus Gründen der Betriebssicherheit ein gewisses Höchstmaß V_1 nicht überschreiten darf, so muß V auf V_1 herabgesetzt werden. Das kann auch bei Gleichstrom

geschehen, indem der ankommende Strom einen Motor treibt, der
in einem — auf der gleichen Welle sitzenden — Generator den
Strom von der Spannung V_1 erzeugt: **rotierender Umformer.**
Das gleiche Ziel läßt sich bei Wechselstrom durch einen **ruhenden
Transformator** erreichen, der keiner Wartung bedarf (s. § 2).
Solange der Energieverbrauch selbst in **ruhenden** Körpern stattfindet — Beleuchtung —, ist daher die Energieübertragung
durch Wechselstrom derjenigen durch Gleichstrom überlegen.
— Soll aber an der Verbrauchsstelle durch Wechselstrom mechanische Arbeit geleistet, d. h. ein Elektromotor angetrieben werden,
so verlangt dies nach Kap. II, § 6, A. eine bestimmte Umlaufsgeschwindigkeit. Der **Synchronmotor** geht nicht von selbst
an; wenn er einmal durch plötzliche Veränderung der Belastung
außer Tritt geraten ist, so entstehen Drehmomente von wechselnder
Richtung, und es kommt zum Stillstand.

Wir verweisen für die Theorie der Synchronmotoren auf die
Lehrbücher der Elektrotechnik und behandeln nur noch kurz
den **asynchronen Wechselstrommotor** oder **Induktions-
motor.** Er ist allgemein dadurch gekennzeichnet, daß die rotierende Ankerleitung nicht mit der Fernleitung verbunden, sondern in sich geschlossen ist (**Kurzschlußanker**).

Eine bewegliche lineare geschlossene Strombahn s_2 möge sich
in einem ruhenden Wechselfeld befinden. Das Wechselfeld werde
durch die Spannung $V_0 \cos vt$ erzeugt, die zwischen den Enden
einer benachbarten Leitung s_1 wirksam ist. Die Stromgleichun-
gen sind dann mit den stets benutzten Bezeichnungen:

$$w_1 i_1 + \frac{\partial (L_{11} i_1)}{\partial t} + \frac{\partial (L_{12} i_2)}{\partial t} = V_0 \cos vt,$$

$$w_2 i_2 + \frac{\partial (L_{22} i_2)}{\partial t} + \frac{\partial (L_{12} i_1)}{\partial t} = 0.$$

Wir wollen die Durchlässigkeiten aller Körper als Konstanten
behandeln und $\dfrac{w_1}{v L_{11}} \ll 1$ annehmen. Dann folgt bei Ruhe des
beweglichen Leiters:

$$w_2 i_2 + \left(L_{22} - \frac{L_{12}^2}{L_{11}}\right) \frac{\partial i_2}{\partial t} = - \frac{L_{12}}{L_{11}} V_0 \cos vt,$$

oder, mit Fortlassung des Index 2 und kürzer geschrieben:

$$w i = - \frac{1}{c} \frac{\partial Q}{\partial t}, \quad \text{wo} \quad \frac{Q}{c} = L i + q \cdot \sin vt$$

ist, und L und q abhängig von der Lage des Leiters, aber unabhängig von i sind. Die (stationäre) Lösung unserer Differentialgeichung ist [vgl. (17) (18)]:

$$i = -\frac{vq}{w'}\cos(vt-\varphi), \quad \text{wo} \quad w'^2 = w^2 + (vL)^2,$$

$$\sin\varphi = \frac{vL}{w'}, \quad 0 < \varphi < \frac{\pi}{2}.$$

Die Lage des Leiters sei durch die allgemeinen Koordinaten ϑ, λ... bestimmt; die entsprechenden Komponenten der auf ihn wirkenden Kräfte seien Θ, Λ..., d. h. die Arbeit:

$$A = \Theta \cdot d\vartheta + \Lambda \cdot d\lambda + \dots$$

Dann ist nach Kap. II (35):

$$\frac{\partial \Theta}{\partial i} = \frac{1}{c}\frac{\partial Q}{\partial \vartheta};$$

und $\Theta = 0$ für $i = 0$; folglich

$$\Theta = \frac{\partial L}{\partial \vartheta}\frac{i^2}{2} + \sin vt\,\frac{\partial q}{\partial \vartheta}\,?$$

und der zeitliche Mittelwert:

$$\overline{\Theta} = \frac{\partial L}{\partial \vartheta}\frac{v^2q^2}{4w'^2} - \frac{\partial q}{\partial \vartheta}\frac{v^2qL}{2w'^2} \equiv b - a.$$

v sei so groß, daß die Bewegung des Leiters nur von den Zeitmitteln $\overline{\Theta}, \overline{\Lambda}, \dots$ abhängt. Es ist

$$2b : a = \frac{1}{L}\frac{\partial L}{\partial \vartheta} : \frac{1}{q}\frac{\partial q}{\partial \vartheta}.$$

b kann also gegen a vernachlässigt werden, wenn bei den möglichen Bewegungen die verhältnismäßige Änderung von L verschwindend klein ist gegen diejenige von q. Diese Bedingung wird dadurch erfüllt, daß der Stromleiter bei den möglichen Bewegungen stets in gleicher Weise von Eisen umgeben bleibt. [Bei den bekannten Vorlesungsversuchen: Verschiebung längs der Achse eines Eisendrahtbündels; Drehung im Schlitz eines nahezu geschlossenen Eisenringkörpers, vgl. die Bemerkung bei Kap. II (75)]. Setzen wir dementsprechend

$$\overline{\Theta} = -\frac{v^2L}{4w'^2}\frac{\partial(q^2)}{\partial \vartheta},$$

so folgt: der Leiter ist im stabilen Gleichgewicht, wenn q^2, d. h. $|q|$ ein Minimum ist. Ein frei verschiebbarer Leiter wird also aus dem Feld herausgetrieben, ein drehbarer stellt sich im gleichförmigen Feld mit seiner Fläche parallel zu den Kraftlinien.

Nun bestehe der drehbare Leiter aus drei unter 60 Grad gegeneinander geneigten Spulen; von denen werde selbsttätig stets eine kurz geschlossen, nämlich diejenige, die für einen bestimmten Drehungssinn (der positiv heißen soll) innerhalb eines Winkels von 60 Grad vor der Parallelstellung mit dem Felde sich befindet. Dann muß sich der Anker in positivem Sinn drehen. Einfachste Form eines Repulsionsmotors.

Auch ein einzelner dauernd geschlossener Stromkreis dreht sich in einem Wechselfeld dauernd im gleichen Sinn, wenn ihm einmal eine gewisse Drehgeschwindigkeit erteilt ist. Es sei etwa das äußere Feld gleichförmig, und in ihm rotiere der Leiter mit der Winkelgeschwindigkeit $\omega = \frac{\vartheta}{t}$. Es sei, wie soeben, vorausgesetzt, daß L weder von i noch von ϑ merklich abhängt. Dann ist

$$\frac{Q}{c} = Li + 2\,A \sin \nu t \cdot \cos \vartheta\,.$$

Also einerseits:

$$wi = -\frac{1}{c}\frac{dQ}{dt} = -L\frac{di}{dt} - A\{(\nu-\omega)\cos(\nu-\omega)t + (\nu+\omega)\cos(\nu+\omega)t\}\,,$$

folglich im stationären Zustand:

$$i = -A\left\{\frac{\nu-\omega}{w'}\cos((\nu-\omega)t-\varphi') + \frac{\nu+\omega}{w''}\cos((\nu+\omega)t-\varphi'')\right\}\,,$$

wo

$$\begin{cases} w'^2 = w^2 + (\nu-\omega)^2 L^2 & \cos\varphi' = \dfrac{w}{w'}\,,\\[2mm] w''^2 = w^2 + (\nu+\omega)^2 L^2 & \cos\varphi'' = \dfrac{w}{w''}\,. \end{cases}$$

Andrerseits:

$$\frac{\partial\Theta}{\partial i} = \frac{1}{c}\frac{\partial Q}{\partial\vartheta} = -2\,A \sin \nu t \cdot \sin\vartheta\,,$$

folglich:

$$\Theta = -A\left\{\cos(\nu-\omega)t - \cos(\nu+\omega)t\right\}\cdot i\,.$$

Somit der Mittelwert:

$$\overline{\Theta} = \frac{A^2}{2}\left\{\frac{\nu-\omega}{w'}\cos\varphi' - \frac{\nu+\omega}{w''}\cos\varphi''\right\} = \frac{A^2 w}{2}\left\{\frac{\nu-\omega}{w'^2} - \frac{\nu+\omega}{w''^2}\right\}\,.$$

$\bar{\bar{\Theta}}$ ist positiv, und die Anordnung wirkt also als Motor, solange

$$0 < \left(\frac{\omega}{v}\right)^2 < 1 - \left(\frac{w}{vL}\right)^2$$

ist. **Asynchroner Einphasenmotor.**

Die meistbenutzte Form des Induktionsmotors ist der **Drei-phasen-** oder **Drehstrommotor.** Ein aus Eisenscheiben geschichteter Hohlzylinder, der **Ständer**, trägt, gleichmäßig über den Umfang der Innenfläche verteilt, drei zur Fläche parallele Drahtwicklungen, deren Winkelabstand mit φ bezeichnet sei. In jeder von ihnen fließe der gleiche Wechselstrom, jedoch zeitlich um je ein Drittel der Periode verschoben. Dann besteht nach einem Drittel der Periode das gleiche Feld wie zu Anfang, nur um den Winkel φ gedreht. Die Wicklungen und die Eisenmassen sind so angeordnet, daß das Feld auch in den Zwischenlagen annähernd seine Gestalt bewahrt, d. h. also mit konstanter Winkelgeschwindigkeit — sie heiße ω — sich um die Zylinderachse dreht. Im Innern des Ständers befindet sich der **Läufer**; er ist ein, ebenfalls geblätterter, Eisenzylinder und trägt eine beliebige Zahl in sich geschlossener Drahtwindungen, die je in einer zur Achse parallelen Ebene verlaufen. In jeder schwankt der Induktionsfluß und entsteht sonach ein Strom, und auf die Windungen wirken nach der Lenzschen Regel Kräfte, welche die relative Bewegung von Feld und Stromleiter zu hemmen suchen. Mit andern Worten: es wirkt auf den Läufer ein Drehmoment im Sinn des rotierenden Feldes; dieses Drehmoment wird erst Null, wenn der Läufer synchron mit dem Felde rotiert.

Der Läufer habe die konstante Winkelgeschwindigkeit α. Die auf die Wicklung wirkenden Kräfte sind durch das Feld eindeutig bestimmt. Man denke sich nun das umlaufende Feld durch ein mit der Geschwindigkeit ω umlaufendes **Magnetsystem** hervorgebracht. Dann sind die Kräfte auf den Magneten den gesuchten Kräften entgegengesetzt gleich. Sei, auf die Zeiteinheit bezogen, A_1 die dem Läufer zugeführte, A die vom Läufer abgegebene Arbeit. Dann drückt sich das Drehmoment, d. h. die auf die **Winkeleinheit** bezogene Arbeit aus als

$$\Theta = \frac{A_1}{\omega} = \frac{A}{\alpha}.$$

Es ist aber $A_1 - A$ gleich der im Läufer verbrauchten Energie V.

So folgt:
$$V = \frac{\omega - \alpha}{\alpha} A \, ;$$

die in der Läuferwicklung vergeudete Energie verhält sich zur genutzten Energie, wie die Schlüpfung $\omega - \alpha$ zur Läufergeschwindigkeit α. — Der Betrag der Leistung selbst als Funktion der Drehgeschwindigkeit ergibt sich erst aus einer eingehenden Behandlung des tatsächlichen Vorgangs. Aus ihr folgt u. a., daß das Drehmoment bei stillstehendem Läufer nur ein kleiner Bruchteil des maximalen Drehmoments ist. Zum Anlassen des Motors muß deshalb bei größeren Motoren in den Kreis der Läuferwicklung vorübergehend ein Widerstand eingeschaltet werden.

Drehstromgenerator. Um die zur Herstellung des Drehfeldes erforderlichen phasenverschobenen Ströme zu erzeugen, können zwei Arten von Maschinen dienen. Erstens: Der Ständer ist dem des Drehstrommotors genau gleich; den Läufer bildet ein Magnetsystem, dessen abwechselnde Pole den Winkelabstand $\frac{3\,\varphi}{2}$ haben. Während der Läufer sich um $3\,\varphi$ dreht, hat dann der Induktionsfluß in jeder Wicklung des Ständers eine volle Periode durchlaufen, und die in den Wicklungen induzierten elektromotorischen Kräfte sind um je ein Drittel der Periode gegeneinander verschoben. Der gewünschte Drehstrom im Ständer des Motors wird also erzielt, wenn je eine Wicklung des Generator-Ständers mit einer des Motors zu einem geschlossenen Stromkreis verbunden wird. — Zweitens: Wir denken uns zunächst einen nicht völlig geschlossenen magnetischen Kreis, wie wir ihn in Kap. II, § 5 betrachtet haben. Die Induktion, die durch gegebene (primäre) Stromwindungen im Kreise erzeugt wird, hängt wesentlich von der Weite des Luftspalts ab. Wird also durch diesen ein Eisenstück hindurchgeführt, so wird in einer zweiten (sekundären) um den Eisenring geschlungenen Spule eine elektromotorische Kraft induziert, die ihre Richtung wechselt, während das Eisenstück den Spalt zunächst schließt, dann wieder freigibt. Befinden sich drei gleiche magnetische Kreise nebeneinander, so wird das durch die drei Schlitze hindurchgeführte Eisenstück in den drei sekundären Spulen die gleichen elektromotorischen Kräfte nacheinander erzeugen. Die Anordnung sei n-mal längs einer Kreislinie wiederholt,

die 1., 4., 7. Sekundärwicklung, ebenso die 2., 5., 8. . . ., ebenso
die 3., 6., 9. . . . zu **einer** Leitung verbunden; dann entstehen
die phasenverschobenen Wechselströme wie oben. Es ist diesem
Generator eigentümlich, daß — ebenso wie bei dem zugehörigen
Motor — der rotierende Teil keine elektrische Verbindung mit dem
feststehenden hat. Beide Maschinen bedürfen daher keiner
Schleifkontakte (s. aber bezüglich des Motors die Schlußbe-
merkung).

§ 4. Kondensatorkreis.

Bisher war ausschließlich von Strömen die Rede, die in geschlossenen Bahnen verlaufen. Wir betrachten jetzt eine lineare
offene Bahn, die in zwei einander nahe gegenüberstehenden
Leitern, einem Kondensator, endet. Wir wollen nach wie vor
voraussetzen, daß in jedem Zeitpunkt die Stromstärke längs der
ganzen linearen Bahn s denselben Wert i hat. Sind e_1, e_2 (vgl.

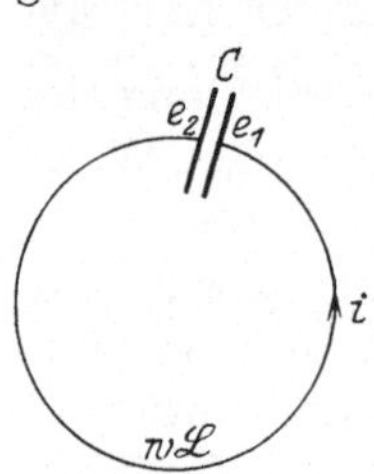

Abb. 28.

Abb. 28) die Elektrizitätsmengen auf den beiden Leitern, so ist gemäß der Kontinuitätsgleichung [Kap. I, (65)]

$$i = \frac{\partial e_1}{\partial t} = -\frac{\partial e_2}{\partial t}. \tag{30}$$

Wir wollen die Energiegleichung aufstellen.
Sind, wie wir annehmen wollen, innere elektromotorische Kräfte in der Strombahn nicht
vorhanden und finden keine Bewegungen statt,
so lautet sie: die Abnahme der elektromagnetischen Energie ist
gleich der Jouleschen Wärme. Bezüglich der elektrischen Energie
haben wir bereits in § 1 die Annahme gemacht, daß sie sich in
jedem Augenblick aus der vorhandenen Elektrizitätsverteilung
so berechnet, wie wenn diese stationär wäre. Veränderlich sind
in unserm Fall ausschließlich die Elektrizitätsmengen auf den
Kondensatorplatten. Der veränderliche Teil der elektrischen
Energie ist also:

$$\frac{1}{2}\frac{e_1^2}{C},$$

wo C die Kapazität des Kondensators bedeutet. — Die magnetische Energie ist bisher nur für geschlossene Stromlinien definiert, da das magnetische Feld nur für solche bestimmt ist; sie ist

allgemein:
$$W_m = \int d\tau \int \mathfrak{H} \cdot d\mathfrak{B}.$$

Rührt das Feld von einem Strom i her, und ist μ unabhängig von H, so ist

$$W_m = U = \int d\tau \cdot \frac{1}{2}\,\mu\,\mathfrak{H}^2 = \frac{1}{2}\,L\,i^2,$$

und diese Größe können wir im Fall $\mu = \mu_0$ gemäß Kap. II, (12) in der Form

$$\frac{\mu_0}{8\pi c^2} \int \mathfrak{J} \cdot d\tau \int \frac{\mathfrak{J}'}{r}\,d\tau'$$

schreiben. Demnach kann man versuchsweise W_m in gleicher Art auch für unsern Fall berechnen, indem man entweder nur die Strömung im leitenden Draht in Rechnung zieht, oder diese in irgendeiner Weise durch den Kondensator hindurch zur geschlossenen ergänzt. Es hat sich nun gezeigt, daß eine experimentelle Entscheidung zwischen den verschiedenen Ansätzen nicht gefunden werden kann. Wir erweitern dies auf den Fall beliebig verteilter, aber von H unabhängiger μ-Werte, und können dann sagen: Wenn wir

$$W_m = \frac{1}{2}\,L\,i^2$$

setzen, so ist L auch in unserm Fall eine ausreichend scharf definierte Konstante.

Die Energiegleichung lautet also:

$$w\,i^2 = -\frac{\partial}{\partial t}\left(\frac{e_1^2}{2C} + \frac{L\,i^2}{2}\right). \tag{31}$$

Es folgt mit Benutzung von (30):

$$L\frac{\partial i}{\partial t} + w\,i + \frac{e_1}{C} = 0,$$

und weiter:

$$L\frac{\partial^2 i}{\partial t^2} + w\frac{\partial i}{\partial t} + \frac{1}{C}\,i = 0. \tag{32}$$

Die Lösung ist:

$$i = a\,\mathrm{e}^{\alpha t}, \quad \text{wenn} \quad L\alpha^2 + w\alpha + \frac{1}{C} = 0,$$

$$\text{also} \quad i = a_1 \cdot \mathrm{e}^{\alpha_1 t} + a_2 \cdot \mathrm{e}^{\alpha_2 t}, \quad \text{wo} \left.\begin{matrix}\alpha_1\\\alpha_2\end{matrix}\right\} = -\frac{w}{2L} \pm \sqrt{\left(\frac{w}{2L}\right)^2 - \frac{1}{CL}}. \tag{33}$$

Ist $4L < Cw^2$, so ist i aperiodisch. Ist insbesondere $4L \ll Cw^2$, so wird

$$\alpha_1 = -\frac{1}{Cw}, \qquad \alpha_2 = -\frac{w}{L}, \qquad |\alpha_1| \ll |\alpha_2|,$$

und folglich nach gewisser Zeit

$$i = a\,\mathrm{e}^{-\frac{t}{Cw}}. \tag{33a}$$

Von demselben Zeitpunkt an wird

$$W_m \ll W_e,$$

und die Energiegleichung vereinfacht sich zu

$$wi^2 = -\frac{\partial W_e}{\partial t}.$$

Ist $4L > Cw^2$, so wird

$$i = a\,\mathrm{e}^{-\beta t}\sin(\nu_0 t - \varphi), \quad \text{wo} \quad \beta = \frac{w}{2L}, \quad \nu_0^2 + \beta^2 = \frac{1}{CL}, \tag{33b}$$

während a und φ von den Anfangsbedingungen abhängen. Die Gleichung stellt eine gedämpfte Schwingung von der Frequenz ν_0 dar. Die Zeit zwischen zwei gleichsinnigen Durchgängen durch den Nullwert, oder zwischen zwei Extremwerten von gleichem Vorzeichen ist

$$\tau = \frac{2\pi}{\nu_0};$$

das Verhältnis dieser Extremwerte ist

$$\mathrm{e}^{\frac{\beta 2\pi}{\nu_0}}$$

oder — was dasselbe bedeutet — das logarithimsche Dekrement ist

$$\delta = \frac{\beta 2\pi}{\nu_0}.$$

Die Periode τ heiße die Eigenperiode des Kondensatorkreises, ν_0 seine Eigenfrequenz.

Ist insbesondere $4L \gg Cw^2$, so wird $\beta \ll \nu_0$, d. h. die Schwingungen werden merklich ungedämpft. Aber schon bei mäßiger Größe von $\frac{4L}{Cw^2}$ wird merklich

$$\nu_0^2 = \frac{1}{CL} \tag{33c}$$

(sog. Thomsonsche Formel).

Für ein Netzwerk linearer Leiter, deren einige durch Kondensatoren (Kapazität C_k) unterbrochen sind, erhält man durch die gleichen Überlegungen, die zu (27c) geführt haben, für jeden Umlauf:

$$\sum'\left(w_k i_k - E_k + \frac{1}{c}\frac{\partial Q_k}{\partial t} + \frac{e_k}{C_k}\right) = 0, \quad \text{wo} \quad \frac{\partial e_k}{\partial t} = i_k. \qquad (34)$$

Insbesondere also, wenn nur Selbstinduktion in Betracht kommt, die $E_k = 0$, und die Ströme proportional mit $e^{\iota v t}$ sind:

$$\sum' i_k \left(w_k + \iota v L_k + \frac{1}{\iota v C_k}\right) = 0. \qquad (34\,\text{a})$$

Es gelten dann also die Kirchhoffschen Regeln; nur tritt an Stelle des Ohmschen Widerstandes w_k jetzt der Scheinwiderstand

$$w_k' = \sqrt{w_k^2 + \left(v L_k - \frac{1}{v C_k}\right)^2}.$$

Bei endlichem C_k wird $w_k' = \infty$ für $v = 0$, während für sehr großes v der Kondensator sehr geringen Einfluß auf w_k' hat. Bei großem L_k wird w_k' groß für großes v, während für $v = 0$ die Selbstinduktion keinen Einfluß hat. Eine Verzweigung zwischen Kondensator und Drosselspule läßt also konstanten Strom ausschließlich durch die eine, schnell oszillierenden Strom so gut wie ausschließlich durch die andre Leitung gehen.

Wir denken uns jetzt einen aufgeschnittenen Kondensatorkreis, zwischen dessen Enden eine gegebene Spannung

$$V = V_0 \sin v t$$

besteht (vgl. § 2 unter 3). Es wird jetzt

$$L\frac{\partial i}{\partial t} + wi + \frac{e_1}{C} = V_0 \sin v t$$

oder

$$L\frac{\partial^2 i}{\partial t^2} + w\frac{\partial i}{\partial t} + \frac{1}{C} i = v V_0 \cos v t. \qquad (35)$$

Der stationäre Teil der Lösung ist

$$i = i_0 \sin(v t - \varphi),$$

$$\left.\begin{array}{l} \\ \\ \end{array}\right\} (36)$$

$$\text{wo} \quad i_0 = \frac{V_0}{w'}, \quad w'^2 = w^2 + \left(v L - \frac{1}{v C}\right)^2, \quad \operatorname{tg}\varphi = \frac{v L - \dfrac{1}{v C}}{w}.$$

Bei Veränderung von v erhält i_0 seinen Höchstwert $\dfrac{V_0}{w}$ für

$$v^2 = \frac{1}{LC} = v_0^2 + \beta^2,$$

d. h. wenn die **aufgezwungene** Periode übereinstimmt mit der Eigenperiode, die dem Kondensatorkreis bei verschwindender Dämpfung (verschwindendem Widerstand) zukommen würde: **Resonanz.** In allen Fällen **ausgeprägter** Resonanz ist das logarithmische Dekrement so klein, daß die Resonanzbedingung praktisch lautet:

$$\nu = \nu_0 .$$

Bisher haben wir L als Konstante betrachtet, also einen eisenfreien Kreis vorausgesetzt. Möge der Kreis jetzt einen gleichmäßig bewickelten Eisenring enthalten. Es tritt dann an Stelle von Li die Summe aus dem Induktionsfluß im Ring Q, geteilt durch c, und einem Betrage $L_0 i$, der sich auf den übrigen Teil des Kreises bezieht. Q ist proportional mit B, i ist proportional mit H, und somit die Q, i-Kurve bei entsprechenden Maßstäben identisch mit der B, H-Kurve des Ringmaterials. Diese läßt sich für hysteresisfreies Eisen — das hier einzig in Betracht kommt — durch empirische Formeln gut darstellen. Wir wollen uns auf eine qualitative Darstellung beschränken[1]). Die stationäre Stromstärke wird auch jetzt eine periodische Funktion der Zeit mit der Frequenz ν. Sie läßt sich also durch eine Fouriersche Reihe darstellen, die nach sin und cos der Vielfachen von νt fortschreitet. Liegt nun ν nahe an der Eigenfrequenz ν_0, die einem mittleren konstanten Wert von L entsprechen würde, so werden die Amplituden aller Oberschwingungen sehr klein gegen die der Grundschwingung. Man erhält deshalb eine gute Näherung, wenn man auch jetzt i in der Form $i_0 \sin \nu t$ ansetzt. Dann ergibt sich i_0 wieder in der Form (36), nur ist darin L keine Konstante, sondern eine Funktion von i_0. Und zwar ist, da B **verlangsamt** mit H wächst (vgl. Abb. 15b), L offenbar um so kleiner, ein je größerer Bereich von B-Werten bei der Schwingung durchlaufen wird, d. h.: L nimmt ab mit wachsendem i_0. Wenn also bei sehr kleinen Stromamplituden

$$\nu_1 L - \frac{1}{\nu_1 C} = 0 ,$$

und folglich $\dfrac{i_0}{V_0}$ ein Maximum wird für $\nu = \nu_1$, so tritt das gleiche für größeres i_0 ein bei $\nu > \nu_1$: die Resonanzfrequenz hängt von der

---

[1]) Ausführlicher bei Schunck und Zenneck: Jahrb. f. drahtlose Tel. Bd. 19. 1922.

Stromstärke ab. Weiter: Bei festgehaltenem v ($> v_1$) ist $V_0 = 0$ für $i_0 = 0$, und $V_0 = w i_0$ für dasjenige i_0, zu welchem v als Resonanzfrequenz gehört. Im übrigen liegt die V_0, i_0-Kurve oberhalb der durch diese beiden Punkte gehenden Geraden; sie ist bei entsprechenden Daten des Stromkreises von der Art der Abb. 29. Die Strecke bc, auf der der Strom steigt bei abnehmender Spannung, stellt labile und daher nicht herstellbare Zustände dar. Wenn daher die Spannungsamplitude V_0 aufsteigend den Wert OB' überschreitet, so springt die Stromamplitude von OB auf OD. Wenn V_0 sinkend den Wert OC' unterschreitet, so springt i_0 von OC auf OA: Kipperscheinung.

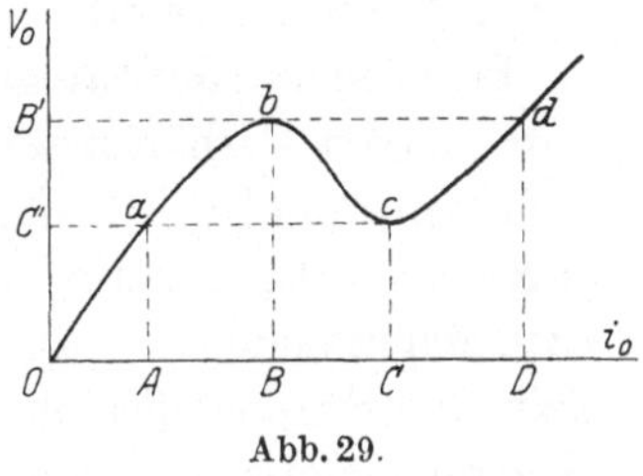
Abb. 29.

§ 5. Meßmethoden. — Maßsysteme.

Wir kehren noch einmal zur Ausgangsgleichung dieses Kapitels zurück. Es liege ein geschlossener linearer Leiter mit der Leitkurve s ohne innere elektromotorische Kräfte vor. Dann gilt für ihn:

$$w i = - \frac{1}{c} \frac{dQ}{dt},$$

und daraus folgt:

$$w J = \frac{1}{c} (Q_0 - Q_t), \quad \text{wo} \quad J = \int_0^t i \cdot dt. \tag{37}$$

Bis zur Zeit $t = 0$ mögen nun alle Körper ruhen, und alle Ströme stationär, insbesondere unser i gleich Null sein. Dann mögen während eines gewissen Zeitabschnitts beliebige Veränderungen in der Lage der Körper, den Widerständen und den elektromotorischen Kräften der Stromkreise stattfinden, danach aber wieder neue stationäre Bedingungen eintreten. Streng nach unendlicher Zeit, und mit jeder gewünschten Annäherung von einem bestimmten Zeitpunkt $t = \tau$ an, werden dann alle Ströme ihre neuen stationären Werte angenommen haben, und insbesondere i wieder den Wert Null. Der Integralstrom

$$J = \int_0^\tau i \cdot dt \tag{38}$$

mißt also die Gesamtänderung, welche der Induktionsfluß des äußeren Feldes durch s erfahren hat, — während natürlich der zeitliche Verlauf von i wesentlich auch durch das Eigenfeld von i beeinflußt wird.

Es möge nun der Integralstrom — oder der Stromstoß, wie er unter diesen Verhältnissen auch genannt wird — durch ein Galvanometer fließen, dessen Schwingungsdauer T sehr groß ist gegen τ. Dann befindet sich der bewegliche Teil (Drehspule bzw. Magnetnadel, s. Kap. II, § 6, A und § 8, C) während der ganzen Zeit des Stromstoßes in der Ruhelage. Das Drehmoment der elektromagnetischen Kräfte ist proportional mit i; es sei in der Ruhelage, und ist dann auch für alle nahe benachbarten Lagen, $\dfrac{Ai}{c}$; das Trägheitsmoment sei D, der Drehwinkel ϑ. Dann gilt während τ:

$$D\frac{d^2\vartheta}{dt^2} = A\,\frac{i}{c}\,;$$

also erhält der Körper eine Winkelgeschwindigkeit

$$\omega = \frac{J}{c}\,\frac{A}{D}\,.$$

Das rücktreibende Drehmoment (herrührend von der Torsion der Aufhängung bzw. dem Erdfeld) ist für kleine ϑ bei beiden Arten von Instrumenten proportional mit ϑ; es sei $Dp^2\,\vartheta$. Dazu kommt ein mit $\dfrac{d\vartheta}{dt}$ proportionales Glied; es rührt bei offenem Leiterkreis von mechanischen dämpfenden Kräften her, bei geschlossenem Kreis außerdem von den Kräften, welche der Lenzschen Regel gemäß die durch die Bewegung induzierten Ströme begleiten; es sei $D2q\dfrac{d\vartheta}{dt}$.

Dann ist die Bewegungsgleichung:

$$\frac{d^2\vartheta}{dt^2} = -\,p^2\vartheta - 2q\,\frac{d\vartheta}{dt}$$

mit den Bedingungen:

$$\text{für } t=\tau: \quad \vartheta=0,\ \frac{d\vartheta}{dt}=\omega\,.$$

Die Lösung ist, wenn $q^2 < p^2$:

$$\vartheta = \frac{T\omega}{\pi}\,\mathrm{e}^{-\frac{\varkappa}{T}(t-\tau)}\sin\frac{\pi(t-\tau)}{T}, \quad \text{wo}\quad \frac{\varkappa}{T}=q,\ \frac{\pi^2+\varkappa^2}{T^2}=p^2\,.$$

Daraus folgt die (kleine) Schwingungsweite ϑ_{max} als:

$$\varkappa = \frac{T\omega}{\sqrt{\pi^2+\varkappa^2}} \cdot e^{-\frac{\varkappa}{\pi}\,\mathrm{arctg}\,\frac{\pi}{\varkappa}}.$$

Fließt durch dasselbe Instrument ein **konstanter** Strom i, so erfolgt eine (kleine) Ablenkung β, die gegeben ist durch:

$$A = Dp^2\beta.$$

Folglich

$$J = \frac{\omega}{p^2\beta}\,i = \frac{\alpha}{\beta}\,\frac{T}{\sqrt{\pi^2+\varkappa^2}}\,e^{\frac{\varkappa}{\pi}\,\mathrm{arctg}\,\frac{\pi}{\varkappa}}\cdot i. \qquad (39)$$

Die Messung von Stromstößen ist also auf die Messung konstanter Ströme am gleichen Instrument zurückgeführt; es bedarf noch der Beobachtung der Schwingungsdauer und des Dekrements, sowie der Vergleichung zweier Ablenkungen. Für ein Nadelgalvanometer mit der Konstante g im Erdfeld H ist nach Kap. II, (83a):

$$\beta = \frac{i}{c}\,\frac{g}{H},$$

also

$$\frac{J}{c} = \alpha\,\frac{H}{g}\,\frac{T'}{\pi}, \quad \text{wo} \quad T' = \frac{T\pi}{\sqrt{\pi^2+\varkappa^2}}\,e^{\frac{\varkappa}{\pi}\,\mathrm{arctg}\,\frac{\pi}{\varkappa}}. \qquad (40)$$

Die **Augenblickswerte** wechselnder Stromstärken können mit Vorrichtungen nach der Art des Saitengalvanometers (s. Kap. II, § 6 A) — Oszillographen — beobachtet werden. Diese Apparate versagen bei zunehmender Frequenz des Stromes. Ein viel weiter reichendes Beobachtungsmittel liefern infolge ihrer äußerst geringen Trägheit die freien Elektronen der Kathodenstrahlröhren; sie können erst an späterer Stelle behandelt werden (s. Kap. V, § 1 C).

Bei **periodischen** Strömen besitzt die größte praktische Bedeutung das **mittlere Stromstärkenquadrat**:

$$\overline{i^2} = \frac{1}{T}\int_0^T i^2\cdot dt.$$

Von ihm hängt der innere Energieverbrauch, die Joulesche Wärme, ab. Er wird auch vorwiegend durch diese gemessen: **Hitzdrahtinstrumente, Bolometer, Thermoelemente.** Daneben kommen die **Elektrodynamometer** (Kap. II, § 8, C) in Betracht; da diese aber notwendig beträchtliche Selbstinduktion besitzen, so schwächen sie einen Strom von hoher Wechselzahl in einem Maß, der ihre Verwendbarkeit ausschließen kann. — Die Quadratwurzel aus $\overline{i^2}$ heißt effektive Stromstärke; für sinusförmigen Wechselstrom $i = i_0 \sin \nu t$ ist

$$i_{\text{eff}} = \frac{i_0}{\sqrt{2}}.$$

Spannung (vgl. § 2). Für einen stationären Strom ist die elektrische Spannung von b nach a eine eindeutig bestimmte Größe, nämlich die Differenz $\varphi_b - \varphi_a$, wo φ das — einwertige — Potential des Feldes bedeutet. Als das Linienintegral

$$\int_b^a \mathfrak{E}_s \cdot ds$$

längs der Stromkurve s berechnet sie sich nach dem Ohmschen Gesetz zu $wi - E$ (s. Kap. I, § 6). Den gleichen Wert besitzt das Integral für jede von b nach a führende Kurve. — Haben wir es nun aber mit nicht-stationärem Felde zu tun, so gilt das nicht mehr. Das Linienintegral längs s ist noch immer $V_s = wi - E$. Das Integral V_l längs des äußeren Weges l aber ist dadurch bestimmt, daß

$$V_s - V_l = -\frac{1}{c}\frac{dQ}{dt} = -\frac{1}{c}\frac{d}{dt}\int \mathfrak{B}_N \cdot dS$$

ist, wo S die von s und $- l$ zusammen berandete Fläche bedeutet. V_l ist praktisch von der Wahl des äußeren Weges unabhängig unter den in § 2 unter 2. besprochenen Bedingungen. Das negativ genommene V_l — welches im folgenden wieder wie in § 2 die Spannung zwischen a und b heißen und mit V bezeichnet werden soll — ist es, was über alle Vorgänge in den äußeren Strombahnen entscheidet, die mit s die Endpunkte a und b gemein haben. Wenn Q lediglich von Selbstinduktion herrührt, ist

$$V = E - wi - L\frac{di}{dt}.$$

Für $E = 0$ und etwa eine Drosselspule in s ($\nu L \gg w$) gilt also: die äußere Spannung V hängt wesentlich von dem L der Drosselspule ab, die Verteilung der Spannung längs der Strombahn s selbst aber hängt nur von der Verteilung der w ab; auf die Drosselspule wird unter den gewöhnlichen Bedingungen nur ein verschwindend kleiner Anteil entfallen.

Zur Messung von V dient, wie bei stationärem Strom, eine zwischen a und b angebrachte Abzweigung, die entweder einen Strommesser oder ein Elektrometer enthält (s. Abb. 30). Das Instrument muß in einer Leitung von der in § 2 unter 2. geforderten Beschaffenheit enthalten sein. Die Konstanten dieser Leitung mögen $w_1 L_1 C_1$ heißen, der Strom in ihr i_1, und gegebenenfalls die Spannung zwischen den Elektrometerteilen V_1 (bei Strommessung ist $C_1 = \infty$ zu setzen). Es sei wieder $E = 0$ und $\dfrac{Q}{c} = Li$. Wir wollen ferner i und somit auch V,

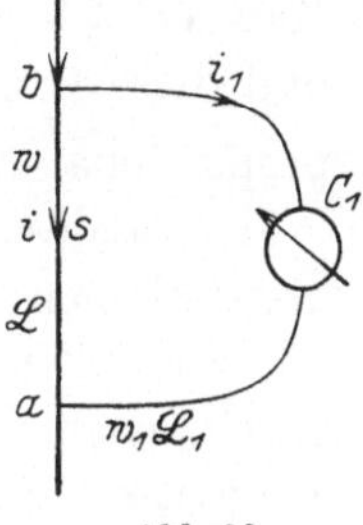

Abb. 30.

i_1 und V_1 als sinusförmig voraussetzen, und die Amplituden durch den Index 0 bezeichnen. Gesucht ist dann

$$V^2 = \frac{V_0^2}{2}.$$

Es ist

$$w'^2\, i^2 = V^2 = w_1'^2\, \overline{i_1^2} = (w_1' \nu C_1)^2\, \overline{V_1^2},$$

wo

$$w'^2 = w^2 + \nu^2 L^2, \qquad w_1'^2 = w_1^2 + \left(\nu L_1 - \frac{1}{\nu C_1}\right)^2.$$

Die Messung von i_1^2 ist soeben besprochen; $\overline{V_1^2}$ wird in der sog. Doppelschaltung des Elektrometers bestimmt, s. Kap. I, (34b). Damit als V die Spannung gemessen werde, die vor Anlegung des Instruments bestand, muß i merklich gleich dem unverzweigten Strom, d. h.

$$i_{10} \ll i_0, \quad \text{also} \quad w_1' \gg w'$$

sein. — Bei elektrometrischer Messung wird praktisch stets $w_1' = \dfrac{1}{\nu C_1}$, also $V^2 = \overline{V_1^2}$ sein. — Da ein Strommesser unmittelbar die Werte von i anzeigt, w_1' aber von ν abhängt, so gilt die Spannungsskala eines solchen Instruments nur für eine bestimmte Frequenz. Der Einfluß der Frequenz bei sinusförmigem Strom, und damit allgemein die Abhängigkeit von der Stromform, kann aber beliebig vermindert werden durch Einschaltung eines großen induktionsfreien Widerstandes vor dem Strommesser.

Die von dem Leiter s abgegebene Leistung ist $\overline{iV}$. Sie kann gemessen werden, indem der Strom i durch die eine, der Strom i_1

durch die andre Spule eines Elektrodynamometers geleitet wird. Das Drehmoment, das auf die bewegliche Spule wirkt, ist (s. Kap. II, § 8, C) bei kleinen Ausschlägen proportional mit $\overline{i\,i_1}$, und diese Größe ist bei Sinusstrom und gegebenem v ihrerseits proportional mit $\overline{i\,V}$. Die Vorschaltung eines induktionsfreien Widerstandes vor die Spannungsspule hat wieder die soeben besprochenen Wirkungen.

Wir wollen nun eine Übersicht der hauptsächlichsten Methoden geben, nach denen die in Kap. II und III auftretenden Größen gemessen werden können.

A. Vergleichende Messungen. Widerstände werden verglichen mit der Anordnung der Wheatstoneschen Brücke, die in Kap. I, § 6 besprochen ist [Gl. (81)]. Als Nullinstrument dient nur bei sehr großen Widerständen das Elektroskop, sonst ein Stromanzeiger. Als fester Vergleichswert (Normale) kann der Widerstand der Siemens-Einheit w_s dienen. Definition bei Kap. I, (83). Ein Widerstandssatz sei hiernach hergestellt.

Ein Galvanometer wird mittels konstanten Stroms geeicht, indem der Strom gleichzeitig durch eine Zersetzungszelle geleitet wird; Faradays Gesetz, Kap. I, (69). Als Normale dient demnach der Strom, der in 1 Sekunde ein Gramm-Äquivalent ausscheiden würde, die **elektrochemische Stromeinheit**. Mittels eines geeichten Instruments kann jeder andere Strommesser geeicht werden, indem er — bei gleichem Meßbereich unmittelbar, bei ungleichem Meßbereich unter Abzweigung — in den gleichen Stromkreis mit jenem eingeführt wird. Im zweiten Fall wird eine Widerstandsvergleichung erfordert.

Spannungen und elektromotorische Kräfte können entweder nach Kap. I unmittelbar — elektrometrisch — oder mittels konstanten Stroms als Produkte aus Stromstärke und Widerstand — galvanometrisch — verglichen werden. Als Normale kann die elektromotorische Kraft des Weston-Elements [s. Kap. I, bei (82)] dienen.

Induktionsflüsse werden nach (37) und (39) verglichen mittels Widerstand- und Stromvergleichung. Die Normale für $\dfrac{Q}{c}$ ist durch die Normalen von w und i mitgegeben.

Aus den Q und den Stromstärken folgen — für $\mu = \mathrm{const}_H$ — definitionsmäßig die konstanten **Induktivitäten** L; s. Kap. II,

(31a) S. 115. Die Vergleichung zweier L kann aber genauer durch Nullmethoden nach Art der Wheatstoneschen Brücke (Abb. 9) ausgeführt werden. Als Beispiel die Vergleichung zweier Selbstinduktivitäten: Die Zweige *1* und *2* der Anordnung mögen Spulen mit den Koeffizienten L_{11} und L_{22} enthalten, während die Selbstinduktivitäten der Zweige *3* und *4*, und ebenso die Gegeninduktivitäten der verschiedenen Zweige zu vernachlässigen seien. Dann sind die Bedingungen für Stromlosigkeit der Brücke:

$$w_1 i_1 + L_{11}\frac{\partial i_1}{\partial t} = w_3 i_3; \quad w_2 i_1 + L_{22}\frac{\partial i_1}{\partial t} = w_4 i_3.$$

Zeigt sich also die Brücke stromlos sowohl für stationären wie für veränderlichen Strom, so ist

$$\frac{L_{11}}{L_{22}} = \frac{w_1}{w_2} = \frac{w_3}{w_4}. \tag{41}$$

In genau derselben Weise lassen sich Kapazitäten C vergleichen.

Da für $\mu = \mu_0$ die L durch die Gestalt (und gegenseitige Lage) der linearen Leiter bestimmt sind, lassen sich vervielfältigungsfähige Normalen für sie herstellen. Das gleiche gilt für $\varepsilon = \varepsilon_0$ bezüglich der C. — Hinsichtlich der Selbstinduktivitäten ist aber zu beachten, daß ihr Wert von der Verteilung der Stromfäden abhängt. Diese ist in einem Draht bei stationärem Strom gleichförmig über den Drahtquerschnitt, und unter dieser Voraussetzung ist z. B. das L der Gleichungen Kap. II (69) und (70) berechnet. Bei veränderlichem Strom aber ist die Verteilung ungleichförmig, und der Wert von L daher ein andrer. Das gleiche gilt in noch weit höherem Grade bezüglich der w. (S. den folgenden Paragraphen). In (41) sind genügend langsame Stromänderungen vorausgesetzt.

Auch die Vergleichung von Durchlässigkeiten μ läßt sich auf die Vergleichung von Induktionsflüssen Q zurückführen: Im Innern einer langen vom Strom i durchflossenen Spule mit n Windungen auf der Längeneinheit besteht, wenn durchweg $\mu = \mu_0$ ist [s. Kap. II (65)], ein gleichförmiges Feld von der Stärke

$$H_0 = \frac{n\,i}{c}.$$

In dieses werde ein Ellipsoid $(abc\mu)$ gebracht; die a-Achse liege parallel zum Feld. Dann ist [s. Kap. II (96)] in seinem Innern

$$\mathfrak{H} \parallel \mathfrak{H}_0 \quad \text{und} \quad H = \frac{ni}{c}\,\frac{1}{1 + A\,\dfrac{\mu - \mu_0}{\mu_0}}.$$

Folglich für eine Drahtschleife, die den Querschnitt S des Ellipsoids umschlingt,

$$Q = \frac{ni}{c}\,\frac{\mu S}{1 + A\,\dfrac{\mu - \mu_0}{\mu_0}}.$$

Ohne das Ellipsoid ist der Induktionsfluß

$$Q_0 = \frac{ni}{c}\,\mu_0 S.$$

Also, wenn wir

$$\frac{Q}{Q_0} = (Q), \quad \frac{\mu}{\mu_0} = (\mu)$$

schreiben,

$$(\mu) = \frac{(Q)\,(1 - A)}{1 - (Q)\,A}. \tag{42}$$

Der so gefundene Wert von (μ) gilt für die Feldstärke H. A ist durch die Achsenverhältnisse des Ellipsoids bestimmt und für ein sehr gestrecktes Ellipsoid sehr klein gegen Eins. — Es gilt in Strenge

$$\frac{\mu}{\mu_0} = \frac{Q}{Q_0}$$

für eine gleichmäßig gewickelte, von einem homogenen Körper ausgefüllte Ringspule. Hier aber läßt sich offenbar Q_0 nicht experimentell ermitteln.

Induktion $\mathfrak{B}$. Ein linearer Leiter umrande eine hinreichend kleine Fläche, deren Maximalprojektion S sei; er werde schnell aus dem Felde herausgezogen (oder in ihm um 180^0 gedreht). Dann ist

$$\delta Q = -\mathfrak{B}_N S \quad (\text{bzw.} = \pm\, 2\,\mathfrak{B}_N S).$$

Es kann also die Richtung von $\mathfrak{B}$ bestimmt und B mit Hilfe der Strom- und Widerstandsnormalen in unveränderlichem Maß ausgedrückt werden. — Als Anwendung der Erdinduktor: Der Leiter befinde sich im Erdfelde mit der

$$\left.\begin{array}{l} \text{horizontalen} \\ \text{vertikalen} \end{array}\right\} \text{Komponente} \left\{\begin{array}{l} H \\ Z \end{array}\right\}.$$

Er werde um 180^0 gedreht, und zwar so, daß die Normale von S aus der Richtung von $\left\{\begin{array}{l} H \\ Z \end{array}\right\}$ in die entgegengesetzte übergeht.

Dann ist

$$(\delta Q)_1 = -2\mu_0\, HS. \qquad\qquad (\delta Q)_2 = -2\mu_0\, ZS; \qquad (43)$$

also
$$\frac{(\delta Q)_2}{(\delta Q)_1} = \frac{Z}{H} = \operatorname{tg}\alpha.$$

α ist die erdmagnetische Inklination, die also auf diese Weise bestimmt werden kann. — Die $\mathfrak{B}$-Werte können ferner bei konstantem $\mu = \mu_0$ mittels der Drehmomente verglichen werden, die auf durchströmte Leiter von kleiner Fläche wirken; s. Kap. II (79).

Dieselben Methoden liefern bei konstantem $\mu = \mu_0$ zugleich die Verhältnisse von Feldstärken $\mathfrak{H}$.

Magnetische Spannung. $\Pi = \int_a^b \Big| \mathfrak{H}_s\, ds$. Ein dünner biegsamer Streifen von der Länge l und dem konstanten Querschnitt S ist eng und gleichmäßig mit einer Spule umwickelt, die n Windungen auf der Längeneinheit hat. (Spannungsmesser). Liegt er in der Kurve l (in Luft), so ist der Induktionsfluß in der Spule:

$$Q = \mu_0\, n S \Pi.$$

Jede Änderung von Q und somit jedes entstehende Π kann durch den Ausschlag eines Galvanometers, das mit den Enden der Spule verbunden ist, in willkürlichem, aber — bei gegebener Meßvorrichtung — unveränderlichem Maß gemessen werden.

a) Es sei l eine geschlossene Kurve l_0; sie umschlinge N_0 mal einen Leiter mit dem Strom i_0. Dann ist

$$\Pi_0 = N_0\, \frac{i_0}{c}.$$

b) Es sei l eine offene Kurve l_1: dann kann der zugehörige Wert Π_1 als ein bestimmtes Vielfaches von $N_0\dfrac{i_0}{c}$ gemessen werden.

c) Es möge l_1 zusammen mit einer Kurve l_2, die zwischen zwei Punkten auf der Oberfläche eines Eisenkörpers — Transformator, Dynamomaschine — verläuft, eine geschlossene Kurve bilden. Diese umschlinge in positiver Richtung N Windungen eines Magnetisierungsstromes i. Dann ist

$$\Pi_2 = \frac{Ni}{c} - \Pi_1.$$

Da das Verhältnis $\dfrac{Ni}{N_0 i_0}$ angegeben werden kann, so erhält man aus a), b), c) das Verhältnis $\dfrac{\Pi_2}{\Pi_1}$ der Spannungen auf dem Eisenwege und auf dem Luftwege.

Bezüglich der Messung von magnetischen Momenten, sowie
der Feldmessungen mit Hilfe von permamenten Magneten sei
auf Kap. II, § 8, C verwiesen.

B. Absolute Messungen. Eine Maßeinheit ist absolut,
wenn sie in einer von Ort und Zeit unabhängigen Weise definiert ist.
So sind die Siemens-Einheit des Widerstandes, die elektrochemische
Stromeinheit, die elektromotorische Kraft des Weston-Elements
absolute Einheiten. Ihre Definitionen sind an bestimmte Stoffe
geknüpft: das Quecksilber für die Siemens-Einheit, — den Sauerstoff (Äquivalentgewicht = 8) für die elektrochemische Stromeinheit, — die Substanzenfolge im Weston-Element. — Für jede
Art physikalischer Größen ist eine besondere, unabhängige absolute Einheit zulässig. Zweckmäßig aber sind nur solche Verbindungen von Einheiten, durch welche die Beziehungen zwischen
den verschiedenen Größen nach Möglichkeit von Zahlenfaktoren
frei werden. Da elektromagnetische Vorgänge sich auch im
Vakuum abspielen, ist es möglich, die Definitionen von der Bezugnahme auf willkürlich gewählte Stoffe frei zu halten. — In den
Gleichungen von Kap. II und III, welche Beziehungen der elektromagnetischen Größen untereinander und — in der Kräftefunktion
— zu mechanischen Größen enthalten, treten zwei Konstanten
auf, über die bisher nicht verfügt ist: μ_0 und c. Durch sie und
durch Längen, Zeiten und Kräfte müssen sich daher die Normalen
ausdrücken lassen.

Wert der elektrochemischen Stromeinheit. Bereits in
Kap. II ist gezeigt worden, wie für einen bestimmten Strom i
die Größe $\dfrac{\mu_0 i^2}{c^2}$ als eine Kraft gemessen werden kann. Wenn
dies einmal für einen Strom geschehen ist, der zugleich eine gemessene Silbermenge in gemessener Zeit ausgeschieden hat, kann
$\dfrac{\sqrt{\mu_0}\, i}{c}$ für die elektrochemische Stromeinheit festgelegt werden. Es
hat sich ergeben: für den Strom i_{ch}, der in 1 Sekunde 1 Gramm-
äquivalent ausscheidet, ist

$$\frac{i_{ch}\sqrt{4\pi\mu_0}}{4\pi c} = 9650 \ \mathrm{cm}^{1/2}\,\mathrm{gr}^{1/2}\,\mathrm{sec}^{-1} \tag{44}$$

$$(i_{ch} = 96\,500 \ \mathrm{Ampère})$$

oder umgekehrt: es ist

$$\frac{i^2 \cdot 4\pi\mu_0}{(4\pi c)^2} = 1 \ \mathrm{Dyn}$$

für den Strom, der $1,036 \cdot 10^{-4}$ Grammäquivalent oder $1,118 \cdot 10^{-2}$ Gramm Silber in 1 Sekunde ausscheidet (10 Ampère)[1].

Wert der Siemens-Einheit. Der Erdinduktor werde aus der Lage im magnetischen Meridian um $180^{\,0}$ um eine vertikale Achse gedreht; dann entsteht in der Leitung ein Stromstoß J, der nach (37) und (43) gegeben ist durch:

$$Jw = \frac{\mu_0 2HS}{c}.$$

Er werde durch ein Galvanometer von der Konstante g geleitet; dann ist nach (40):

$$\frac{J}{c} = \frac{H}{g}\,\alpha\,\frac{T'}{\pi}.$$

Es folgt:
$$\frac{c^2 w}{\mu_0} = \frac{2\pi S g}{\alpha T'}. \qquad (45)$$

g ist eine meßbare reziproke Länge, S eine Fläche, T' eine Zeit, α eine reine Zahl; also wird $\dfrac{c^2 w}{\mu_0}$ als eine Geschwindigkeit gemessen. Wenn dies für einen beliebigen Widerstand einmal geschehen ist, kann dieselbe Größe für die Siemens-Einheit festgelegt werden. Es hat sich ergeben:

$$\frac{(4\pi c)^2 w_s}{4\pi \mu_0} = \frac{10^9}{1,063}\,\frac{\text{cm}}{\text{sec}} \quad \left(w_s = \frac{1}{1,063}\ \text{Ohm}\right) \qquad (46)$$

oder, was dasselbe bedeutet:

$$\frac{4\pi \mu_0}{(4\pi c)^2}\,\sigma_{Hg} = 1,063 \cdot 10^{-5}\,\frac{\text{sec}}{\text{cm}^2}\ [2]. \qquad (46\,\text{a})$$

Es möge nun während t Sekunden der Strom i in einem homogenen Leiter vom Widerstand w fließen.

Es sei gemessen

$$\frac{c^2 w}{\mu_0} = a\,\frac{\text{cm}}{\text{sec}} \quad \text{und} \quad \frac{\mu_0 i^2}{c^2} = b^2\,\frac{\text{erg}}{\text{cm}}.$$

Dann folgt, wenn t in Sekunden gemessen wird:

$$wi^2 t = ab^2 t\ \text{erg}.$$

Es kann aber zugleich $wi^2 t = Jt$ als eine Wärmemenge in Kalorien gemessen werden. Der Vergleich ergibt somit das **mechanische Wärmeäquivalent.**

---

[1] Die zur Zeit wahrscheinlichsten Zahlen sind: 9649,4; 1,0363; 1,1180.
[2] Die zur Zeit wahrscheinlichste Zahl ist 1,06246.

Weiter folgt aus dem Ohmschen Gesetz:

$$\frac{c^2}{\mu_0}\, i^2 w^2 = \frac{c^2}{\mu_0}\,(\varphi_c - \varphi_a)^2 = a^2 b^2\,\frac{\text{erg cm}}{\text{sec}^2}\,.$$

Es werde nun zugleich $\varphi_e - \varphi_a$ mit der elektromotorischen Kraft eines Weston-Elements [s. Kap. I, (82)] verglichen; dann findet man:

$$\varepsilon_0\,(\varphi_e - \varphi_a)^2 = d^2\,\frac{\text{erg}}{\text{cm}}\,.$$

Der Vergleich ergibt:

$$\frac{c^2}{\varepsilon_0\,\mu_0} = \frac{a^2 b^2}{d^2}\,\frac{\text{cm}^2}{\text{sec}^2}\,.$$

Es ist also $\dfrac{c}{\sqrt{\varepsilon_0\mu_0}}$ eine bestimmte Geschwindigkeit, die in der angegebenen Weise festgelegt werden kann. Sie ist tatsächlich nach
einer großen Zahl verschiedener Methoden gemessen worden, zuerst
von W. Weber und R. Kohlrausch[1]). Es hat sich ergeben, daß sie
genau gleich der Lichtgeschwindigkeit im leeren Raum ist:

$$\frac{c}{\sqrt{\varepsilon_0\mu_0}} = a_0 = 3 \cdot 10^{10}\,\frac{\text{cm}}{\text{sec}}\,[2])\,. \tag{47}$$

Die Feststellung dieser Gleichheit ist von entscheidendem Einfluß
auf die Entwicklung der Elektrizitätslehre gewesen.

Eisenuntersuchung. Ein dünner Eisenring (Umfang l,
Querschnitt S) sei von einer gleichmäßigen engen Drahtwicklung
von N Windungen umgeben, in der der Strom i hergestellt werden
kann. Den Ring umschließe ferner an beliebiger Stelle eng eine
Spule von N_1 Windungen, die mit einem Galvanometer verbunden sei; der Widerstand dieses Meßkreises sei w_1. Das Feld
im Ring ist:

$$H = \frac{N i}{l c}\,.$$

Der Induktionsfluß durch den Meßkreis ist:

$$Q = N_1 S B;$$

folglich entsteht bei Änderung von i in ihm ein Stromstoß

$$J_1 = -\frac{1}{w_1 c}\,N_1 S \cdot \delta B\,.$$

Also ist

$$\frac{\delta B}{\mu_0 \cdot \delta H} = -\frac{c^2 w_1}{\mu_0}\,\frac{l}{N N_1 S}\,\frac{J_1}{\delta i}\,.$$

---

[1]) Poggendorfs Ann. Bd. 99. 1856; auch in Ostwalds Klassiker Nr. 142.
[2]) Die zur Zeit wahrscheinlichste Zahl ist $2{,}9986 \cdot 10^{10}$.

$\dfrac{c^2 w_1}{\mu_0}$ ist nach (46) eine meßbare Geschwindigkeit, $\dfrac{J_1}{\delta i}$ nach (39) eine meßbare Zeit, $\dfrac{l}{S}$ eine reziproke Länge; also ergibt sich $\dfrac{\delta B}{\delta(\mu_0 H)}$ als reine Zahl. Indem man den Magnetisierungstrom i stufenweise verstärkt oder schwächt, würde man also, von einem bekannten Wertepaar ausgehend, B als Funktion von $\mu_0 H$ erhalten. — Es bleibt aber bei dieser Anordnung der Ausgangswert von B notwendig unbekannt. Hat jedoch der Eisenkörper Stabform, so kann man magnetometrisch feststellen, daß dem Anfangswert $i = 0$ auch der Anfangswert $B = 0$ entspricht. Bei einem technisch vielfach verwendeten Verfahren wird das von den Windungen des Meßkreises umschlungene Probestück als dünner Stab einem magnetischen Kreise eingefügt, dessen übriger Teil aus einem gedrungenen Eisenstück von viel größerem Querschnitt besteht. Dann liegt der magnetische Widerstand des Kreises noch immer zum ganz überwiegenden Teil in dem Probestück [s. Kap. II, (39h)], und der Wert von H im Probestück kann daher mit praktisch ausreichender Genauigkeit abgeschätzt werden. — Das einzige für genaue Berechnung taugliche Verfahren beruht auf der Verwendung gestreckter Ellipsoide.

C. Absolute Maßsysteme. Um ein einheitliches Maßsystem für das Gesamtgebiet der elektromagnetischen Erscheinungen festzulegen, muß schließlich noch über zwei der Größen $\varepsilon_0\, \mu_0\, c$ verfügt werden: die dritte ist dann durch Gleichung (47) bestimmt. Man wird die Verfügung so zu treffen haben, daß die grundlegenden Beziehungen zwischen elektrischen, magnetischen und mechanischen Größen eine möglichst einfache Form erhalten. Wir erfüllen die Forderung, indem wir $\varepsilon_0 = 1$, $\mu_0 = 1$, $c = a_0$ setzen. Dieses Maßsystem, welches die mathematische Enzyklopädie angenommen hat, wollen wir als das rationelle bezeichnen. Wir haben es ohne weiteres in unsern Gleichungen, wenn wir unter ε und μ die relativen auf das Vakuum bezogenen Werte verstehen, und unter c die Lichtgeschwindigkeit. — Die Gleichungen, die wir jetzt als die umfassendsten und deshalb wichtigsten erkennen, sind aber erst gefunden worden, nachdem bereits eine Reihe anderer absoluter Systeme entwickelt und benutzt waren; an dieser Überfülle kranken Physik und Technik. Zunächst galten als Grundlage der Theorie die elementaren Punktgesetze für

$\varepsilon = \varepsilon_0$ und für $\mu = \mu_0$: das elektrostatische [Kap. I, (1)], das magnetische [Kap. II, (58)], das elektromagnetische [Kap. II, (56), (57)], das elektrodynamische [Kap. II, (55)]. Das hat zu folgenden Festsetzungen geführt:

1. elektrisches (elektrostatisches) System:

$$4\pi\varepsilon_0 = 1, \quad 4\pi c = 1, \quad \text{und folglich} \quad 4\pi\mu_0 = \frac{1}{a_0^2};$$

2. magnetisches (elektromagnetisches) System:

$$4\pi\mu_0 = 1, \quad 4\pi c = 1, \quad \text{und folglich} \quad 4\pi\varepsilon_0 = \frac{1}{a_0^2};$$

3. symmetrisches (Gaußsches) System:

$$4\pi\varepsilon_0 = 1, \quad 4\pi\mu_0 = 1, \quad \text{und folglich} \quad 4\pi c = a_0.$$

Das System 1. hat nur für einen Teil der älteren Literatur Bedeutung. Des Systems 3. haben sich Helmholtz und H. Hertz bedient. Als die elektrodynamischen Erscheinungen im Gegensatz zu den elektrostatischen mehr und mehr Bedeutung fanden, gewann das System 2. nahezu die Alleinherrschaft; mit den geometrisch-mechanischen Einheiten Zentimeter, Gramm, Sekunde, wird es kurz als c-g-s-System bezeichnet (Es heißt aber nicht $\mathfrak{B}$, sondern

$$\mathfrak{B}' = 4\pi\,\mathfrak{B} = \frac{\mu}{\mu_0}\,\mathfrak{H} + 4\pi\,\mathfrak{M}$$

,,Induktion".)

Nach (46) ist die c-g-s-Einheit des Widerstandes $= \dfrac{1{,}063}{10^9}\,w_s$. Nach (44) scheidet die c-g-s-Einheit des Stromes in 1 Sek.: $\dfrac{1}{9650}$ Grammäquivalente oder $1{,}118 \cdot 10^{-2}$ Gramm Silber aus. Nach Kap. I, (82) und III, (47) ist die c-g-s-Einheit der elektrischen Spannung $= \dfrac{10^{-8}}{1{,}0184}\,E_w$. Zwei dieser drei Angaben genügen, um die Einheiten aller Größen experimentell festzulegen, wie im vorigen Abschnitt besprochen wurde.

Unter dem Einfluß der Elektrotechnik hat sich aus dem c-g-s-System zunächst eine Abart entwickelt, die wir als das ursprüngliche technische Maßsystem bezeichnen wollen. Seine Einheiten sind:

für die Stromstärke:	1 Ampere	$= 10^{-1}$ c-g-s-Einheiten
für den Widerstand:	1 Ohm	$= 10^9$,, ,,
für die elektromotorische Kraft:	1 Volt	$= 10^8$,, ,,

für die Elektrizitätsmenge:	1 Coulomb	$=10^{-1}$ c-g-s-Einheiten
für die Kapazität:	1 Farad	$=10^{-9}$ „ „
für die Induktivität:	1 Henry	$=10^{9}$ „ „
für die magnetische Feldstärke:	1 Gauß	$=1$ „ „
für den magnetischen Induktionsfluß:	1 Maxwell	$=1$ „ „
für die Energie:	1 Joule	$=10^{7}$ „ „
für die Leistung:	1 Watt	$=10^{7}$ „ „
für die Länge:	1 Zentimeter	$=1$ „ „
für die Zeit:	1 Sekunde	$=1$ „ „

In diesem System nehmen die wichtigsten Gleichungen die
folgende Form an:

$$\operatorname{rot} \mathfrak{H} = \frac{4\pi}{10}\, \mathfrak{J}, \qquad\qquad \mathfrak{J} = \sigma\mathfrak{E},$$

$$-\operatorname{rot} \mathfrak{E} = 10^{-8}\frac{d'\mathfrak{B}}{dt}, \qquad\qquad \mathfrak{D} = \varepsilon\mathfrak{E},$$

$$W_e = \frac{10^9}{2}\int \mathfrak{E}\mathfrak{D}\cdot d\tau, \qquad\qquad \mathfrak{B} = \mu\mathfrak{H} + 4\pi\mathfrak{M},$$

$$W_m = \frac{1}{4\pi\cdot 10^7}\int d\tau \int \mathfrak{H}\cdot d\mathfrak{B}, \qquad\qquad \varepsilon_0 = \frac{1}{4\pi a_0^2},$$

$$\Psi = \int \mathfrak{E}\mathfrak{J}\cdot dt, \qquad\qquad \mu_0 = 1.$$

Da die magnetischen Feldvektoren, sofern man von den permanenten Magneten absieht, gegenüber der Beobachtung lediglich
Rechnungsgrößen sind, die durch das Durchflutungsgesetz Kap. II,
(16) und das Induktionsgesetz Kap. III, (4) mit elektrischen Größen verknüpft sind, so hat man dann begonnen, magnetische Feldstärken in Ampere/Zentimeter $= 0{,}4\cdot\pi$ Gauß, und Induktionsflüsse
in Volt-Sekunden $= 10^8$ Maxwell zu messen. Ferner hat man in
verschiedener Weise andere Einheiten der Länge, Zeit und Energie
vorgeschlagen. Eine Einigung ist bisher nicht erfolgt.

Den Bedürfnissen der Praxis entsprechend, hat man endlich in
internationalem Übereinkommen nicht die Werte von μ_0 und c,
sondern die Einheiten des Stroms und des Widerstands gesetzlich
festgelegt. Es ist ein internationales Ampere $=$ dem Strom, der
in 1 Sekunde 1,118 Milligramm Silber ausscheidet, und ein internationales Ohm $=$ dem Widerstand einer Quecksilbersäule von
1 qmm Querschnitt und 106,3 cm Länge bei 0^0 C. Nach diesen
Festsetzungen, auf denen sich das heutige technische Maßsystem grundsätzlich aufbaut, müssen mit fortschreitender Meßgenauigkeit die Werte von μ_0, c und $a_0^2\,\varepsilon_0$ geändert werden. Den

Anforderungen der theoretischen Physik genügt schon das ursprüngliche technische Maßsystem nicht, — noch weniger das heutige.

Es ist noch zu bemerken: Durch die Festsetzung

$$\mu_0 = 1 \quad (\text{oder } 4\pi\mu_0 = 1)$$

erscheinen magnetische Feldstärke und Induktion als Größen gleicher Art; insbesondere erweckt die häufig anzutreffende Bemerkung, im Vakuum seien Feldstärke und Induktion identisch, diese Vorstellung. Sie ist so wenig zutreffend, wie etwa die Entfernung zweier Sterne dadurch zu einer Zeit wird, daß man sie in Lichtjahren ausdrückt.

Die Wesensverschiedenheit der beiden Größen zeigt sich darin, daß man $\dfrac{B}{H}$ nicht durch vergleichende, sondern nur durch absolute Messungen ermitteln kann (s. oben „Eisenuntersuchung"). Die soeben erwähnten neueren Einheiten für B und H geben diesem Tatbestand Ausdruck.

§ 6. Stromverdrängung.

In diesem Kapitel haben wir bisher die Verteilung der Strömung als etwas Gegebenes behandelt. Die Verteilung im stationären Zustand ist in Kap. I zur Sprache gekommen. Es wird sich aber zeigen, daß die Verteilung veränderlicher — auch quasistationärer — Strömung eine andere ist. Die Abweichungen bezeichnet man als Hautwirkung oder als Stromverdrängung. Wir erhalten sie aus den Hauptgleichungen:

$$c \cdot \operatorname{rot} \mathfrak{H} = \mathfrak{J}; \quad -c \cdot \operatorname{rot} \mathfrak{E} = \frac{\partial \mathfrak{B}}{\partial t}.$$

Die Gleichungen sollen angewendet werden auf einen homogenen Leiter, dessen μ wir als unabhängig von H annehmen werden. Dann lauten sie:

$$c \cdot \operatorname{rot} \mathfrak{H} = \mathfrak{J}; \quad -c \cdot \operatorname{rot} \mathfrak{J} = \sigma\mu \frac{\partial \mathfrak{H}}{\partial t}, \tag{48}$$

wo σ und μ nicht von den Koordinaten abhängen. Aus beiden Gleichungen folgt:

$$-c^2 \cdot \operatorname{rot} \operatorname{rot} \mathfrak{J} = \sigma\mu \frac{\partial}{\partial t}(c \cdot \operatorname{rot} \mathfrak{H}) = \sigma\mu \frac{\partial \mathfrak{J}}{\partial t},$$

und aus der ersten ferner: div $\mathfrak{J} = 0$. Daher nach (σ):

$$c^2 \cdot \varDelta \mathfrak{J} = \sigma \mu \frac{\partial \mathfrak{J}}{\partial t}. \tag{49}$$

Wir denken uns als Leiter zunächst einen unendlich ausgedehnten, nur durch die Ebene $x = 0$ begrenzten Körper, und in ihm eine Strömung von überall gleicher, zu x normaler Richtung. Diese nehmen wir als z-Richtung. $\mathfrak{J}_z$ soll nur Funktion von x sein. Die Strömung ist dann quasistationär. Aus (48) (49) wird jetzt [s. $(\varkappa_1)$]:

$$\mathfrak{J}_x = \mathfrak{J}_y = 0. \quad \frac{\partial \mathfrak{H}_x}{\partial t} = \frac{\partial \mathfrak{H}_z}{\partial t} = 0, \quad \mathfrak{J}_z = c\frac{\partial \mathfrak{H}_y}{\partial x}, \quad \sigma\mu\frac{\partial \mathfrak{H}_y}{\partial t} = c\frac{\partial \mathfrak{J}_z}{\partial x}, \tag{48a}$$

$$c^2 \frac{\partial^2 \mathfrak{J}_z}{\partial x^2} = \sigma \mu \frac{\partial \mathfrak{J}_z}{\partial t} \tag{49a}$$

gültig für $x \geqq 0$.

$\mathfrak{J}_z(0)$ sei eine gegebene Funktion der Zeit. Wir setzen sie als sinusförmig voraus; dann wird $\mathfrak{J}_z(x)$ allgemein eine Sinusfunktion von t. (Da die Gleichungen linear-homogen sind, können wir eine beliebige periodische Zeitfunktion $\mathfrak{J}_z(0)$ in eine Fouriersche Reihe entwickeln, und die $\mathfrak{J}_z(x)$, die den einzelnen Gliedern der Reihe entsprechen, addieren.) Schreiben wir $\mathfrak{J}_z(x) = f(x) \cdot e^{\iota\nu t}$, so folgt aus (49a):

$$f''(x) = m^2 \cdot f(x), \quad \text{wo} \quad m^2 = \frac{\iota\nu\mu\sigma}{c^2}; \quad \text{also} \quad f(x) = a \cdot e^{mx},$$

oder in reeller Form:

$$\mathfrak{J}_z(x) = a\,e^{-px}\sin(\nu t - px), \quad p = \sqrt{\frac{\nu\mu\sigma}{2c^2}}; \tag{50}$$

wo, da $\mathfrak{J}_z$ für $x = \infty$ nicht unendlich werden darf, die positive Wurzel zu nehmen ist.

Sei jetzt der Leiter eine unendlich ausgedehnte Platte von der Dicke $2\,l$, und die Strömung symmetrisch zur Mittelebene $x = 0$. Die Gleichungen (48a), (49a) gelten dann für $-l \leqq x \leqq +l$ und zu ihnen tritt hinzu:

$$\mathfrak{J}_z(x) = \mathfrak{J}_z(-x).$$

Es wird:

$$\mathfrak{J}_z(x) = a \cdot e^{\iota\nu t}\left(e^{(\iota+1)px} + e^{-(\iota+1)px}\right),$$

oder in reeller Form:

$$\mathfrak{I}_z(x) = \frac{A}{2}\{\mathrm{e}^{px}\sin(vt+px) + \mathrm{e}^{-px}\sin(vt-px)\} \quad (-l \leqq x \leqq l),$$

$$\text{wo} \quad p = \sqrt{\frac{v\mu\sigma}{2c^2}}. \qquad (50')$$

A bedeutet die Stromamplitude in der Mittelebene.

$\mathfrak{H}$ folgt aus (48a); es ist parallel zu y, und hat in den beiden Hälften der Platte entgegengesetztes Vorzeichen; in der Mittelebene ist es stets Null.

Wenn $pl \ll 1$, so ist die Stromdichte bezüglich Amplitude und Phase gleichförmig über die Plattendicke verbreitet. Ist dagegen $pl \gg 1$, so ist $\mathfrak{I}_z(0) \ll \mathfrak{I}_z(l)$; ferner in einer Tiefe $\delta = l - x$ unter der Oberfläche, die klein gegen l ist:

$$\mathfrak{I}_z(l-\delta) = \frac{A}{2}\,\mathrm{e}^{p(l-\delta)}\sin(vt + p(l-\delta)),$$

also:

$$|\mathfrak{I}_z(l-\delta)| = |\mathfrak{I}_z(l)| \cdot \mathrm{e}^{-p\delta}.$$

Kann man δ so wählen, daß $p\delta \gg 1$ und $\delta \ll l$, so ist die Strömung, und damit auch das magnetische Feld, auf eine gegenüber der Plattendicke sehr dünne Oberflächenschicht beschränkt; und es ist für jedes x:

$$\mathfrak{I}_z(x) = \mathrm{const} \cdot \mathrm{e}^{p|x|}\sin(vt + p|x|). \qquad (50\,\mathrm{a})$$

Diese Ergebnisse lassen sich auf einen Draht vom Radius R übertragen, der entweder gerade gestreckt, oder doch so gebogen ist, daß der Krümmungsradius überall sehr groß gegen R ist. Die Strömung ist dann parallel zur Drahtachse; das magnetische Feld verläuft in Kreisen um die Achse; die Beträge I, H beider Vektoren sind nur abhängig von der Entfernung ϱ von der Achse. Ferner: 1. Wenn $pR \ll 1$ ist, so ist die Strömung gleichförmig über den Querschnitt verbreitet. — 2. Wenn $pR \gg 1$ ist, ist die Strömung in der Achse verschwindend klein gegen diejenige auf der Oberfläche. — 3. Kann man δ so wählen, daß $\delta \ll R$ und trotzdem $p\delta \gg 1$ ist, so ist die Strömung auf eine Oberflächenhaut beschränkt, die man in eine ebene Platte abwickeln kann, und in der deshalb dasselbe Verteilungsgesetz gilt, wie in dieser; d. h. dann ist in der Tiefe δ die Strömungsamplitude:

$$|\mathfrak{I}| = |\mathfrak{I}(R)|\,\mathrm{e}^{-p\delta}$$

und es gilt für jedes ϱ:

$$\mathfrak{J}(\varrho) = \text{const} \cdot e^{p\varrho} \sin(\nu t + p\varrho). \qquad (50\,\text{b})$$

Diese Überlegung wird durch die vollständige Behandlung der Aufgabe bestätigt. Unter den jetzigen Symmetrieverhältnissen sind $\mathfrak{J}$ und $\mathfrak{H}$ nur abhängig von ϱ und t. Stellen wir das Feld mittels Zylinderkoordinaten x, ϱ, α dar, so nehmen daher [s. $(\varkappa_2)$] die Gleichungen (48) die Form an:

$$c\,\frac{1}{\varrho}\,\frac{\partial}{\partial \varrho}(\varrho\mathfrak{H}_\alpha) = \mathfrak{J}_x\cdot \qquad\qquad c\,\frac{\partial \mathfrak{J}_x}{\partial \varrho} = \sigma\mu\,\frac{\partial \mathfrak{H}_\alpha}{\partial t},$$

$$-c\,\frac{\partial \mathfrak{H}_x}{\partial \varrho} = \mathfrak{J}_\alpha\cdot \qquad\qquad -c\,\frac{1}{\varrho}\,\frac{\partial}{\partial \varrho}(\varrho\mathfrak{J}_\alpha) = \sigma\mu\,\frac{\partial \mathfrak{H}_x}{\partial t} \qquad (48\,\text{b})$$

$$\mathfrak{H}_\varrho = 0, \qquad\qquad\qquad \mathfrak{J}_\varrho = 0.$$

Die beiden Wertesysteme $\mathfrak{J}_x$, $\mathfrak{H}_\alpha$ und $\mathfrak{J}_\alpha$, $\mathfrak{H}_x$ sind völlig unabhängig voneinander. Das erste stellt eine zur Drahtachse parallele Strömung dar, das zweite eine solche, die in Kreisen um die Drahtachse verläuft. Die Werte der ersten Zeile sind die von uns gesuchten. Wir erhalten durch Elimination von $\mathfrak{H}_\alpha$:

$$c^2\left(\frac{1}{\varrho}\,\frac{\partial \mathfrak{J}_x}{\partial \varrho} + \frac{\partial^2 \mathfrak{J}_x}{\partial \varrho^2}\right) = \sigma\mu\,\frac{\partial \mathfrak{J}_x}{\partial t}, \qquad (49\,\text{b})$$

Setzen wir hierin $\mathfrak{J}_x = f(\varrho)\cdot e^{\iota\nu t}$, so erhalten wir für $f(\varrho)$:

$$\frac{\partial^2 f(\varrho)}{\partial \varrho^2} + \frac{1}{\varrho}\,\frac{\partial f(\varrho)}{\partial \varrho} - \iota\,\frac{\nu\mu\sigma}{c^2}\,f(\varrho) = 0$$

und wenn wir

$$y = \varrho\,\sqrt{-\iota\,\frac{\nu\mu\sigma}{c^2}} = (\iota - 1)\,p\varrho$$

schreiben:

$$\frac{\partial^2 f}{\partial y^2} + \frac{1}{y}\,\frac{\partial f}{\partial y} + f = 0. \qquad (51)$$

Dies ist die Differentialgleichung der Besselschen Funktionen von der Ordnung Null für das Argument y. Ein partikuläres Integral ist die Besselsche Funktion erster Art $J_0(y)$, welche für jedes endliche y endlich ist, aber für unendliches, nicht reelles y unendlich wird. Ein weiteres partikuläres Integral bildet die Besselsche Funktion zweiter Art $K_0(y)$, welche für $y = 0$ unendlich wird, hingegen für unendliches y gegen Null konvergiert. Aus beiden setzt sich das vollständige Integral von (51) zusammen als

$$f(\varrho) = A \cdot J_0(y) + B \cdot K_0(y).$$

Wir brauchen hier die Funktion im Geltungsbereich von $\varrho = 0$ bis $\varrho = R$, und in diesem Bereich muß sie endlich sein. Daher ist die für uns allgemeinste Lösung von (51):

$$f(\varrho) = A \cdot J_0(y), \quad \text{und es wird} \quad \mathfrak{J}_x = A \cdot J_0((\iota - 1)p\varrho) \cdot e^{\iota \nu t}. \quad (52)$$

Aus den Werten von $J_0(y)$ für große und kleine Werte von $|y|$ ergibt sich das oben Gesagte[1]).

Die übliche Wechselzahl der Starkstromtechnik $\dfrac{\nu}{\pi} = 100/\text{sec}$ ergibt für Kupfer: $p \approx 1/\text{cm}$; wenn also R beträchtlich kleiner als 1 cm ist, liegt der Fall 1. vor. Für $R = 1$ mm wird, wie die durchgeführte Rechnung zeigt, der verhältnismäßige Unterschied zwischen Achse und Rand kleiner als 10^{-5}. — Für die Wechselzahl $\dfrac{\nu}{\pi} = 10^6/\text{sec}$ (Schwingungen in Kondensatorkreisen) aber folgt: $p \approx 100/\text{cm}$, also bei $R = 1$ cm: $pR \approx 100$, so daß der Fall 3. vorliegt; die Stromamplitude ist in einer Tiefe von etwa $^1/_2$ cm auf $^1/_{100}$ des Oberflächenwertes gesunken. — Für Eisen ist zwar σ kleiner, aber μ sehr viel größer als für Kupfer; bei gleicher Frequenz und gleichem Drahtradius ist daher die Stromverteilung im Eisen ungleichförmiger als im Kupfer. — Für Elektrolyte aber ist σ so klein, daß in einem Zylinder von 1 cm Radius Abweichungen von der gleichförmigen Verteilung selbst bei 10^6 Stromwechseln in der Sekunde nicht merkbar werden.

Außer der Amplitude ist auch die Phase von $\mathfrak{J}$ eine Funktion von ϱ, d. h. die Verteilung der Strömung über den Querschnitt ist einem periodischen Wechsel unterworfen. Das gleiche gilt für $\mathfrak{H}$; die Phase von $\mathfrak{H}$ ist gegen die von $\mathfrak{J}$ (also auch von $\mathfrak{E}$) verschoben. Nun waren der Widerstand w und die Selbstinduktivität L eines Leiters durch folgende Beziehungen definiert:

a) $J = wi^2$ ist die in der Zeiteinheit entwickelte Joulesche Wärme;

b) $W_m = \dfrac{1}{2} L i^2$ ist die magnetische Energie des zum Strom i gehörenden magnetischen Feldes.

---

[1]) Siehe Heine: Handbuch der Kugelfunktionen; H. Weber: Zur Theorie der Besselschen Funktionen, Math. Ann. Bd. 37. 1890. Eine Zusammenstellung der Näherungsformeln nebst Fehlereingrenzung bei Sommerfeld: Wiedemanns Ann. Bd. 67. 1899. Ferner: Jahnke u. Emde: Funktionentafeln, S. 92 u. 101.

Aus diesen Definitionen ergeben sich aber w und L als konstante Größen nur dann, wenn die Verteilung der Strömung über den Querschnitt unveränderlich ist. Die Definitionen werden in dem jetzt behandelten Fall unbrauchbar; denn es ist, wenn l die Drahtlänge bezeichnet:

$$J = \int \frac{I^2}{\sigma}\, d\tau = \frac{l}{\sigma} \int_0^R I^2 \cdot 2\pi\varrho \cdot d\varrho\,, \qquad i^2 = \{\textstyle\int I \cdot dq\}^2 = \Big\{ \int_0^R I \cdot 2\pi\varrho \cdot d\varrho \Big\}^2;$$

$$L = L_1 + L_2\,, \qquad W_{m1} = \frac{1}{2} L_1 i^2 = l \int_0^R \frac{1}{2}\, \mu H^2 \cdot 2\pi\varrho \cdot d\varrho$$

$$= \text{Energie des vom Leiter erfüllten Raums,}$$

$$W_{m2} = \frac{1}{2}\, L_2 i^2 = \text{Energie des Außenraums.}$$

Neben den Beziehungen a) und b), welche w und L unabhängig voneinander definieren, bestand aber noch eine solche, in der sie gemeinsam auftreten: Es war

$$\text{c)} \qquad\qquad w i + L \frac{\partial i}{\partial t} = -\frac{1}{c}\, \frac{\partial Q_a}{\partial t}\,,$$

wo Q_a den Induktionsfluß des äußeren, nicht vom Strom selbst herrührenden Feldes bezeichnet. Damit diese Größe eine bestimmte Bedeutung habe, muß der Leiter dem äußeren Felde gegenüber als linear betrachtet werden dürfen, d. h. es muß für den Wert von Q_a ohne Belang sein, wo die Fläche S_0, für welche Q_a bestimmt wird, im Leiter oder an seiner Oberfläche ihre Randkurve hat. Dies sei vorausgesetzt. Dann wollen wir den Widerstand w' und die Selbstinduktivität L' für Felder, welche Sinus-Funktionen der Zeit sind, aus der Gleichung c) definieren. Das ist stets möglich: denn die allgemeinsten Ausdrücke für Q_a und i sind jetzt von der Form:

$$Q_a = \alpha \cdot \sin \nu t; \quad i = \beta \cdot \sin \nu t + \gamma \cdot \cos \nu t;$$

also gibt es stets konstante reelle Größen $w'L'$, durch welche die Gleichung

$$w' i + L' \frac{\partial i}{\partial t} = -\frac{1}{c}\, \frac{\partial Q_a}{\partial t} \tag{53}$$

befriedigt wird.

Es ist aber die an der Oberfläche des Drahts gebildete Umlaufspannung

$$\int_{\mathfrak{O}} \mathfrak{E}(R)_s \cdot ds = -\frac{1}{c}\frac{\partial Q}{\partial t} = -\frac{1}{c}\frac{\partial Q_a}{\partial t} - \frac{1}{c}\frac{\partial}{\partial t}\int \mathfrak{B}(i)_N \cdot dS_0 \,.$$

Das Stromfeld $\mathfrak{B}(i)$ ist — vgl. für das folgende Kap. II, § 8, A S. 126f. — an der dem Leiter angehefteten Fläche S_0 unabhängig von der Stromverteilung, sofern sie nur axiale Symmetrie besitzt. Das letzte Glied ist daher gleich $-L_2\dfrac{\partial i}{\partial t}$, wo L_2 eine Konstante bedeutet, deren Wert gleich dem Wert für stationäre Strömung ist. Dieser kann dadurch definiert werden, daß

$$\frac{1}{2}L_2 i^2 = W\,(\mathfrak{J})_2 \tag{54}$$

die magnetische Energie des stationären Stromfeldes für den Außenraum τ_2 bedeutet. Also nach (53):

$$\int_{\mathfrak{O}} \mathfrak{E}(R)_s \cdot ds = w'i + (L' - L_2)\frac{\partial i}{\partial t}\,. \tag{55}$$

L_2 ergibt sich aus der Form der Drahtkurve. Die linke Seite der Gleichung ist, wenn l die Drahtlänge bezeichnet:

$$l\frac{I(R)}{\sigma}\,.$$

i kann durch $I(R)$ ausgedrückt werden. So erhält man w' und L'. Beispiele werden alsbald folgen. Zunächst aber sollen die unabhängigen Begriffsbestimmungen von w' und L', die auch jetzt möglich sind, abgeleitet werden.

Wir multiplizieren erstens die Hauptgleichungen

$$c \cdot \operatorname{rot} \mathfrak{H} = \mathfrak{J} \quad \text{und} \quad -c \cdot \operatorname{rot} \mathfrak{E} = \frac{\partial \mathfrak{B}}{\partial t}$$

bzw. mit $\mathfrak{E}$ und $\mathfrak{H}$ und addieren; dann kommt nach (o):

$$\mathfrak{E}\mathfrak{J} + \mathfrak{H}\frac{\partial \mathfrak{B}}{\partial t} = c\{\mathfrak{E}\cdot\operatorname{rot}\mathfrak{H} - \mathfrak{H}\cdot\operatorname{rot}\mathfrak{E}\} = -c\cdot\operatorname{div}[\mathfrak{E}\mathfrak{H}]\,.$$

Mit $d\tau$ multipliziert und über das Volumen τ_1 des Leiters integriert, gibt das:

$$J + \frac{\partial}{\partial t}\int_{\tau_1}\frac{1}{2}\mu\mathfrak{H}^2\cdot d\tau = \int_{O} c[\mathfrak{E}\mathfrak{H}]_n \cdot dS\,.$$

Nun liegt $\mathfrak{E}$ in der Stromrichtung, $\mathfrak{H}$ normal zu $\mathfrak{E}$ in der Oberfläche, und zwar so, daß $\mathfrak{E}\,\mathfrak{H}\,n$ ein Rechtssystem bilden; ferner ist

$$dS = 2\pi R \cdot ds \quad \text{und} \quad c\,2\pi R \cdot H = i\,.$$

Folglich ist die rechte Seite $= i \int\limits_{\mathfrak{O}} \mathfrak{E}(R)_s \cdot ds$. Multiplizieren wir also (55) mit i, so folgt

$$J + \frac{\partial}{\partial t} \int\limits_{\tau_1} \frac{1}{2}\,\mu\,\mathfrak{H}^2 \cdot d\tau = w'\,i^2 + (L' - L_2)\,i\,\frac{\partial i}{\partial t}\,.$$

Bilden wir die Mittelwerte für eine Periode, die durch wagerechte Striche bezeichnet werden sollen, so erhalten wir

$$\overline{J} = w'\,\overline{i^2}\,. \tag{56}$$

Wir multiplizieren zweitens die nach t differenzierte erste Hauptgleichung mit $\mathfrak{E}$, die zweite Hauptgleichung mit $\frac{\partial \mathfrak{H}}{\partial t}$ und addieren; dann kommt:

$$\mathfrak{E}\frac{\partial \mathfrak{J}}{\partial t} + \frac{\partial \mathfrak{H}}{\partial t}\frac{\partial \mathfrak{B}}{\partial t} = c\left\{\mathfrak{E}\cdot\mathrm{rot}\,\frac{\partial \mathfrak{H}}{\partial t} - \frac{\partial \mathfrak{H}}{\partial t}\cdot\mathrm{rot}\,\mathfrak{E}\right\} = -\,c\cdot\mathrm{div}\left[\mathfrak{E}\frac{\partial \mathfrak{H}}{\partial t}\right].$$

Daraus wie oben:

$$\frac{\partial}{\partial t}\int\limits_{\tau_1}\frac{1}{2}\,\frac{\mathfrak{J}^2}{\sigma}\,d\tau + \int\limits_{\tau_1}\mu\left(\frac{\partial \mathfrak{H}}{\partial t}\right)^2 d\tau = \int\limits_{O} c\left[\mathfrak{E}\frac{\partial \mathfrak{H}}{\partial t}\right]_n dS = \frac{\partial i}{\partial t}\int\limits_{\mathfrak{O}}\mathfrak{E}(R)_s\cdot ds$$

$$= w'\,i\,\frac{\partial i}{\partial t} + (L' - L_2)\left(\frac{\partial i}{\partial t}\right)^2;$$

und für die zeitlichen Mittelwerte:

$$\int\limits_{\tau_1}\mu\,\overline{\left(\frac{\partial \mathfrak{H}}{\partial t}\right)^2}\cdot d\tau = (L' - L_2)\,\overline{\left(\frac{\partial i}{\partial t}\right)^2}\,.$$

Es ist aber:

$$\overline{\left(\frac{\partial \mathfrak{H}}{\partial t}\right)^2} = \nu^2\,\overline{\mathfrak{H}^2}\,, \qquad \overline{\left(\frac{\partial i}{\partial t}\right)^2} = \nu^2\,\overline{i^2}\,;$$

also

$$\int\limits_{\tau_1}\frac{1}{2}\,\mu\,\overline{\mathfrak{H}^2}\cdot d\tau = \frac{1}{2}\,(L' - L_2)\,\overline{i^2}\,.$$

Es ist ferner für den Raum τ_1 des linearen Stromes bis auf verschwindende Bruchteile:

$$\int\limits_{\tau_1}\frac{1}{2}\,\mu\,\overline{\mathfrak{H}^2}\cdot d\tau = \int\limits_{\tau_1}\frac{1}{2}\,\mu\,\overline{\mathfrak{H}(\mathfrak{J})^2}\cdot d\tau$$

gleich der mittleren Energie des Stromfeldes für den Raum τ_1, welche wir $\overline{W(\mathfrak{J})}_1$ schreiben wollen; also nach (54)

$$\frac{1}{2}\, L_2\, \overline{i^2} + \frac{1}{2}\, (L' - L_2)\overline{i^2} = \overline{W(\mathfrak{J})}_2 + \overline{W(\mathfrak{J})}_1$$

oder

$$\overline{W_m(\mathfrak{J})} = \frac{1}{2}\, L'\, \overline{i^2}\,, \tag{57}$$

wo $W_m(\mathfrak{J})$ die Gesamtenergie des Stromfeldes bezeichnet.

Nach (56) und (57) haben die durch (53) definierten Größen w' und L' für einfach-harmonische Wechselfelder im zeitlichen Mittel die gleiche energetische Bedeutung, die Widerstand und Selbstinduktivität für stationäre Felder besitzen. Sie heißen daher Wechselstrom-Widerstand und -Induktivität.

Zur Berechnung beider Größen liefert (55), wenn $I \sim e^{\iota \nu t}$ gesetzt wird:

$$\frac{l \cdot I(R)}{\sigma} = (w' + \iota \nu(L' - L_2))\, i\,, \quad \text{wo} \quad i = \int\limits_0^R I\, 2\pi\, \varrho \cdot d\varrho \tag{58}$$

Nun folgt aus (49 b):

$$\frac{c^2}{\varrho}\, \frac{\partial}{\partial \varrho}\left(\varrho\, \frac{\partial I}{\partial \varrho}\right) = \iota \nu \sigma \mu I\,;$$

daher:

$$\left(\varrho\, \frac{\partial I}{\partial \varrho}\right)_{\varrho = R} = \iota\, \frac{\nu \sigma \mu}{c^2} \int\limits_0^R I \varrho \cdot d\varrho = \iota\, \frac{\nu \sigma \mu}{2\pi c^2}\, i\,.$$

Also ergibt (58) nach (52):

$$w' + \iota \nu(L' - L_2) = \frac{\iota l \nu \mu}{2\pi c^2}\left(\frac{I}{\varrho\, \dfrac{\partial I}{\partial \varrho}}\right)_{\varrho = R} = \frac{\iota l \nu \mu}{2\pi c^2}\left(\frac{J_0(y)}{y \cdot J_0'(y)}\right)_{y = (\iota - 1)pR}. \tag{59}$$

Zur Auswertung des Klammerausdrucks s. Sommerfeld a. a. O. S. 247; Jahnke u. Emde, a. a. O. S. 144. Wir wollen die Rechnung nur für den Fall sehr schneller Stromwechsel durchführen, der oben unter 3. aufgeführt ist: es sei $p\delta \gg 1$ für $\delta \ll R$, und daher nach (50 b):

$$I(\varrho) = a \cdot e^{\iota \nu t + (\iota + 1)p\varrho} \quad \text{mit} \quad p = \sqrt{\frac{\nu \mu \sigma}{2\, c^2}}$$

Das ergibt:

$$w' + \iota \nu\, (L' - L_2) = (1 + \iota)\, \frac{p}{2\pi R}\, \frac{l}{\sigma}\,;$$

also

$$w' = \nu(L' - L_2) = \frac{p}{2\pi R}\, \frac{l}{\sigma}$$

oder:
$$w' = \frac{pR}{2} \cdot w , \tag{60}$$

wo
$$w = \frac{l}{\pi R^2 \sigma}$$

den Widerstand für stationären Strom bedeutet, und

$$L' - L_2 = L_1' = \frac{p}{v\sigma}\frac{l}{2\pi R} = \sqrt{\frac{\mu}{2\,v\sigma c^2}} \cdot \frac{l}{2\pi R} \tag{61}$$

Mit zunehmender Frequenz v wächst der Widerstand w' über alle Grenzen, während die Selbstinduktivität L' sich der festen Grenze L_2 nähert. Es muß so sein, da die Strömung sich schließlich auf eine Oberflächenschicht von verschwindender Dicke, und das magnetische Feld auf den Außenraum beschränkt. — In Kap. II, § 8, A ist L_2 für zwei Sonderfälle gefunden; es ist jedesmal der Faktor von $\frac{i^2}{2}$ im Ausdruck von $U_2 = W_2(\mathfrak{J})$; also

$$L_2 = \frac{\mu_2}{\pi c^2}\, h \lg \frac{d-R}{R}$$

für die Länge h zweier Paralleldrähte im Abstand d;

$$L_2 = \frac{\mu_2}{c^2}\, A \left\{ \lg \frac{8A}{R} - 2 \right\}$$

für den Draht, der zum Kreise vom Radius A gebogen ist.

Wir betrachten noch die quasistationäre Strömung in einem unendlich ausgedehnten Hohlzylinder vom innern Radius R. Auch jetzt gelten die Gleichungen (48b) und als Folge davon (49b) bis (51), d. h.

$$\mathfrak{J}_x = f(\varrho) \cdot e^{i v t}, \quad \text{wo} \quad \frac{\partial^2 f}{\partial y^2} + \frac{1}{y}\frac{\partial f}{\partial y} + f = 0, \quad y = (\iota - 1)\, p\varrho .$$

Aber jetzt ist

$$f(\varrho) = B \cdot K_0(y), \quad \text{und in (58) ist} \quad i = \int_R^\infty I\, 2\pi \varrho \cdot d\varrho .$$

Das ergibt

$$\left(\varrho \frac{\partial I}{\partial \varrho} \right)_{\varrho = R} = -\iota \frac{v\sigma\mu}{2\pi c^2}\, i$$

und

$$\frac{l \cdot I(R)}{\sigma}\frac{1}{i} \equiv w' + \iota v (L' - L_2) = -\frac{\iota l v \mu}{2\pi c^2} \left(\frac{K_0(y)}{y \cdot K_0'(y)} \right)_{y = (\iota - 1)pR} . \tag{62}$$

Für große Werte von $p\varrho$ nähert sich $K_0(\iota - 1)p\varrho$ dem Wert

$$\text{const}\, \frac{e^{-(1+\iota)p\varrho}}{\sqrt{p\varrho}} ,$$

und es wird folglich

$$w' + \iota v \left(L' - L_2\right) = (\iota + 1)\,\frac{lp}{2\pi\sigma R}\,.$$

Das ist derselbe Wert, den wir auch für einen Vollzylinder vom Radius R gefunden haben. So muß es offenbar sein, wenn die Strömung sich auf eine dünne Oberflächenhaut beschränkt.

Viertes Kapitel.

Die Ausbreitung des Feldes.

§ 1. Die Maxwellschen Gleichungen.

Die Feldgleichungen, welche bisher die Grundlage unserer Betrachtungen bildeten, setzen voraus, daß die Strömung in geschlossenen Bahnen verläuft. Denn aus

$$c \cdot \operatorname{rot} \mathfrak{H} = \mathfrak{J} \qquad\qquad (a)$$

folgt: $$\operatorname{div} \mathfrak{J} = 0 \qquad\qquad (b)$$

Schon im Kondensatorkreis hatten wir eine Anordnung, für welche diese Bedingung nicht erfüllt ist; wir konnten sie nur mittels einer wilkürlichen und nicht scharf definierbaren Nebenannahme der mathematischen Behandlung unterwerfen. — Bis vor etwa einem halben Jahrhundert wurde die Frage gestellt: „Welches ist — unter der Voraussetzung, daß keine magnetisch polarisierbaren Körper vorhanden sind — das magnetische Feld eines Stromelements? Es muß so beschaffen sein, daß es für jede geschlossene Stromkurve zu demselben Feld führt, wie das Biot-Savartsche Gesetz. Es kann sich von dem Elementarfeld dieses Gesetzes also nur um ein Glied unterscheiden, das bei Integration über eine beliebige geschlossene Kurve den Wert Null ergibt. Welches ist dieses Zusatzglied?“ — Die Lösung war schließlich diese: Ungeschlossene Ströme sind nur bei veränderlichen Zuständen möglich; das veränderliche magnetische Feld aber läßt sich überhaupt nicht durch die gegenwärtige Strömung darstellen. — Zu dieser Lösung hat die Maxwellsche Fragestellung geführt: welches ist die allgemeine Differentialgleichung, die für beliebige nicht-stationäre Zustände an die Stelle von (a) tritt? Die Antwort ist: (b) bedeutet eine Sonder-

forderung, die für stationäre Strömung erfüllt sein muß, für nicht-
stationäre erfüllt sein kann. Allgemein aber gilt:

$$\operatorname{div}\mathfrak{J} = -\frac{\partial}{\partial t}\operatorname{div}\mathfrak{D}, \quad \text{oder:} \quad \operatorname{div}\left(\mathfrak{J} + \frac{\partial\mathfrak{D}}{\partial t}\right) = 0.$$

Allgemein möglich ist also:

$$c\cdot\operatorname{rot}\mathfrak{H} = \mathfrak{J} + \frac{\partial\mathfrak{D}}{\partial t} \quad (1) \quad \text{oder:} \quad c\oint\mathfrak{H}_s\cdot ds = \int\left(\mathfrak{J}_N + \frac{\partial\mathfrak{D}_N}{\partial t}\right)dS. \quad (1\,\mathrm{a})$$

Maxwells Ansatz lautet: (1) gilt tatsächlich allgemein für
ruhende Körper. Wir können diesen Ansatz auf folgende Weise
der Vorstellung näher bringen: Denken wir uns einen homogenen
Leiter, der einen Teil eines stationären Stromkreises bildet, und
in dem so — mittels dauernder Energiezufuhr aus den Elementen
— ein stationäres elektrisches Feld aufrecht erhalten wird. Er
werde von dem äußeren Stromkreis abgetrennt. Dann bricht
das Feld in ihm zusammen; es ist erfahrungsmäßig

$$\mathfrak{J} = \sigma\mathfrak{E} = -\varepsilon\frac{\partial\mathfrak{E}}{\partial t} = -\frac{\partial\mathfrak{D}}{\partial t}.$$

(vgl. Kap. I am Ende). Dieses ist das Verhalten eines Leiters, dem
von außen Energie nicht zugeführt wird, — der sich selbst überlassen ist. Man kann annehmen: Dieses ist das allgemein kennzeichnende Verhalten eines Leiters; der Zusammenbruch der
Kraftlinien ist das Wesen der Strömung, die Vernichtung elektrischer Energie die Quelle der Jouleschen Wärme; — wenn in
einem Leiter ein stationäres Feld besteht, so kommt das dadurch
zustande, daß die zusammenbrechenden Kraftlinien durch
Energiezufuhr von außen dauernd ersetzt werden; — die Verknüpfung mit dem magnetischen Feld aber besteht darin, daß
die, mit c multiplizierte, magnetische Umlaufsspannung

$$c\oint\mathfrak{H}_s\cdot ds$$

gleich der Zahl der in der Zeiteinheit in den Umlauf neu eintretenden Kraftlinien ist. Diese ist im stationären Zustand
gleich der Zahl der zerfallenden, d. h. gleich der Durchflutung des
Umlaufs

$$\int\mathfrak{J}_N\cdot dS;$$

im allgemeinen ist sie (da Zunahme = neu entstehende minus
zerfallende) gleich der Summe aus der tatsächlichen Zunahme der

Kraftlinienzahl
$$\frac{\partial}{\partial t}\int \mathfrak{D}_N \cdot dS$$

und der Zahl der zerfallenden

$$\int \mathfrak{J}_N \cdot dS \,.$$

Zu der Gleichung (1) tritt als zweite Hauptgleichung für ruhende Körper die uns bekannte:

$$-c\cdot \operatorname{rot}\mathfrak{E}=\frac{\partial\mathfrak{B}}{\partial t} \quad (2), \quad \text{oder:} \quad -c\int_{\mathfrak{O}}\mathfrak{E}_s\cdot ds=\frac{\partial}{\partial t}\int \mathfrak{B}_N \cdot dS \,. \quad (2\,\mathrm{a})$$

Wir betrachten sie als allgemeingültig, mag sich an der betreffenden Raumstelle ein Leiter oder ein Isolator befinden. Als Energie des Feldes τ nehmen wir allgemein an:

$$W = W_e + W_m\,, \quad W_e = \int d\tau \int_{\mathfrak{E}=0}\mathfrak{E}\cdot d\mathfrak{D}\,, \quad W_m = \int d\tau \int_{\mathfrak{H}=0}\mathfrak{H}\cdot d\mathfrak{B}\,. \quad (3)$$

In den Grundgleichungen (1), (2), (3) sind $\mathfrak{J}$ und $\mathfrak{D}$ Funktionen von $\mathfrak{E}$, $\mathfrak{B}$ eine Funktion von $\mathfrak{H}$. Die Parameter dieser Funktionen sind durch die an der betreffenden Raumstelle befindliche Substanz bestimmt. Wir setzen für isotrope Körper wie bisher:

$$\mathfrak{J} = \sigma\,(\mathfrak{E} - \mathfrak{K}), \quad \mathfrak{D} = \varepsilon\mathfrak{E}, \quad \mathfrak{B} = \mu\mathfrak{H} + \mathfrak{M}. \quad (4)$$

(Über σ, $\mathfrak{K}$, ε s. Kap. I, über μ, $\mathfrak{M}$ s. Kap. II.)

Die Gleichungen (1) bis (4) sind, wenn auch nicht der Form, so doch dem Inhalt nach von J. Clerk Maxwell aufgestellt[1]); sie bilden die vollständige Grundlage für eine Theorie des elektromagnetischen Feldes in ruhenden isotropen Körpern, die wir demgemäß die Maxwellsche Theorie nennen.

Die Gleichungen (1) und (2) beanspruchen Gültigkeit an jeder Raumstelle; auch an Flächen S, wo die Raumerfüllung sich unstetig ändert, sollen sie Beziehungen zwischen endlichen Größen ausdrücken. Wenden wir nun (1a) an auf einen Umlauf, der sich einer in S liegenden Linie s auf beiden Seiten von S anschmiegt, so ist die rechte Seite unendlich klein; damit auch die linke Seite es sei, muß das (in gleicher Richtung genommene) Integral $\int \mathfrak{H}_s \cdot ds$ auf beiden Seiten von S den gleichen Wert haben. Und da dies für jede Kurve s auf S gilt, muß jede tangentiale

---

[1]) On physical lines of force. Phil. Mag. IV., Bd. 21 u. 23. 1861—2; auch Ostwalds Klassiker Nr. 102. — A dynamical theory of the electromagnetic field. Transact. of the Roy. Soc. of London Bd. 155, 1865.

Komponente von $\mathfrak{H}$ an jeder Stelle von S stetig sein. Wir wollen dies ausdrücken durch

$$\mathfrak{H}_{S1} = \mathfrak{H}_{S2}.\tag{5a}$$

Ebenso folgt aus (2a):

$$\mathfrak{E}_{S1} = \mathfrak{E}_{S2}.\tag{5b}$$

Die Gleichung:

$$\operatorname{div}\left(\mathfrak{J} + \frac{\partial \mathfrak{D}}{\partial t}\right) = 0$$

führt an Unstetigkeitsflächen S zu der Forderung:

$$\operatorname{div}_S\left(\mathfrak{J} + \frac{\partial \mathfrak{D}}{\partial t}\right) = 0$$

oder

$$\mathfrak{J}_N + \frac{\partial \mathfrak{D}_N}{\partial t} \quad \text{stetig}.\tag{6}$$

Aus (1a) und (4) folgt: Wenn an der geschlossenen Fläche S durchweg $\sigma = 0$ (also $\mathfrak{J} = 0$) ist, so ist $\oint \mathfrak{D}_N \cdot dS$ eine unveränderliche Größe. Nennt man dieses Integral allgemein die von S umschlossene Elektrizitätsmenge, so ist also die Elektrizitätsmenge für jedes Volumelement eines Isolators, und für jeden vollständigen (von Isolatoren umgebenen) Leiter unveränderlich.

Aus (2a) folgt, daß $\oint \mathfrak{B}_N \cdot dS$ eine unveränderliche Größe ist. Nach (4) folgt, da $\mathfrak{M}$ unveränderlich ist, das gleiche für $\oint \mu \, \mathfrak{H}_N \cdot dS$. Dieses Integral wird bezeichnet als die Summe der von S umschlossenen magnetischen Mengen. Der konstante Vektor $\mathfrak{M}$ kann ferner so gewählt werden und wird so gewählt, daß — über den Inhalt von (2a) hinausgehend —

$$\oint \mathfrak{B}_N \cdot dS = 0 \quad \text{oder} \quad \operatorname{div} \mathfrak{B} = 0\tag{7}$$

wird. In allen nicht ferromagnetischen Körpern ist $\mathfrak{M} = 0$ zu setzen.

Gleichung (7) lautet an Unstetigkeitsflächen

$$\operatorname{div}_S \mathfrak{B} = 0, \quad \text{oder} \quad \mathfrak{B}_N \text{ stetig}.\tag{7a}$$

Setzen wir in (2) und (1) durchweg $\frac{\partial}{\partial t} = 0$, so erhalten wir die Grundgleichungen für stationäre Felder. Sie stimmen überein mit den Grundgleichungen von Kap. I bzw. Kap. II. Der Inhalt dieser Kapitel läßt sich also als Folgerung aus den Maxwellschen Gleichungen darstellen.

In Kap. III haben wir eine gewisse Gruppe nicht-stationärer Zustände behandelt, die wir als quasistationäre bezeichneten. Sehen wir ab von dem elektrischen Feld im Isolator, so lassen sich die Grundannahmen von Kap. III so kennzeichnen: Wir haben in (1) $\frac{\partial \mathfrak{D}}{\partial t} = 0$ gesetzt, (2) haben wir in unveränderter Form benutzt. Wir wollen jetzt untersuchen, inwieweit dieser Ansatz einen nach den Maxwellschen Gleichungen möglichen Zustand darstellt.

Im Innern der Leiter bedeutet der Ansatz, daß wir $\varepsilon \frac{\partial \mathfrak{E}}{\partial t}$ gegenüber $\sigma \mathfrak{E}$ vernachlässigt haben. Soll dies gestattet sein für Felder, die proportional mit $\sin \nu t$ sind, so muß $\frac{\nu \varepsilon}{\sigma} \ll 1$ sein. Nun ist, wenn sich σ_1 auf Quecksilber bezieht,

$$\frac{\varepsilon_0}{\sigma_1} \approx 10^{-17}\, \mathrm{sec} \qquad [\text{s. Kap. I (83b)}].$$

$\frac{\sigma}{\sigma_1}$ ist für jeden Leiter eine meßbare Größe. $\frac{\varepsilon}{\varepsilon_0}$ kann nach den Methoden, die wir teils in Kap. I kennen gelernt haben, teils im folgenden kennen lernen werden, für Leiter von kleinem σ gemessen werden. Zu ihnen gehören u. a. schwache wässerige Lösungen, für welche $\frac{\varepsilon}{\varepsilon_0} \approx 80$ ist. So ergibt sich z. B. für Meerwasser und für Elektrolyte von ähnlicher Konzentration

$$\frac{\varepsilon}{\sigma} \approx 2 \cdot 10^{-10}\, \mathrm{sec};$$

so lange also die Wechselzahl $\frac{\nu}{\pi}$ sehr klein gegen $10^9/\mathrm{sec}$ ist, sind die Ansätze von Kap. III, § 6 zulässig; wir haben die Strömung und das innere magnetische Feld dort richtig berechnet.

Für metallische Leiter versagen die Methoden zur Bestimmung von $\frac{\varepsilon}{\varepsilon_0}$; es gibt keine Beobachtungen, in denen neben der Strömung $\sigma \mathfrak{E}$ die Änderung der Erregung $\varepsilon \frac{\partial \mathfrak{E}}{\partial t}$ sich bemerkbar gemacht hätte. Die höchsten Frequenzen, die hier in Betracht kommen, liegen bei $\nu \approx 10^{14} \frac{1}{\mathrm{sec}}$ (s. § 7, am Ende). Es ist aber für feste reine Metalle $\frac{\sigma}{\sigma_1} \approx 10$, also $\frac{\varepsilon_0}{\sigma} \approx 10^{-18}$; daher für diese Frequenz $\frac{\nu \varepsilon_0}{\sigma} \approx 10^{-4}$. Das Ergebnis der Versuche ist demnach:

Es liegt, wenn es sich um metallisch leitende Körper handelt, keine Notwendigkeit vor, die Gleichung $c \cdot \operatorname{rot} \mathfrak{H} = \mathfrak{J}$ durch das Maxwellsche Zusatzglied $\dfrac{\partial \mathfrak{D}}{\partial t}$ zu ergänzen; es liegt aber ebensowenig die Notwendigkeit vor, für Metalle $\varepsilon = 0$ zu setzen; man darf vielmehr, ohne mit den Tatsachen in Widerspruch zu kommen, für ihre Dielektrizitätskonstante einen beliebigen Wert von der Größenordnung von ε_0 setzen. Von dieser Befugnis werden wir im folgenden Gebrauch machen. [Wir werden später sehen (§ 7, am Ende), daß die Anwendbarkeit der Maxwellschen Gleichungen allgemein ihre Grenze findet in der Schnelligkeit, mit welcher das Feld sich ändert. Das Vorstehende gilt, soweit überhaupt die Gültigkeit dieser Gleichungen reicht.]

Es sei nun irgend eine Strömung in metallischen Leitern gegeben, die den Gleichungen des Kap. III genügt. Wir fragen nach dem elektromagnetischen Feld im Außenraum, das dieser Strömung entspricht. Es mögen alle Körper frei von permanenter Magnetisierung und magnetisch unpolarisierbar sein, und der Isolator homogen. Dann dürfen wir nach dem soeben Gesagten im ganzen Raum ε und $\mu \, (= \mu_0)$ als konstant annehmen. Aus (7) folgt nach (ν):

$$\mathfrak{B} = \mu \, \mathfrak{H} = \operatorname{rot} \mathfrak{A} \tag{8}$$

und hiermit aus (2):

$$\operatorname{rot} \mathfrak{E} = -\frac{1}{c} \operatorname{rot} \frac{\partial \mathfrak{A}}{\partial t},$$

folglich

$$\mathfrak{E} = -\frac{1}{c} \frac{\partial \mathfrak{A}}{\partial t} - \nabla \varphi. \tag{9}$$

Die Werte (8) und (9) in (1) eingesetzt ergeben:

$$\operatorname{rot} \operatorname{rot} \mathfrak{A} = \frac{\mu}{c} \mathfrak{J} - \frac{\varepsilon \mu}{c} \nabla \frac{\partial \varphi}{\partial t} - \frac{\varepsilon \mu}{c^2} \frac{\partial^2 \mathfrak{A}}{\partial t^2}.$$

Durch (8) ist die Rotation von $\mathfrak{A}$ festgelegt. Dadurch ist $\mathfrak{A}$ selbst noch nicht bestimmt. Es wird bestimmt, wenn wir noch seine Divergenz vorschreiben. Wir setzen:

$$\operatorname{div} \mathfrak{A} = -\frac{\varepsilon \mu}{c} \frac{\partial \varphi}{\partial t}. \tag{10}$$

Dann ergibt die vorige Gleichung mittels (σ), wenn wir noch

$$\frac{c^2}{\varepsilon \mu} = a^2 \tag{11}$$

schreiben:

$$\Delta \mathfrak{A} - \frac{1}{a^2} \frac{\partial^2 \mathfrak{A}}{\partial t^2} = -\frac{\mu}{c} \mathfrak{J}\,. \tag{12}$$

Für jede Komponente von $\mathfrak{A}$ gilt also eine Gleichung von der Form:

$$\Delta q - \frac{1}{a^2} \frac{\partial^2 q}{\partial t^2} = -Q\,. \tag{13}$$

Eine Lösung dieser Gleichung ist

$$q_{p,t} = \frac{1}{4\pi} \int \frac{Q_{t-\frac{r}{a}}}{r}\, d\tau\,, \tag{14}$$

wo r die Entfernung zwischen $d\tau$ und dem Feldpunkt p bezeichnet, und der Index $t - \frac{r}{a}$ bedeutet, daß der Wert von Q in $d\tau$ für einen um $\frac{r}{a}$ zurückliegenden Zeitpunkt zu nehmen ist. Beweis: Wir zerlegen den unendlichen Raum in ein sehr kleines Gebiet τ_1, welches den Punkt p einschließt, und den Rest τ_2. Es wird dann für verschwindendes τ_1:

$$\lim q_1 = 0,\ \text{also}\ q = q_2.$$

Ferner ist nach (ζ_3):

$$\Delta q_2 = \frac{1}{4\pi} \int \frac{1}{r} \frac{\partial^2 Q_{t-\frac{r}{a}}}{\partial r^2}\, d\tau_2 = \frac{1}{4\pi a^2} \frac{\partial^2}{\partial t^2} \int \frac{Q_{t-\frac{r}{a}}}{r}\, d\tau_2$$

$$= \frac{1}{a^2} \frac{\partial^2 q_2}{\partial t^2} = \frac{1}{a^2} \frac{\partial^2 q}{\partial t^2}\,;$$

und nach Kap. I (22a, b):

$$\Delta q_1 = \frac{1}{4\pi} \Delta \int \frac{Q_t}{r}\, d\tau_1 = -Q_{p,t}\,.$$

Folglich

$$\Delta q = \Delta q_1 + \Delta q_2 = -Q_{p,t} + \frac{1}{a^2} \frac{\partial^2 q}{\partial t^2}\,, \quad \text{d. h. (13).}$$

q hat die Form der Newtonschen Potentialfunktion und wird als **verzögertes Potential** bezeichnet, die Zeit $\frac{r}{a}$ als **Latenzzeit**.

Ist q' eine zweite Lösung von (13), so ist $q_0 = q' - q$ eine Lösung der Gleichung

$$\Delta q_0 - \frac{1}{a^2} \frac{\partial^2 q_0}{\partial t^2} = 0\,. \tag{15}$$

Mit dieser Gleichung, der sogenannten **Wellengleichung**, werden wir uns später noch zu beschäftigen haben. Wir nehmen hier voraus: Wenn (15) in dem Raum τ mit der Oberfläche S

gilt, so stellt sich $q_{0,\,p,t}$ in τ durch Werte dar, die q_0 in den Punkten p' von S zu Zeiten $t - \dfrac{r}{a}$ besaß, wo r den Abstand pp' bezeichnet. Wenn also (13) [und somit (15)] für den ganzen unendlichen Raum gilt, und wenn q [und somit q_0] bis zu einer gewissen Zeit t_0 durchweg Null war, dann bleibt $q_0 = 0$ überall und für alle Zeit. Denn wir können dann für jeden Punkt p und für jede Zeit t die Fläche S so weit hinausrücken, daß

$$t - \frac{r}{a} < t_0$$

wird. D. h.: Wenn das Feld q der Gleichung (13) zu endlicher Zeit entstanden ist, so ist es für alle Folgezeit eindeutig durch (14) bestimmt.

Es wird also nach (12):

$$\mathfrak{A}_{p,\,t} = \frac{\mu}{4\pi c} \int \frac{\mathfrak{J}_{t - \frac{r}{a}}}{r}\, d\tau \,. \tag{16}$$

Nachdem der Vektor $\mathfrak{A}$ gefunden ist, ergibt sich $\mathfrak{H}$ aus (8), und (bis auf einen zeitlich konstanten Betrag) φ aus (10) und $\mathfrak{E}$ aus (9).

Ist die Strömung stationär, so gehen diese Gleichungen über in:

$$\mathfrak{A} = \frac{\mu}{4\pi c} \int \frac{\mathfrak{J}_t}{r}\, d\tau \quad \left(\operatorname{div} \mathfrak{A} = 0\,, \quad \frac{\partial \mathfrak{A}}{\partial t} = 0 \right),$$

$$\mu \mathfrak{H} = \operatorname{rot} \mathfrak{A}\,. \quad \frac{\partial \varphi}{\partial t} = 0\,, \quad \mathfrak{E} = - \nabla \varphi\,,$$

d. h. in die Gleichungen von Kap. II und I, wie es sein muß. Für nicht-stationäre Ströme treten also folgende Veränderungen ein: Das Vektorpotential $\mathfrak{A}$ hängt von den früheren Werten der Strömung ab; der Beitrag jedes Stromelements breitet sich mit der Geschwindigkeit a nach allen Seiten aus. Aus diesem verzögerten Vektorpotential leitet sich das magnetische Feld in der gleichen Weise ab wie im stationären Zustand. Ist also die Strömung proportional mit $\sin \nu t$, so ist das magnetische Feld quasistationär für alle Entfernungen r von den stromführenden Leitern, für welche $\dfrac{\nu r}{a} \ll 1$ ist. Für Kondensatorentladungen $\left(\dfrac{\nu}{\pi} \approx \dfrac{10^6}{\text{sec}} \right)$ und Luft als Isolator $\left(a = 3 \cdot 10^{10}\, \dfrac{\text{cm}}{\text{sec}} \right)$ bedeutet das: $r \ll 100\,\text{m}$.

Für einen linearen Stromkreis mit dem Bahnelement $d\mathfrak{l}$ geht (16) über in

$$\mathfrak{A} = \frac{\mu}{4\pi c} \int \frac{i_{t-\frac{r}{a}}}{r}\, d\mathfrak{l}\,. \tag{16a}$$

Der Strom sei quasistationär, d. h. $i = \mathrm{const}$ längs der Strombahn für **konstantes** t, und die Abmessungen l der Strombahn seien klein gegen $\dfrac{a}{\nu}$; dann kann das Argument von i durch einen mittleren Wert $t_0 = t - \dfrac{r_0}{a}$ ersetzt werden, und i hat einen längs der Leitung konstanten Wert i_{t_0}; es ergibt sich

$$\mathfrak{A} = \frac{\mu}{4\pi c}\, i_{t_0} \int \frac{d\mathfrak{l}}{r}\,. \tag{16b}$$

In einer gegenüber l sehr großen Entfernung r_0 wird

$$\mathfrak{A} = \frac{\mu}{4\pi c}\, \frac{i_{t_0}}{r_0} \int d\mathfrak{l}\,. \tag{16c}$$

Handelt es sich um einen **geschlossenen** Stromkreis, so ist das Integral gleich Null ($d\mathfrak{l}$ ist ein **Vektor**); d. h. das magnetische Feld eines geschlossenen Stromes wird in einer gegen seine Abmessungen sehr großen Entfernung **Null bei genügend kleiner Frequenz**. Endet die Strombahn in einem Kondensator, so wird das Integral gleich der Strecke, die vom Anfangs- zum Endpunkt der Strombahn führt. Unter denselben beiden Voraussetzungen, die soeben gemacht wurden, scheint also das Feld auszugehen von der im Kondensator liegenden **Lücke** des Stromkreises.

Bezüglich des **elektrischen** Feldes im Außenraum gilt folgendes: Setzt die Strömung im Zeitpunkt $t = 0$ ein, so ist bis dahin durchweg $\mathfrak{A} = 0$, also $\mathfrak{E} = -\nabla \varphi$. Das elektrostatische Potential φ aber ist durch die Elektrizitätsverteilung bestimmt. Von $t = 0$ an ist die Änderung von φ bestimmt durch die aus (12) und (10) folgende Gleichung

$$\left\{ \varDelta - \frac{1}{a^2}\frac{\partial^2}{\partial t^2} \right\} \frac{\partial \varphi}{\partial t} = \frac{1}{\varepsilon}\,\mathrm{div}\,\mathfrak{J}\,.$$

Aus ihr folgt [vgl. (13), (14)]:

$$\frac{\partial \varphi}{\partial t} = -\frac{1}{4\pi\varepsilon} \int \frac{\mathrm{div}\,\mathfrak{J}_{t-\frac{r}{a}}}{r}\, d\tau$$

oder, da

$$\operatorname{div}\mathfrak{J}=-\frac{\partial\varrho}{\partial t}:$$

$$\frac{\partial\varphi}{\partial t}=\frac{\partial}{\partial t}\int\frac{\varrho_{t-\frac{r}{a}}}{4\pi\varepsilon\cdot r}\,d\tau=\frac{\partial}{\partial t}\sum\frac{e_{t-\frac{r}{a}}}{4\pi\varepsilon\cdot r}\,. \tag{17}$$

Indem durch die Strömung sich die Elektrizitätsverteilung ändert, ändern sich nach Ablauf der Latenzzeit die Beiträge zum Potential. Aus dem verzögerten Vektorpotential $\mathfrak{A}$ und dem verzögerten skalaren Potential φ ergibt sich $\mathfrak{E}$ nach (9). Bei einer geschlossenen Strömung ist $\frac{\partial\varphi}{\partial t}=0$; der zweite Anteil von $\mathfrak{E}$ bleibt dauernd gleich dem ursprünglichen elektrostatischen Feld.

§ 2. Der Poyntingsche Satz.

Wir multiplizieren (1) skalar mit $\mathfrak{E}$, (2) mit $\mathfrak{H}$, addieren und integrieren über einen beliebigen Raum τ. Dann entsteht nach (3) und (o):

$$-\int c\operatorname{div}[\mathfrak{E}\mathfrak{H}]\,d\tau=\int\mathfrak{E}\mathfrak{J}\cdot d\tau+\frac{\partial W}{\partial t}$$

oder, wenn wir

$$c[\mathfrak{E}\mathfrak{H}]=\mathfrak{S} \tag{18}$$

und wie früher

$$\int\mathfrak{E}\mathfrak{J}\cdot d\tau=\Psi \tag{19}$$

schreiben,

$$\frac{\partial W}{\partial t}=-\Psi+\Omega\,,\qquad \Omega=\int_{O}\mathfrak{S}_{n}\cdot dS\,, \tag{20}$$

wo wie stets S die Oberfläche von τ und n die innere Normale von dS bedeutet.

Es werde nun zunächst unter τ ein vollständiges Feld verstanden. Dann wird aus (20):

$$\frac{\partial W}{\partial t}=-\Psi\,.$$

Es muß also nach dem Energieprinzip Ψ die gesamte in der Zeiteinheit in nicht-elektromagnetischer Form freiwerdende Energie darstellen. Dies bestätigt die Erfahrung.

Es sei jetzt τ ein beliebiger Raum. Dann folgt aus (20): Die Vermehrung der elektromagnetischen Energie des Raumes τ zerfällt in zwei Teile. Den ersten Anteil bildet der negativ genommene

Verbrauch im Innern (chemisch-thermische Leistung): — Ψ. Hierzu kommt aber ein zweiter Anteil Ω, welcher sich darstellen läßt als eine über die Oberfläche S erstreckte Summe; und zwar liefert das Element dS den Beitrag $\mathfrak{S}_n \cdot dS$. Wir erhalten also diesen Anteil richtig, wenn wir annehmen, daß die Energie durch die Oberfläche einströmt, und zwar in der Zeiteinheit durch dS im Betrage $\mathfrak{S}_n \cdot dS$; oder: daß überall eine Energieströmung stattfindet in der Richtung von $\mathfrak{S}$ und im Betrage von $\mathfrak{S}$, berechnet für die Zeiteinheit und die zu $\mathfrak{S}$ normale Flächeneinheit. $\mathfrak{S}$ heißt die elektromagnetische Strahlung. Die Strahlung erfolgt also normal zu den beiden Feldstärken; sie ist gleich deren mit c multipliziertem Vektorprodukt.

Die Gleichung (20) ist von Poynting gefunden und so, wie soeben geschehen, gedeutet worden[1]). Die Deutung ist eine mögliche, keine notwendige. Sie schreibt zunächst einem beliebig begrenzten Teil des Feldes einen bestimmten Energiebetrag zu. Daß diese Lokalisierung der Energie der experimentellen Prüfung nicht zugänglich ist, wurde bereits früher hervorgehoben. Sie zerlegt ferner das Oberflächenintegral in bestimmter Weise in die Beiträge der einzelnen Flächenelemente. Auch diese Zerlegung kann nicht experimentell erhärtet werden; denn die Gleichung (20) bezieht sich ausschließlich auf geschlossene Flächen, sie kann daher nur über die Divergenz von $\mathfrak{S}$, nicht über den Vektor $\mathfrak{S}$ selbst etwas aussagen. Mit anderen Worten: Der von Poynting angenommenen Energieströmung $\mathfrak{S}$ darf man eine in geschlossenen Bahnen verlaufende, im übrigen ganz willkürliche Strömung überlagern; der resultierende Vektor würde ebenso wie $\mathfrak{S}$ der Gleichung (20) genügen, und dürfte ebensowohl wie $\mathfrak{S}$ als Maß der Energieströmung betrachtet werden. Der Wert der Poyntingschen Deutung liegt darin, daß sie eine große Zahl von Einzelerkenntnissen zu einem Bilde vereinigt, und daß sie als Wegweiser gedient hat zu neuer und fruchtbarer Forschung. An dieser Stelle wollen wir zunächst einige uns bereits bekannte Erscheinungen im Licht der Poyntingschen Auffassung nochmals betrachten.

Es sei erstens ein stationäres Feld gegeben. Dann ist für jedes Volumelement $W = \mathrm{const}$ und folglich $\Psi = \Omega$. Für

---

[1]) Transact. of the Roy. Soc. of London Bd. 175. 1884.

jedes Volumelement eines **Isolators** ist ferner $\Psi = 0$, und folglich auch $\Omega = 0$; durch die Isolatoren strömt also die Energie lediglich hindurch; sie kann daher nur von Leiterteilen zu Leiterteilen strömen. Weiter: An der Oberfläche jedes Leiters ist $\mathfrak{J}_n = 0$; im Innern ist $\operatorname{div}\mathfrak{J} = 0$ und $\operatorname{rot}\mathfrak{E} = 0$, und daraus folgt nach (μ, ϑ), daß schon für den Raum eines einzelnen, rings von Isolatoren umgebenen, Leiters gilt: $\Psi = 0$. Also gilt auch für den gleichen Raum: $\Omega = 0$; der Energieaustausch findet demnach nur zwischen den Teilen desselben zusammenhängenden Leiters statt. Im einzelnen ferner: $d\Psi = \mathfrak{E}\mathfrak{J} \cdot d\tau$ kann negative Werte nur an solchen Stellen haben, wo Größen $\mathfrak{K}$ vorhanden sind, der Leiter inhomogen ist, — in den sogenannten galvanischen Elementen. Auch dort muß dies nicht notwendig der Fall sein. Wo es zutrifft, da ist auch Ω negativ, dort wandert also Energie aus. In alle anderen Teile des Stromkreises, insbesondere also in alle homogenen Leiterteile, wandert sie ein.

Betrachten wir genauer die Einwanderung in ein Stück eines geradlinigen Drahtes vom Radius R. Wir schneiden aus ihm einen Zylinder vom Radius ϱ und der Länge l heraus. $\mathfrak{J}$ und ebenso $\mathfrak{E} = \dfrac{\mathfrak{J}}{\sigma}$ ist überall parallel der Achse, und von konstanter Größe. $\mathfrak{H}$ verläuft in Kreislinien um die Achse, und zwar im Sinn einer positiven Drehung um $\mathfrak{E}$; sein Betrag ist $\dfrac{|\mathfrak{J}|}{2c}\varrho$ [vgl. Kap. II (63)]. Folglich ist auf den Grundflächen des Zylinders $\mathfrak{S}_n = 0$. Auf der Mantelfläche aber ist (vgl. wegen des Vorzeichens Abb. 31)

$$\mathfrak{S}_n = c\,|\mathfrak{E}|\,|\mathfrak{H}| = \frac{\mathfrak{J}^2}{\sigma}\frac{\varrho}{2}\,.$$

Das ergibt für den ganzen Zylinder die Einströmung

$$\Omega = l\cdot 2\pi\varrho\cdot\mathfrak{S}_n = \frac{\mathfrak{J}^2}{\sigma}\,l\cdot\pi\varrho^2 = \frac{\mathfrak{J}^2}{\sigma}\,\tau\,,$$

und dies ist in der Tat die in dem Zylinder auftretende Joulesche Wärme. Gibt man ϱ nacheinander alle Werte von R bis 0, so folgt: Die Energie tritt normal in die Drahtoberfläche ein und wird, indem sie gegen die Drahtachse vordringt, schrittweise in Wärme verwandelt. Als das Medium, in dem die Energie sich ausbreitet, erscheint also wesentlich der den Stromleiter umgebende Isolator; dem lei-

tenden Draht hingegen fällt es zu, die elektromagnetische Energie
in andere Formen überzuführen.

Es finde jetzt in dem Draht eine periodisch veränderliche
Strömung statt, die aber ebenfalls symmetrisch um die Drahtachse und dieser parallel sei. Dann gilt für den soeben betrachteten Zylinder die Gleichung (20) mit folgenden Werten der einzelnen Glieder:

$$W_e = \frac{1}{2}\, l \int_0^\varrho \varepsilon\, \mathfrak{E}^2\, 2\pi\varrho \cdot d\varrho\,, \qquad W_m = \frac{1}{2}\, l \int_0^\varrho \mu\, \mathfrak{H}^2\, 2\pi\varrho \cdot d\varrho\,,$$

$$\Psi = l \int_0^\varrho \sigma\, \mathfrak{E}^2\, 2\pi\varrho \cdot d\varrho\,, \qquad \Omega = l\, 2\pi\varrho\, c\, |\mathfrak{E}|\, |\mathfrak{H}|\,.$$

Nach dem in § 1 Gesagten dürfen wir $\dfrac{\partial W_e}{\partial t}$ neben Ψ stets
vernachlässigen, und erhalten demnach:

$$\frac{\partial W_m}{\partial t} + \Psi = \Omega\,.$$

Die einströmende Energie wird jetzt nicht mehr vollständig in
Wärme verwandelt, sondern zum Teil als magnetische Energie
aufgespeichert. Aber dies geschieht nur vorübergehend. In
Kap. III, § 6 fanden wir, daß $|\mathfrak{E}|$ und $|\mathfrak{H}|$ nicht die gleiche Phase
haben; Ω hat daher wechselndes Vorzeichen, und es findet also
nicht während der ganzen Dauer der Periode ein Einströmen,
sondern zeitweise ein Ausströmen der Energie statt. Nach Ablauf einer Periode hat W_m wieder seinen Anfangswert und die
algebraische Summe der eingeströmten Energie ist in Wärme
übergegangen. Weiter aber: Dieser Vorgang erstreckt sich nicht
gleichmäßig über den Drahtquerschnitt; er beschränkt sich auf
eine um so dünnere Oberflächenschicht, je schneller die Stromwechsel erfolgen.

Wir betrachten ferner die Entladung eines Kondensators
von der Kapazität C durch einen Leiterkreis vom Widerstand w
und von der Selbstinduktivität L. Hierbei setzt sich die elektrische
Energie endgültig in Joulesche Wärme um, nachdem sie im allgemeinen die Zwischenform magnetischer Energie durchlaufen
hat (vgl. Kap. III, § 4). Der Vorgang wird aber besonders einfach, wenn $\dfrac{L}{C w^2}$ eine sehr kleine Zahl ist; er besteht dann wesentlich aus einer unmittelbaren Umwandlung der elektrischen

Energie in Wärme; der Strom und mit ihm die Feldstärke sind
dabei in ihrem zeitlichen Verlauf durch Ausdrücke von der Form

$$\text{const } e^{-\frac{t}{Cw}}$$ dargestellt.

Die Gleichung

$$c \cdot \operatorname{rot} \mathfrak{H} = \mathfrak{J} + \frac{\partial \mathfrak{D}}{\partial t}$$

ergibt in diesem Fall im Draht:

$$c \cdot \operatorname{rot} \mathfrak{H} = \sigma \mathfrak{E},$$

im Isolator:

$$c \cdot \operatorname{rot} \mathfrak{H} = \varepsilon \frac{\partial \mathfrak{E}}{\partial t} = -\frac{\varepsilon}{Cw} \mathfrak{E}.$$

Der Wirbel von $\mathfrak{H}$ fällt also im Draht mit der Richtung von $\mathfrak{E}$
zusammen (wie im stationären Zustand), im Isolator hat er die
zu $\mathfrak{E}$ entgegengesetzte Richtung. Da in der Nähe des Drahtes
die Drahtachse Symmetrieachse des magnetischen Feldes ist,
so bedeutet dies, wie oben, eine
Einwanderung der Energie gegen
die Drahtachse hin. Es besitze
nun auch das Feld im Kondensator eine Symmetrieachse; derselbe bestehe etwa aus zwei
parallelen kreisförmigen Platten.
Dann wandert (vgl. Abb. 32)
die Energie von der Mittelnor-
male her parallel zu den Platten

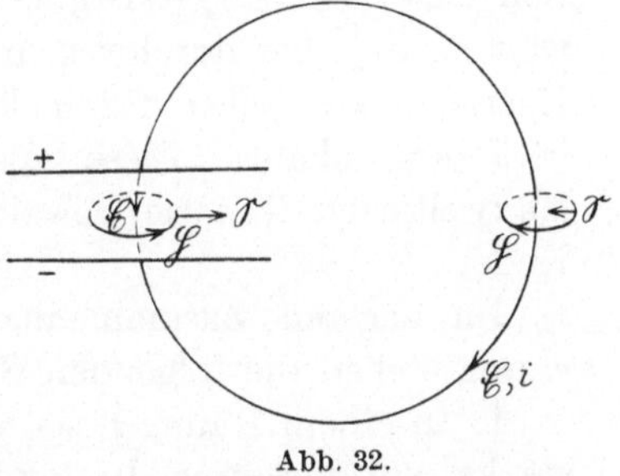

Abb. 32.

und gleichförmig nach allen Seiten aus dem Kondensator aus.
Indem sie den gemeinsamen Normalen von $\mathfrak{E}$ und $\mathfrak{H}$ folgt,
erreicht sie die Drahtoberfläche.

Endlich wenden wir uns nochmals zu dem am Schluß von
Kap. I behandelten Fall des erlöschenden elektrischen Feldes.
Es handelt sich dabei um folgende Lösung der Maxwellschen
Gleichungen:

$$\mathfrak{H} = \text{const}_t, \quad \operatorname{rot} \mathfrak{H} = 0; \quad \mathfrak{E} = \mathfrak{E}_0 \cdot e^{-\frac{\sigma t}{\varepsilon}}, \quad \operatorname{rot} \mathfrak{E}_0 = 0.$$

Aus ihnen folgt für jedes einzelne Volumelement:

$$\Omega = 0, \quad \frac{\partial W_m}{\partial t} = 0, \quad -\frac{\partial W_e}{\partial t} = \Psi.$$

In Worten: Kein Volumelement erhält Energie von außen zu-

geführt; seine etwaige — von permanenten Magneten herrührende
— magnetische Energie bleibt unverändert; seine elektrische
Energie setzt sich an Ort und Stelle in Joulesche Wärme um.
Der Vorgang erscheint also auch in der Poyntingschen Auffassung als das, was er für die Maxwellsche Theorie ist: als der
begrifflich einfachste Vorgang, der in einem elektromagnetischen
Felde möglich ist.

Wertlos erscheint die Poyntingsche Vorstellung für die Behandlung statischer Felder. Handelt es sich a) um das Feld
ruhender Elektrizität, oder b) um das Feld ruhender Magnete,
so ist a) $\mathfrak{H} = 0$, oder b) $\mathfrak{E} = 0$, und jede dieser Voraussetzungen ergibt $\mathfrak{S} = 0$; die Energie ist nicht in Bewegung.
Überlagern sich aber diese beiden, völlig voneinander unabhängigen, statischen Felder, so ist zwar rot $\mathfrak{E} = 0$ und
rot $\mathfrak{H} = 0$, und folglich auch $\Omega = 0$ für jedes Volumteilchen;
aber $\mathfrak{S}$ ist im allgemeinen von Null verschieden. Man hätte
sich also nach Poynting vorzustellen, daß die Energie in Bewegung ist, aber durchweg in geschlossenen Bahnen, so daß der
Energieinhalt jedes Raumelements trotz der Bewegung unverändert bleibt. Diese Auffassung erscheint im Licht der
Maxwellschen Theorie gewaltsam; s. aber Kap. V, § 4 C, am
Ende.

Im engsten Zusammenhang mit der Poyntingschen Gleichung stehen die folgenden Sätze:

1. In einem Raum τ sei a) die eingeprägte elektrische Feld-
stärke $= 0$ durchweg, b) zur Zeit $t = 0$: $\mathfrak{E} = 0$, $\mathfrak{H} = 0$ durchweg, c) an der Oberfläche S zu jeder Zeit entweder $\mathfrak{E}_S = 0$
oder $\mathfrak{H}_S = 0$ durchweg. Dann ist in τ durchweg und zu jeder
Zeit $\mathfrak{E} = 0$ und $\mathfrak{H} = 0$.

Beweis: Nach a) ist

$$\Psi = \int \sigma \mathfrak{E}^2 \cdot d\tau,$$

und nach c) ist $\Omega = 0$. Also wird die Gleichung (20):

$$\frac{\partial W}{\partial t} + \int \sigma \mathfrak{E}^2 \cdot d\tau = 0.$$

Daraus folgt durch Integration von 0 bis t und unter Berücksichtigung von b):

$$\left[\int d\tau \left\{ \int_{\mathfrak{E}=0}^{\mathfrak{E}} \mathfrak{E} \cdot d(\varepsilon \mathfrak{E}) + \int_{\mathfrak{H}=0}^{\mathfrak{H}} \mathfrak{H} \cdot d(\mu \mathfrak{H}) \right\} \right]_t + \int_0^t dt \int \sigma \mathfrak{E}^2 \cdot d\tau = 0 \qquad (21)$$

für jeden Wert von t: also, da die Summe ausschließlich aus positiven Gliedern besteht: $\mathfrak{E} = 0$ und $\mathfrak{H} = 0$ für jeden Punkt in τ und für jedes t.

2. Für einen Raum τ sei $\mathfrak{E}$ und $\mathfrak{H}$ zur Zeit $t = 0$ gegeben, und an der Oberfläche S sei zu jeder Zeit $\mathfrak{E}_S$ oder $\mathfrak{H}_S$ gegeben. Dann ist $\mathfrak{E}$ und $\mathfrak{H}$ für jeden Punkt in τ zu jeder späteren Zeit bestimmt. — Beweis: Wenn es zwei Felder $\mathfrak{E}$, $\mathfrak{H}$ gäbe, welche diesen Bedingungen und zugleich den Maxwellschen Gleichungen genügten, so würde für das Differenzfeld die Gleichung (21) gelten, es würde also überall und stets $= 0$ sein.

Daraus ergibt sich: Wenn wir ein Feld $\mathfrak{E}$, $\mathfrak{H}$ gefunden haben, welches die Maxwellschen Gleichungen befriedigt, und aus unserer Lösung die Anfangswerte $\mathfrak{E}_0$ und $\mathfrak{H}_0$ für einen bestimmten Raum τ und die Grenzwerte $\mathfrak{E}_S$ (oder statt dessen $\mathfrak{H}_S$) an seiner Oberfläche entnehmen, so haben wir damit die Aufgabe gelöst, das Feld $\mathfrak{E}$, $\mathfrak{H}$ zu finden, welches diesen Anfangswerten in τ und diesen Grenzwerten $\mathfrak{E}_S$ (bzw. $\mathfrak{H}_S$) entspricht.

Die Maxwellschen Gleichungen erlauben, die zeitlichen Änderungen der beiden Feldstärken während eines Zeitelements zu berechnen, wenn das Feld im Beginn des Zeitelements überall gegeben ist: damit also das Feld überall und jederzeit bestimmt sei, muß es überall zu einer Zeit bekannt sein. — Zerfällt aber der ganze Raum in τ_1 und τ_2, und hat nur das Feld in τ_1 für uns Bedeutung, so wird uns, wie soeben gezeigt wurde, alle Kenntnis der Vorgänge in τ_2 vollkommen ersetzt durch die Kenntnis gewisser Größen an der Trennungsfläche. Das heißt: das Feld in τ_2 kann das Feld in τ_1 nur beeinflussen, indem es zunächst das Feld zwischen τ_2 und τ_1 beeinflußt; das elektromagnetische Feld breitet sich kontinuierlich durch den Raum aus. Von den Gesetzen dieser Ausbreitung handelt das Folgende.

§ 3. Ausbreitung im homogenen Medium.

A. Wir betrachten zunächst ein unbegrenztes homogenes, nicht ferromagnetisches Medium, d. h. wir setzen voraus, daß $\mathfrak{K} = 0$, $\mathfrak{M} = 0$, und σ, ε, μ unabhängig von den Koordinaten sind. Aus (1) folgt:

$$c \cdot \operatorname{rot} \frac{\partial \mathfrak{H}}{\partial t} = \sigma \frac{\partial \mathfrak{E}}{\partial t} + \varepsilon \frac{\partial^2 \mathfrak{E}}{\partial t^2}, \tag{22}$$

und

$$\left(\sigma + \varepsilon \frac{\partial}{\partial t}\right) \operatorname{div} \mathfrak{E} = 0 \qquad \text{also} \qquad \operatorname{div} \mathfrak{E} = \text{const} \cdot e^{-\frac{\sigma t}{\varepsilon}}. \qquad (23)$$

Aus (2) folgt:

$$- c \cdot \operatorname{rot} \operatorname{rot} \mathfrak{E} = \mu \operatorname{rot} \frac{\partial \mathfrak{H}}{\partial t}, \qquad (24)$$

aus (7): $\qquad\qquad\qquad\qquad \operatorname{div} \mathfrak{H} = 0. \qquad\qquad\qquad (25)$

Nach (23) wird, wenn es sich um einen Leiter handelt, nach genügend langer Zeit stets $\operatorname{div} \mathfrak{E} = 0$; in einem Isolator ist $\operatorname{div} \mathfrak{E}$ unveränderlich; indem wir es $= 0$ setzen, schließen wir lediglich das stationäre Feld etwaiger elektrischer Ladungen von der Betrachtung aus. Wir setzen demnach allgemein

$$\operatorname{div} \mathfrak{E} = 0. \qquad (26)$$

Aus (22) und (24) folgt:

$$\sigma \mu \frac{\partial \mathfrak{E}}{\partial t} + \varepsilon \mu \frac{\partial^2 \mathfrak{E}}{\partial t^2} = - c^2 \operatorname{rot} \operatorname{rot} \mathfrak{E},$$

und in gleicher Weise erhält man:

$$\sigma \mu \frac{\partial \mathfrak{H}}{\partial t} + \varepsilon \mu \frac{\partial^2 \mathfrak{H}}{\partial t^2} = - c^2 \operatorname{rot} \operatorname{rot} \mathfrak{H}.$$

Infolge von (25) und (26) wird hieraus nach (σ):

$$\sigma \mu \frac{\partial q}{\partial t} + \varepsilon \mu \frac{\partial^2 q}{\partial t^2} = c^2 \Delta q, \qquad (27)$$

wo q eine beliebige der Größen $\mathfrak{E}_x$, $\mathfrak{E}_y$, $\mathfrak{E}_z$, $\mathfrak{H}_x$, $\mathfrak{H}_y$, $\mathfrak{H}_z$ bedeutet.

Aus (27) folgt eindeutig der Wert von q für alle Zeit, wenn q und $\frac{\partial q}{\partial t}$ willkürlich für einen bestimmten Zeitpunkt $t = 0$ gegeben sind und wenn verlangt wird, daß q im Unendlichen $= 0$ ist. — Wir nehmen zunächst an, es sei für $t = 0$: $q \equiv 0$ und $\frac{\partial q}{\partial t} \equiv 0$, und zeigen, daß dann $q \equiv 0$ ist für alle Zeit. Daraus folgt dann in bekannter Art der zu beweisende Satz. Wir multiplizieren (27) mit $\frac{\partial q}{\partial t} d\tau$ und integrieren über den unendlichen Raum. Das ergibt:

$$\int_{\infty} \left\{ A \left(\frac{\partial q}{\partial t} \right)^2 + B \frac{\partial q}{\partial t} \frac{\partial^2 q}{\partial t^2} - \Delta q \frac{\partial q}{\partial t} \right\} d\tau = 0,$$

wo A und B positive Größen bedeuten.

Das dritte Glied integrieren wir partiell nach (t) und benutzen, daß das Oberflächenintegral verschwindet und daß

$$(\nabla q)\left(\nabla \frac{\partial q}{\partial t}\right) = \frac{1}{2}\frac{\partial}{\partial t}(\nabla q)^2$$

ist. So erhalten wir:

$$\int_{\infty}\left\{A\left(\frac{\partial q}{\partial t}\right)^2 + \frac{B}{2}\frac{\partial}{\partial t}\left(\frac{\partial q}{\partial t}\right)^2 + \frac{1}{2}\frac{\partial}{\partial t}(\nabla q)^2\right\}d\tau = 0.$$

Wir multiplizieren mit dt, integrieren von 0 bis t, und benutzen, daß für $t = 0$ sowohl $\frac{\partial q}{\partial t}$ wie ∇q überall $= 0$ ist. So kommt:

$$\int_0^t dt\int_{\infty} A\left(\frac{\partial q}{\partial t}\right)^2\cdot d\tau + \left[\int_{\infty}\left\{\frac{B}{2}\left(\frac{\partial q}{\partial t}\right)^2 + \frac{1}{2}(\nabla q)^2\right\}d\tau\right]_t = 0.$$

Also ist q zeitlich und räumlich konstant, und da es im Unendlichen Null ist, so ist es durchweg Null.

Die Anfangswerte von q und $\frac{\partial q}{\partial t}$ sind willkürlich gegenüber der Gleichung (27). Aber zwischen den 12 Wertesystemen der

$$\mathfrak{E}_x \cdots \mathfrak{H}_z, \qquad \frac{\partial \mathfrak{E}_x}{\partial t} \cdots \frac{\partial \mathfrak{H}_z}{\partial t}$$

bestehen die Gleichungen (1), (2), (25), (26). Sie lauten ausgeschrieben in kartesischen Koordinaten:

$$c\left(\frac{\partial \mathfrak{H}_z}{\partial y} - \frac{\partial \mathfrak{H}_y}{\partial z}\right) = \sigma\mathfrak{E}_x + \varepsilon\frac{\partial \mathfrak{E}_x}{\partial t},$$
$$c\left(\frac{\partial \mathfrak{H}_x}{\partial z} - \frac{\partial \mathfrak{H}_z}{\partial x}\right) = \sigma\mathfrak{E}_y + \varepsilon\frac{\partial \mathfrak{E}_y}{\partial t}, \tag{28}$$
$$c\left(\frac{\partial \mathfrak{H}_y}{\partial x} - \frac{\partial \mathfrak{H}_x}{\partial y}\right) = \sigma\mathfrak{E}_z + \varepsilon\frac{\partial \mathfrak{E}_z}{\partial t}.$$

$$-c\left(\frac{\partial \mathfrak{E}_z}{\partial y} - \frac{\partial \mathfrak{E}_y}{\partial z}\right) = \mu\frac{\partial \mathfrak{H}_x}{\partial t},$$
$$-c\left(\frac{\partial \mathfrak{E}_x}{\partial z} - \frac{\partial \mathfrak{E}_z}{\partial x}\right) = \mu\frac{\partial \mathfrak{H}_y}{\partial t}, \tag{29}$$
$$-c\left(\frac{\partial \mathfrak{E}_y}{\partial x} - \frac{\partial \mathfrak{E}_x}{\partial y}\right) = \mu\frac{\partial \mathfrak{H}_z}{\partial t}.$$

$$\frac{\partial \mathfrak{H}_x}{\partial x} + \frac{\partial \mathfrak{H}_y}{\partial y} + \frac{\partial \mathfrak{H}_z}{\partial z} = 0. \tag{30} \qquad\qquad \frac{\partial \mathfrak{E}_x}{\partial x} + \frac{\partial \mathfrak{E}_y}{\partial y} + \frac{\partial \mathfrak{E}_z}{\partial z} = 0. \tag{31}$$

Anfangswerte der $\mathfrak{E}_x \cdots \frac{\partial \mathfrak{H}_z}{\partial t}$, welche den Gleichungen (28) bis (31) genügen, sollen mögliche Anfangswerte heißen. Wir wollen zeigen, daß jedes System $\mathfrak{E}_x \ldots \mathfrak{H}_z$ von Lösungen der Gleichung (27), welches möglichen Anfangswerten entspricht, auch dauernd den Gleichungen (28) bis (31) — d. h. den Gleichungen (1), (2), (25), (26) — genügt.

Wir schreiben zur Abkürzung die Gleichung (27): $f(q) = 0$. Dann ist bewiesen:

$$q \equiv 0, \quad \text{wenn} \quad f(q) = 0, \quad q_0 = 0, \quad \left(\frac{\partial q}{\partial t}\right)_0 = 0, \qquad (x)$$

und es wird vorausgesetzt einerseits:

$$f(\mathfrak{E}) = 0 \quad (a_1), \qquad f(\mathfrak{H}) = 0 \quad (a_2);$$

andererseits:

$$(\operatorname{div} \mathfrak{E})_0 = 0; \quad (b_1) \qquad (\operatorname{div} \mathfrak{H})_0 = 0; \qquad (b_2)$$

$$\left\{c \operatorname{rot} \mathfrak{H} - \left(\sigma \mathfrak{E} + \varepsilon \frac{\partial \mathfrak{E}}{\partial t}\right)\right\}_0 = 0; \qquad (b_3)$$

$$\left\{c \operatorname{rot} \mathfrak{E} + \mu \frac{\partial \mathfrak{H}}{\partial t}\right\}_0 = 0. \qquad (b_4)$$

Aus (a_1), (a_2) folgt, da $\operatorname{div} f(\mathfrak{E}) = f(\operatorname{div} \mathfrak{E})$ usw.:

$$f(\operatorname{div} \mathfrak{E}) = 0; \quad (c_1) \qquad f(\operatorname{div} \mathfrak{H}) = 0; \qquad (c_2)$$

$$f\left\{c \operatorname{rot} \mathfrak{H} - \left(\sigma \mathfrak{E} + \varepsilon \frac{\partial \mathfrak{E}}{\partial t}\right)\right\} = 0; \qquad (c_3)$$

$$f\left\{c \operatorname{rot} \mathfrak{E} + \mu \frac{\partial \mathfrak{H}}{\partial t}\right\} = 0. \qquad (c_4)$$

Aus (b_1) und (b_3) folgt nach (λ_1):

$$\left\{\frac{\partial}{\partial t}(\operatorname{div} \mathfrak{E})\right\}_0 = 0. \qquad (d_1)$$

Aus (c_1), (b_1), (d_1) und (x) folgt: $\operatorname{div} \mathfrak{E} = 0$ für alle Zeit. — In der gleichen Weise ergibt sich: $\operatorname{div} \mathfrak{H} = 0$ für alle Zeit.

Weiter: Aus (b_4) und (b_1) folgt nach (σ):

$$\left\{-c \varDelta \mathfrak{E} + \mu \frac{\partial}{\partial t} \operatorname{rot} \mathfrak{H}\right\}_0 = 0;$$

aus dieser Gleichung und (a_1):

$$\left\{\frac{\partial}{\partial t}\left(c \operatorname{rot} \mathfrak{H} - \left(\sigma \mathfrak{E} + \varepsilon \frac{\partial \mathfrak{E}}{\partial t}\right)\right)\right\}_0 = 0. \qquad (d_3)$$

Aus (c_3), (b_3), (d_3) und (x) folgt: $c \operatorname{rot} \mathfrak{H} - \left(\sigma \mathfrak{E} + \varepsilon \frac{\partial \mathfrak{E}}{\partial t}\right) = 0$ für alle Zeit. Ebenso ergibt sich schließlich:

$$c \operatorname{rot} \mathfrak{E} + \mu \frac{\partial \mathfrak{H}}{\partial t} = 0 \text{ für alle Zeit.}$$

Hiernach handelt es sich in erster Linie um die Lösung der Gleichung (27) bei gegebenen Anfangswerten. Ihr allgemeines Integral ist von **Birkeland** gefunden[1]). Wir wollen hier nur zwei Grenzfälle durchführen:

1. Es handle sich um einen Isolator. Dann wird aus (27):

$$\frac{\partial^2 q}{\partial t^2} = a^2 \,\Delta q\,, \qquad a^2 = \frac{c^2}{\varepsilon\,\mu}\,. \tag{27a}$$

Das von **Poisson** gefundene Integral dieser Gleichung ist

$$q_{p\,t} = t\left(\overline{\frac{\partial q}{\partial t}}\right)_0 + \frac{\partial}{\partial t}\,(t\,\overline{q_0})\,. \tag{32}$$

Hier bedeutet q_0 den Wert von q für $t = 0$, und $\overline{q_0}$ den Mittelwert von q_0 auf einer Kugelfläche K mit dem Mittelpunkt p und dem Radius $\varrho = at$. Entsprechend $\left(\overline{\frac{\partial q}{\partial t}}\right)_0$. Um die Lösung als richtig zu erweisen, haben wir zu zeigen, daß sie a) der Gleichung (27a) genügt, b) im Unendlichen verschwindet, c) für $t = 0$ liefert:

$$q_{p\,t} = q_0 \text{ in } p\,, \quad \text{und} \quad \frac{\partial q_{p\,t}}{\partial t} = \left(\frac{\partial q}{\partial t}\right)_0 \text{ in } p\,.$$

a) Es ist, wenn xyz die Koordinaten von p, und $x' = x + \xi$, $y' = y + \eta$, $z' = z + \zeta$ diejenigen eines Punktes p' auf der Kugelfläche bezeichnen, (so daß $\varrho^2 = \xi^2 + \eta^2 + \zeta^2$ ist), q_0 Funktion von $x'y'z'$, d. h. von $xyz\xi\eta\zeta$, $\overline{q_0}$ aber ausschließlich Funktion von xyz und ϱ. Daher:

$$\Delta\,(t\,\overline{q_0}) = t \cdot \Delta\,\overline{q_0} = t\left(\frac{\partial^2 \overline{q_0}}{\partial x^2} + \frac{\partial^2 \overline{q_0}}{\partial y^2} + \frac{\partial^2 \overline{q_0}}{\partial z^2}\right) = t\left(\frac{\partial^2 \overline{q_0}}{\partial \xi^2} + \frac{\partial^2 \overline{q_0}}{\partial \eta^2} + \frac{\partial^2 \overline{q_0}}{\partial \zeta^2}\right)$$

oder nach (ζ_3) und wegen $\varrho = at$:

$$= t\,\frac{1}{\varrho}\,\frac{\partial^2}{\partial \varrho^2}\,(\varrho\,\overline{q_0}) = \frac{1}{a^2}\,\frac{\partial^2}{\partial t^2}\,(t\,\overline{q_0})\,;$$

d. h. $t\,\overline{q_0}$ genügt der Gleichung (27a); folglich auch $\frac{\partial}{\partial t}\,(t\,\overline{q_0})$. Ebenso $t\left(\overline{\frac{\partial q}{\partial t}}\right)_0$; und folglich $q_{p\,t}$. — b) Die Anfangswerte von q und $\frac{\partial q}{\partial t}$ sind nur in einem endlichen Gebiet von Null verschieden; wenn also p im Unendlichen liegt, so ist auf K für endliches t durchweg q_0 und $\left(\frac{\partial q}{\partial t}\right)_0$ gleich Null. — c) Für $t = 0$ wird $q_{p\,t}$ gleich dem

---

[1]) Archives de Genève Bd. 34, 1895; s. auch H. Weber: Partielle Differentialgleichungen Bd. 2, 5. Aufl., § 128.

Wert von $\overline{q}_0$ für $\varrho = 0$, d. h. $= q_0$ in p. Ferner ist für $t = 0$:

$$\frac{\partial q_{p\,t}}{\partial t} = \left(\overline{\frac{\partial q}{\partial t}}\right)_0 + \frac{\partial^2}{\partial t^2}(t\,\overline{q}_0),$$

also, da das zweite Glied $= a^2 t \cdot \varDelta\,\overline{q}_0$ ist:

$$\frac{\partial q_{p\,t}}{\partial t} = \left(\overline{\frac{\partial q}{\partial t}}\right)_0 \quad \text{für} \quad \varrho = 0,$$

d. h. $\qquad\qquad\qquad = \left(\frac{\partial q}{\partial t}\right)_0$ in p.

2. Es handle sich um einen Leiter; wir wollen annehmen, daß es gestattet sei, die Änderung der elektrischen Erregung gegenüber der Strömung zu vernachlässigen (vgl. § 1 und unten S. 226). Dann wird aus (27):

$$\frac{\partial q}{\partial t} = b^2 \cdot \varDelta\,q, \qquad b^2 = \frac{c^2}{\sigma\mu}. \tag{27b}$$

q ist, wie man leicht einsieht, eindeutig bestimmt, wenn für $t = 0$ die Werte q_0 willkürlich vorgeschrieben sind, und verlangt wird, daß q im Unendlichen Null ist. Die Lösung, die von Fourier gefunden ist, lautet

$$q_{p\,t} = \int q_0\,\frac{\mathrm{e}^{-\frac{r^2}{4\,b^2 t}}}{(\pi\,4\,b^2 t)^{3/2}}\,d\tau, \tag{33}$$

wo r den Abstand zwischen p und $d\tau$ bezeichnet.

Wir bestätigen sie, wie soeben. a) Wir schreiben:

$$4\,b^2 t = s, \qquad \frac{\mathrm{e}^{-\frac{r^2}{s}}}{s^{3/2}} = u, \qquad q_{p\,t} = \int \frac{q_0}{\pi^{3/2}}\,u \cdot d\tau.$$

Dann ist nach (ζ_3)

$$\varDelta u = \frac{1}{r^2}\frac{\partial}{\partial r}\left(r^2\frac{\partial u}{\partial r}\right) = 4u\left(\frac{r^2}{s^2} - \frac{3}{2\,s}\right) = \frac{1}{b^2}\frac{\partial u}{\partial t};$$

d. h. u genügt der Gleichung (27b), und folglich auch q. — b) Wenn p im Unendlichen liegt, aber nur in einem endlichen Gebiet $q_0 \neq 0$ ist, so wird $q_{p\,t} = 0$ für jedes endliche t. — c) Wir können schreiben

$$q_{p\,t} = \int\limits_0^\infty dr \cdot 4\,\pi\,r^2\,\frac{\overline{q}_0}{\pi^{3/2}}\,\frac{\mathrm{e}^{-\frac{r^2}{s}}}{s^{3/2}},$$

wo $\overline{q}_0 = f(r)$ den Mittelwert von q_0 auf der um p mit dem

Radius r beschriebenen Kugelfläche bedeutet. Oder

$$q_{pt} = \frac{4}{\sqrt{\pi}} \int\limits_{0}^{\infty} dx \cdot x^2\, e^{-x^2} f(x \sqrt{s}) .$$

Für $t = 0$ wird also

$$q_{pt} = \frac{4}{\sqrt{\pi}} f(0) \int\limits_{0}^{\infty} dx \cdot x^2\, e^{-x^2} .$$

Das Integral hat den Wert $\dfrac{\sqrt{\pi}}{4}$; demnach ist die rechte Seite $= f(0)$, d. h. gleich dem Wert von q_0 im Punkte p.

Jedesmal also breitet sich die Störung — d. h. die von Null verschiedenen q-Werte — von dem ursprünglichen Störungsgebiet in den Raum aus. Die Art der Ausbreitung aber ist in den beiden betrachteten Sonderfällen völlig verschieden.

Im Fall 1. liefern zu q_{pt} nur diejenigen Punkte des ursprünglichen Störungsgebiets O Beiträge, die auf einer um den Punkt p mit dem Radius at beschriebenen Kugelfläche liegen. Sei also $r_1 = at_1$ der kleinste, $r_2 = at_2$ der größte der Abstände zwischen p und den verschiedenen Punkten p' von O. Dann beginnt die Störung in p zur Zeit t_1, und sie endet zur Zeit t_2. Ein bestimmter Punkt p' liefert zur Störung in p nur in dem bestimmten Zeitpunkt $t = \dfrac{pp'}{a}$ einen Beitrag. Die Störung breitet sich von p' mit der Geschwindigkeit a aus. [Dies ist die Form, in welcher elastische Verschiebungen sich ausbreiten; hier ist $a^2 = \dfrac{e}{\varrho}$, wo e den Elastizitätskoeffizienten, ϱ die Dichte bedeutet.]

Im Fall 2. liefern zu q_{pt} alle Punkte p' des Gebiets O Beiträge, $\overline{pp'}$ mag so groß und t so klein sein, wie man will. Nur das Gewicht u dieser Beiträge hängt von der Entfernung und der Zeit ab. Es ist Null lediglich für $t = 0$ und für $t = \infty$; es wird ein Maximum für $t = \dfrac{r^2}{6b^2}$, und dieses Maximum ist proportional mit $\dfrac{1}{r^3}$. Je größer also der Abstand r ist, um so kleiner ist der Maximalbeitrag, den p' zur Störung in p liefert, und um so später trifft er ein. Die Zeit aber, nach welcher er eintrifft, ist proportional nicht mit r, sondern mit r^2. Von einer bestimmten Ausbreitungsgeschwindigkeit kann also in keinem Sinn gesprochen werden. — Sind in zwei verschiedenen Medien die gleichen Anfangsstörungen gegeben, so durchlaufen beide dieselbe Folge von Zuständen. Der Zustand ist der gleiche in je zwei Zeitpunkten t_1 und t_2, für welche s den gleichen Wert hat, d. h. wenn $\dfrac{t_1}{t_2} = \dfrac{\sigma_1 \mu_1}{\sigma_2 \mu_2}$ ist. [Dies ist die Form, in welcher Störungen des Temperaturgleichgewichts sich durch Wärmeleitung ausbreiten. Hier ist $b^2 = \dfrac{k}{c\varrho}$, wo k das Wärmeleitvermögen, c die spezifische Wärme, ϱ die Dichte bedeutet. Dem elektrischen Leitvermögen entspricht also das Reziproke des Wärmeleitvermögens.]

Im allgemeinen Fall der Gleichung (27) ergibt sich folgendes[1]): Die Störung in p setzt sich aus zwei Anteilen von verschiedenem Bildungsgesetz zusammen. Der erste rührt her von allen Punkten, die auf einer um p mit dem Radius at beschriebenen Kugelfläche liegen, — der zweite rührt her von allen Punkten innerhalb dieser Kugelfläche. Die Störung beginnt daher in dem bestimmten Zeitpunkt t_1, der dadurch gegeben ist, daß $r_1 = at_1$ den kleinsten Abstand zwischen p und O darstellt (wie im Fall 1). Aber die Störung endet nicht in einem bestimmten Augenblick, sondern klingt erst nach unendlicher Zeit zu Null ab (wie im Fall 2). Der mathematische Ausdruck für q_{pt} ist wenig durchsichtig. Er geht aber in einen einfachen Ausdruck von der Form (33) über, sobald a) $t \gg \dfrac{\varepsilon}{\sigma}$ ist und b) für die Entfernung von allen Punkten in O gilt: $r \ll at$.

Was diese Begrenzungen bedeuten, mag an einigen Beispielen erläutert werden [vgl. § 1 und Kap. III (47)]. Für Meerwasser ist

$$\frac{\varepsilon}{\sigma} \approx 2 \cdot 10^{-10}\,\mathrm{sec}$$

und

$$a = a_0 \sqrt{\frac{\varepsilon_0 \mu_0}{\varepsilon \mu}} = \frac{3 \cdot 10^{10}}{\sqrt{80}}\,\frac{\mathrm{cm}}{\mathrm{sec}}.$$

Die Bedingung a) ist also schon nach unmeßbar kleinen Zeiten erfüllt, und nach 1 sec erstreckt sich der Geltungsbereich von (33) schon auf 1000 km Entfernung von dem ursprünglichen

---

[1]) S. die Diskussion der Birkelandschen Lösung in Elm. Feld 1, S. 419ff.

Störungsgebiet. — Für vollkommen reines Wasser hat ε und μ, folglich auch a den gleichen Wert, σ den 10^{-6}-fachen. Nach einer Sekunde gilt also selbst für diesen sehr schlechten Leiter innerhalb 1000 km Entfernung das Ausbreitungsgesetz der Gleichung (33). — Für Metalle lassen sich untere Zeitgrenzen und obere Entfernungsgrenzen für die Gültigkeit dieses Gesetzes überhaupt nicht angeben.

Wir wollen den Sonderfall des Isolators weiter verfolgen. Zunächst: $t = 0$ ist ein willkürlicher Zeitpunkt; bezeichnen wir ihn jetzt als $t = t_0$, so haben wir in unseren Formeln t durch $t - t_0$ zu ersetzen. Aus (32) wird:

$$q_{pt} = (t - t_0) \left(\overline{\frac{\partial q}{\partial t}} \right)_{t_0} + \frac{\partial}{\partial t} \left((t - t_0) \,\overline{q_{t_0}} \right),$$

wo die Mittelwerte für die Punkte p' auf einer um p mit dem Radius $\varrho = a\,(t - t_0)$ beschriebenen Kugelfläche zu bilden sind. q_p kann hiernach für alle Zeiten t berechnet werden, wenn

$$\text{die} \quad q_{p'} \quad \text{und} \quad \left(\frac{\partial q}{\partial t} \right)_{p'} = a \left(\frac{\partial q}{\partial \varrho} \right)_{p'}$$

für alle Zeiten $t_0 = t - \dfrac{\varrho}{a}$ auf einer festen Kugelfläche gegeben sind.

Der Satz läßt sich erweitern: Eine Funktion q, die in dem Raum τ der Wellengleichung (27a) genügt, läßt sich in allen Punkten p von τ darstellen durch die Werte, die q und $\dfrac{\partial q}{\partial n}$ auf der Oberfläche S von τ besitzen.

Daß eine solche Darstellung möglich ist, wird herkömmlich als Huygenssches Prinzip bezeichnet. Die Darstellung ist aber erst von G. Kirchhoff gegeben[1]). Sie lautet:

$$4\pi q_{pt} = \int\limits_{O} dS \left\{ \frac{\partial \frac{1}{r}}{\partial n} q_{t-\frac{r}{a}} - \frac{1}{ar} \frac{\partial r}{\partial n} \frac{\partial q_{t-\frac{r}{a}}}{\partial t} - \frac{1}{r} \left(\frac{\partial q}{\partial n} \right)_{t-\frac{r}{a}} \right\}, \qquad (34)$$

wo r die Entfernung zwischen dS und p bezeichnet. Es seien die Werte auf S als einfach-harmonische Funktionen der Zeit gegeben, und demnach auch q eine solche. Wir denken sie in der Form

$$q = e^{\iota \nu t}\, U \qquad (35)$$

---

[1]) Zur Theorie der Lichtstrahlen. Wiedemanns Ann. Bd. 18, 1883. S. auch Vorlesungen über mathematische Optik, Vorl. 1 und 2.

geschrieben, wo dann U nur Funktion der Koordinaten ist. Dann
wird aus (27a):

$$- \frac{v^2}{a^2}\, q = \Delta q\,, \qquad \text{oder} \qquad - \frac{v^2}{a^2}\, U = \Delta U \tag{36}$$

und aus (34):

$$4\pi q_p = -\int_O dS \cdot \mathrm{e}^{-\frac{\iota v r}{a}} \left\{ \left(\frac{1}{r^2} + \frac{\iota v}{ar} \right) \frac{\partial r}{\partial n}\, q + \frac{1}{r}\, \frac{\partial q}{\partial n} \right\}, \tag{37}$$

wo jetzt auf beiden Seiten der Gleichung derselbe Zeitpunkt t
gilt. Wir beschränken uns darauf, (37) aus (35), (36) abzuleiten.
[Für eine beliebige Funktion ergibt sich dann (34) durch Entwicklung in eine Fouriersche Reihe.] Dazu benutzen wir den
Greenschen Satz [s. (ι)]:

$$\int (U \cdot \Delta V - V \cdot \Delta U)\, d\tau = \int_O \left(-U \frac{\partial V}{\partial n} + V \frac{\partial U}{\partial n} \right) d\Sigma,$$

wo diesmal die Oberfläche von τ durch Σ bezeichnet ist. Er
gilt, wenn U und V nebst ihren ersten Ableitungen im Raum τ
einwertig und stetig sind. Unter U sei die Funktion in der
Gleichung (35) verstanden. Für V setzen wir

$$V = \frac{\mathrm{e}^{-\frac{\iota v r}{a}}}{r}, \tag{38}$$

wo r den Abstand vom Punkte p bedeuten soll. Diese Funktion
genügt der Stetigkeitsforderung überall außer in p. Wir schließen
deshalb diesen Punkt durch eine Kugelfläche K mit dem kleinen
Radius r_0 von dem Raum τ aus, so daß dessen Oberfläche Σ
aus zwei Teilen besteht: K und der äußeren Begrenzung S, auf
welcher die q- und $\frac{\partial q}{\partial n}$-Werte vorgeschrieben sind. Es ist [s. (ζ_3)]:

$$\Delta V = \frac{1}{r}\, \frac{\partial^2 (rV)}{\partial r^2} = -\frac{v^2}{a^2}\, V$$

überall in τ. Also wird nach (36) das Volumintegral der Greenschen Gleichung $= 0$, und es folgt:

$$\int_K = -\int_S .$$

Es ist aber, wenn wir $dK = r_0^2 \cdot d\omega$ schreiben,

$$\int_K = \int \left\{ -U \frac{\partial}{\partial r} \left(\frac{\mathrm{e}^{-\frac{\iota v r}{a}}}{r} \right) + \frac{\mathrm{e}^{-\frac{\iota v r}{a}}}{r}\, \frac{\partial U}{\partial r} \right\}_{r=r_0} r_0^2 \cdot d\omega$$

$$= \int \left\{ U \mathrm{e}^{-\frac{\iota v r_0}{a}} \left(\frac{\iota v}{a r_0} + \frac{1}{r_0^2} \right) + \mathrm{e}^{-\frac{\iota v r_0}{a}}\, \frac{1}{r_0}\, \frac{\partial U}{\partial r} \right\} r_0^2 \cdot d\omega .$$

Für verschwindendes r_0 wird dies:

$$\int_K = \int U \cdot d\omega = U_p \cdot \int d\omega = 4\pi U_p.$$

Also

$$4\pi U_p = -\int_S$$

oder, mit $e^{i\nu t}$ multipliziert:

$$4\pi q_p = -\int_S dS \left\{ -q \frac{\partial V}{\partial n} + V \frac{\partial q}{\partial n} \right\},$$

was nach (38) den Ausdruck (37) liefert.

B. Wir suchen einfachste Lösungen der Maxwellschen Feldgleichungen für ein homogenes nichtleitendes Medium. Jede der Komponenten $\mathfrak{E}_x \ldots \mathfrak{H}_z$ muß der Wellengleichung (27a)

$$a^2 \varDelta q = \frac{\partial^2 q}{\partial t^2}$$

genügen. Wie es für die Laplacesche Gleichung $\varDelta \varphi = 0$ eine einfachste Grundlösung

$$\varphi = \frac{\text{const}}{r}$$

gibt, die nur einen einzigen Unstetigkeitspunkt $r = 0$ besitzt, so ist hier die Grundlösung:

$$q = \frac{f(r - at)}{r}, \tag{39}$$

wo f eine beliebige Funktion seines Arguments bedeutet. Denn es ist

$$\varDelta q = \frac{1}{r} \frac{\partial^2 (rq)}{\partial r^2} = \frac{f''}{r} = \frac{1}{a^2} \frac{\partial^2 q}{\partial t^2}$$

überall außer im Punkte $r = 0$. Würden wir aber für eine der 6 Feldkomponenten einen Ausdruck von der Form (39) wählen, so würden wir den Gleichungen (28) bis (31) nicht durch ein Feld von einfachen geometrischen Eigenschaften genügen können. Ein solches erhalten wir vielmehr, indem wir die Feldgrößen aus einer gemeinsamen Stammfunktion ableiten, und für diese den einfachsten Ausdruck suchen. Diesen Weg hat zuerst H. Hertz eingeschlagen[1]). Unter unsern Voraussetzungen: $\sigma = 0$, ε und

---

[1]) Die Kräfte elektrischer Schwingungen in der Maxwellschen Theorie Wiedemanns Ann. Bd. 36. 1888; auch Ges. Werke Bd. 2.

$\mu = \text{const}$, genügen wir den Gleichungen (1), (25), (26), indem wir

$$\sqrt{\varepsilon}\,\mathfrak{E} = \text{rot rot } \mathfrak{P}\,, \qquad \sqrt{\mu}\,\mathfrak{H} = \frac{1}{a}\frac{\partial}{\partial t}\text{rot } \mathfrak{P}\,, \qquad a = \frac{c}{\sqrt{\varepsilon\mu}} \qquad (40)$$

setzen, wo $\mathfrak{P}$ eine beliebige Funktion der Zeit und der Koordinaten bedeutet.

(2) ist erfüllt, wenn

$$\text{rot}\left(a^2 \text{ rot rot } \mathfrak{P} + \frac{\partial^2 \mathfrak{P}}{\partial t^2}\right) = 0$$

ist, also nach (σ) und (μ), wenn wir für $\mathfrak{P}$ eine Lösung der Wellengleichung

$$a^2 \varDelta \mathfrak{P} = \frac{\partial^2 \mathfrak{P}}{\partial t^2} \qquad (41)$$

wählen. — Wir nehmen für $\mathfrak{P}$ die Grundlösung

$$\mathfrak{P} = \frac{\mathfrak{f}\left(t - \dfrac{r}{a}\right)}{r}\,.$$

Das Feld, welches wir dann erhalten, ist dasjenige eines Stromelements $i\mathfrak{l}$, welches die Richtung von $\mathfrak{P}$ hat; die Elektrizitätsmengen $\pm\,e$ an seinem End- und Anfangspunkt sind gegeben durch $i = \dfrac{\partial e}{\partial t}$. Dies ergibt sich aus den Gleichungen (8), (9), (10), (16a). Schreiben wir nämlich: $e\mathfrak{l} = \mathfrak{p}$, so folgt aus (16a):

$$\mathfrak{A} = \frac{\mu}{4\pi c}\frac{\partial}{\partial t}\left(\frac{\mathfrak{p}_{t-\frac{r}{a}}}{r}\right);$$

weiter aus (10):

$$\varphi = \frac{-1}{4\pi\varepsilon}\,\text{div}\left(\frac{\mathfrak{p}_{t-\frac{r}{a}}}{r}\right);$$

aus (9):

$$\mathfrak{E} = \frac{1}{4\pi\varepsilon}\left\{\nabla\,\text{div} - \frac{1}{a^2}\frac{\partial^2}{\partial t^2}\right\}\left(\frac{\mathfrak{p}_{t-\frac{r}{a}}}{r}\right),$$

oder, da $\dfrac{\mathfrak{p}_{t-\frac{r}{a}}}{r}$ der Wellengleichung (27a) genügt, nach (σ):

$$\mathfrak{E} = \frac{1}{4\pi\varepsilon}\,\text{rot rot}\left(\frac{\mathfrak{p}_{t-\frac{r}{a}}}{r}\right);$$

aus (8) folgt:

$$\mathfrak{H} = \frac{1}{4\pi c}\frac{\partial}{\partial t}\,\text{rot}\left(\frac{\mathfrak{p}_{t-\frac{r}{a}}}{r}\right).$$

(Die Integrationskonstante in φ ist Null, wenn — wie wir fordern müssen — bis zu ein und demselben Zeitpunkt zugleich $e = 0$ und $\mathfrak{E} = 0$ sein soll.) Die Werte von $\mathfrak{E}$ und $\mathfrak{H}$ stimmen mit denjenigen in (40) überein, wenn man das elektrische Moment $e\mathfrak{l} = \mathfrak{p} = 4\pi \sqrt{\varepsilon} \cdot \mathfrak{f}$ setzt.

Wir machen die weitere vereinfachende Annahme, daß $\mathfrak{P}$ konstante Richtung haben soll und bezeichnen seinen Betrag durch

$$\Pi = \frac{f\left(t - \dfrac{r}{a}\right)}{r} \, . \tag{42}$$

Π wird als Hertzsche Funktion bezeichnet. Das Feld hat axiale Symmetrie; es wird also übersichtlich dargestellt mittels Polarkoordinaten r, ϑ (Polarwinkel), α (Längenwinkel). Es ist

$$\mathfrak{P}_r = \Pi \cos \vartheta \, , \quad \mathfrak{P}_\vartheta = - \Pi \sin \vartheta \, , \quad \mathfrak{P}_\alpha = 0 \, ,$$

und die Ausführung von (40) ergibt nach $(\varkappa_3)$:

$$\left. \begin{aligned}
\sqrt{\varepsilon}\, \mathfrak{E}_r &= - \frac{2 \cos \vartheta}{r} \frac{\partial \Pi}{\partial r} = 2 \cos \vartheta \left(\frac{f'}{a\,r^2} + \frac{f}{r^3} \right), \\
\sqrt{\varepsilon}\, \mathfrak{E}_\vartheta &= \frac{\sin \vartheta}{r} \frac{\partial}{\partial r} \left(r \frac{\partial \Pi}{\partial r} \right) = \sin \vartheta \left(\frac{f''}{a^2 r} + \frac{f'}{a\,r^2} + \frac{f}{r^3} \right), \\
\mathfrak{E}_\alpha &= 0 ; \\
\sqrt{\mu}\, \mathfrak{H}_\alpha &= - \frac{\sin \vartheta}{a} \frac{\partial^2 \Pi}{\partial t \cdot \partial r} = \sin \vartheta \left(\frac{f''}{a^2 r} + \frac{f'}{a r^2} \right), \\
\mathfrak{H}_r &= 0 \, . \\
\mathfrak{H}_\vartheta &= 0 .
\end{aligned} \right\} \tag{43}$$

Die elektrischen Kraftlinien liegen also in den Meridianebenen, die magnetischen folgen den Parallelkreisen. Wir nehmen Π als einfach-harmonische Zeitfunktion an:

$$\Pi = \frac{A \sin v \left(t - \dfrac{r}{a} \right)}{r} \, , \tag{44}$$

(also $f(x) = A \sin v\,x$). Für diesen Fall hat Hertz a. a. O. die Gestalt des Feldes und ihre zeitlichen Veränderungen eingehend besprochen und durch Zeichnungen dargestellt. Wir beschränken uns auf zwei Grenzfälle: Es wird

$$\left| f \right| : \left| \frac{r}{a} f' \right| : \left| \frac{r^2}{a^2} f'' \right| = 1 : \frac{r v}{a} : \left(\frac{r v}{a} \right)^2 .$$

In den Raumgebieten also, für welche a) $\dfrac{rv}{a} \gg 1$ ist, wird das
Feld dargestellt durch

$$\sqrt{\varepsilon}\,\mathfrak{E}_\vartheta = \sqrt{\mu}\,\mathfrak{H}_\alpha = \frac{\sin\vartheta}{a^2 r}\,f'', \tag{43a}$$

während die übrigen Feldkomponenten verschwinden. Das Feld
breitet sich in der Richtung der Leitstrahlen $\mathfrak{r}$ aus, die beiden
Feldvektoren aber sind normal zu $\mathfrak{r}$. Die Ausbreitung erfolgt in
transversalen Wellen. Die Strahlung

$$\mathfrak{S} = c\,[\mathfrak{E}\mathfrak{H}]$$

hat die Richtung der Ausbreitung und den Betrag

$$a\left(\frac{\sin\vartheta}{a^2 r}\,f''\right)^2,$$

während die elektrische und magnetische Energie der Volumeinheit je

$$\frac{1}{2}\left(\frac{\sin\vartheta}{a^2 r}\,f''\right)^2$$

ist. Jede dieser Größen nimmt also mit dem Quadrat der Entfernung r ab, und hat für festes r ihren Höchstwert in der
Äquatorebene, während sie in der Polarachse Null ist. Das Gebiet,
das durch die Bedingung a) gekennzeichnet ist, heißt die Wellenzone. — Da wir $\sigma = 0$ gesetzt haben, so ist nach (20):

$$\int\limits_{O} \mathfrak{S}_n \cdot dS = \frac{\partial W}{\partial t}$$

für einen Raum, in dem unsere Gleichungen gelten, und seine
vollständige Oberfläche S. Ein solcher Raum ist jeder, der den
Punkt $r = 0$ nicht enthält, also jede Schale zwischen zwei beliebigen den Punkt $r = 0$ umschließenden Flächen. W ist
periodisch nach t mit der Periode $\dfrac{\pi}{\nu}$. Es ist folglich

$$\int\limits_{0}^{\frac{\pi}{\nu}} dt \int\limits_{O} \mathfrak{S}_n \cdot dS = 0.$$

Demnach hat die Gesamtausstrahlung für eine Periode

$$\alpha = -\int\limits_{0}^{\frac{\pi}{\nu}} dt \int \mathfrak{S}_n \cdot dS$$

denselben Wert für jede Fläche, die den Punkt $r = 0$ umschließt. Zur Berechnung wählen wir am bequemsten eine Kugelfläche $r = $ const in der Wellenzone. Es wird die Ausstrahlung während einer Periode

$$\varkappa = A^2 \frac{v^4}{a^3} \int\limits_0^{\frac{\tau}{v}} \sin^2 v\left(t - \frac{r}{a}\right) \cdot dt \int\limits_0^{\pi} 2\pi \sin^3 \vartheta \cdot d\vartheta = A^2 \frac{4\pi^2}{3}\left(\frac{v}{a}\right)^3 .$$

Sie ist umgekehrt proportional mit der dritten Potenz derjenigen Strecke

$$\lambda = \frac{2\pi a}{v} ,$$

welche die räumliche Periode der Schwingungsphasen bildet, der Wellenlänge.

Wir lernen hier den Energieverlust kennen, den das Feld durch Ausstrahlung in den unendlichen Raum erleidet. Er ist kennzeichnend für die allgemeinen Maxwellschen Gleichungen gegenüber denjenigen, die die quasistationären Zustände darstellen; denn nach den Gleichungen des Kap. III verschwinden $\mathfrak{E}$ und $\mathfrak{H}$ im Unendlichen wie $\dfrac{1}{r^2}$.

In dem Raumgebiet, in welchem b) $\dfrac{r\,v}{a} \ll 1$ ist, wird

$$\left.\begin{array}{lll} \sqrt{\varepsilon}\,\mathfrak{E}_r = 2\cos\vartheta\,\dfrac{A\sin vt}{r^3} , & \sqrt{\varepsilon}\,\mathfrak{E}_\vartheta = \sin\vartheta\,\dfrac{A\sin vt}{r^3} , & \mathfrak{E}_a = 0 , \\[2ex] \mathfrak{H}_r = 0 . & \mathfrak{H}_\vartheta = 0 . & \sqrt{\mu}\,\mathfrak{H}_a = \dfrac{\sin\vartheta}{a}\,\dfrac{A\,v\cos vt}{r^2} . \end{array}\right\} \quad (43\text{b})$$

Daraus nach (γ_3):

$$\mathfrak{E} = -V\varphi . \quad \text{wo} \quad \varphi = \frac{\cos\vartheta}{r^2}\,\frac{A\sin vt}{\sqrt{\varepsilon}} ,$$

oder (s. Abb. 33):

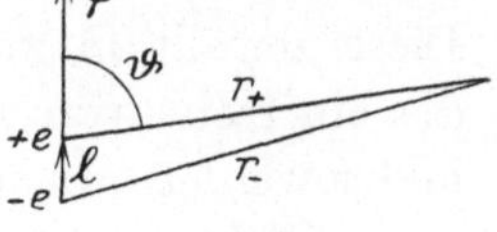

$$\varphi = \frac{c\,\frac{1}{r}}{\hat{c}\,l}\,\frac{A\sin vt}{\sqrt{\varepsilon}} .$$

Abb. 33.

Oder, wenn gemäß dem obigen $|\mathfrak{p}| = el = 4\pi\sqrt{\varepsilon}\,A\sin vt$ gesetzt wird:

$$\varphi = \frac{1}{4\pi\varepsilon}\left(\frac{e}{r_+} - \frac{e}{r_-}\right) .$$

Mit derselben Bezeichnung und $i = \dfrac{\partial e}{\partial t}$ wird

$$\mathfrak{H}_\alpha = \frac{il}{4\pi c}\,\frac{\sin\vartheta}{r^2}\,.$$

Im Gebiet b) ist also das elektrische Feld durch das Coulombsche Gesetz, das magnetische Feld durch das Biot-Savartsche Gesetz gegeben.

Betrachten wir in der Wellenzone einen Raum, dessen Abmessungen klein gegen r sind, so wird die Fortpflanzungsrichtung eine feste Richtung, die wir als x-Achse wählen wollen, und alle Feldkomponenten hängen nur von dieser einen Koordinate ab. Alles verhält sich so, als ob die Strahlungsquelle im Unendlichen (bei $x = -\infty$) läge. Solche ebene Wellen wollen wir jetzt für den allgemeinen Fall eines leitenden Körpers behandeln. Wir erhalten sie, indem wir in den Gleichungen (27) bis (31) durchweg $\dfrac{\partial}{\partial y}$ und $\dfrac{\partial}{\partial z} = 0$ setzen und für solche Größen, die sich als unabhängig auch von x und t ergeben, den Wert Null nehmen. Es folgt zunächst als Sonderform von (27) für jede der 6 Feldkomponenten:

$$\sigma\mu\,\frac{\partial q}{\partial t} + \varepsilon\mu\,\frac{\partial^2 q}{\partial t^2} = c^2\,\frac{\partial^2 q}{\partial x^2}; \tag{44}$$

ferner:

$$\left.\begin{aligned}
\mathfrak{E}_x &= 0, & \mathfrak{H}_x &= 0, \\
-c\,\frac{\partial \mathfrak{H}_z}{\partial x} &= \left(\sigma + \varepsilon\,\frac{\partial}{\partial t}\right)\mathfrak{E}_y, & -c\,\frac{\partial \mathfrak{E}_y}{\partial x} &= \mu\,\frac{\partial \mathfrak{H}_z}{\partial t}, \\
c\,\frac{\partial \mathfrak{H}_y}{\partial x} &= \left(\sigma + \varepsilon\,\frac{\partial}{\partial t}\right)\mathfrak{E}_z, & c\,\frac{\partial \mathfrak{E}_z}{\partial x} &= \mu\,\frac{\partial \mathfrak{H}_y}{\partial t}.
\end{aligned}\right\} \tag{45}$$

Die Welle erweist sich also wieder als reine Transversalwelle. Diese zerfällt in zwei völlig voneinander unabhängige Anteile, die einerseits von $\mathfrak{E}_y$ und $\mathfrak{H}_z$, andrerseits von $\mathfrak{E}_z$ und $\mathfrak{H}_y$ gebildet werden. In jeder dieser beiden Wellen hat $\mathfrak{E}$ wie $\mathfrak{H}$ eine feste Richtung und die Richtungen sind normal zueinander. Es genügt, eine dieser geradlinig polarisierten ebenen Wellen zu betrachten, etwa die durch die zweite Zeile von (45) dargestellte.

Nehmen wir zunächst wieder $\sigma = 0$ an, so wird (44):

$$\frac{\partial^2 q}{\partial t^2} = a^2\,\frac{\partial^2 q}{\partial x^2}, \quad a^2 = \frac{c^2}{\varepsilon\mu}\,.$$

Eine Lösung ist $\qquad q = f(x - at),$

wo f eine beliebige Funktion bezeichnet; denn es ist

$$\frac{\partial^2 f}{\partial t^2} = a^2 f'' = a^2 \frac{\partial^2 f}{\partial x^2}.$$

Die Werte der Feldkomponenten bewegen sich als unverzerrte Welle mit der Geschwindigkeit a in der Richtung der wachsenden x. Die beiden Gleichungen in (45) ergeben übereinstimmend:

$$\sqrt{\mu} \cdot \mathfrak{H}_z = \sqrt{\varepsilon} \cdot \mathfrak{E}_y,$$

und somit $\mathfrak{S}$ nach $+ x$ gerichtet und

$$|\mathfrak{S}| = a \cdot \tfrac{1}{2} \left(\varepsilon \mathfrak{E}^2 + \mu \mathfrak{H}^2 \right).$$

D. h. die magnetische und die elektrische Energie sind in jedem Volumelement und in jedem Zeitpunkt einander gleich. Die Strahlung hat die Richtung der Wellenfortpflanzung, und ihr Betrag ist das Produkt aus Fortpflanzungsgeschwindigkeit und Energie der Volumeinheit (vgl. oben). Damit sind die möglichen ebenen Wellen in nicht-leitenden Medien vollständig beschrieben.

Es sei jetzt $\sigma \neq 0$. Wir setzen die Feldkomponenten als einfach-harmonische Zeitfunktionen voraus und schreiben diese in der Form:

$$f(x) \cdot e^{\iota \nu t}.$$

Dann wird (44):

$$(\iota \nu \sigma \mu - \nu^2 \varepsilon \mu) q = c^2 \frac{\partial^2 q}{\partial x^2},$$

also

$$q = \text{const } e^{\iota (\nu t - m x)},$$

wo

$$m^2 = \frac{\nu^2 \varepsilon \mu - \iota \nu \sigma \mu}{c^2}.$$

Schreibt man $m = n - \iota p$, also in reeller Form:

$$q = \text{const } e^{-p x} \sin (\nu t - n x + \text{const}),$$

so wird

$$n^2 - p^2 = \frac{\nu^2 \varepsilon \mu}{c^2}, \qquad 2 n p = \frac{\nu \sigma \mu}{c^2}$$

und daraus:

$$\left. \begin{matrix} p^2 \\ n^2 \end{matrix} \right\} = \frac{\nu^2}{2 a^2} \left\{ \mp 1 + \sqrt{1 + \left(\frac{\sigma}{\nu \varepsilon} \right)^2} \right\} = \frac{\nu \mu \sigma}{2 c^2} \left\{ \mp \frac{\nu \varepsilon}{\sigma} + \sqrt{\left(\frac{\nu \varepsilon}{\sigma} \right)^2 + 1} \right\}.$$

Die hingeschriebenen Wurzeln sind positiv zu nehmen; unter n soll die positive Wurzel verstanden werden; dann ist auch p positiv zu wählen. Die Welle pflanzt sich mit abnehmender Schwingungs-weite nach $+ x$ fort. Die Fortpflanzungsgeschwindigkeit der Phasen ist $\dfrac{v}{n}$, der Absorptionskoeffizient für die Feldstärken ist p. Die Gleichungen in (45) ergeben:

$$c\, m\, \mathfrak{E}_y = \mu\, v\, \mathfrak{H}_z\,.$$

Daraus:

$$\frac{\sqrt{\mu}\,\mathfrak{H}_z}{\sqrt{\varepsilon}\,\mathfrak{E}_y} = \frac{a}{v}\,(n - \iota p) = \frac{a}{v}\,\sqrt{n^2 + p^2}\cdot \mathrm{e}^{-\iota\delta} = \sqrt[4]{1 + \left(\frac{\sigma}{v\,\varepsilon}\right)^2}\cdot \mathrm{e}^{-\iota\delta}\,,$$

$$\text{wo}\quad \operatorname{tg}\delta = \frac{p}{n}\,.$$

$\mathfrak{E}_y$ und $\mathfrak{H}_z$ sind also in der Phase gegeneinander verschoben, und ihr Produkt hat somit wechselndes Vorzeichen. Die Strah-lung erfolgt daher abwechselnd in der Richtung x, in der die Welle sich fortpflanzt, und in der entgegengesetzten. Da jedoch das Produkt

$$\sin(v\,t + c) \cdot \sin(v\,t + c - \delta)$$

den zeitlichen Mittelwert

$$\frac{1}{2}\cos\delta$$

besitzt, und $\cos\delta$ positiv ist, so folgt: Die Gesamtstrahlung hat stets die Richtung x, in welcher die Wellen fortschreiten. Sie ist proportional mit $\mathrm{e}^{-2\,p\,x}$; für die Strahlung ist also $2p$ der Ab-sorptionskoeffizient. Die magnetische Energie der Volumeinheit

$$\frac{\mu}{2}\,\mathfrak{H}_z^2$$

ist im zeitlichen Mittel stets größer als die elektrische

$$\frac{\varepsilon}{2}\,\mathfrak{E}_y^2\,.$$

Die Abweichungen, welche die Wellenausbreitung im Leiter gegenüber der im Isolator zeigt, hängen von dem Wert der einen Größe $\dfrac{\sigma}{\varepsilon\,v}$ ab. Sie verschwinden mit dieser. Aber wie wir in § 1 gesehen haben, ist bereits für sehr schlechte Leiter und noch für sehr hohe Frequenzen $\dfrac{\sigma}{\varepsilon\,v}$ vielmehr eine sehr große Zahl, und für Metalle verhält sich alles so, als ob sie unendlich wäre. In diesem Fall nun wird

$$p = n = \sqrt{\frac{v\,\sigma\,\mu}{2\,c^2}}\,.$$

Die Amplituden der Feldstärken sinken daher auf der Strecke $\frac{2\pi}{n}$, auf der gleichzeitig alle Schwingungsphasen vorhanden sind, und die man auch hier noch eine Wellenlänge zu nennen pflegt, auf $e^{-2\cdot 7}$ ihres Betrages. Dies ist die stärkste nach unserer Theorie mögliche Absorption.

Setzt man mit dem Vektor

$$\mathfrak{E}_{\shortparallel} = \mathfrak{A}\,e^{-px}\sin(\nu t - nx + \alpha)$$

den Vektor

$$\mathfrak{E}_{\perp} = \mathfrak{B}\,e^{-px}\sin(\nu t - nx + \beta)$$

der normal zur ersten polarisierten Welle zusammen, so entsteht ein transversaler Vektor $\mathfrak{E}$, der, wie die Elimination von t ergibt, im allgemeinen während der Zeit $\frac{2\pi}{\nu}$ die Windrose durchläuft und dessen Endpunkt dabei eine Ellipse beschreibt; nur für $\alpha - \beta = 0$ oder $= \pi$ ergibt sich wieder eine Gerade. Das gleiche gilt für die Resultante $\mathfrak{H}$ von $\mathfrak{H}_z$ und $\mathfrak{H}_y$, welche dabei stets normal zu $\mathfrak{E}$ bleibt. Die allgemeinste Form der einfachharmonischen ebenen Welle heißt daher elliptisch polarisiert.

Die Größen n und p hängen nicht nur von den Konstanten des Mediums, sondern auch von der Schwingungszahl ab. Die Absorption wächst mit wachsendem ν. Ist in einer bestimmten Ebene $x = 0$ das Feld für eine willkürlich begrenzte Zeit als beliebige Zeitfunktion gegeben, so können wir uns diese in eine Fouriersche Reihe entwickelt denken. Jedem Glied der Reihe entspricht ein bestimmter Wert der Feldgrößen in der willkürlichen Ebene x, und die Summe dieser Werte gibt das tatsächliche Feld in der Ebene x. Aber je höher die Ordnungszahl eines Gliedes ist, um so stärker ist seine Absorption. Mit wachsender Entfernung x treten also die höheren Partialschwingungen mehr und mehr gegen die niederen zurück; die Welle ändert mehr und mehr ihre Gestalt.

§ 4. Reflexion und Brechung.

Wir wollen jetzt untersuchen, ob bzw. in welcher Art sich ebene Wellen in einem Raum ausbreiten können, der von zwei verschiedenen, in einer Ebene $x = 0$ zusammenstoßenden Medien erfüllt ist.

Zu diesem Zweck gehen wir von einer Lösung der Gleichungen

(28) bis (31) aus, die etwas allgemeiner ist als die bisher behandelte. Wir setzen an:

$$\mathfrak{E}_y = \frac{A}{\sqrt{\varepsilon}}\, e^{\iota\vartheta},$$

$$\mathfrak{H}_x = -\frac{A}{\sqrt{\mu}}\,\frac{a\,s}{v}\, e^{\iota\vartheta}, \qquad (46\,\mathrm{p})$$

$$\mathfrak{H}_z = \frac{A}{\sqrt{\mu}}\,\frac{a\,r}{v}\, e^{\iota\vartheta},$$

$$\mathfrak{H}_y = \frac{B}{\sqrt{\mu}}\left(1-\frac{\iota\sigma}{v\varepsilon}\right) e^{\iota\vartheta},$$

$$\mathfrak{E}_x = \frac{B}{\sqrt{\varepsilon}}\,\frac{a\,s}{v}\, e^{\iota\vartheta}, \qquad (46\,\mathrm{s})$$

$$\mathfrak{E}_z = -\frac{B}{\sqrt{\varepsilon}}\,\frac{a\,r}{v}\, e^{\iota\vartheta},$$

wo

$$\vartheta = vt - (rx + sz)$$

und

$$a^2(r^2 + s^2) = v^2 - \frac{\iota v \sigma}{\varepsilon}. \qquad (47)$$

Daß diese Ausdrücke tatsächlich eine Lösung bilden, ist leicht zu bewahrheiten. Ist der Bruch $\dfrac{r}{s}$ reell, so entstehen sie aus den früheren durch einfache Koordinatentransformation; sie stellen dann ebene Wellen dar, deren Normale beliebig in der xz-Ebene liegt. Ist hingegen $\dfrac{r}{s}$ nicht reell, so stellen die Ausdrücke eine Ausbreitungsform dar, die bisher nicht behandelt ist.

Die Gleichungen (46) und (47) gelten mit gewissen Werten der Konstanten für negative x, mit anderen Werten für positive x. Alle Größen, die sich auf das Medium zur Seite der negativen (positiven) x beziehen, sollen den Index 1 (2) erhalten. Für $x = 0$ müssen die Stetigkeitsbedingungen (5) erfüllt sein, d. h.:

$$\left.\begin{array}{l}\mathfrak{E}_{y1} = \mathfrak{E}_{y2}, \\ \mathfrak{H}_{z1} = \mathfrak{H}_{z2},\end{array}\right\} (48\,\mathrm{p}) \qquad \left.\begin{array}{l}\mathfrak{H}_{y1} = \mathfrak{H}_{y2}, \\ \mathfrak{E}_{z1} = \mathfrak{E}_{z2}.\end{array}\right\} (48\,\mathrm{s})$$

Die Normale x der Grenzebene heißt Einfallslot, die xz-Ebene, welche dieses und zugleich die Wellennormale enthält, heißt Einfallsebene einer jeden ebenen Welle, die durch unsere Gleichungen dargestellt wird. Die Gleichungen (p) beziehen sich auf Wellen, in denen das magnetische Feld parallel zur Einfallsebene, die Gleichungen (s) auf Wellen, in denen es senkrecht zur Einfallsebene gerichtet ist. Zwischen den Wellen der einen und der andern Art bestehen keine Beziehungen; mögliche Wellen der einen und der andern Art können sich beliebig überlagern, und ergeben so die unter den vorausgesetzten geometrischen Verhältnissen allgemeinste Form.

Da die Gleichungen (48) für $x = 0$ und beliebige Werte von t und z bestehen sollen, so folgt zunächst, daß v für alle zusammengehörigen Wellen gleiche Werte haben muß, und ebenso s. Diese nehmen wir als gegebene reelle positive Werte an; dann folgen aus (47) je zwei Werte für r_1 und r_2 gemäß den Gleichungen

$$\left.\begin{aligned} a_1^2 \left(r_1^2 + s^2\right) &= v^2 - \frac{\iota v \sigma_1}{\varepsilon_1}\,, \\[2mm] a_2^2 \left(r_2^2 + s^2\right) &= v^2 - \frac{\iota v \sigma_2}{\varepsilon_2}\,. \end{aligned}\right\} \tag{49}$$

Wir bezeichnen mit $+\,r_1$ und $+\,r_2$ die Werte mit positivem reellem Anteil. Dann ergeben $+\,r_1$ und $-\,r_2$ Wellen, in denen die Phase und somit auch die Strahlung aus unendlicher Entfernung gegen die Grenze vorschreitet, $-\,r_1$ und $+\,r_2$ hingegen eine Strahlung von der Grenze aus in das erste bzw. zweite Medium hinein. Würden wir nun in jedem Medium eine Welle annehmen, etwa von der Art (p), so wären in den Ausdrücken (46p) zwei Konstanten A_1 und A_2 zur Verfügung, und mit diesen hätten wir die zwei in A_1 und A_2 homogenen Gleichungen (48p) zu befriedigen. Das ist im allgemeinen nicht möglich. Wenn wir dagegen lediglich vorschreiben, daß sich keine Strahlungsquelle im zweiten Medium befinden soll, so scheidet nur die zu $-\,r_2$ gehörende Welle aus, und wir behalten drei Wellen: die einfallende $(+\,r_1)$, die reflektierte $(-\,r_1)$ und die gebrochene $(+\,r_2)$. Durch die Konstanten A, B dieser drei Wellen können wir den Grenzbedingungen genügen. Wir betrachten die einfallende Welle als gegeben und bezeichnen die

Konstanten	A	B	ϑ
für die einfallende Welle durch:	1	1	ϑ
„ „ reflektierte „ „	R_p	R_s	ϑ_r
„ „ gebrochene „ „	D_p	D_s	ϑ_d.

Im ersten Medium überlagern sich einfallende und reflektierte Welle, so daß z. B. wird:

$$\mathfrak{E}_{y\,1}=\frac{1}{\sqrt{\varepsilon_1}}\,e^{\iota\,\vartheta}+\frac{R_p}{\sqrt{\varepsilon_1}}\,e^{\iota\,\vartheta_r}\,,\qquad \mathfrak{E}_{y\,2}=\frac{D_p}{\sqrt{\varepsilon_2}}\,e^{\iota\,\vartheta_d}\,;\qquad \text{usw.}$$

Für $x=0$ wird

$$\vartheta=\vartheta_r=\vartheta_d,$$

und die Gleichungen (48) ergeben:

$$\left.\begin{aligned}\frac{1}{\sqrt{\varepsilon_1}}\,(1+R_p)&=\frac{1}{\sqrt{\varepsilon_2}}\,D_p\,,\\[2mm]\frac{a_1 r_1}{\sqrt{\mu_1}}\,(1-R_p)&=\frac{a_2 r_2}{\sqrt{\mu_2}}\,D_p\,,\end{aligned}\right\}\qquad (50\,\mathrm{p})$$

$$\left.\begin{aligned}\frac{1-\dfrac{\iota\sigma_1}{\nu\varepsilon_1}}{\sqrt{\mu_1}}\,(1+R_s)&=\frac{1-\dfrac{\iota\sigma_2}{\nu\varepsilon_2}}{\sqrt{\mu_2}}\,D_s\,,\\[2mm]\frac{a_1 r_1}{\sqrt{\varepsilon_1}}\,(1-R_s)&=\frac{a_2 r_2}{\sqrt{\varepsilon_2}}\,D_s\,.\end{aligned}\right\}\qquad (50\,\mathrm{s})$$

Die Gleichungen (49) enthalten das Gesetz für den Verlauf der Strahlung in den beiden Medien: das geometrische Reflexions- und Brechungsgesetz. Aus (50) folgen die Amplitudenverhältnisse der drei Wellen, d. h. die Intensitätsverhältnisse der Strahlungen. — Wir wollen drei Sonderfälle durchrechnen:

a) Beide Medien seien Nichtleiter, also $\sigma_1=\sigma_2=0$, und es sei ferner

$$s^2<\frac{\nu^2}{a_1^2}$$

gewählt. Dann ist nach (49) r_1 reell.

$\mathrm{a_1}$) Es sei zugleich

$$s^2<\frac{\nu^2}{a_2^2}\,.$$

(Das ist ohne weiteres der Fall, wenn $a_2<a_1$ ist; es enthält eine neue Bedingung, wenn $a_2>a_1$ ist.) Dann ist auch r_2 reell, und weiter folgen aus (50) die R und D als reelle Größen. Schreiben wir also die Feldgrößen in reeller Form, so enthalten diejenigen der einfallenden Welle den Faktor:

$$\sin\vartheta=\sin\big\{\nu t-(r_1 x+s z)\big\},$$

diejenigen der reflektierten Welle den Faktor:

$$\sin\vartheta_r=\sin\big\{\nu t-(-r_1 x+s z)\big\},$$

diejenigen der gebrochenen Welle den Faktor:

$$\sin \vartheta_d = \sin \left\{ vt - (r_2 x + sz) \right\},$$

jedesmal multipliziert mit einem Amplitudenfaktor. Gemäß (49) und unseren Annahmen über s lassen sich reelle Winkel φ, φ_r, φ_d definieren durch die Gleichungen:

$$\cos \varphi = \frac{a_1 r_1}{v}, \qquad \sin \varphi = \frac{a_1 s}{v},$$
$$\cos \varphi_r = -\frac{a_1 r_1}{v}, \qquad \sin \varphi_r = \frac{a_1 s}{v}, \qquad (51)$$
$$\cos \varphi_d = \frac{a_2 r_2}{v}, \qquad \sin \varphi_d = \frac{a_2 s}{v}$$

und mit Benutzung dieser Zeichen wird:

$$\vartheta = v \left\{ t - \frac{1}{a_1} (\cos \varphi \cdot x + \sin \varphi \cdot z) \right\};$$

$$\vartheta_r = v \left\{ t - \frac{1}{a_1} (\cos \varphi_r \cdot x + \sin \varphi_r \cdot z) \right\};$$

$$\vartheta_d = v \left\{ t - \frac{1}{a_2} (\cos \varphi_d \cdot x + \sin \varphi_d \cdot z) \right\}.$$

Das heißt aber (vgl. Abb. 34): Die Normalen der einfallenden, reflektierten und gebrochenen Welle liegen alle in der gleichen durch das Einfallslot (x) gelegten Ebene (xz), und bilden mit ihm die durch (51) definierten Winkel φ, φ_r, φ_d. Es ist

$$\pi - \varphi_r = \varphi. \qquad \frac{\sin \varphi}{\sin \varphi_d} = \frac{a_1}{a_2}, \qquad (52)$$

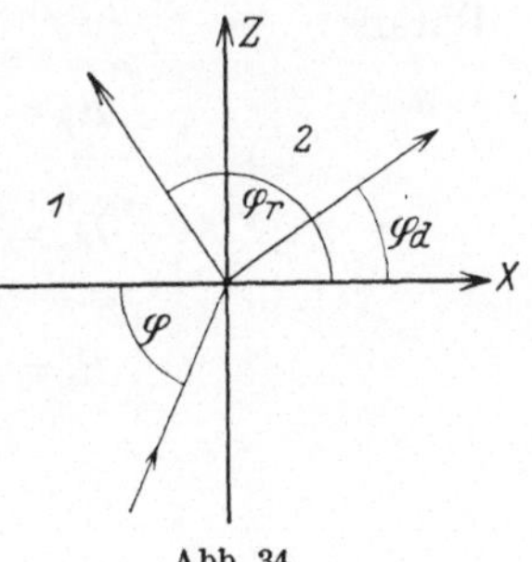

Abb. 34.

d. h. der Reflexionswinkel ist gleich dem Einfallswinkel; die Sinus von Brechungswinkel und Einfallswinkel stehen im Verhältnis der Fortpflanzungsgeschwindigkeiten a beider Medien.

$\frac{a_1}{a_2}$ heißt relativer Brechungsexponent des zweiten gegen das erste Medium; Brechungsexponent schlechthin, wenn 1 sich auf das Vakuum bezieht. Schreiben wir nunmehr φ_1 für φ und $(\pi - \varphi_r)$, und φ_2 für φ_d, so lautet (50):

$$\frac{1}{\sqrt{\varepsilon_1}}\,(1 + R_p) = \frac{1}{\sqrt{\varepsilon_2}}\,D_p\,,$$

$$\frac{\cos\varphi_1}{\sqrt{\mu_1}}\,(1 - R_p) = \frac{\cos\varphi_2}{\sqrt{\mu_2}}\,D_p\,. \qquad\text{(53p)}$$

$$\frac{1}{\sqrt{\mu_1}}\,(1 + R_s) = \frac{1}{\sqrt{\mu_2}}\,D_s\,,$$

$$\frac{\cos\varphi_1}{\sqrt{\varepsilon_1}}\,(1 - R_s) = \frac{\cos\varphi_2}{\sqrt{\varepsilon_2}}\,D_s\,. \qquad\text{(53s)}$$

Die beiden Gleichungsgruppen sind vollkommen symmetrisch gebildet; es sind lediglich ε und μ vertauscht. Trotzdem besitzen die Lösungen R_p, D_p und R_s, D_s wesentlich verschiedene Eigenschaften infolge des Umstandes, daß sich die μ-Werte aller Nichtleiter nur um kaum meßbare Größen unterscheiden.

Setzen wir $\mu_1 = \mu_2$, so wird

$$\sqrt{\frac{\varepsilon_2}{\varepsilon_1}} = \frac{a_1}{a_2} = \frac{\sin\varphi_1}{\sin\varphi_2}\,,$$

und somit

$$\sin\varphi_1\,(1 + R_p) = \sin\varphi_2 \cdot D_p\,,$$

$$\cos\varphi_1\,(1 - R_p) = \cos\varphi_2 \cdot D_p\,,$$

$$1 + R_s = D_s\,,$$

$$\sin\varphi_1 \cdot \cos\varphi_1\,(1 - R_s) = \sin\varphi_2 \cdot \cos\varphi_2 \cdot D_s\,.$$

Daraus:

$$R_p = -\,\frac{\sin(\varphi_1 - \varphi_2)}{\sin(\varphi_1 + \varphi_2)}\,,$$

$$D_p = \frac{2\sin\varphi_1 \cdot \cos\varphi_1}{\sin(\varphi_1 + \varphi_2)}\,. \qquad\text{(54p)}$$

$$R_s = \frac{\operatorname{tg}(\varphi_1 - \varphi_2)}{\operatorname{tg}(\varphi_1 + \varphi_2)}\,,$$

$$D_s = \frac{2\sin\varphi_1 \cdot \cos\varphi_1}{\sin(\varphi_1 + \varphi_2)\,\cos(\varphi_1 - \varphi_2)}\,. \qquad\text{(54s)}$$

R_p kann niemals Null werden; R_s aber wird gleich Null, wenn

$$\varphi_1 + \varphi_2 = \frac{\pi}{2}$$

oder

$$\cos\varphi_1 = \sin\varphi_2 = \frac{a_2}{a_1}\,\sin\varphi_1\,,$$

oder
$$\operatorname{tg} \varphi_1 = \frac{a_1}{a_2} \tag{55}$$

ist. Wenn also eine Welle, in der das magnetische Feld normal zur Einfallsebene — und folglich das elektrische Feld in der Einfallsebene — liegt, unter diesem Winkel φ_1 einfällt, so entsteht keine reflektierte Welle. — Eine beliebig polarisierte Welle kann stets in eine p-Welle und eine s-Welle zerlegt werden. Ist der Einfallswinkel $\operatorname{arc\,tg}\,\dfrac{a_1}{a_2}$, so ist in der reflektierten Welle kein s-Anteil mehr enthalten; sie ist geradlinig polarisiert, und zwar liegt das magnetische Feld in der Einfallsebene. Der Winkel $\operatorname{arc\,tg}\,\dfrac{a_1}{a_2}$ heißt deshalb Polarisationswinkel.

Ist
$$\sqrt{\frac{\varepsilon_2}{\varepsilon_1}} \gg 1\,,$$

so wird für jeden Einfallswinkel $R_s = -R_p = 1$.

Die auf die Grenzfläche auffallende bzw. von ihr ausgehende Strahlung ist in jeder der drei Wellen:
$$\pm \mathfrak{S}_x = \pm\, c\,(\mathfrak{E}_y \mathfrak{H}_z - \mathfrak{H}_y \mathfrak{E}_z)\,.$$

Also verhält sich nach (46)
$$|\mathfrak{S}| : |\mathfrak{S}_r| : |\mathfrak{S}_d| = \frac{a_1 r_1}{\sqrt{\varepsilon_1 \mu_1}} : \frac{a_1 r_1}{\sqrt{\varepsilon_1 \mu_1}} R^2 : \frac{a_2 r_2}{\sqrt{\varepsilon_2 \mu_2}} D^2\,,$$

oder da nach (51)
$$\frac{a_2 r_2}{\sqrt{\varepsilon_2 \mu_2}} \cdot \frac{\sqrt{\varepsilon_1 \mu_1}}{a_1 r_1} = \frac{\sin \varphi_2 \cdot \cos \varphi_2}{\sin \varphi_1 \cdot \cos \varphi_1} \quad \text{ist, aus (54)}$$

im Fall (p):
$$|\mathfrak{S}| : |\mathfrak{S}_r| : |\mathfrak{S}_d| = 1 : \frac{\sin^2 (\varphi_1 - \varphi_2)}{\sin^2 (\varphi_1 + \varphi_2)} : \frac{\sin 2\varphi_1 \cdot \sin 2\varphi_2}{\sin^2 (\varphi_1 + \varphi_2)}\,, \tag{56p}$$

im Fall (s):
$$|\mathfrak{S}| : |\mathfrak{S}_r| : |\mathfrak{S}_d| = 1 : \frac{\operatorname{tg}^2 (\varphi_1 - \varphi_2)}{\operatorname{tg}^2 (\varphi_1 + \varphi_2)} : \frac{\sin 2\varphi_1 \cdot \sin 2\varphi_2}{\sin^2 (\varphi_1 + \varphi_2) \cdot \cos^2 (\varphi_1 - \varphi_2)}\,. \tag{56s}$$

Es seien jetzt wie bisher beide Medien Nichtleiter und
$$s^2 < \frac{v^2}{a_1^2}\,;$$

es sei aber $a_2 > a_1$ und

a$_2$)
$$s^2 > \frac{v^2}{a_2^2}\,.$$

Dann ist r_1 reell wie zuvor, r_2 hingegen rein imaginär.

Daraus ergibt sich bezüglich des ersten Mediums: Es lassen sich wieder reelle Winkel φ und φ_r durch die Gleichungen (51) bestimmen, und es bestehen folglich eine einfallende und eine reflektierte ebene Welle, deren Normalen gleiche Winkel mit dem Einfallslot einschließen. Aus den Gleichungen (50) aber folgt jetzt, wenn wir wieder $\mu_1 = \mu_2$ setzen:

$$\frac{1-R_p}{1+R_p} = \frac{r_2}{r_1} = \iota Q_p\,, \qquad \frac{1-R_s}{1+R_s} = \frac{a_2^2\,r_2}{a_1^2\,r_1} = \iota Q_s\,,$$

wo Q_p und Q_s reelle Zahlen sind. Daraus

$$R_p = \mathrm{e}^{-\iota\delta_p}\,, \qquad R_s = \mathrm{e}^{-\iota\delta_s}\,,$$

wo

$$\operatorname{tg}\frac{\delta_p}{2} = Q_p\,, \qquad \operatorname{tg}\frac{\delta_s}{2} = Q_s\,.$$

Das bedeutet für die einfallende Welle:

$$\mathfrak{E}_y = \frac{1}{\sqrt{\varepsilon_1}}\sin\left\{vt - (r_1 x + sz)\right\}\,,$$

für die reflektierte Welle:

$$\mathfrak{E}_y = \frac{1}{\sqrt{\varepsilon_1}}\sin\left\{vt - (-r_1 x + sz + \delta_p)\right\} \qquad \text{usw.}$$

Die Amplitude der reflektierten Welle ist also gleich derjenigen der einfallenden Welle, aber sie hat in der Grenzfläche eine um δ_p bzw. um δ_s verzögerte Phase. Die Phasenverzögerungen sind verschieden für die p-Welle und die s-Welle; die Phasendifferenz zwischen beiden wird also $\neq 0$ in der reflektierten Welle, wenn sie $= 0$ in der einfallenden war. D. h. aus einer einfallenden geradlinig polarisierten Welle geht im allgemeinen eine elliptisch polarisierte reflektierte hervor.

Bezüglich des zweiten Mediums folgt: Wir können schreiben: $r_2 = -\iota\varrho\,$, wo

$$\varrho = \sqrt{s^2 - \frac{v^2}{a_2^2}}$$

reell ist. Daher haben alle Feldgrößen im zweiten Medium die Form:

$$\text{const} \cdot \sin(vt - sz + \text{const})\,\mathrm{e}^{-\varrho x}\,.$$

Die Phasen breiten sich also in der Richtung $+z$, d. h. parallel der Grenzebene aus, die Amplituden nehmen dagegen normal zur Grenzebene ab. Von einer ebenen Welle kann daher im zweiten Medium nicht gesprochen werden. Wohl aber dringt das Feld in das zweite Medium ein, und dies kann bis zu beliebigen Tiefen stattfinden, denn ϱ kann beliebig klein sein. — Dem scheint zu widersprechen, daß sich die gesamte Strahlung der einfallenden Welle in der reflektierten wiederfindet. Wir wollen deshalb die in das zweite Medium eindringende Strahlung berechnen. Es ist nach (46) für $x = 0$:

$$\frac{\mathfrak{H}_z}{\mathfrak{E}_y} = \frac{a_2}{v} \sqrt{\frac{\varepsilon_2}{\mu_2}}\, r_2 = \iota P = \mathrm{e}^{\iota \frac{\pi}{2}} P\,,$$

und ebenso

$$\frac{\mathfrak{E}_z}{\mathfrak{H}_y} = \mathrm{e}^{\iota \frac{\pi}{2}} S$$

wo P und S reelle Größen sind. Wenn also $\mathfrak{E}_y$ den Faktor $\sin(vt + \alpha)$ enthält, so enthält $\mathfrak{H}_z$ den Faktor

$$\sin\left(vt + \alpha + \frac{\pi}{2}\right),$$

und es ist daher der für eine Schwingungsdauer genommene Mittelwert des Produkts $\mathfrak{E}_y \mathfrak{H}_z$ gleich Null. Das gleiche gilt für $\mathfrak{E}_z \mathfrak{H}_y$ und folglich auch für die eindringende Strahlung

$$\mathfrak{S}_x = c\,(\mathfrak{E}_y \mathfrak{H}_z - \mathfrak{E}_z \mathfrak{H}_y).$$

Die Energie pendelt lediglich durch die Grenzfläche hin und her; es bleibt nichts von ihr im zweiten Medium.

Der soeben unter a_2) besprochene Vorgang heißt Totalreflexion. Im Gegensatz hierzu wird die unter a_1) behandelte Erscheinung als partielle Reflexion bezeichnet.

b) Es möge wie bisher das erste Medium ein Nichtleiter sein und

$$s^2 < \frac{v^2}{a_1^2}\,.$$

Das zweite Medium aber sei jetzt ein Leiter. Aus (51) folgt dann wieder, daß im ersten Medium eine einfallende und eine reflektierte ebene Welle besteht, und daß deren Normalen gleiche Winkel mit dem Einfallslot bilden. Aber r_2 ergibt sich aus (49) als komplexe Größe. Schreiben wir $r_2 = n - \iota p$, so ist

$$2\,n\,p = \frac{v\,\sigma_2}{\varepsilon_2}\frac{1}{a_2^2}\ \text{positiv}\,,$$

also p zugleich mit n positiv, und die Feldgrößen werden im zweiten Medium proportional mit

$$\sin\left\{vt - (nx + sz) + \text{const}\right\} e^{-px}.$$

Dieser Ausdruck zeigt eine Absorption der Strahlung im zweiten Medium an. Im einzelnen: Es besteht keine ebene Welle, vielmehr nehmen die Amplituden in der Richtung des Einfallslots ab, während die Phasen sich in einer dazu geneigten Richtung ausbreiten. Da ferner $n^2 + s^2$ nicht konstant ist, so ist die Fortpflanzungsgeschwindigkeit der Phasen abhängig von der Fortpflanzungsrichtung, und diese Richtung ist nicht durch einen konstanten Brechungsexponenten bestimmt. — Es folgen weiter aus (50) komplexe Werte der Konstanten R (und D), d. h. in der Grenzebene findet beim Übergang von der einfallenden zur reflektierten (und gebrochenen) Welle eine plötzliche Änderung der Phase statt. Da R_p und R_s verschiedene Phasen besitzen, so entsteht bei der Reflexion im allgemeinen aus geradlinig polarisierter Strahlung elliptisch polarisierte.

b_1) Ein Sonderfall soll weiter ausgeführt werden. Es sei das zweite Medium ein Metall. Dann ist die beobachtbare Größe $\dfrac{v\varepsilon_1}{\sigma_2}$ sehr klein für alle erreichbaren Schwingungszahlen, und das gleiche haben wir nach § 1 (Seite 208) für $\dfrac{v\varepsilon_2}{\sigma_2}$ anzunehmen. Für die Reflexion an Metallen erhalten wir also aus (51) und (49):

$$a_1^2 r_1^2 = v^2 \cdot \cos^2\varphi_1; \qquad a_1^2 s^2 = v^2 \cdot \sin^2\varphi_1;$$

$$r_2^2 + s^2 = -\iota\,\frac{v\sigma_2}{\varepsilon_2 a_2^2} = -\iota\,\frac{v\sigma_2\mu_2}{c^2}.$$

Daraus

$$\frac{s^2}{r_2^2 + s^2} = \iota\,\frac{\mu_1}{\mu_2}\,\frac{v\varepsilon_1}{\sigma_2}\sin^2\varphi_1.$$

Das ist, da $\mu_1 \leqq \mu_2$, eine verschwindend kleine Größe. Wir dürfen daher setzen:

$$r_2^2 = -\iota\,\frac{v\sigma_2\mu_2}{c^2} \qquad \text{und} \qquad \frac{r_1^2}{r_2^2} = \iota\,\frac{\mu_1}{\mu_2}\,\frac{v\varepsilon_1}{\sigma_2}\cos^2\varphi_1.$$

Mit diesem Wert aber folgt aus (50):

$$\frac{1 + R_p}{1 - R_p} = \frac{\mu_2}{\mu_1}\,\frac{r_1}{r_2} = \sqrt{\iota}\,\cos\varphi_1\sqrt{\frac{\mu_2}{\mu_1}\,\frac{v\varepsilon_1}{\sigma_2}} \equiv (1 + \iota)\,\eta_p. \qquad (57\,\text{p})$$

$$\frac{1 - R_s}{1 + R_s} = \iota\,\frac{r_2}{r_1}\,\frac{v\varepsilon_1}{\sigma_2} = \sqrt{\iota}\,\frac{1}{\cos\varphi_1}\sqrt{\frac{\mu_2}{\mu_1}\,\frac{v\varepsilon_1}{\sigma_2}} \equiv (1 + \iota)\,\eta_s. \qquad (57\,\text{s})$$

Da $\frac{\mu_2}{\mu_1}$ im ungünstigsten Fall einige Tausende betragen kann, so ist η_p stets eine sehr kleine Zahl, und ebenso η_s, außer im Fall streifenden Einfalls. Aus:

$$\frac{1+x}{1-x} = (1+\iota)\,\eta\,,$$

wo η klein, folgt aber

$$x = -(1-2\eta) + \iota\,2\eta\,.$$

Also ist sehr nahe $\qquad\qquad R_s = -R_p = 1.$ $\qquad\qquad\qquad$ (58)

Die Gleichungen (58) sagen aus: die reflektierte Welle hat stets die gleiche Amplitude wie die auffallende und ist stets geradlinig polarisiert, wenn die auffallende es war. Beides trifft also sehr nahe zu.

Genauer wollen wir die reflektierte Intensität für den Fall normalen Einfalls hinschreiben. Für $\varphi_1 = 0$ ergibt (57):

$$R_s = -R_p = 1 - 2\eta - \iota\,2\eta, \qquad \text{wo} \qquad \eta = \sqrt{\frac{1}{2}\frac{\mu_2}{\mu_1}\frac{\nu\,\varepsilon_1}{\sigma_2}}\,;$$

also

$$|R^2| = 1 - 2\sqrt{2\frac{\mu_2}{\mu_1}\frac{\nu\,\varepsilon_1}{\sigma_2}}\,. \qquad\qquad\qquad (58\,\mathrm{a})$$

Ferner ist für beliebigen Einfallswinkel

$$r_2 = (1-\iota)\,p\,, \qquad p = \sqrt{\frac{\nu\,\sigma_2\,\mu_2}{2\,c^2}}\,;$$

die Feldgrößen im Metall werden nach (46) proportional mit

$$\sin\left\{\nu t - (s z + p x)\right\}\cdot e^{-px},$$

und hier ist s sehr klein gegen p. Die Phasen breiten sich also sehr nahe senkrecht zur Grenzebene aus, welches auch der Einfallswinkel sein mag. Auch die Energie strömt in dieser Richtung. Es ist nämlich im Fall (s):

$$\frac{\mathfrak{E}_x}{\mathfrak{E}_z} = -\frac{s}{r_2}\,,$$

also verschwindend klein; d. h. $\mathfrak{E}$ ist sehr nahe parallel zur Grenzebene; von $\mathfrak{H}$ aber gilt dies streng. Im Fall (p) gilt das gleiche unter Vertauschung von $\mathfrak{E}$ und $\mathfrak{H}$. Die Energieströmung $\mathfrak{S}$ aber ist normal zu $\mathfrak{E}$ und $\mathfrak{H}$.

Bisher haben wir die einfallende und die reflektierte Welle gesondert betrachtet. Wir wollen jetzt das Gesamtfeld ins Auge fassen, das durch die Überlagerung dieser beiden Wellen im ersten Medium entsteht. Es handle sich um die Reflexion in einem Nichtleiter an der Grenze entweder eines metallischen Leiters oder eines Nichtleiters von sehr viel größerer Dielektrizitätskonstante. Im einen wie im andern Fall dürfen wir mit guter Annäherung $R_s = 1 = - R_p$ setzen und erhalten aus (46p) und (51), indem wir zur reellen Form übergehen und den Index 1 fortlassen:

$$\mathfrak{E}_y = - \frac{2}{\sqrt{\varepsilon}} \sin r x \cdot \cos (v t - s z);$$

$$\mathfrak{H}_x = \frac{2}{\sqrt{\mu}} \sin \varphi \cdot \sin r x \cdot \cos (v t - s z);$$

$$\mathfrak{H}_z = \frac{2}{\sqrt{\mu}} \cos \varphi \cdot \cos r x \cdot \sin (v t - s z).$$

Falle zunächst die Strahlung normal auf die Grenzfläche, dann ist

$$\mathfrak{E} = 0 \text{ in allen Ebenen, für welche } r x = \frac{2 k \pi}{2},$$

$$\mathfrak{H} = 0 \text{ „ „ „ „ „ } r x = \frac{(2 k + 1) \pi}{2},$$

wo k eine ganze Zahl bedeutet. D. h. sowohl für das elektrische wie für das magnetische Feld besteht eine **stehende Welle**. Die Knoten der einen fallen mit den Bäuchen der anderen zusammen. Der Knotenabstand ist

$$\frac{\pi}{r} = \frac{\pi a}{v}.$$

In der Grenzebene selbst liegt ein Knoten des elektrischen Feldes.

Ist hingegen $\varphi \neq 0$, so gilt das Gesagte zwar noch für $\mathfrak{E}$, aber $\mathfrak{H}$ ist nirgends Null. Fällt insbesondere die Welle unter 45^0 auf die Grenzebene, so wird

$$\mathfrak{H}_x = A \sin r x \cdot \cos (v t - s z); \qquad \mathfrak{H}_z = A \cos r x \cdot \sin (v t - s z),$$

und daher der zeitliche Mittelwert von $\mathfrak{H}^2$:

$$\overline{\mathfrak{H}^2} = \overline{\mathfrak{H}_x^2} + \overline{\mathfrak{H}_z^2} = \frac{A^2}{2}$$

unabhängig von x.

Es besteht eine stehende Welle nur für das elektrische Feld; das magnetische ist, im zeitlichen Mittel, gleichförmig über den

Raum verbreitet. — Dies gilt im Fall (p), d. h. wenn das magnetische Feld in der Einfallsebene liegt. Für den Fall (s), wo das elektrische Feld in der Einfallsebene liegt, erhalten wir umgekehrt eine stehende Welle bezüglich des magnetischen Feldes, aber gleichförmige Verteilung des elektrischen.

Endlich wollen wir noch das Gesamtfeld an der Grenzfläche betrachten für den Fall, daß das erste Medium ein Nichtleiter, der zweite ein ganz beliebiger Körper ist, die Strahlung aber normal auf die Grenzfläche auftrifft. Sei die einfallende Welle für $x = 0$ dargestellt durch:

$$\mathfrak{E}_e = \frac{\varkappa}{\sqrt{\varepsilon}}\cos \nu t\,, \qquad |\mathfrak{H}_e| = \frac{\alpha}{\sqrt{\mu}}\cos \nu t;$$

dann gilt für das Gesamtfeld:

$$\mathfrak{E} = \frac{\alpha}{\sqrt{\varepsilon}}\Big\{\cos \nu t + |R|\cos(\nu t + \delta)\Big\},$$

$$\mathfrak{H} = \frac{\alpha}{\sqrt{\mu}}\Big\{\cos \nu t - |R|\cos(\nu t + \delta)\Big\}.$$

Daraus folgt für die Energie der Volumeinheit im zeitlichen Mittel:

$$\bar{w} = \frac{1}{2}\varepsilon\,\overline{\mathfrak{E}^2} + \frac{1}{2}\mu\,\overline{\mathfrak{H}^2} = \frac{\alpha^2}{2}\Big\{1 + |R^2|\Big\}.$$

Die auffallende Strahlung aber ist im zeitlichen Mittel:

$$\mathfrak{S}_r = c\,\overline{|\mathfrak{E}_e||\mathfrak{H}_e|} = \frac{\alpha^2}{2}\frac{c}{\sqrt{\varepsilon\mu}} = \frac{\alpha^2}{2}\,a\,.$$

Also ergibt sich:

$$\bar{w} = \frac{1 + |R^2|}{a}\,\mathfrak{S}_e. \tag{59}$$

wo $|R^2|$ das sog. Reflexionsvermögen (für normal einfallende Strahlung) ist. Von dieser Beziehung werden wir später Gebrauch machen.

§ 5. Ausbreitung an zylindrischen Leitern.

Wir wollen jetzt die elektromagnetische Strahlung untersuchen, welche entlang geradlinig gestreckten Leitern von konstantem Querschnitt — Zylindern im weiteren Sinn des Wortes — stattfindet. Diese Untersuchung besitzt große praktische Bedeutung, insofern sie den Fall der Telegraphendrähte und -kabel umfaßt[1]); für uns ist sie vor allem deshalb wichtig, weil zur quantitativen Prüfung der Maxwellschen Theorie wesentlich Anordnungen dieser Art benutzt sind. In beiden Fällen handelt es sich darum, elektromagnetische Energie auf möglichst große Entfernungen möglichst ungeschwächt fortzuleiten. Die zwei parallelen Leiter leisten dies dadurch, daß das Feld in ihrer nächsten Nachbarschaft zusammengedrängt wird, ähnlich wie wir dies für stationäre Felder bereits kennen gelernt haben.

Die tatsächlich benutzten Anordnungen sind hauptsächlich: ein drahtförmiger Leiter, parallel zu einem eben begrenzten, nach der Tiefe unendlich ausgedehnten Leiter (oberirdischer Telegraph); — zwei koaxiale Zylinder, der äußere unendlich ausgedehnt (Kabel); — zwei gleiche parallele Drähte (Laboratoriumsversuche). Die beiden letztgenannten Fälle sind theoretisch eingehend untersucht worden. Die Stetigkeitsbedingungen, die an den zylindrischen Leiteroberflächen zu erfüllen sind, führen zu Gleichungen zwischen Besselschen Funktionen, in denen die Argumente der Funktionen als Unbekannte auftreten, und die in ihrer allgemeinen Form nicht mehr diskutierbar sind. Übersichtliche Verhältnisse erhält man nur für Grenzfälle; aber gerade diese Grenzfälle liegen bei den Anwendungen fast stets vor. Wir wollen versuchen, sie von vornherein auszusondern. Dazu gehen wir von einfacheren Anordnungen aus.

Zunächst sei ein unendlicher Isolator und ein unendlicher Leiter gegeben, welche in der Ebene $x = 0$ aneinander stoßen. In beiden Medien soll eine Strahlung vorausgesetzt werden, welche normal zu y fortschreitet, von y unabhängig und einfach harmonische Funktion von t ist. Von den beiden Feldern dieser Art, welche völlig unabhängig voneinander bestehen können, wählen wir dasjenige aus, für welches die Strömung normal zu y verläuft. Die Maxwellschen Gleichungen nehmen dann wieder die Form (46s), (47), (48s) des § 4 an, mit dem wesentlichen Unterschied jedoch gegenüber der dort behandelten Aufgabe, daß wir jetzt wie im Metall so auch im Isolator nur eine Welle anzunehmen haben, und daß s nicht als reelle Größe gegeben, sondern als irgend eine, auch komplexe, Größe gesucht ist. Der Isolator mag den Raum $x < 0$ einnehmen; alle Größen, die sich auf

____

[1]) Auch den Fall der Arbeitsübertragung durch Wechselstrom auf große Entfernungen, auf den hier nicht eingegangen wird.

ihn beziehen, sollen den Index 0 erhalten, die auf den Leiter bezüglichen ohne Index bleiben. Es wird dann [vgl. § 4 unter b_1]:

$$\text{für } x < 0: \qquad\qquad \text{für } x > 0:$$

$$\left.\begin{aligned}
\mathfrak{H}_{0y} &= e^{\iota r_0 x}\cdot f, & \mathfrak{H}_y &= e^{-\iota r x}\cdot f, \\[4pt]
\mathfrak{E}_{0z} &= \frac{c r_0}{\varepsilon_0 v}\, e^{\iota r_0 x}\cdot f, & \mathfrak{E}_z &= \frac{-\iota c r}{\sigma}\, e^{-\iota r x}\cdot f, \\[4pt]
\mathfrak{E}_{0x} &= \frac{c s}{\varepsilon_0 v}\, e^{\iota r_0 x}\cdot f, & \mathfrak{E}_x &= \frac{\iota c s}{\sigma}\, e^{-\iota r x}\cdot f,
\end{aligned}\;\right\} \quad f = \text{const}\, e^{\iota(v t - s z)}, \quad (60)$$

wo

$$\left.\begin{aligned}
r_0^2 + s^2 &= \frac{v^2 \varepsilon_0 \mu_0}{c^2} = \frac{v^2}{a_0^2}; & r^2 + s^2 &= -\iota\,\frac{v \sigma \mu}{c^2} = -\iota \alpha; \\[6pt]
& & r_0 &= -\iota\,\frac{v \varepsilon_0}{\sigma}\, r = -\iota q r\,.
\end{aligned}\;\right\} \quad (61)$$

$$\mathfrak{H}_x,\ \mathfrak{H}_z,\ \mathfrak{E}_y = 0 \text{ überall.}$$

[Von den Grenzbedingungen: „$\mathfrak{H}_y$ und $\mathfrak{E}_z$ stetig für $x = 0$" ist die erste bereits durch den Ansatz (60), die zweite durch die letzte der Gleichungen (61) erfüllt.] — Für s soll die Wurzel mit positivem reellem Anteil genommen werden; die Ausdrücke, in reeller Form geschrieben, stellen dann Wellen dar, die sich parallel der Grenzfläche nach $+ z$ ausbreiten. Die Lösungen sind zulässig, falls die imaginären Anteile von s, r_0 und r negativ, also die Feldgrößen für $z = +\infty$, und für $x = \pm \infty$ Null werden. ($z = -\infty$ gehört als Ort der Strahlungsquelle dem Gültigkeitsbereich unserer Gleichungen nicht an.)

Den folgenden Größenabschätzungen legen wir die für Luft einerseits und für feste reine Metalle andererseits geltenden Werte zugrunde (Kap. III (46a), (47) und $\dfrac{\sigma}{\sigma_{Hg}} \approx 10$):

$$\frac{\varepsilon_0 \mu_0}{c^2} = \frac{1}{9 \cdot 10^{20}}\,\frac{\sec^2}{\mathrm{cm}^2};$$

$$\frac{\sigma \mu_0}{c^2} \approx 10^{-3}\,\frac{\sec}{\mathrm{cm}^2}; \qquad \frac{\varepsilon_0}{\sigma} \approx 10^{-18}\,\sec.$$

Aus (61) folgt, wenn wir beachten, daß q stets eine verschwindend kleine Zahl ist:

$$s = \frac{v}{a_0}\left(1 - \iota\,\frac{q}{2}\,\frac{\mu}{\mu_0}\right),$$

$$r_0 = -q\,\sqrt{\frac{\alpha}{2}}\,(1 + \iota),$$

$$r = \sqrt{\frac{\alpha}{2}}\,(1 - \iota).$$

Diese Gleichungen sagen aus: In keinem der beiden Medien besteht eine ebene Welle; es besteht in jedem ein System von Ebenen gleicher Phase und ein System von Ebenen gleicher Amplitude, aber beide fallen nicht (bzw. nicht genau) zusammen. Die Phasen breiten sich in der Luft merklich parallel der Grenzebene, im Metall merklich normal zu ihr aus; denn es ist einerseits

$$\left|\frac{r_0}{s}\right| \approx \frac{a_0 q \sqrt{\alpha}}{v} = \sqrt{q\,\frac{\mu}{\mu_0}} \ll 1,$$

andrerseits

$$\left|\frac{s}{r}\right| \approx \frac{v}{a_0 \sqrt{\alpha}} = \sqrt{q\frac{\mu_0}{\mu}} \ll 1.$$

Die Ausbreitungsgeschwindigkeit der Phasen parallel der Grenzebene $\frac{v}{s}$ ist in beiden Medien bis auf verschwindende Bruchteile $= a_0$. Zugleich findet in dieser Richtung eine sehr langsame Abnahme der Amplituden statt; auf der Strecke $\frac{2\pi}{v} a_0$, einer Wellenlänge, sinken sie von 1 auf $e^{-\pi q \frac{\mu}{\mu_0}}$. Normal zur Grenzebene nehmen die Amplituden im Metall wie $e^{-\sqrt{\frac{\alpha}{2}}\,x}$ ab [vgl. Kap. III, (50)]. Im Isolator ist die Abnahme normal zur Grenzebene äußerst langsam: für die gebräuchliche Frequenz der Starkstromtechnik:

$$v = \pi\,100\,\frac{1}{\text{sec}} \quad \text{wird} \quad q\sqrt{\frac{\alpha}{2}} \approx 10^{-16}\sqrt{\frac{\mu}{\mu_0}}\,\text{cm}^{-1};$$

für die Frequenzen der Hertzschen Versuche, die bei $v = \pi \cdot 10^8\,\frac{1}{\text{sec}}$ lagen, wird

$$q\sqrt{\frac{\alpha}{2}} \approx 10^{-7}\sqrt{\frac{\mu}{\mu_0}}\,\text{cm}^{-1}.$$

Neben einem nicht ferromagnetischen Leiter sinkt also die Amplitude bei der technischen Frequenz erst in einem Abstand von $\approx 10^{16}$ cm auf $\frac{1}{e}$ ihres Betrages, bei der Hertzschen Frequenz im Abstand von $\approx 10^7$ cm. — Die Richtung des elektrischen Feldes ist im Isolator merklich normal zur Grenzfläche, im Metall merklich parallel zu ihr; denn es ist einerseits

$$\left|\frac{r_0}{s}\right| = \sqrt{q\frac{\mu}{\mu_0}},$$

andrerseits

$$\left|\frac{s}{r}\right| = \sqrt{q\frac{\mu_0}{\mu}}$$

eine verschwindend kleine Zahl. Da nun das magnetische Feld durchweg parallel zur Grenzfläche liegt, so folgt endlich: Die Strahlung breitet sich im Isolator parallel zur Grenzfläche aus und erleidet dabei eine sehr langsame Abnahme; an der Grenzfläche erfährt sie eine Knickung, dringt normal in den Leiter ein und erfährt in ihm die Absorption, die wir schon für quasistationäre Felder gefunden haben.

(Für die Zwecke der drahtlosen Telegraphie hat Zenneck[1]) den allgemeineren Fall: $\sigma_0 \neq 0$, $\varepsilon \neq 0$ durchgerechnet und die Ergebnisse diskutiert.)

Wir wollen jetzt einen weiteren Schritt zur Annäherung an die im Anfang erwähnten Versuchsanordnungen tun. Der Isolator soll eine unendlich große planparallele Platte von der Dicke $2k$ sein, beiderseits an unendlich ausgedehnte Leiter grenzend, die aus dem gleichen Material bestehen mögen. Die Mittelebene der Platte soll jetzt als yz-Ebene gewählt werden. Sie sei Symmetrieebene des Feldes in der Weise, daß zu gegebener Zeit für gegebenes z der Strom stets nach $+z$ in dem einen, nach $-z$ in dem andern Leiter geht. Wir setzen demgemäß folgende Lösung der Maxwellschen Gleichungen an:

$$
\begin{array}{lll}
\text{für } -k < x < +k: & \text{für } x > k: & \text{für } x < -k: \\
\mathfrak{H}_{0y}=(e^{\iota r_0 x}+e^{-\iota r_0 x})\cdot f, & \mathfrak{H}_y=A\,e^{-\iota r x}\cdot f, & \text{das gleiche,} \\
\mathfrak{E}_{0z}=\dfrac{cr_0}{\nu\varepsilon_0}(e^{\iota r_0 x}-e^{-\iota r_0 x})\cdot f, & \mathfrak{E}_z=-\iota\dfrac{cr}{\sigma}A\,e^{-\iota r x}\cdot f, & \text{nur } +r \text{ statt } -r, \\
\mathfrak{E}_{0x}=\dfrac{cs}{\nu\varepsilon_0}(e^{\iota r_0 x}+e^{-\iota r_0 x})\cdot f, & \mathfrak{E}_x=\iota\dfrac{cs}{\sigma}A\cdot e^{-\iota r x}\cdot f, &
\end{array} \quad \Bigg\} (62)
$$

wo
$$ f = \text{const}\cdot e^{\iota(\nu t - s z)}, $$

$$ s^2 + r_0^2 = \frac{\nu^2 \varepsilon_0 \mu_0}{c^2} \equiv \frac{\nu^2}{a_0^2}\,; \qquad s^2 + r^2 = -\iota\frac{\sigma\mu\nu}{c^2} \equiv -\iota\alpha\,. \tag{63} $$

$$ \mathfrak{H}_x,\ \mathfrak{H}_z,\ \mathfrak{E}_y = 0 \text{ überall.} $$

Die Stetigkeit von $\mathfrak{H}_y$ und $\mathfrak{E}_z$ in den Ebenen $x = \pm k$ verlangt:

$$
\begin{aligned}
e^{\iota r_0 k} + e^{-\iota r_0 k} &= A\,e^{-\iota r k}, \\
\frac{r_0}{\nu\varepsilon_0}(e^{\iota r_0 k} - e^{-\iota r_0 k}) &= -\frac{\iota r}{\sigma}A\,e^{-\iota r k}.
\end{aligned} \quad \Bigg\} (64)
$$

---

[1]) Ann. d. Physik IV, Bd. 23, 1907.

Nach den Ergebnissen der bisherigen Rechnung können wir erwarten, daß sich für alle tatsächlich vorkommenden Werte von v und k ergeben wird:

$$|s^2| \ll \alpha; \quad \text{(a)} \qquad |kr_0| \ll 1. \quad \text{(b)}$$

Wir machen diese beiden Annahmen, deren Berechtigung dann an den gefundenen Werten nachgeprüft werden muß. Die Annahme (a) ergibt nach (63_2):

$$r^2 = -\iota\alpha,$$

die Annahme (b) nach (64):

$$kr_0^2 = \frac{v\varepsilon_0}{\sigma}r = -qr \qquad (\text{und } A = 2e^{\iota r k}).$$

Beide zusammen also:

$$|kr_0|^2 = kq\sqrt{\alpha}$$

und mit (63_1):

$$s^2 = \frac{v^2\varepsilon_0\mu_0}{c^2} + q\frac{r}{k} \qquad \text{oder} \qquad \frac{s^2}{\alpha} = q\left(\frac{\mu_0}{\mu} + \sqrt{-\iota}\,\frac{1}{k\sqrt{\alpha}}\right).$$

Nun ist für die Frequenz $v = \pi \cdot 10^8 \frac{1}{\sec}$:

$$q \approx \pi \cdot 10^{-10}; \qquad q\sqrt{\alpha} \approx 2 \cdot 10^{-7}\sqrt{\frac{\mu}{\mu_0}}\frac{1}{\text{cm}};$$

$$\frac{q}{\sqrt{\alpha}} \approx 5 \cdot 10^{-13}\sqrt{\frac{\mu_0}{\mu}}\,\text{cm}.$$

Es ist also $q \ll 1$, und für $\mu = \mu_0$:

$$kq\sqrt{\alpha} \ll 1, \text{ wenn } k \ll 5 \cdot 10^6\,\text{cm};$$

$$\frac{q}{k\sqrt{\alpha}} \ll 1, \text{ wenn } k \gg 5 \cdot 10^{-13}\,\text{cm}.$$

Demnach führt der Ansatz (a), (b) zu richtigen Ergebnissen, so lange

$$5 \cdot 10^{-13}\,\text{cm} \ll k \ll 5 \cdot 10^6\,\text{cm}$$

ist. Bei abnehmendem v erweitern sich diese Grenzen. Also ergibt sich: Sofern die Frequenz diejenige der Hertzschen Versuche nicht weit übersteigt, ist es praktisch unmöglich, die Forderungen (a), (b) zu verletzen.

Wir setzen also an Stelle von (63_2):

$$r^2 = -\iota\alpha,$$

und führen in (62) ein:

$$|r_0 x| \ll 1, \qquad A = 2e^{\iota r k}.$$

U. a. wird dann:

$$\mathfrak{E}_z = -\frac{\iota c r}{\sigma}\, e^{-\iota r(x-k)} \cdot 2f.$$

Sei nun j der Gesamtstrom, der in einem Streifen von der Breite $\delta y = 1$ auf der Seite der positiven x (künftig mit 1 bezeichnet) nach $+z$, und auf der Seite der negativen x (künftig mit 2 bezeichnet) nach $-z$ fließt. Es ist

$$j = \int\limits_k^\infty \sigma\,\mathfrak{E}_z \cdot dx = -c \cdot 2f.$$

Mit Einführung dieser Größe erhalten wir

$$
\left.
\begin{array}{lll}
\text{für } -k < x < k: & \text{für } x > k: & \text{für } x < k: \\[2mm]
\mathfrak{H}_{0y} = -\dfrac{j}{c}, & \mathfrak{H}_y = -e^{-\iota r(x-k)}\dfrac{j}{c}, & -r \text{ statt} + r, \\[3mm]
\mathfrak{E}_{0z} = -\dfrac{\iota r_0^2 x}{\nu\,\varepsilon_0}\,j, & \mathfrak{E}_z = \dfrac{\iota r}{\sigma}\,e^{-\iota r(x-k)}j, & \\[3mm]
\mathfrak{E}_{0x} = -\dfrac{s}{\nu\,\varepsilon_0}\,j, & \mathfrak{E}_x = -\dfrac{\iota s}{\sigma}\,e^{-\iota r(x-k)}j, & \\[3mm]
\text{wo} & j = \text{const } e^{\iota(\nu t - s z)}, & \\[3mm]
\quad r = (1-\iota)\,\sqrt{\dfrac{\alpha}{2}}, & k\,r_0^2 = -q r, & \left|\dfrac{s}{r}\right| \ll 1, \\[3mm]
& s^2 = \dfrac{\nu^2}{a_0^2} + \dfrac{q r}{k}. &
\end{array}
\right\} \quad (65)
$$

Aus diesen Werten ergibt sich zunächst

$$\left|\frac{\mathfrak{E}_{0z}}{\mathfrak{E}_{0x}}\right| = \left|\frac{r_0^2 x}{s}\right| < \left|\frac{r_0^2 k}{s}\right| < \sqrt{q\,\frac{\mu}{\mu_0}},\ \text{also}\ \ll 1;\qquad \left|\frac{\mathfrak{E}_x}{\mathfrak{E}_z}\right| = \left|\frac{s}{r}\right| \ll 1.$$

Das elektrische Feld ist also im Isolator normal zur Platte, in den Leitern parallel zu ihr gerichtet.

Es bleibt das Feld $\mathfrak{H}_y$, $\mathfrak{E}_z$ und $\mathfrak{H}_{0y}\mathfrak{E}_{0x}$ zu bestimmen,

A. bezüglich seiner Verteilung in einem Querschnitt $z = \text{const}$,

B. bezüglich seiner Abhängigkeit von z.

A. Für jeden Querschnitt $z = z_1$ läßt sich das Feld vollständig durch die Aussage beschreiben: es ist das Feld eines quasistationären Stromes $j(z) = j(z_1) = \text{const.}$ und einer stationären Oberflächenladung $\omega(z) = \omega(z_1) = \text{const.}$ In der Tat: Im Leiter geben die Gleichungen (65) dieses Feld an, wie ein Vergleich mit Kap. III § 6 zeigt. (Es ist $\alpha = 2p^2$, also $\iota r = (\iota + 1)\,p$

zu setzen.) — Im Isolator gilt für das quasistationäre magnetische Feld:

$$\frac{\partial \mathfrak{H}_{0x}}{\partial y} - \frac{\partial \mathfrak{H}_{0y}}{\partial x} = 0 ,$$

und somit, da allgemein $\dfrac{\partial}{\partial y} = 0$ ist,

$$\frac{\partial \mathfrak{H}_{0y}}{\partial x} = 0 ;$$

für $x = k$ aber fordert die Stetigkeit:

$$\mathfrak{H}_{0y} = \mathfrak{H}_{y} = -\frac{j}{c} .$$

Demnach ist allgemein

$$\mathfrak{H}_{0y} = -\frac{j}{c} , \qquad \text{wie oben.}$$

Das elektrische Feld im Isolator ist nach dem Ansatz in jedem Querschnitt dasjenige einer stationären elektrischen Verteilung, die mit der gleichförmigen Dichte

$$\omega_1 = -\varepsilon_0 \mathfrak{E}_{0x}(k) = -\omega_2$$

über die beiden Leiteroberflächen verteilt ist. Es ist nach x gerichtet, hat konstanten Betrag, und ist also:

$$\mathfrak{E}_{0x} = -\frac{\omega_1}{\varepsilon_0} .$$

Den Wert von ω_1 aber erhalten wir aus der Kontinuitätsgleichung

$$\frac{\partial e}{\partial t} = -\int_O \mathfrak{I}_N \cdot dS ,$$

die eine Folgerung aus der Maxwellschen Gleichung (1a) ist. Bezogen auf ein durch den Leiter sich erstreckendes Prisma mit den Kanten $\delta y = \delta z = 1$, liefert sie:

$$\frac{\partial \omega_1}{\partial t} = -\frac{\partial j}{\partial z} \qquad \text{oder} \qquad \nu \omega_1 = s j .$$

Also folgt:

$$\mathfrak{E}_{0x} = -\frac{s}{\nu \varepsilon_0} j , \qquad \text{wie oben.}$$

B. Die Abhängigkeit der Feldgrößen von z, d. h. den Wert von s erhalten wir, indem wir die Maxwellsche Gleichung (2a), d. h. das Induktionsgesetz, anwenden auf einen durch den Isolator sich erstreckenden rechteckigen Streifen mit den Kanten $\delta z = 1$ und $2k$ (s. Abb. 35). Wir erhalten:

$$\mu_0 \frac{\partial}{\partial t} \int_{-k}^{k} \mathfrak{H}_{0y} \cdot dx = - c \left\{ - \mathfrak{E}_z(k) + \mathfrak{E}_z(-k) + \frac{\partial}{\partial z} \int_{-k}^{k} \mathfrak{E}_{0x} \cdot dx \right\},$$

oder mit den Werten in (65):

$$- \mu_0 \iota \nu 2 k \frac{j}{c} = - c \left\{ - \frac{2 \iota r}{\sigma} j + \iota s 2 k \frac{s}{\nu \varepsilon_0} j \right\}$$

also:

$$s^2 = \frac{\nu^2 \varepsilon_0 \mu_0}{c^2} + \frac{\nu \varepsilon_0}{\sigma} \cdot \frac{r}{k},$$

oder:

$$s^2 = \frac{\nu^2}{a_0^2} + \frac{q\sqrt{-\iota\alpha}}{k},$$

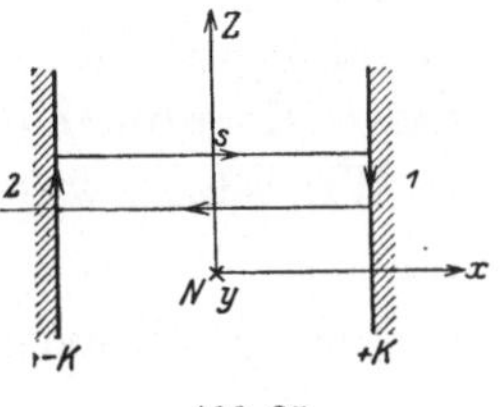

Abb. 35.

wie oben.

Die Bedingungen aber, unter denen unser Ansatz A, B das Feld richtig ergibt, sind:

$$s^2 \ll \alpha, \quad \text{(a)} \qquad k^2 \left| s^2 - \frac{\nu^2}{a_0^2} \right| \ll 1. \quad \text{(b)}$$

Das Anwendungsgebiet dieses Verfahrens läßt sich erweitern. Die mit z parallelen Grenzflächen sollen nicht mehr Ebenen sein, sondern zunächst koaxiale Zylinderflächen. Der Isolator soll einen Hohlzylinder mit den Radien R_1, R_2 bilden, dessen Inneres von einem Leiter *1*, dessen unendlich ausgedehnte Umgebung von einem Leiter *2* erfüllt ist (Kabel). Das Feld besitzt jetzt Umdrehungssymmetrie bezüglich der Zylinderachse, die wir zur z-Achse wählen. Ist ϱ der Abstand von ihr, α der Längenwinkel, so sind also alle Feldgrößen nur Funktionen von z, ϱ, t. Daher ergeben die Maxwellschen Grundgleichungen (1), (2) nach $(\varkappa_2)$:

$$c \frac{1}{\varrho} \frac{\partial}{\partial \varrho} (\varrho \mathfrak{H}_a) = \left(\sigma + \varepsilon \frac{\partial}{\partial t}\right) \mathfrak{E}_z, \qquad - c \frac{1}{\varrho} \frac{\partial}{\partial \varrho} (\varrho \mathfrak{E}_a) = \mu \frac{\partial \mathfrak{H}_z}{\partial t},$$

$$- c \frac{\partial \mathfrak{H}_a}{\partial z} = \left(\sigma + \varepsilon \frac{\partial}{\partial t}\right) \mathfrak{E}_\varrho, \qquad c \frac{\partial \mathfrak{E}_a}{\partial z} = \mu \frac{\partial \mathfrak{H}_\varrho}{\partial t},$$

$$- c \left(\frac{\partial \mathfrak{E}_\varrho}{\partial z} - \frac{\partial \mathfrak{E}_z}{\partial \varrho}\right) = \mu \frac{\partial \mathfrak{H}_a}{\partial t}, \qquad c \left(\frac{\partial \mathfrak{H}_\varrho}{\partial z} - \frac{\partial \mathfrak{H}_z}{\partial \varrho}\right) = \left(\sigma + \varepsilon \frac{\partial}{\partial t}\right) \mathfrak{E}_a.$$

Die Feldkomponenten zerfallen also wieder in zwei völlig voneinander unabhängige Gruppen:

$$\mathfrak{E}_z, \ \mathfrak{E}_\varrho, \ \mathfrak{H}_a \quad \text{und} \quad \mathfrak{H}_z, \ \mathfrak{H}_\varrho, \ \mathfrak{E}_a.$$

(Dasselbe tritt jedesmal ein, wenn, bei Verwendung eines beliebigen Systems orthogonaler Koordinaten, die Feldgrößen nur
von zwei Koordinaten abhängen.) Wir behandeln ein Feld der
ersten Art, in welchem also $\mathfrak{E}$ in der Meridianebene, $\mathfrak{H}$ normal
zu ihr liegt. Zur Darstellung benutzen wir jetzt wieder karte-
sische Koordinaten.

Wir setzen wieder an: Alle Feldgrößen proportional

$$e^{\iota(\nu t - sz)} \tag{66}$$

und haben allgemein:

$$\mathfrak{H}_z = 0. \tag{67}$$

Gefragt wird: 1. wann ist die Annahme gestattet, das Quer-
feld sei in jeder zu z normalen Ebene quasistationär verteilt?
2. wie erhält man unter dieser Annahme s?

Zu 1.: Im **Leiter** gilt für jede Feldkomponente die Gleichung (27b):

$$\Delta q = \frac{\sigma \mu}{c^2} \frac{\partial q}{\partial t} \, ;$$

das bedeutet für unser Feld nach (66):

$$\frac{\partial^2 q}{\partial x^2} + \frac{\partial^2 q}{\partial y^2} = \left(\frac{\iota \nu \sigma \mu}{c^2} + s^2 \right) q \, .$$

Das Feld ist also für $z = $ const von einem quasistationären nicht
unterscheidbar, wenn $|\, s^2\, | \ll \alpha$ ist. Das ist unsere Bedin-
gung (a).

Im **Isolator** nehmen die Maxwellschen Gleichungen (28), (29)
nach (66), (67) die Form an:

$$\left.\begin{aligned}
c s \mathfrak{H}_y &= \nu \varepsilon_0 \mathfrak{E}_x, & -c \frac{\partial \mathfrak{E}_z}{\partial y} - c \iota s \mathfrak{E}_y &= \iota \nu \mu_0 \mathfrak{H}_x, \\
-c s \mathfrak{H}_x &= \nu \varepsilon_0 \mathfrak{E}_y, & c \frac{\partial \mathfrak{E}_z}{\partial x} + c \iota s \mathfrak{E}_x &= \iota \nu \mu_0 \mathfrak{H}_y, \\
\frac{\partial \mathfrak{E}_y}{\partial x} - \frac{\partial \mathfrak{E}_x}{\partial y} &= 0, & \iota \nu \varepsilon_0 \mathfrak{E}_z &= c \left(\frac{\partial \mathfrak{H}_y}{\partial x} - \frac{\partial \mathfrak{H}_x}{\partial y} \right).
\end{aligned}\right\} \tag{68}$$

Die drei ersten Gleichungen lassen sich schreiben:

$$\left.\begin{aligned}
\mathfrak{E}_x &= -\frac{\partial \varphi}{\partial x}, & c s \mathfrak{H}_y &= -\nu \varepsilon_0 \frac{\partial \varphi}{\partial x}, \\
\mathfrak{E}_y &= -\frac{\partial \varphi}{\partial y}, & c s \mathfrak{H}_x &= \nu \varepsilon_0 \frac{\partial \varphi}{\partial y}
\end{aligned}\right\} \tag{68a}$$

Einsetzen dieser Werte in die drei letzten Gleichungen ergibt nach Elimination von $\mathfrak{E}_z$:

$$\frac{\partial^2 \varphi}{\partial x^2} + \frac{\partial^2 \varphi}{\partial y^2} = \left(s^2 - \frac{v^2 \varepsilon_0 \mu_0}{c^2}\right) \varphi. \tag{69}$$

Es ist aber φ nur Funktion von ϱ, wo $\varrho^2 = x^2 + y^2$. Folglich wird:

$$\frac{\partial^2 \varphi}{\partial x^2} + \frac{\partial^2 \varphi}{\partial y^2} = \frac{1}{\varrho} \frac{\partial}{\partial \varrho}\left(\varrho \frac{\partial \varphi}{\partial \varrho}\right) = \left(s^2 - \frac{v^2}{a_0^2}\right) \varphi$$

oder

$$\frac{1}{\lambda} \frac{\partial \varphi}{\partial \lambda} + \frac{\partial^2 \varphi}{\partial \lambda^2} + \varphi = 0, \qquad \lambda^2 = -\varrho^2\left(s^2 - \frac{v^2}{a_0^2}\right), \qquad R_1 < \varrho < R_2.$$

Daraus folgt [s. Kap. III, (51)]:

$$\varphi = A \cdot J_0(\lambda) + B \cdot K_0(\lambda).$$

Ist nun $|\lambda^2| \ll 1$, so wird [s. die Literatur bei Kap. III, (52)]:

$$J_0(\lambda) = 1, \quad K_0(\lambda) = \text{const} - \lg\lambda, \quad \text{also} \quad \varphi = a + b \lg\lambda.$$

Dies aber ist die strenge Lösung für das Potential des stationären Feldes, für welches gelten würde:

$$\frac{\partial^2 \varphi}{\partial x^2} + \frac{\partial^2 \varphi}{\partial y^2} = \frac{1}{\varrho} \frac{\partial}{\partial \varrho}\left(\varrho \frac{\partial \varphi}{\partial \varrho}\right) = 0.$$

Demnach tritt an Stelle der früheren Bedingung (b) diesmal:

$$R_2^2 \left| s^2 - \frac{v^2}{a_0^2} \right| \ll 1. \tag{b$'$}$$

Entscheidend ist, wie man sieht, jedesmal, daß

$$h^2 \left| s^2 - \frac{v^2}{a_0^2} \right| \ll 1 \tag{b$''$}$$

ist, wo h die größte der Abmessungen bedeutet, die die Gestal des Isolator-Querschnitts bestimmen.

Zu 2. Wir wenden die Maxwellsche Gleichung

$$\frac{1}{c} \frac{\partial}{\partial t} \int \mu \mathfrak{H}_N \cdot dS = -\int \mathfrak{E}_s \cdot ds$$

auf ein Band von der unendlich kleinen Breite $\delta z = 1$ an, das in einem zu z normalen Schnitt zwischen den beiden Leitern verläuft. Nach den Symmetrieeigenschaften des Feldes sind die beiden Seiten der Gleichung abhängig von z, aber unabhängig davon, an welchen Stellen der Randlinien das Band an beide

Leiter angeheftet ist. Die zusammengehörenden Richtungen von N und s sind in Abb. 36 angegeben. Es wird:

$$\frac{1}{c}\frac{\partial}{\partial t}\int_2^1 \mu_0 \mathfrak{H}_N \cdot dl = -\frac{\partial}{\partial z}\int_2^1 \mathfrak{E}_l \cdot dl + \mathfrak{E}_z(1) - \mathfrak{E}_z(2) \qquad (70)$$

oder nach (66):

$$\frac{\iota v \mu_0}{c}\int_2^1 \mathfrak{H}_N \cdot dl = \iota s \int_2^1 \mathfrak{E}_l \cdot dl + \mathfrak{E}_z(1) - \mathfrak{E}_z(2), \qquad (70\,\mathrm{a})$$

wo die beiden letzten Größen sich auf die Oberflächen der beiden Leiter beziehen und die Richtung von l in der Abbildung an-gegeben ist. Da lN liegen wie xy, so ist nach (68):

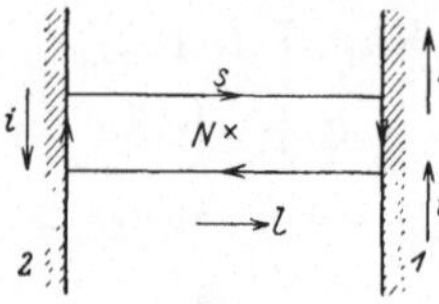

$$cs\,\mathfrak{H}_N = v\,\varepsilon_0\,\mathfrak{E}_l. \qquad (71)$$

Es ist ferner, wenn $e\,(-e)$ die Elektrizitäts-menge auf der Längeneinheit der Leinterober-fläche $1\,(2)$, C die Kapazität für die Län-geneinheit der Doppelleitung, $i\,(-i)$ den Gesamtstrom nach der Richtung $+z$ im Leiter $1\,(2)$ bezeichnet:

$$\int_2^1 \mathfrak{E}_l \cdot dl = -(\varphi_1 - \varphi_2) = -\frac{e}{C} \qquad (72)$$

und gemäß der Kontinuitätsgleichung:

$$\frac{\partial e}{\partial t} = -\frac{\partial i}{\partial z}, \qquad (73)$$

oder $\qquad\qquad\qquad ve = si.$ $\qquad\qquad\qquad\qquad\qquad\qquad (73\mathrm{a})$

Nach (71) und (72) ist:

$$\frac{1}{c}\int_2^1 \mu_0 \mathfrak{H}_N dl = -\frac{\varepsilon_0 \mu_0}{c^2}\frac{ve}{sC}. \qquad (74)$$

Dieses alles in (70a) eingesetzt ergibt:

$$s^2 - \frac{v^2}{a_0^2} = -\iota C v\,\frac{\mathfrak{E}_z(1) - \mathfrak{E}_z(2)}{i}. \qquad (75)$$

Dieser Gleichung läßt sich eine andre Form geben. Die linke Seite von (70) ist

$$= -L_a\frac{\partial i}{\partial t},$$

wo L_a die äußere Selbstinduktivität, berechnet für die Längeneinheit der Doppelleitung bedeutet. (Nach der Abbildung gehört N zu einem **negativen** Umlauf um i.) Das erste Glied der rechten Seite ist nach (72): $\frac{1}{C} \cdot \frac{\partial e}{\partial z}$. Wir können ferner, da sowohl i wie $\mathfrak{E}_z(1) \sim e^{\iota \nu t}$ ist, setzen:

$$\mathfrak{E}_z(1) = (w_1' + \iota \nu L_1')i = w_1' i + L_1' \frac{\partial i}{\partial t}, \tag{76a}$$

wo w_1' und L_1' reelle Größen sind. Mittels der Überlegung in Kap. III, § 6 [s. dort (56), (57)] ergibt sich dann, daß der zeitliche Mittelwert von $w_1' i^2$ die Joulesche Wärme und der zeitliche Mittelwert von $\frac{1}{2} L_1' i^2$ die mittlere magnetische Energie des Leiterinnern bedeutet, beide für die Längeneinheit des Leiters *1* berechnet. Entsprechendes gilt für w_2' und L_2', wenn wir

$$- \mathfrak{E}_z(2) = (w_2' + \iota \nu L_2')i = w_2' i + L_2' \frac{\partial i}{\partial t} \tag{76b}$$

setzen. Wir schreiben noch:

$$w_1' + w_2' = w'; \quad L_1' + L_2' = L_i'. \tag{76c}$$

Es sind dann w' der Widerstand, L_i' die innere Selbstinduktivität der Längeneinheit der Doppelleitung **für die Frequenz** ν. Durch Einführung dieser Zeichen wird aus (75):

$$s^2 = \frac{\nu^2}{a_0^2} - \iota \nu C(w' + \iota \nu L_i'); \tag{75a}$$

und aus (70):

$$(L_a + L_i') \frac{\partial i}{\partial t} + w' i = - \frac{1}{C} \frac{\partial e}{\partial z}.$$

Wir differenzieren nach t und erhalten mittels (73):

$$\frac{\partial^2 i}{\partial z^2} = C(L_a + L_i') \frac{\partial^2 i}{\partial t^2} + C w' \frac{\partial i}{\partial t}. \tag{77}$$

Oder nach (66):

$$\left. \begin{array}{l} s^2 = \nu^2 C L' - \iota \nu C w', \\ L' = L_a + L_i'. \end{array} \right\} \tag{77a}$$

Diese Gleichung sagt nichts anderes aus, als die Gleichung (75); denn die Größen w' und L_i' sind keine Konstanten, sondern Funktionen von ν, die gemäß ihren Definitionsgleichungen (76) zu berechnen sind. Nur L_a und C sind Konstanten, und die

Definitionsgleichung:

$$L_a i = -\frac{1}{c} \int_2^1 \mu_0 \mathfrak{H}_N \cdot dl$$

ergibt zusammen mit (74) und (73a):

$$L_a C = \frac{1}{a_0^2}. \tag{78}$$

[Als Telegraphengleichung wird eine Gleichung bezeichnet, die die gleiche Form besitzt wie (77), in der aber die Faktoren von $\frac{\partial i}{\partial t}$ und $\frac{\partial^2 i}{\partial t^2}$ als Konstanten behandelt werden. Diese Gleichung, die in der Technik vielfach als maßgebend für die Übertragung elektrischer Zeichen durch Fernleitungen betrachtet wird, ist demnach — von den Werten der Konstanten abgesehen — nichts anderes als die Gleichung (44), die für die Fortpflanzung ebener Wellen in einem unbegrenzten leitenden Medium gilt. Ihre allgemeine Lösung bei gegebenem Anfangszustand findet sich bei H. Weber: Partielle Differentialgleichungen der math. Physik[1]).]

Ehe wir zur Ausrechnung von s schreiten, wollen wir eine weitere Anordnung betrachten: Die beiden stromführenden Leiter seien gleiche parallele Drähte in einem gegen ihren Radius sehr großen Abstand. Das Feld jedes einzelnen der beiden Ströme würde dann die Symmetrie des soeben behandelten Feldes besitzen. Diese beiden Felder überlagern sich einfach; denn da an der Oberfläche von *1* das Feld *2* sehr klein ist gegen das Feld *1*, und umgekehrt, so werden auf diese Weise die Stetigkeitsbedingungen erfüllt. Innerhalb jedes der beiden Leiter besitzt ferner das Feld Umdrehungssymmetrie aus dem gleichen Grunde. Daher läßt sich die ganze vorige Rechnung auf diesen Fall übertragen. Die Größe h der Bedingung (b″) ist jetzt der Abstand der Drähte.

Bei beiden Anordnungen liegen für die Leiter die geometrischen Verhältnisse vor, die wir in Kap. III § 6, Gleichungen (48b) und folgende vorausgesetzt haben. Wir können daher die Werte der w' und L' von dort aus (59) und (62) entnehmen[2]).

---

[1]) Bd. 2, § 125—127. S. auch W. Wagner; ETZ. Bd. 31. 1910. Seite 163 u. 192.

[2]) Die hier durch w' und L_i' bezeichneten Größen sind die dort durch $\frac{w'}{l}$ und $\frac{L'-L_2}{l}$ bezeichneten; α ist $\equiv 2\,p^2$, $\mathfrak{E}_z^{(1)} \equiv \frac{I}{\sigma}$, $\mathfrak{E}_z^{(2)} \equiv -\frac{I}{\sigma}$.

Für das Kabel ist, wenn R_1 und $R_2 > R_1$ die Radien bezeichnen,

$$\frac{\mathfrak{E}_z(1)}{i} \equiv w_1' + \iota\nu L_{i1}' = \frac{\iota\alpha_1}{2\pi\sigma_1}\left(\frac{J_0(x_1)}{x_1 J_0'(x_1)}\right)_{x_1 = \sqrt{-\iota a_1}\cdot R_1}, \quad \alpha_1 = \frac{\nu\sigma_1\mu_1}{c^2} =$$

$$-\frac{\mathfrak{E}_z(2)}{i} \equiv w_2' + \iota\nu L_{i2}' = \frac{-\iota\alpha_2}{2\pi\sigma_2}\left(\frac{K_0(x_2)}{x_2 K_0'(x_2)}\right)_{x_2 = \sqrt{-\iota a_2}\cdot R_2}, \quad \alpha_2 = \frac{\nu\sigma_2\mu_2}{c^2}.$$

Dazu

$$C = \frac{2\pi\varepsilon_0}{\lg\dfrac{R_2}{R_1}}$$

[s. Kap. I, (20)].   Also

$$s^2 = \frac{v^2}{a_0^2}\left\{1 + \frac{1}{\lg\dfrac{R_2}{R_1}}\left[\frac{\mu_1}{\mu_0}\frac{J_0(x_1)}{x_1 J_0'(x_1)} - \frac{\mu_2}{\mu_0}\frac{K_0(x_2)}{x_2 K_0'(x_2)}\right]\right\}. \tag{79}$$

Dieselbe Gleichung leitet J. J. Thomson[1]) ab, indem er zunächst die Maxwellschen Differentialgleichungen und Grenzbedingungen in strenggültiger Form einführt, dann aber in der nicht mehr diskutierbaren Schlußgleichung dieselben Annahmen (a) und (b′) macht, die wir von vornherein eingeführt haben.

Für die parallelen Drähte wird, wenn R den Radius, d den Abstand bezeichnet,

$$w' + \iota\nu L_i' = \frac{\iota\alpha}{\pi\sigma}\left(\frac{J_0(x)}{x\cdot J_0'(x)}\right)_{x = \sqrt{-\iota a}\cdot R}, \quad \alpha = \frac{\nu\sigma\mu}{c^2}, \quad C = \frac{\pi\varepsilon_0}{\lg\dfrac{d}{R}}$$

[s. Kap. I (20 b)].   Also

$$s^2 = \frac{v^2}{a_0^2}\left\{1 + \frac{\mu}{\mu_0}\frac{1}{\lg\dfrac{d}{R}}\left(\frac{J_0(x)}{x J_0'(x)}\right)\right\}. \tag{80}$$

Dieser Fall ist von G. Mie vollständig behandelt worden[2]) unter Berücksichtigung des Umstandes, daß, so lange $\dfrac{R}{d}$ nicht vernachlässigt wird, das Feld sich in Strenge nicht als Überlagerung der beiden axial-symmetrischen Einzelfelder darstellen läßt. Es ergibt sich aber unser Wert von s, wenn man nur die zweite Potenz von $\dfrac{R}{d}$ vernachlässigt [a. a. O. Gleichung (63)], und dieser Wert ist bereits für $d = 10\cdot R$ auf $^1/_2{}^0/_0$ genau.

---

[1]) Recent researches etc., Oxford, 1893, § 263, Gl. (17).
[2]) Ann. d. Physik IV, Bd. 2, 1900,

Die verschiedenen Darstellungen der Funktionen J_0 und K_0 gestatten, s aus (79) und (80) für beliebige Werte der Argumente x mit ausreichender Genauigkeit zu berechnen. Das Wesentliche ergibt sich aber bereits, wenn man die Grenzfälle durchführt. Das ist in der Hauptsache schon in Kap. III, § 6 geschehen.

1. Es sei ν so klein, daß $\dfrac{R^2\alpha}{2} \ll 1$ ist. Die w' und L_i' sind dann die von ν unabhängigen Größen w und L_i, die für stationären Strom gelten. Daher ergibt (75a) in erster Näherung:

$$s^2 = -\iota\nu C w \qquad \text{oder} \qquad s = (1-\iota)\sqrt{\frac{\nu C w}{2}} ; \qquad (81)$$

d. h. alle Feldgrößen haben die Form

$$A e^{-pz} \sin(\nu t - pz + \vartheta), \qquad \text{wo} \qquad p = \sqrt{\frac{\nu C w}{2}}$$

ist und A und ϑ nur Funktionen von x und y sind. Beim Kabel setzt sich w zusammen aus dem verschwindenden Widerstand des umgebenden unendlich ausgedehnten Leiters und dem Widerstand des Drahtes:

$$w = \frac{1}{\pi R_1^2 \sigma_1} .$$

Für die parallelen Drähte ist

$$w = \frac{2}{\pi R^2 \sigma} .$$

Die Fortpflanzungsgeschwindigkeit der Phasen ist

$$\frac{\nu}{p} = \sqrt{\frac{2\nu}{C w}},$$

also für das Kabel

$$= \sqrt{\frac{\nu \sigma_1}{\varepsilon_0} R_1^2 \lg \frac{R_2}{R_1}} .$$

2. Es sei ν so groß, daß

$$R_1\sqrt{\frac{\alpha_1}{2}} \gg 1$$

ist. Dann wird (vgl. S. 202 unten)

$$w_1' + \iota\nu L_{i1}' = \frac{(1+\iota)\sqrt{\dfrac{\alpha_1}{2}}}{2\pi R_1 \sigma_1},$$

usw. Also für das Kabel:

$$s^2 = \frac{v^2}{a_0^2}\left\{1 + (1 - \iota)\,2\,\eta\right\}, \quad \text{oder} \quad s = \frac{v}{a_0}\left\{1 + \eta - \iota\,\eta\right\},$$

$$\text{wo} \quad \eta = \frac{1}{2\,\lg\dfrac{R_2}{R_1}}\left\{\frac{\mu_1}{\mu_0}\,\frac{1}{R_1\sqrt{2\,\alpha_1}} + \frac{\mu_2}{\mu_0}\,\frac{1}{R_2\sqrt{2\,\alpha_2}}\right\} \tag{82}$$

eine kleine Zahl ist.

Die Phasengeschwindigkeit ist

$$\frac{a_0}{1+\eta},$$

der Absorptionskoeffizient ist

$$p = \frac{v\,\eta}{a_0};$$

er ist, wie im Fall 1., proportional mit $\sqrt{v}$. Da stets $\sigma_2 \ll \sigma_1$ ist, so wird der Wert von η und somit von p ausschließlich durch die Konstante $\dfrac{\mu_2}{\sqrt{\sigma_2}}$ der Umgebung (etwa des Meerwassers) bestimmt. Das Material des Kerns ist ebenso unwesentlich wie das der Isolierschicht.

Für die parallelen Drähte ist:

$$\eta = \frac{\mu}{\mu_0}\,\frac{1}{\lg\left(\dfrac{d}{R}\right)2\,R\sqrt{2\,\alpha}}. \tag{82a}$$

Um eine Vorstellung von dem Geltungsbereich unserer Gleichungen zu erhalten, wollen wir die Zahlenrechnung durchführen für zwei Kupferdrähte von 1 mm Radius, die sich in 10 cm Abstand in Luft gegenüberstehen. Es soll also sein:

$$R = 0{,}1\ \text{cm}; \quad d = 10\ \text{cm}; \quad a_0 = 3\cdot 10^{10}\,\frac{\text{cm}}{\text{sec}}; \quad \mu = \mu_0; \quad \sigma = 50\,\sigma_{\text{Hg}},$$

daher nach Kap. I (83b): $\dfrac{\sigma}{\varepsilon_0} \approx 2\pi\cdot 10^{18}\,\dfrac{1}{\text{sec}}.$

Sei dann (1.) $v = \pi\cdot\dfrac{100}{\text{sec}}.$ Dann ist

$$\alpha \approx 2\,\frac{1}{\text{cm}^2}, \qquad \frac{R^2\,\alpha}{4} \approx 0{,}005;$$

es liegt also der Fall 1. vor. In (81) ist:

$$C = \frac{\pi\,\varepsilon_0}{\lg 100}; \qquad w \approx \frac{10^{-16}}{\pi^2\,\varepsilon_0}; \qquad \text{also} \qquad s^2 \approx -\iota\,\frac{10^{-14}}{\lg 100}\,\frac{1}{\text{cm}^2}.$$

Daher sind sowohl

$$\left|\frac{s^2}{\alpha}\right| \quad \text{wie} \quad d^2\left|s^2-\frac{v^2}{a_0{}^2}\right|$$

verschwindend klein gegen 1. Die Bedingungen (a) und (b″)
sind also vollauf erfüllt.

Es sei (2.) $v=\pi\cdot\dfrac{10^8}{\text{sec}}$. Dann wird

$$\alpha\approx 2\cdot 10^6\,\frac{1}{\text{cm}^2};\quad R\sqrt{\frac{\alpha}{2}}\approx 100;$$

es liegt also der Fall 2. vor. In (82a) wird

$$\eta\approx\frac{1}{2000}$$

Daher:

$$\left|s^2\right|\approx\frac{v^2}{a_0^2}\approx 10^{-4}\,\frac{1}{\text{cm}^2},\qquad \left|s^2-\frac{v^2}{a_0^2}\right|=\frac{v^2}{a_0^2}\,2\eta\approx 10^{-7}\,\frac{1}{\text{cm}^2}.$$

Wiederum sind also (a) und (b″) vollauf erfüllt.

Die Vorgänge, die wir hier behandelt haben, wurden in früherer
Zeit als Fortpflanzung „der Elektrizität“[1]) in Drähten bezeichnet,
und es wurde nach der Geschwindigkeit dieses Vorgangs gefragt.
Das Vorstehende zeigt, daß Name und Fragestellung verfehlt sind.
Was sich abspielt, ist stets ein Ausbreitungsvorgang in der
Umgebung der Leiter, der bei genügend kleiner Frequenz auf
die Leiter übergreift, während ihm bei hohen Frequenzen die
Leiter lediglich als Führung dienen, an der er entlang gleitet.
Dem entspricht, daß bei kleiner Frequenz die Konstanten beider
Körper die Form der Ausbreitung bestimmen, während diese bei
hoher Frequenz mehr und mehr der Ausbreitung im unbegrenzten
Isolator gleich wird. — Die Ausbreitungsgeschwindigkeit strebt nur
für sehr hohe Frequenzen einem festen Grenzwert zu. Diesen
zu bestimmen, war das Ziel wissenschaftlicher Untersuchungen,
die mit der Anordnung der parallelen Drähte und mit möglichst
reinen Sinuswellen ausgeführt wurden. — Anders etwa beim Ozean-
kabel: Hier ist die Frage nach der Fortpflanzung eines einzelnen
Impulses auf große Entfernungen von Bedeutung. Einen
solchen Impuls können wir an der Ursprungsstelle ($z=0$) für ein
beliebiges Zeitintervall in eine Fouriersche Reihe entwickelt denken.

---

[1]) Gemeint ist: des Feldes, also der Oberflächen-Ladungen.

Jedem Glied der Reihe entspricht eine Sinuswelle, die sich nach den soeben entwickelten Gesetzen ausbreitet; und da die Differentialgleichungen und Grenzbedingungen linear-homogen sind, so gibt dann die Summe der so gefundenen Felder für jedes z das tatsächliche Feld. Nun zeigen unsere Gleichungen, daß mit wachsender Frequenz die Absorption zunimmt. Mit wachsender Entfernung werden also in der Summe die Glieder mit den kleinsten ν-Werten (niedrigsten Ordnungszahlen) mehr und mehr ausschlaggebend (vgl. die Ausbreitung ebener Wellen in unbegrenzten Leitern am Ende von § 3). Für diese aber hat s^2 den Wert (81), den man unmittelbar erhält, wenn man in der Gleichung (77) das Glied mit $\dfrac{\partial^2 i}{\partial t^2}$ streicht und für w' die konstante Größe w setzt. Und da alle Feldgrößen in gleicher Weise von z und t abhängen, so heißt dies: sie genügen alle der Differentialgleichung

$$\frac{\partial^2 q}{\partial z^2} = C w \frac{\partial q}{\partial t}. \tag{83}$$

(Dieselbe Form hat die Gleichung, die für den Verlauf der Temperatur in einem gegen seitliche Wärmeabgabe geschützten, unendlich langen Stabe gilt.) Durch sie ist q für alle Folgezeit bestimmt, wenn es für einen Zeitpunkt $t = 0$ willkürlich vorgeschrieben wird. Es ist:

$$q_{zt} = \sqrt{\frac{C w}{\pi 4 t}} \int_{-\infty}^{\infty} q_{z'0} \cdot \mathrm{e}^{-(z-z')^2 \frac{Cw}{4t}} \, dz'. \tag{84}$$

Daß der Wert in (84) der Gleichung (83) genügt und für $t = 0$ in q_{z0} übergeht, und daß es nur eine solche Funktion gibt, wird in gleicher Art bewiesen, wie es bei den Gleichungen (27b), (33) geschehen ist. Ist nun für $t = 0$ der Wert von q nur für $z = 0$ von Null verschieden, so wird

$$q_{zt} = \mathrm{const} \sqrt{\frac{C w}{4 t}} \cdot \mathrm{e}^{-\frac{C w z^2}{4 t}}, \tag{84a}$$

d. h. q steigt, sofort im Zeitpunkt $t = 0$ beginnend, stetig zu einem Maximum an, das es zur Zeit

$$t = \frac{C w}{2} z^2$$

erreicht, um dann asymptotisch wieder zu Null abzufallen. Dieses
also ist die Art, in der ein elektrisches Signal sich in großer Entfernung von der Ursprungsstelle geltend macht. Von einer bestimmten Ausbreitungsgeschwindigkeit kann man nicht sprechen;
die Zeit, nach welcher ein bestimmter Apparat im Punkte z die
Welle anzeigt, hängt von der Empfindlichkeit des Apparats ab.

§ 6. Stehende Wellen.

Die Untersuchungen des vorangehenden Paragraphen beziehen sich auf endlose Zylinder. Betrachten wir jetzt zwei
parallele Drähte von endlicher Länge. Sie mögen entweder frei
enden, oder durch einen Querleiter — Brücke — verbunden sein,
oder in einen Kondensator münden. Keiner dieser Fälle ist bisher
einer strengen Behandlung zugänglich gewesen. Man hat aber
mit praktischem Erfolg folgende, jedenfalls nur annähernd zu-
treffende Annahme gemacht: Das Feld behält bis zum Ende die
für endlose Leitung gefundene Form; dort entsteht eine reflektierte Welle von gleicher Form, die sich der anlaufenden überlagert. Am freien Ende ist notwendig der Strom Null; das
bedingt, daß dort $\mathfrak{H} = 0$ ist. An der Brücke wäre notwendig
die Spannung $\varphi_1 - \varphi_2$ und damit $\mathfrak{E}$ Null, wenn die Brücke unendliches Leitvermögen besäße; ihrem Widerstand kann man
Rechnung tragen, indem man der tatsächlichen Drahtlänge —
die stets groß gegen den Drahtabstand sein soll — einen Betrag
hinzufügt, der sie verhältnismäßig sehr wenig verändert, und der
im übrigen empirisch bestimmt werden kann. Eine mittlere
Stellung nimmt der Kondensator ein; wir wollen ihn uns zunächst als Kreisplatten-Kondensator denken, der symmetrisch
dem System der Paralleldrähte angefügt ist; dann wird im Mittelpunkt der Platten die Strömung und folglich in der Achse das
Magnetfeld Null sein müssen. — Jedesmal bilden anlaufende und
reflektierte Welle in der Nachbarschaft des Endes eine stehende
Welle; die angenommenen Endbedingungen haben zur Folge,
daß durch die zu den Drähten normale Endfläche bzw. durch
die Kondensatorachse, keine Strahlung hindurchtritt. — Sei
nun die Leitung an beiden Enden in der angegebenen Weise
begrenzt. Dann entsteht nach einmaliger Anregung eine stehende
Welle, die keine Strahlung aussendet (denn die seitliche Aus-

strahlung ist an jeder Stelle Null). Die Welle würde also, wenn wir von der Stromwärme absehen dürften, unbegrenzt fortdauern. Die Frequenzen dieser **Eigenschwingungen** wollen wir berechnen. Die Länge jedes Drahtes sei l, wobei die Brückenkorrektion bereits berücksichtigt sein soll. Bei $z = 0$ befinde sich eine Brücke; bei $z = l$ ein Kondensator von der elektrostatischen Kapazität C. (Es wird sich zeigen, daß in dieser Annahme die beiden anderen als Sonderfälle enthalten sind.) Wir haben dann

$$\text{für } 0 \leqq z \leqq l: \begin{cases} i = A\,e^{\iota(vt+sz)} + B\,e^{\iota(vt-sz)}, & \text{(a)} \\[2mm] \dfrac{\partial i}{\partial z} = -\dfrac{\partial e}{\partial t}, \quad e = C\,(\varphi_1 - \varphi_2), & \text{(b)} \\[2mm] s^2 = -\iota v C\,(w' + \iota v L'), \quad \text{wo } L' = L_a + L'_i, & \text{(c)} \\[2mm] \text{für } z = 0: \ \varphi_1 - \varphi_2 = 0; \quad \text{folglich } \dfrac{\partial i}{\partial z} = 0. & \text{(d)} \end{cases}$$

$$\text{(85)}$$

Für $z = l$ setzen wir:

$$\varphi_1 - \varphi_2 = \frac{e'}{C'}, \quad i = \frac{\partial e'}{\partial t}, \quad \text{folglich } \frac{\partial i}{\partial z} = -\frac{C}{C'}i. \quad \text{(e)}$$

Den Ansatz (e) zu rechtfertigen, behalten wir uns vor.

(d) in (a) eingeführt, gibt $A = B$, also

$$i = \text{const} \cdot \cos vt \cdot \cos sz \tag{86}$$

und (e) gibt dann:

$$sl \cdot \text{tg}\,(sl) = \frac{lC}{C'}. \tag{87}$$

Sei zunächst

$$lC \ll C', \tag{88a}$$

d. h. die Gesamtkapazität der Drahtleitung klein gegen die Kapazität des Endkondensators. Dann erhalten wir als eine mögliche Lösung von (87):

$$(sl)^2 = \frac{lC}{C'} \ll 1,$$

also $sz \ll 1$ für jedes z, folglich

$$i = \text{const} \cdot \cos vt, \tag{88b}$$

wo nach (85c):

$$v^2 l L' - \iota v l w' = \frac{1}{C'} \tag{88c}$$

Dies ist die Gleichung, die wir in Kap. III, (33) für den Kondensatorkreis unter der Voraussetzung quasistationären Stromes fanden. (Die dortigen L, w, C, α sind hier mit lL', lw', C', ιv bezeichnet.) Sie führt, wenn $C'\,(lw')^2 \ll 4lL'$ ist, zur sog. Thomsonschen Formel:

$$v_0^2 = \frac{1}{C'\cdot lL'} \tag{88d}$$

[vgl. Kap. III (33c)].

Als Bedingung für quasistationären Strom erweist sich jetzt bei unsrer Form der Strombahn die Beziehung (88a). Bei beliebiger Form der Strombahn ist lC keine definierbare Größe. Es ist aber nach (78):

$$C L_a = \frac{1}{a_0^2},$$

und angenähert $L_a = L'$. Daher läßt sich (88a) schreiben:

$$l^2 \ll C' \cdot lL' \cdot a_0^2,$$

oder nach (88d):

$$l \ll \frac{a_0}{v_0}.$$

Man denke sich nun eine ebene Welle von der Frequenz v_0, die sich frei im Isolator ausbreitet. Ihre Wellenlänge ist

$$\lambda_0 = 2\pi \frac{a_0}{v_0}.$$

Daraus darf man schließen, daß die Thomsonsche Formel bei beliebiger Form des Kondensatorkreises gültig ist, wenn die Drahtlänge, und dann um so sicherer die Abmessungen des Stromkreises, sehr klein sind gegen die Wellenlänge der zu v_0 gehörenden freien Welle.

Allgemein ist s aus (87) zu berechnen, und mit dem Wert von s ist dann v aus (85c) zu finden. Der Übersichtlichkeit halber betrachten wir die beiden Grenzfälle: An Stelle der Bedingung (e) tritt, wenn die Drahtenden metallisch verbunden sind:

$$\frac{\partial i}{\partial z} = 0 \quad \text{oder} \quad C' = \infty;$$

wenn die Drähte frei enden:

$$i = 0 \quad \text{oder} \quad C' = 0.$$

Das gibt als Lösung von (87) im ersten Fall:

$$sl = 2k\cdot\frac{\pi}{2},$$

im zweiten Fall:
$$sl = (2k+1)\,\frac{\pi}{2}\,,$$

wo k eine beliebige ganze Zahl bedeutet. Diese Werte von s sind in (85c) einzusetzen. Hier sind L' und w' Funktionen von v (s. S. 264f.).

Ist 1.
$$R^2\,\frac{\sigma\,\mu\,v}{c^2} \ll 1\,,$$

so sind L' und w' die Werte L und w für stationären Strom.

Ist 2.
$$R^2\,\frac{\sigma\,\mu\,v}{c^2} \gg 1\,.$$

so wird sehr nahe $v = a_0 s$. Es ist versuchsweise mit dem einen oder andern Ansatz zu rechnen und aus dem Ergebnis zu entnehmen, ob er berechtigt war. Hat man unter Benutzung der stationären Werte $v = \pi\,100/\text{sec}$ gefunden, so ergibt sich für Kupferdraht von 1 mm Radius in Luft, daß die Ungleichung 1. erfüllt ist, und daß man also richtig gerechnet hat. Aber schon bei den Frequenzen, die die drahtlose Telegraphie benutzt $\left(v \approx \dfrac{10^7}{\text{sec}}\right)$ liegt der zweite Fall vor. — Nehmen wir, im Anschluß an gewisse Versuchsanordnungen, zwei parallele Drähte dieser Art von der Länge $l = 1$ m an, die etwa an beiden Enden überbrückt seien; dann wird für die Grundschwingung $k = 1$:

$$s = \frac{\pi}{100\ \text{cm}}\,,$$

und somit unter Voraussetzung von 2.:

$$v = 3\pi\,\frac{10^8}{\text{sec}}\,.$$

Die Voraussetzung war daher berechtigt. Um so mehr trifft dies für die übrigen Werte von k zu. Man erhält also ein System harmonischer Oberschwingungen mit den Frequenzen

$$k\,\frac{\pi a_0}{l}\,.$$

Entsprechendes gilt für den Fall der an einer Seite frei endenden Drähte; hier treten nur die ungeradzahligen Oberschwingungen auf.

[Zur Grenzbedingung am Kondensator [s. (85) (e)]. Das Feld im Kondensator hat Umdrehungssymmetrie um die Plattenachse. Wir wollen es weiter (wie in dem entsprechenden Fall in Kap. I) so berechnen, als ob die Oberflächen unendlichen Ebenen angehörten. Dann ist es ausschließlich abhängig von dem normalen Abstand ϱ von der Achse, und $\mathfrak{E}$ liegt in der Richtung der Plattennormale (x). Die Maxwellschen Gleichungen werden unter diesen Bedingungen (s. $(\varkappa_2)$):

$$\varrho\,\varepsilon_0\,\frac{\partial\mathfrak{E}_x}{\partial t} = c\,\frac{\partial}{\partial\varrho}(\varrho\,\mathfrak{H}_a); \qquad \mu_0\,\frac{\partial\mathfrak{H}_a}{\partial t} = c\,\frac{\partial\mathfrak{E}_x}{\partial\varrho}.$$

Setzen wir:

$$\mathfrak{E}_x = f(\varrho)\cdot e^{\iota\nu t},$$

so folgt:

$$\mathfrak{H}_a = -\frac{\iota c}{\nu\mu_0}\,\frac{\partial f}{\partial\varrho}\,e^{\iota\nu t}$$

und

$$\frac{\partial^2 f}{\partial\varrho^2} + \frac{1}{\varrho}\,\frac{\partial f}{\partial\varrho} + \frac{\nu^2}{a_0^2}\,f = 0.$$

Also ist, wenn wir mit J_0 wieder die Besselsche Funktion bezeichnen:

$$f(\varrho) = J_0\left(\frac{\nu\varrho}{a_0}\right) = 1 - \frac{1}{4}\left(\frac{\nu\varrho}{a_0}\right)^2 + \cdot - \cdots$$

Das elektrische Feld ist demnach von einem elektrostatischen — $\mathfrak{E}_x$ unabhängig von ϱ — nicht merkbar verschieden, wenn für den größten Wert von ϱ noch

$$\frac{1}{4}\left(\frac{\nu\varrho}{a_0}\right)^2 \ll 1$$

ist. Das also ist oben vorausgesetzt. (Für die zuletzt angenommene hohe Frequenz

$$\nu = 3\pi\cdot\frac{10^8}{\sec}$$

und einen Plattenradius von 5 cm erreicht das Zusatzglied einen höchsten Wert 1/160.) — Wir können schließen, daß bei einem Kondensator von beliebiger Form mit der elektrostatischen Kapazität gerechnet werden darf, wenn die vorstehende Beziehung für die größten Ausmaße seiner Oberflächen erfüllt ist. Über die Zuführungen von den Enden der parallelen Drähte zum Kondensator ist dasselbe zu bemerken, wie oben bei der „Brücke".]

Wir richten unsere Aufmerksamkeit noch einmal auf die Richtung, die das elektrische Feld im Isolator an der Oberfläche eines metallischen Leiters besitzt. Die Rechnung wurde durchgeführt für einen eben begrenzten, unendlich ausgedehnten Isolator und für eine unendlich ausgedehnte planparallele Platte. Das Verhältnis der tangentialen zur normalen Komponente ergab sich im ersten Fall (siehe S. 252)

$$\approx \sqrt{\frac{\nu \varepsilon_0}{\sigma} \cdot \frac{\mu}{\mu_0}},$$

im zweiten Fall (siehe S. 255)

$$\sqrt{\frac{\nu \varepsilon_0}{\sigma} \cdot \frac{\mu}{\mu_0}}.$$

Es steigt also wohl mit der Frequenz, bleibt aber selbst für die Frequenzen Hertzscher Schwingungen eine sehr kleine Zahl. Man hat daher vielfach den vollkommenen Leiter in die Theorie eingeführt. dem man ein unendlich großes σ zuschreibt, und für den dann die Tangentialkomponente in Strenge Null ist. Der Raum, den der Leiter erfüllt, scheidet damit für die Berechnung des äußeren Feldes aus, und es entsteht folgende Aufgabe: Innerhalb eines homogenen Isolators ist eine geschlossene Fläche S gegeben (die Oberfläche des Leiters); es werden Lösungen der Maxwellschen Gleichungen gesucht, für welche $\mathfrak{E}_S = 0$ ist. Setzt man die Feldgrößen $\sim e^{\nu t}$ an, so ist (wie soeben) ν eine zu bestimmende Größe. Findet sie sich in der Form $\nu = \beta + \iota \varkappa$, so ist β die Frequenz und $\dfrac{2\pi\varkappa}{\beta}$ das logarithmische Dekrement der Eigenschwingungen für diese Gestalt des Isolators. Die Aufgabe ist für einige Formen der Grenzfläche gelöst; die Literatur findet sich in der Enzyklopädie der mathematischen Wissenschaften V. 18 (Verfasser M. Abraham). Ist der Isolator durch S eingeschlossen, so müssen die Schwingungen notwendig ungedämpft sein; denn es geht Energie weder in seinem Innern, noch nach Voraussetzung durch seine Oberfläche verloren. Der wichtigere Fall ist der eines die Fläche S umgebenden, ins Unendliche sich erstreckenden Isolators. Hier geht Energie durch Strahlung in den Raum hinaus, und die Schwingungen sind daher gedämpft. Für ein sehr gestrecktes Rotationsellipsoid — und damit praktisch für einen sehr gestreckten Stab — hat Abraham die Aufgabe gelöst[1]). Die Ergebnisse der strengen Behandlung

---

[1]) Wiedemanns Ann. Bd. 66. 1898.

sind in guter Übereinstimmung mit den Folgerungen aus folgendem einfachem Ansatz[1]): „Die möglichen Schwingungen bestehen in einer unendlichen Zahl gedämpfter harmonischer Teilschwingungen, die alle an den Stabenden Knotenstellen des magnetischen Feldes besitzen. Die Frequenz β_1 der Grundschwingung ergibt sich daraus, daß die Wellenlänge

$$\lambda_1 = \frac{2\pi a_0}{\beta_1}$$

gleich der doppelten Stablänge ist. Für jede Teilschwingung läßt sich die magnetische Energie berechnen als diejenige einer stationären Oberflächenströmung, die mit der mittleren effektiven Stromstärke gleichmäßig über die ganze Stablänge verteilt ist. Die elektrische Energie ist gleich der magnetischen." — Dieser Ansatz aber ergibt mit Benutzung des Poyntingschen Satzes: Für die Wellenzone — d. h. für Entfernungen, die groß gegen die doppelte Stablänge, und somit gegen alle Wellenlängen λ_n sind — hat das Feld der Grundschwingung ganz die Form, die wir für ein einfaches Stromelement kennen gelernt haben [s. (43a)]; es ist Null in der Stabachse und hat seine Maximalwerte in der Äquatorebene. Für die ungeradzahligen Teilschwingungen — und nur diese kommen unter den tatsächlichen Anfangsbedingungen in Betracht — schieben sich zwischen Pol und Äquatorebene weitere Knotenflächen in wachsender Zahl ein. Die verhältnismäßige Ausstrahlung der Energie während einer Schwingung hängt nur ab von dem Achsenverhältnis des Ellipsoids oder dem Verhältnis Stabradius/Stablänge. Sie nimmt mit diesem unbegrenzt ab; aber selbst wenn dieses Verhältnis nur $\frac{1}{2 \cdot 10^5}$ beträgt, sinken die Feldamplituden der Grundschwingung bereits nach 5 Schwingungen auf $\frac{1}{e}$ ihres Wertes[2]).

§ 7. Theorie und Erfahrung.

In diesem Kapitel sind wir nicht von Erfahrungstatsachen ausgegangen, sondern haben theoretische Ansätze an die Spitze

---

[1]) Abraham: Physikalische Zeitschrift Bd. 2, 1901.

[2]) In den §§ 5 und 6 sind nur die physikalisch wichtigsten Fälle der unbegrenzt fortschreitenden und der stehenden Welle behandelt; das Medium zwischen den guten Leitern ist als vollkommen isolierend vorausgesetzt. Das sind nur Grenzfälle gegenüber den Anordnungen, die für die Technik wichtig sind.

gestellt. Das entspricht dem geschichtlichen Verlauf: der Inhalt
der Maxwellschen Gleichungen wurde — soweit er über das in
Kap. I bis III Dargestellte hinausgeht — erst ein Vierteljahrhundert nach ihrer Aufstellung experimentell bestätigt. Dies
geschah grundlegend durch die Arbeiten von Heinrich Hertz 1887
bis 1888[1]). Was er und seine Nachfolger gefunden haben, soll
jetzt in kurzer Übersicht berichtet werden.

Die Grundtatsache ist: das elektromagnetische Feld breitet
sich im freien Luftraum mit endlicher Geschwindigkeit aus. Der
Satz lautet für Felder, die sinusförmige Funktionen der Zeit sind:
die Phasen breiten sich mit endlicher Geschwindigkeit aus. Er
wurde bewiesen, wie der gleiche Satz für einfach-harmonische
akustische Schwingungen bewiesen wird: durch den Nachweis
sei es stehender Wellen, sei es der Interferenz fortschreitender
Wellen. Jede der beiden Methoden liefert zugleich die Wellenlänge für die betreffende Schwingung. (In der Akustik: Methode
der Kundtschen Staubfiguren bzw. Quinckesche Interferrenzmethode.) — Es zeigte sich ferner, daß bei ebenen Wellen sowohl
elektrische wie magnetische Feldstärke in der Wellenebene liegen;
m. a. W.: daß es sich bezüglich beider Feldstärken um transversale Wellen handelt. Es entsteht nämlich ein oszillierender
Strom sowohl in einem leitenden Stab, der in passender Richtung in der Wellenebene liegt, wie in einer kleinen Schleife, die
in passender Ebene normal zur Wellenebene liegt. — Es wurde
ferner gezeigt, daß Metalle für schnelle Schwingungen schon in
dünnsten Schichten undurchlässig sind, und daß sie die Wellen
sehr vollkommen reflektieren. Bei Isolatoren wurden die Erscheinungen der Reflexion und Brechung nachgewiesen.

In quantitativer Beziehung ist das Hauptergebnis: in der
Luft breiten sich die Wellen, wie die Theorie es fordert, mit der
Geschwindigkeit

$$V = \frac{c}{\sqrt{\varepsilon_0 \mu_0}}$$

aus. Wie man den Wert

$$\frac{c}{\sqrt{\varepsilon_0 \mu_0}} = a_0$$

[1]) Zusammengestellt in den „Untersuchungen über die Ausbreitung der
elektrischen Kraft". Ges. Werke Bd. 2.

erhält, ist in Kap. III, § 5 B dargelegt. Die Methoden, nach denen er bestimmt wurde, haben mit der Ausbreitung des Feldes nicht das mindeste zu schaffen. V aber wurde folgendermaßen in zwei Schritten festgelegt: Erstens wurde eine Welle von gemessener hoher Frequenz ν an zwei parallelen Drähten fort- und zurückgeleitet, und an ihnen der Knotenabstand $\frac{\lambda}{2}$ gemessen. Dann folgt die Fortpflanzungsgeschwindigkeit

$$= \frac{\nu}{2\pi}\lambda.$$

Sie wurde $= a_0$ gefunden. Zweitens wurde nachgewiesen, daß — wie die Theorie es voraussieht — die Wellen sich mit derselben Geschwindigkeit im freien Luftraum und entlang den Drähten fortpflanzen.

Es wurde ferner für eine Reihe isolierender oder schwach leitender Flüssigkeiten mit der Methode der Paralleldrähte gezeigt, daß die Knotenabstände ein und desselben Wellenzuges in Luft und Flüssigkeit sich verhalten, wie $\sqrt{\varepsilon}$ zu $\sqrt{\varepsilon_0}$. Also ist auch

$$\frac{V_0}{V} = \sqrt{\frac{\varepsilon}{\varepsilon_0}},$$

wie es die Theorie bei gleichen μ-Werten fordert. Für hohe Frequenzen ist aber bei manchen Flüssigkeiten die Gleichung nicht erfüllt (s. unten).

Das Bisherige betrifft Schwingungen, die mit elektrischen Hilfsmitteln erzeugt und Messungen, die mit elektrischen Hilfsmitteln ausgeführt sind. Die Bedeutung der Maxwellschen Theorie und der Hertzschen Versuche aber liegt vor allem darin, daß sie die Brücke schlagen zu einem andern Gebiet der Physik: was für die Ausbreitung periodischer elektromagnetischer Störungen Maxwells Theorie forderte und Hertz' Versuche nachwiesen, das sind zugleich die Gesetze, nach denen das Licht sich ausbreitet. Es entspricht der Isolator dem durchsichtigen Körper, — der Leiter dem Licht absorbierenden Körper, — die Ebene durch Wellennormale und magnetische Feldstärke der Polarisationsebene.

Die Übereinstimmung der Maxwellschen Theorie und der optischen Erfahrung umfaßt folgende Punkte: Für durchsichtige

Körper das allgemeinste Gesetz der Lichtausbreitung, welches auch die Beugungserscheinungen einschließt: das Huygenssche Prinzip. — Für sinusförmige ebene Wellen in beliebigen isotropen homogenen Körpern: Ausbreitung mit konstanter Geschwindigkeit (ohne bzw. mit Abnahme der Amplituden), — Transversalität des periodischen Vektors. — An der Grenze zweier solcher Körper: Gleichheit des Einfalls- und Reflexionswinkels, — konstantes Sinus-Verhältnis des Einfalls- und Brechungswinkels im Fall zweier durchsichtiger Körper, — Abhängigkeit der Amplitude und Phase der reflektierten Welle vom Einfallswinkel und Polarisationszustand der auffallenden Welle, sowohl im Fall der partiellen wie der totalen Reflexion. — Sie umfaßt ferner, wie wir vorweg bemerken wollen (s. den folgenden Paragraphen), auch die Gesetze der Doppelbrechung in Kristallen. — Endlich: in dem einzigen Medium, in welchem von einer bestimmten Fortpflanzungsgeschwindigkeit des Lichts gesprochen werden kann, im Vakuum, ist diese Geschwindigkeit identisch mit der Geschwindigkeit elektromagnetischer Wellen.

Hieraus hat Maxwell bereits im Jahre 1864 den Schluß gezogen: Die Ausbreitung des Lichts ist eine elektromagnetische Erscheinung[1]).

Um die Bedeutung der Maxwellschen Theorie für die Optik klarzustellen, sei daran erinnert, wie man vor ihr die optischen Erscheinungen deutete. Die Lichtausbreitung wurde aufgefaßt als Ausbreitung elastischer Gleichgewichtsstörungen in einem Medium, das alle Materie durchdringen und auch im leeren Raum vorhanden sein sollte, dem Äther. Diese elastische Lichttheorie hat eine geschlossene Darstellung in den Vorlesungen über mathematische Optik von G. Kirchhoff gefunden. Sie wurden zuletzt im Jahr 1883 gehalten. Wir dürfen sie als Maßstab für die Leistungsfähigkeit der elastischen Theorie betrachten. Für das folgende beziehen wir uns insbesondere auf die 8. Vorlesung. und ferner auf Helmholtz, Vorlesungen über theoretische Physik, Bd. II, § 27—31. Vorausgesetzt werden vollkommen durchsichtige Körper. Der Äther in ihnen wird als

---

[1]) A dynamical theory of the electromagnetic field, Transact. of the Roy. Soc. of London Bd. 155. 1865.

vollkommen elastischer Körper vorgestellt. Seine Dichte
sei ϱ, seine Verschiebung $\mathfrak{u}$. Seine Energie besteht dann aus
der kinetischen und der potentiellen Energie. Auf die Volumeinheit berechnet, ist die erste

$$\frac{1}{2}\varrho\left(\frac{\partial \mathfrak{u}}{\partial t}\right)^2 ; \tag{a}$$

die zweite (φ) wird als homogene quadratische Funktion der
Deformationskomponenten angenommen. Die Deformation
ist bestimmt durch die 6 Größen:

$$\frac{\partial \mathfrak{u}_x}{\partial x}, \quad \frac{\partial \mathfrak{u}_y}{\partial y}, \quad \frac{\partial \mathfrak{u}_z}{\partial z}, \quad \frac{\partial \mathfrak{u}_z}{\partial y}+\frac{\partial \mathfrak{u}_y}{\partial z}, \quad \frac{\partial \mathfrak{u}_x}{\partial z}+\frac{\partial \mathfrak{u}_z}{\partial x}, \quad \frac{\partial \mathfrak{u}_y}{\partial x}+\frac{\partial \mathfrak{u}_x}{\partial y}.$$

Damit das Gleichgewicht beim Fehlen äußerer Kräfte stabil sei,
muß φ eine positive quadratische Funktion dieser 6 Größen
sein. Für isotrope Körper folgt aus Symmetriegründen, daß
sie dieselben nur in 2 Verbindungen enthalten kann, und sich
in der Form

$$\varphi = \frac{H}{2}\left(\frac{\partial \mathfrak{u}_x}{\partial x}+\frac{\partial \mathfrak{u}_y}{\partial y}+\frac{\partial \mathfrak{u}_z}{\partial z}\right)^2$$

$$+\frac{K}{3}\left\{\left(\frac{\partial \mathfrak{u}_y}{\partial y}-\frac{\partial \mathfrak{u}_z}{\partial z}\right)^2+\cdot+\cdot+\frac{3}{2}\left(\left(\frac{\partial \mathfrak{u}_z}{\partial y}+\frac{\partial \mathfrak{u}_y}{\partial z}\right)^2+\cdot+\cdot\right)\right\} \tag{b}$$

schreiben läßt, wo dann der Volummodul H und der Formmodul K positive Konstanten sein müssen. — Die bei den Verschiebungen $\mathfrak{u}$ geleistete Arbeit drückt sich aus als:

$$A = -\delta \int \varphi \cdot d\tau. \tag{c}$$

Andererseits läßt sie sich [vgl. Kap. I (41)] in der Form:

$$A = -\int d\tau\left\{p_x^x\cdot\delta\left(\frac{\partial \mathfrak{u}_x}{\partial x}\right)+\cdot+\cdot+p_y^z\cdot\delta\left(\frac{\partial \mathfrak{u}_z}{\partial y}+\frac{\partial \mathfrak{u}_y}{\partial z}\right)+\cdot+\cdot\right\} \tag{d}$$

darstellen, wenn die p_k^i die Spannungen bezeichnen. Aus der
Vergleichung von (c), (b) mit (d) können die p_k^i abgelesen werden.
Als Bewegungsgleichungen ergeben sich dann:

$$\varrho\,\frac{\partial^2 \mathfrak{u}_x}{\partial t^2} = \mathfrak{f}_x = \frac{\partial p_x^x}{\partial x}+\frac{\partial p_x^y}{\partial y}+\frac{\partial p_x^z}{\partial z}, \quad \text{usw.}$$

In diese Gleichungen führen wir noch ein:

$$a^2 = \frac{K}{\varrho}, \qquad b^2 = \frac{H+\frac{4}{3}K}{\varrho}. \tag{e}$$

Dann lauten sie:

$$\frac{\partial^2 \mathfrak{u}}{\partial t^2} = (b^2 - a^2)\, \nabla \operatorname{div} \mathfrak{u} + a^2 \,\Delta \mathfrak{u}. \tag{f}$$

Wir fragen nach den möglichen ebenen Wellen. Setzen wir

$$\frac{\partial}{\partial y} = \frac{\partial}{\partial z} = 0\,,$$

so ergibt (f):

$$\frac{\partial^2 \mathfrak{u}_x}{\partial t^2} = b^2 \frac{\partial^2 \mathfrak{u}_x}{\partial x^2}\,, \quad \frac{\partial^2 \mathfrak{u}_y}{\partial t^2} = a^2 \frac{\partial^2 \mathfrak{u}_y}{\partial x^2}\,, \quad \frac{\partial^2 \mathfrak{u}_z}{\partial t^2} = a^2 \frac{\partial^2 \mathfrak{u}_z}{\partial x^2}\,.$$

D. h. es gibt longitudinale Wellen, die sich mit der Geschwindigkeit b, und transversale, die sich mit der Geschwindigkeit a fortpflanzen. Nun hängt in φ der Faktor von H nur von der Volumänderung, nicht von der Formänderung (Scherung) ab, der Faktor von K dagegen nur von den Scherungen, nicht von der Volumänderung. In Flüssigkeiten, die bloßen Formänderungen ohne Volumänderung keinen Widerstand entgegensetzen, ist also K notwendig $= 0$, und somit auch a. Es gibt daher in ihnen keine Transversalwellen. Da das Licht sich aber in Transversalwellen ausbreitet, so müssen dem Äther notwendig die Eigenschaften eines festen elastischen Körpers beigelegt werden.

Das Licht breitet sich aber auch ausschließlich in Transversalwellen aus. Dies darauf zurückzuführen, daß $b^2 = 0$ ist, geht nicht an; denn dann wäre H negativ. Es bleibt nur die Möglichkeit, ohne Begründung anzunehmen, daß $\operatorname{div} \mathfrak{u} = 0$ ist.

Dadurch entsteht aus (f):

$$\frac{\partial^2 \mathfrak{u}}{\partial t^2} = a^2 \Delta \mathfrak{u} = - a^2 \cdot \operatorname{rot} \operatorname{rot} \mathfrak{u}\,.$$

Führt man hier die Geschwindigkeit

$$\mathfrak{w} = \frac{\partial \mathfrak{u}}{\partial t}$$

ein, so kann man schreiben:

$$\frac{\partial \mathfrak{w}}{\partial t} = - a^2 \cdot \operatorname{rot} \mathfrak{P}\,, \quad \frac{\partial \mathfrak{P}}{\partial t} = \operatorname{rot} \mathfrak{w}\,, \quad a^2 = \frac{K}{\varrho}\,. \tag{g}$$

Diese Gleichungen werden mit den Maxwellschen Grundgleichungen identisch und stellen somit die Tatsachen richtig dar, wenn man setzt:

$$\frac{K}{\varrho} = \frac{c^2}{\varepsilon\,\mu}\,,\ \text{und}\ \mathfrak{w}\ \text{entweder mit}\ \mathfrak{H}\ \text{oder mit}\ \mathfrak{E}\ \text{parallel, d. h.} \atop \text{entweder in der Polarisationsebene oder normal zu ihr} \right\} \quad \text{(h)}$$

annimmt.

Soweit die Ausbreitung im homogenen Medium. Betrachten wir jetzt Reflexion und Brechung. Die Elastizitätstheorie verlangt an der Grenzfläche ($x = 0$) 1. Stetigkeit der Verschiebungen $\mathfrak{u}_x$, $\mathfrak{u}_y$, $\mathfrak{u}_z$ (kein Zerreißen), — 2. Stetigkeit der Spannungen p_x^x, p_y^x, p_z^x (keine endlichen Kräfte auf eine unendlich dünne Schicht). Das sind zusammen 6 Bedingungen, denen — weil wir longitudinale Wellen ausschließen — nur 4 verfügbare Konstanten gegenüber stehen, [die R_p, R_s, D_p, D_s unserer Gleichungen]. Die Grenzbedingungen werden miteinander verträglich und führen auf unsre, von der Erfahrung bestätigten Gleichungen (54), wenn wir die Forderung 2. dahin ermäßigen, daß die Differenz der p_k^x zu beiden Seiten, d. h. die auf die Grenzschicht wirkende Kraft, bei den Verschiebungen $\mathfrak{u}$ keine Arbeit leistet, — und ferner die in (h) offen gebliebene Frage so beantworten: es muß notwendig entweder ϱ oder K für alle (durchsichtigen) Körper gleich sein; trifft das erste zu, so liegt $\mathfrak{w}$ in der Polarisationsebene, trifft das zweite zu, so liegt es normal zu ihr. Die Kristalloptik entscheidet eindeutig für die erste Möglichkeit (s. den folgenden Paragraphen).

Zu den mannigfaltigen Verlegenheiten der elastischen Lichttheorie, die im vorstehenden offenbar werden, tritt eine Unbestimmtheit: im Vakuum — hier dem reinen Äther — hängt die Lichtgeschwindigkeit von zwei Konstanten, der Dichte ϱ und dem Formmodul K, ab, über die keine sonstige Erfahrung etwas aussagt, — während die Konstanten der elektromagnetischen Theorie bekannte Größen sind.

Für die Lichtgeschwindigkeit in wägbaren Körpern trifft das gleiche zu. Hier aber haben beide Theorien eine gemeinsame Unvollkommenheit. Beide verlangen für nichtleitende (vollkommen durchsichtige) Körper eine konstante, von der Frequenz unabhängige, Ausbreitungsgeschwindigkeit. Das entspricht bekanntlich nicht der Erfahrung. Ebensowenig ist bei Leitern der in der elektromagnetischen Theorie durch zwei Konstanten bestimmte Gang von Ausbreitungsgeschwindigkeit und Absorption tatsächlich vorhanden. Vielmehr besteht Absorption für alle Körper und beide Größen hängen von der Frequenz in einer Weise ab, die durch kein gemeinsames Gesetz geregelt ist. Schon die elastische Theorie suchte dieser Schwierigkeit dadurch zu begegnen, daß sie jeder Substanz eine oder mehrere ihr eigentümliche Frequenzen zuschrieb, die durch die auftreffende Welle angeregt werden und auf sie zurückwirken. Da aber ein unbegrenztes Kontinuum keine Eigenfrequenzen besitzen kann, so mußte der Substanz notwendig eine Struktur zugeschrieben werden. Was so als Aushilfe für die elastische Theorie gedient hatte, ließ sich auf die elektromagnetische Theorie übertragen. Hier liegen die Keime für eine atomistische Theorie der Lichtausbreitung. Von ihr wird im folgenden Kapitel (in § 2) die Rede sein.

An dieser Stelle soll nur noch kurz angegeben werden, in welchen Frequenzbereichen die Grenzen für die Gültigkeit der Maxwellschen Gleichungen liegen. Zunächst: von den Lichtwellen, deren Frequenzen bis zu etwa

$$\nu = \pi \cdot 7 \cdot 10^{14} \, \frac{1}{\text{sec}}$$

hinabgehen, scheiden sich die mit elektrischen Hilfsmitteln hergestellten und untersuchten Schwingungen, deren Frequenzen unterhalb etwa

$$\nu = \pi \cdot 10^{11} \, \frac{1}{\text{sec}}$$

liegen. Für die Untersuchung des Zwischengebiets haben wesentlich Wärmewirkungen gedient. Daß diese Wärmestrahlen vollkommen wesensgleich mit Lichtstrahlen sind, daß die Lichtstrahlen nur durch die Wirkung auf das menschliche Auge unter ihnen hervortreten, ist seit lange bekannt. Wir wollen, um eine kurze Bezeichnung zu haben, hier nach dem äußerlichen Kennzeichen der Untersuchungsmittel elektromagnetische Strahlung und Wärmestrahlung unterscheiden. Dann kann man sagen: Bei einigen Substanzen versagen die Maxwellschen Gleichungen schon im Gebiet der elektromagnetischen Strahlung; so bei Äthylalkohol für

$$\frac{\nu}{\pi} > 10^{10} \, \frac{1}{\text{sec}}.$$

Für andere Substanzen reicht ihre Gültigkeit bis in das Gebiet der Wärmestrahlung hinein; so für Quarz bis

$$\frac{\nu}{\pi} = 10^{12}\,\frac{1}{\text{sec}}\,.$$

Am weitesten sind die Grenzen bei Metallen gesteckt; sie liegen hier (mit $\varepsilon \approx 0$, s. § 1) bei etwa

$$\frac{\nu}{\pi} = 6\cdot 10^{13}\,\frac{1}{\text{sec}}\,;$$

für diese und kleinere Wechselzahlen bleiben die Differenzen zwischen Theorie und Beobachtung im Mittel innerhalb $10^0/_0$[1]).

$$\left(\text{Für die gelbe Natrium-Linie ist } \frac{\nu}{\pi} = 10^{15}\,\frac{1}{\text{sec}}\,.\right)$$

§ 8. Anisotrope Körper.

Alles bisherige gilt unter der einschränkenden Voraussetzung, daß die Körper isotrop seien. Um die anisotropen Körper einzubeziehen, bedarf es nur einer Änderung in den Maxwellschen Grundgleichungen. Die Wechselbeziehungen (1) und (2) zwischen den elektrischen und den magnetischen Vektoren bleiben bestehen, ebenso der Wert der Energie in (3). Nur die Beziehungen (4) ändern sich. Sie bleiben — unter der Voraussetzung, daß keine Eisenkörper vorhanden sind — auch jetzt noch linear-homogen, aber die zusammengehörigen Vektoren sind nicht mehr parallel. Wir wollen nur Nichtleiter behandeln; dann ist in (1): $\mathfrak{J} = 0$ zu setzen, und an Stelle von (4) tritt:

$$\left.\begin{aligned}
\mathfrak{D}_x &= \varepsilon_{11}\mathfrak{E}_x + \varepsilon_{12}\mathfrak{E}_y + \varepsilon_{13}\mathfrak{E}_z, &\quad \mathfrak{B}_x &= \mu_{11}\mathfrak{H}_x + \mu_{12}\mathfrak{H}_y + \mu_{13}\mathfrak{H}_z,\\
\mathfrak{D}_y &= \varepsilon_{21}\mathfrak{E}_x + \varepsilon_{22}\mathfrak{E}_y + \varepsilon_{23}\mathfrak{E}_z, &\quad \mathfrak{B}_y &= \mu_{21}\mathfrak{H}_x + \mu_{22}\mathfrak{H}_y + \mu_{23}\mathfrak{H}_z,\\
\mathfrak{D}_z &= \varepsilon_{31}\mathfrak{E}_x + \varepsilon_{32}\mathfrak{E}_y + \varepsilon_{33}\mathfrak{E}_z, &\quad \mathfrak{B}_z &= \mu_{31}\mathfrak{H}_x + \mu_{32}\mathfrak{H}_y + \mu_{33}\mathfrak{H}_z,
\end{aligned}\right\}(4\,\text{a})$$

wo die ε_{ik} und μ_{ik} solche Werte haben, daß

$$w_e = \int \mathfrak{E}\cdot d\mathfrak{D} = \frac{1}{2}\,\mathfrak{E}\mathfrak{D} \quad \text{und} \quad w_m = \int \mathfrak{H}\cdot d\mathfrak{B} = \frac{1}{2}\,\mathfrak{H}\mathfrak{B} \quad (4\,\text{b})$$

positiv sind für beliebige Werte der $\mathfrak{E}_x\mathfrak{E}_y\mathfrak{E}_z$, $\mathfrak{H}_x\mathfrak{H}_y\mathfrak{H}_z$. Das Bestehen der Gleichungen (4 b) bedingt, daß

$$\varepsilon_{ik} = \varepsilon_{ki}, \qquad\qquad \mu_{ik} = \mu_{ki}$$

---

[1]) Hagen und Rubens: Ann. d. Physik IV, Bd. 11, 1903. Prüfung der Gleichung (58 a).

ist. Die Forderung, daß w_e und w_m positiv sein sollen, hat zur Folge, daß $\mathfrak{E}\mathfrak{D}$ und ebenso $\mathfrak{H}\mathfrak{B}$ durch Koordinatentransformation in eine Summe von 3 Quadraten verwandelt werden kann, daß also für gewisse Richtungen $x'\,y'\,z'$

$$\mathfrak{D}_{x'} = \varepsilon_1 \mathfrak{E}_{x'}, \quad \mathfrak{D}_{y'} = \varepsilon_2 \mathfrak{E}_{y'}, \quad \mathfrak{D}_{z'} = \varepsilon_3 \mathfrak{E}_{z'}, \left.\begin{matrix} \\ \\ \\ \end{matrix}\right\}$$

und für gewisse Richtungen $x''\,y''\,z''$ $\qquad\qquad\qquad$ (4c)

$$\mathfrak{B}_{x''} = \mu_1 \mathfrak{H}_{x''}, \quad \mathfrak{B}_{y''} = \mu_2 \mathfrak{H}_{y''}, \quad \mathfrak{B}_{z''} = \mu_3 \mathfrak{H}_{z''}$$

wird, wo $\varepsilon_1 \varepsilon_2 \varepsilon_3$ und $\mu_1 \mu_2 \mu_3$ positive Größen bezeichnen. In einem homogenen anisotropen Körper, einem Kristall, sind die ε_{ik} und μ_{ik} nicht vom Ort abhängig; dasselbe gilt also für die $\varepsilon_1 \ldots \mu_1 \ldots$ und für die Richtungen $x' \ldots,\ x'' \ldots$

Aus dem Ansatz (1), (2), (3), (4a, b, c) wollen wir Folgerungen nach zwei Richtungen ziehen. Zunächst bezüglich der stationären Felder in elektrisch nicht geladenen Kristallen, wobei wir außerhalb des Kristalls eine beliebige elektrische Verteilung ϱ, e, beliebige Strömung $\mathfrak{J}$ und auch permanente Magnetisierung $\mathfrak{M}$ zulassen. Es folgt genau wie in Kap. I und II, daß das elektrische Feld durch die ϱ, e, das magnetische durch die $\mathfrak{J}$ und $\mathfrak{M}$ eindeutig bestimmt ist. Es folgt ferner wieder:

$$\mathfrak{E} = -\nabla \varphi,$$

und damit:

$$W_e = \int \frac{1}{2}\, \varphi \cdot \operatorname{div} \mathfrak{D} \cdot d\tau.$$

Man bringe nun in ein gegebenes Feld

$$\mathfrak{E}_0\,(\mathfrak{D}_0 \varphi_0 \varrho_0 W_{e0})$$

an Stelle von Luft (ε_0) einen (ungeladenen) Kristall $(\varepsilon_1\,\varepsilon_2\,\varepsilon_3)$. Es entsteht dann ein neues Feld

$$\mathfrak{E}\,(\mathfrak{D} \varphi \varrho\, W_e); \quad \text{wo} \quad \operatorname{div} \mathfrak{D} = \varrho = \varrho_0 = \operatorname{div} \mathfrak{D}_0$$

ist. Aus

$$W_{e0} = \int \frac{1}{2}\, \varphi_0 \varrho_0 \cdot d\tau = \int \frac{1}{2}\, \mathfrak{E}_0 \mathfrak{D} \cdot d\tau$$

wird also:

$$W_e = \int \frac{1}{2}\, \varphi \varrho \cdot d\tau = \int \frac{1}{2}\, \mathfrak{E} \mathfrak{D}_0 \cdot d\tau.$$

Bei einer Verschiebung des Kristalls wird die Arbeit

$$A = -\delta W_e = -\delta\,(W_e - W_{e0}) = \delta \int \frac{1}{2}\, (\mathfrak{E}_0 \mathfrak{D} - \mathfrak{E} \mathfrak{D}_0)\, d\tau$$

geleistet.

Durch Einführung der elektrischen Symmetrieachsen $x' y' z'$ wird dies:

$$A = \delta \int \frac{1}{2} \left\{ (\varepsilon_1 - \varepsilon_0) \, \mathfrak{E}_{x'} \mathfrak{E}_{0\,x'} + (\varepsilon_2 - \varepsilon_0) \, \mathfrak{E}_{y'} \mathfrak{E}_{0\,y'} + (\varepsilon_3 - \varepsilon_0) \, \mathfrak{E}_{z'} \mathfrak{E}_{0\,z'} \right\} d\tau \quad (89)$$

[vgl. Kap. I, (43)]. Der Kristall habe Kugelform und werde in das gleichförmige, zu x' parallele Feld $\mathfrak{E}_{0\,x'}$, gebracht. Dann ergibt sich genau wie in Kap. I (26), daß das Feld in der Kugel

$$\mathfrak{E}_{x'} = \frac{3\,\varepsilon_0}{\varepsilon_1 + 2\,\varepsilon_0} \, \mathfrak{E}_{0\,x'}, \quad \mathfrak{E}_{y'} = 0, \quad \mathfrak{E}_{z'} = 0, \qquad (90\,\mathrm{a})$$

wird. Ebenso entsteht aus $\mathfrak{E}_{0\,y'}$:

$$\mathfrak{E}_{y'} = \frac{3\,\varepsilon_0}{\varepsilon_2 + 2\,\varepsilon_0} \, \mathfrak{E}_{0\,y'}, \quad \mathfrak{E}_{z'} = 0, \quad \mathfrak{E}_{x'} = 0, \qquad (90\,\mathrm{b})$$

und aus $\mathfrak{E}_{0\,z'}$:

$$\mathfrak{E}_{z'} = \frac{3\,\varepsilon_0}{\varepsilon_3 + 2\,\varepsilon_0} \, \mathfrak{E}_{0\,z'}, \quad \mathfrak{E}_{x'} = 0, \quad \mathfrak{E}_{y'} = 0. \qquad (90\,\mathrm{c})$$

Wird die Kristallkugel in ein gleichförmiges Feld $\mathfrak{E}_0$ mit den **Komponenten** $\mathfrak{E}_{0x'}$, $\mathfrak{E}_{0y'}$, $\mathfrak{E}_{0z'}$ gebracht, so entsteht ein Feld $\mathfrak{E}$, das der Überlagerung von (90a, b, c) entspricht.

Aus unsern Gleichungen ergeben sich zwei Messungsverfahren. Wie in Kap. I § 4 C schließen wir: ist das Feld $\mathfrak{E}_0$ nicht in Strenge gleichförmig, so wirkt auf die Kugel in der ersten Lage eine Kraft

$$\mathfrak{F}_x = \frac{3\,\varepsilon_0}{2} \frac{\varepsilon_1 - \varepsilon_0}{\varepsilon_1 + 2\,\varepsilon_0} \tau \frac{\partial \mathfrak{E}_0^2}{\partial x}. \qquad (91)$$

Beobachtet man dann noch die Kraft, die eine **leitende** Kugel im gleichen Felde $\mathfrak{E}_0$ erfährt, so erhält man

$$\frac{\varepsilon_1}{\varepsilon_0}$$

[s. Kap. I (45)]. Entsprechend

$$\frac{\varepsilon_2}{\varepsilon_0} \quad \text{und} \quad \frac{\varepsilon_3}{\varepsilon_0}.$$

Auf diesem Wege hat **Boltzmann**[1]) die drei Hauptdielektrizitätskonstanten des Schwefels bestimmt zu $3{,}8$; $4{,}0$; $4{,}8 \cdot \varepsilon_0$.

Bringt man ferner die Kugel in ein gleichförmiges horizontales Feld H, so daß sie sich um ihre vertikale z'-Achse drehen kann, und bildet in einer bestimmten Lage die x'-Achse mit der Richtung von H den Winkel ϑ; dann ist nach (89) und (90a, b) das Dreh-

---

[1]) Wiener Berichte (2), Bd. 70. 1874.

moment zu wachsenden ϑ:

$$
\left.
\begin{aligned}
\Theta &= \frac{\partial}{\partial \vartheta}\left\{ \frac{3}{2}\,\varepsilon_0 \left[\frac{\varepsilon_1 - \varepsilon_0}{\varepsilon_1 + 2\,\varepsilon_0}\cos^2\vartheta + \frac{\varepsilon_2 - \varepsilon_0}{\varepsilon_2 + 2\,\varepsilon_0}\sin^2\vartheta \right] H^2\tau \right\} \\[2mm]
&= \frac{9\,\varepsilon_0^2}{2}\,\frac{\varepsilon_2 - \varepsilon_1}{(\varepsilon_1 + 2\,\varepsilon_0)\,(\varepsilon_2 + 2\,\varepsilon_0)}\,H^2\tau\cdot\sin 2\vartheta
\end{aligned}
\right\} \quad (92)
$$

Unter übrigens gleichen Bedingungen erhält man in einem **magnetischen Feld** H das Drehmoment:

$$
\Theta = \frac{9\,\mu_0^2}{2}\,\frac{\mu_2 - \mu_1}{(\mu_1 + 2\,\mu_0)\,(\mu_2 + 2\,\mu_0)}\,H^2\tau\cdot\sin 2\vartheta. \tag{93}
$$

Da

$$
\frac{\mu_1 - \mu_0}{\mu_0} \quad \text{und} \quad \frac{\mu_2 - \mu_0}{\mu_0}
$$

stets sehr kleine Zahlen sind, so kann man hierfür auch schreiben:

$$
\Theta = (\mu_2 - \mu_1)\,H^2\tau\,\frac{\sin 2\vartheta}{2}. \tag{93a}
$$

$\mu_0 H^2$ kann in absolutem mechanischen Maß bestimmt werden; das Verfahren liefert also den Zahlenwert

$$
\frac{\mu_2 - \mu_1}{\mu_0}.
$$

Stenger[1]) fand ihn für Kalkspat $\approx 10^{-6}$.

Weiter wollen wir die **Ausbreitung ebener Wellen** in einem Kristall untersuchen. Dazu soll zunächst festgestellt werden, was über die Lage der $x'\,..$ und $x''\,..$ ausgesagt werden kann. Nach (3), (4b, c) wird

$$
\left.
\begin{aligned}
W_e &= \int w_e\,d\tau, \quad \text{wo} \quad w_e = \frac{1}{2}\left(\varepsilon_1\,\mathfrak{E}_{x'}^2 + \varepsilon_2\,\mathfrak{E}_{y'}^2 + \varepsilon_3\,\mathfrak{E}_{z'}^2 \right) \\[2mm]
W_m &= \int w_m\,d\tau, \quad \text{wo} \quad w_m = \frac{1}{2}\left(\mu_1\,\mathfrak{H}_{x''}^2 + \mu_2\,\mathfrak{H}_{y''}^2 + \mu_3\,\mathfrak{H}_{z''}^2 \right)
\end{aligned}
\right\} \cdot \quad (3a)
$$

ist. Besitzt nun ein Kristall eine Symmetrieebene σ und ist ν eine Normale von σ, so dürfen sich die Werte von w_e und w_m nicht ändern, wenn ν mit $-\nu$ vertauscht wird; es ist daher ν Achse eines möglichen x'. - und eines möglichen x''..-Systems. Schneiden sich ferner in einer Achse ν mehrere **gleichwertige** Symmetrieebenen unter einem Winkel ϑ, so darf sich der Wert von w_e nicht ändern, wenn der Vektor $\mathfrak{E}$ um ν um den Winkel ϑ gedreht wird; entsprechend für w_m und $\mathfrak{H}$. Wählen wir also

---

[1]) Wiedemanns Ann. Bd. 35. 1888.

v als Achse der x' und x'', so wird $\varepsilon_2 = \varepsilon_3$ und $\mu_2 = \mu_3$. Gibt es endlich **mehrere** Achsen, in deren jeder sich mehrere gleichwertige Symmetrieebenen schneiden, so ist $\varepsilon_1 = \varepsilon_2 = \varepsilon_3$ und $\mu_1 = \mu_2 = \mu_3$.

1. Die Kristalle des asymmetrischen (triklinen) Systems besitzen **keine** kristallographische Symmetrieebene. Sie besitzen gleichwohl drei zueinander normale Symmetrieebenen der elektrischen, und drei der magnetischen Energie. Diese beiden Gruppen haben jedoch keine notwendige Beziehung weder zueinander, noch zur Kristallform.

2. Im monosymmetrischen (monoklinen) System gibt es **eine** kristallographische Symmetrieebene. Die Normale v derselben gehört notwendig dem System der elektrischen, wie der magnetischen Symmetrieachsen an. Sie sei $= x' = x''$, dann sind $y'z'$ und $y''z''$ zu v normale, im übrigen aber willkürliche und voneinander unabhängige Richtungen.

3. Im rhombischen System sind **drei** zueinander normale Symmetrieebenen vorhanden. Mit ihnen fallen notwendig die Ebenen des elektrischen $x'y'z'$- wie des magnetischen $x''y''z''$-Systems zusammen. Die beiden Achsensysteme sind also identisch. Wählen wir sie als xyz-Achsen, so wird

$$\left.\begin{array}{l} \mathfrak{D}_x = \varepsilon_1 \mathfrak{E}_x, \quad \mathfrak{D}_y = \varepsilon_2 \mathfrak{E}_y, \quad \mathfrak{D}_z = \varepsilon_3 \mathfrak{E}_z; \\ \mathfrak{B}_x = \mu_1 \mathfrak{H}_x, \quad \mathfrak{B}_y = \mu_2 \mathfrak{H}_y, \quad \mathfrak{B}_z = \mu_3 \mathfrak{H}_z. \end{array}\right\} \tag{4d}$$

4. und 5. Im tetragonalen und hexagonalen System besteht eine **ausgezeichnete** Symmetrieebene; in deren Normale, der kristallographischen Hauptachse, schneiden sich zwei, bzw. drei unter sich gleichwertige Symmetrieebenen. Wählen wir also die Hauptachse zur x-Achse, so wird

$$\varepsilon_2 = \varepsilon_3, \quad \mu_2 = \mu_3.$$

6. In regulären Kristallen gibt es **drei** zueinander normale und unter sich **gleichwertige** Symmetrieebenen. Also ist

$$\varepsilon_1 = \varepsilon_2 = \varepsilon_3, \quad \mu_1 = \mu_2 = \mu_3.$$

Ein regulärer Kristall verhält sich folglich in elektromagnetischer Beziehung wie ein isotroper Körper.

So für willkürliche Zahlwerte der $\varepsilon_1\,\varepsilon_2\,\varepsilon_3\,\mu_1\,\mu_2\,\mu_3$. Nun sind aber tatsächlich die Unterschiede der μ-Werte so klein, daß man — soweit es sich um die Ausbreitungsform von Wellen handelt —

eine weit über die Meßgenauigkeit hinaus genügende Näherung erhält, wenn man

$$\mu_1 = \mu_2 = \mu_3 \equiv \mu$$

setzt. Tut man das, so gibt es stets drei zugleich elektrische und magnetische Symmetrieebenen, für welche gilt:

$$\left.\begin{aligned}\mathfrak{D}_x &= \varepsilon_1 \mathfrak{E}_x, \quad \mathfrak{D}_y = \varepsilon_2 \mathfrak{E}_y, \quad \mathfrak{D}_z = \varepsilon_3 \mathfrak{E}_z, \\ \mathfrak{B}_x &= \mu \mathfrak{H}_x, \quad \mathfrak{B}_y = \mu \mathfrak{H}_y, \quad \mathfrak{B}_z = \mu \mathfrak{H}_z.\end{aligned}\right\} \tag{4e}$$

Die Kristallsysteme 1, 2 und 3 bilden jetzt elektromagnetisch eine einzige Gruppe, die gegenüber den Systemen 4, 5, und dem System 6 dadurch gekennzeichnet ist, daß $\varepsilon_1 \varepsilon_2 \varepsilon_3$ drei verschiedene Werte haben. Untereinander unterscheiden sie sich nur dadurch, daß keine, — oder eine, — oder drei der Achsen xyz durch die Kristallform festgelegt sind.

Wir suchen jetzt Lösungen der Maxwellschen Gleichungen, welche ebene Wellen darstellen, d. h. wir setzen $\mathfrak{E}\mathfrak{D}\mathfrak{H}\mathfrak{B}$ proportional mit $F(\overline{\mathfrak{n}}\mathfrak{r} - Vt)$ an, wo $\mathfrak{r}$ den Fahrstrahl nach einem veränderlichen Punkt, $\overline{\mathfrak{n}}$ einen konstanten Einheitsvektor, V einen konstanten Skalar und F eine willkürliche Funktion des beigeschriebenen Arguments bedeuten soll. Die Richtung von $\overline{\mathfrak{n}}$ ist dann die Normalenrichtung der ebenen Welle, V die Geschwindigkeit, mit der sich die Feldgrößen in dieser Richtung ausbreiten, die Wellengeschwindigkeit. Wir betrachten $\overline{\mathfrak{n}}$ als gegeben, und fragen nach V, sowie nach den Richtungen der elektrischen und magnetischen Feldvektoren und dem Verhältnis ihrer Beträge. Unser Ansatz $\mathfrak{E} = F \cdot \mathfrak{E}_0$, $\mathfrak{D} = F \cdot \mathfrak{D}_0$ usw. ergibt:

$$\frac{\partial \mathfrak{D}}{\partial t} = \frac{\partial F}{\partial t} \mathfrak{D}_0 = - V F' \cdot \mathfrak{D}_0 ;$$

ferner nach (ϱ):

$$\mathrm{rot}\,\mathfrak{E} = [V F \cdot \mathfrak{E}_0], \quad \text{und da} \quad V F = V(\overline{\mathfrak{n}}\mathfrak{r}) \cdot F' = \overline{\mathfrak{n}} F' :$$

$$\mathrm{rot}\,\mathfrak{E} = [\overline{\mathfrak{n}}\mathfrak{E}_0] F' ; \qquad \text{also:}$$

$$\mathrm{rot}\,\mathfrak{E} \cdot F = [\overline{\mathfrak{n}}\mathfrak{E}] \cdot F', \qquad \frac{\partial \mathfrak{D}}{\partial t} \cdot F = - V \mathfrak{D} \cdot F',$$

$$\mathrm{rot}\,\mathfrak{H} \cdot F = [\overline{\mathfrak{n}}\mathfrak{H}] \cdot F', \qquad \frac{\partial \mathfrak{B}}{\partial t} \cdot F = - V \mathfrak{B} \cdot F'.$$

Also wird aus (1), (2):

$$\left.\begin{aligned} - c[\overline{\mathfrak{n}}\mathfrak{H}] &= V \mathfrak{D}, \\ + c[\overline{\mathfrak{n}}\mathfrak{E}] &= V \mathfrak{B}. \end{aligned}\right\} \tag{94}$$

Daraus folgt:

$$\mathfrak{D} \perp \overline{n}, \quad \mathfrak{D} \perp \mathfrak{H}, \quad \mathfrak{B} \perp \overline{n}, \quad \mathfrak{B} \perp \mathfrak{E}.$$

Hierzu kommt der Poyntingsche Satz, der wie früher aus den unverändert gebliebenen Gleichungen (1), (2), (3) folgt: die Energieströmung oder Strahlung ist

$$\mathfrak{S} = c\,[\mathfrak{E}\mathfrak{H}]. \tag{18}$$

Jeder der 6 Vektoren ist mithin normal zu zweien der übrigen; aber im allgemeinen (für beliebige Werte der $\varepsilon_{ik}, \mu_{ik}$ und beliebiges $\overline{n}$) bilden keine drei von ihnen ein rechtwinkliges Achsenkreuz. Insbesondere: Strahlung und Wellennormale haben nicht dieselbe Richtung; $\mathfrak{D}$ und $\mathfrak{B}$ (aber nicht $\mathfrak{E}$ und $\mathfrak{H}$) liegen in der Wellenebene; $\mathfrak{E}$ und $\mathfrak{H}$ (aber nicht $\mathfrak{D}$ und $\mathfrak{B}$) liegen normal zur Strahlung.

Weiter folgt aus (94):

$$\overline{n}\,c\,[\mathfrak{E}\,\mathfrak{H}] = V\mathfrak{E}\mathfrak{D} = V\mathfrak{H}\mathfrak{B}$$

oder:

$$w_e = w_m = \frac{1}{2}\,w, \tag{95}$$

wo w die Gesamtenergie der Volumeinheit bezeichnet, und

$$\overline{n}\,\mathfrak{S} = \mathfrak{S}_n = V w. \tag{96}$$

Durch (94), (95) ist die Aufgabe auf die Beantwortung zweier Fragen zurückgeführt: welches ist — bei gegebener Richtung der Wellennormale $\overline{n}$ — der Wert der Wellengeschwindigkeit V? und welches ist die Lage e i n e s Vektors? Denn ist z. B. die Richtung von $\mathfrak{E}$ gefunden, so ergibt sich die Richtung von $\mathfrak{B}$ als die der gemeinsamen Normalen von $\mathfrak{E}$ und $\overline{n}$; die Richtungen von $\mathfrak{D}$ und $\mathfrak{H}$ folgen aus (4a); die Richtung von $\mathfrak{S}$ ist die der gemeinsamen Normalen von $\mathfrak{E}$ und $\mathfrak{H}$. Die Beträge der elektrischen Vektoren aber verhalten sich zu denen der magnetischen so, daß die beiden Energieanteile zu jeder Zeit und an jeder Stelle einander gleich sind.

Der Gleichung (96) läßt sich eine anschauliche Deutung geben: Wir bilden den Vektor

$$\mathfrak{U} = \frac{\mathfrak{S}}{w}, \tag{97}$$

so daß

$$\overline{n}\,\mathfrak{U} = \mathfrak{U}_n = V \tag{98}$$

wird. Der Betrag U von $\mathfrak{U}$ ist dann offenbar die Geschwindigkeit, mit der die Energie (in der Richtung von $\mathfrak{S}$) sich ausbreitet. Der Vektor $\mathfrak{U}$ heißt daher die **Strahlgeschwindigkeit**. Seien nun (Abb. 37) G_0 und G_1 Wellenebenen; seien die Werte („Phasen") der Feldvektoren, die zur Zeit 0 auf G_0 herrschen, zur Zeit 1 auf G_1 zu finden. Dann ist der **senkrechte** Abstand beider Ebenen V, in der Richtung von $\mathfrak{S}$ ist er U.

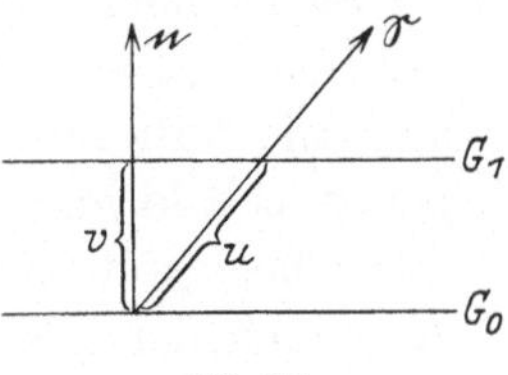

Abb. 37.

Gehen wir nun zu einer unendlich benachbarten Normalenrichtung über, zu der die Werte $\overline{\mathfrak{n}} + d\overline{\mathfrak{n}}$, $V + dV$, $U + dU$, $\mathfrak{E} + d\mathfrak{E}$ usw. gehören mögen. Aus (94) folgt:

$$\overline{\mathfrak{n}}\,c\,[d\mathfrak{E} \cdot \mathfrak{H}] = V\mathfrak{D} \cdot d\mathfrak{E}; \quad \overline{\mathfrak{n}}\,c\,[\mathfrak{E} \cdot d\mathfrak{H}] = V\mathfrak{B} \cdot d\mathfrak{H},$$

und durch Addition, da

$$\mathfrak{D} \cdot d\mathfrak{E} = \frac{1}{2}\,d(\mathfrak{E}\mathfrak{D}) = \mathfrak{E} \cdot d\mathfrak{D} \quad \text{und} \quad \mathfrak{B} \cdot d\mathfrak{H} = \frac{1}{2}\,d(\mathfrak{H}\mathfrak{B}) = \mathfrak{H} \cdot d\mathfrak{B}$$

ist:

$$\overline{\mathfrak{n}}\,c \cdot d\,[\mathfrak{E}\mathfrak{H}] = V\,(\mathfrak{E} \cdot d\mathfrak{D} + \mathfrak{H} \cdot d\mathfrak{B}) \quad \text{oder} \quad \overline{\mathfrak{n}} \cdot d\mathfrak{S} = V \cdot dw.$$

Aus (96) aber folgt:

$$\overline{\mathfrak{n}} \cdot d\mathfrak{S} + \mathfrak{S} \cdot d\overline{\mathfrak{n}} = V \cdot dw + w \cdot dV.$$

Also ist auch

$$\mathfrak{S} \cdot d\overline{\mathfrak{n}} = w \cdot dV \quad \text{oder} \quad \mathfrak{U} \cdot d\overline{\mathfrak{n}} = dV,$$

was zusammen mit (98) ergibt:

$$\overline{\mathfrak{n}} \cdot d\mathfrak{U} = 0 \quad \text{oder} \quad \overline{\mathfrak{n}}\,(\mathfrak{U} + d\mathfrak{U}) = V. \tag{99}$$

D. h.: auch für alle unendlich benachbarten Strahlrichtungen liegen die Endpunkte von $\mathfrak{U}$ auf der Ebene G_1. Denken wir uns nun von einem Punkte aus nach allen Richtungen Strecken $\mathfrak{r} = \mathfrak{U}$ abgegrenzt, wo $|\mathfrak{U}|$ den Wert bedeutet, der für die Richtung von $\mathfrak{r}$ gilt. Die durch die Endpunkte gebildete Fläche heißt die **Strahlenfläche** (früher meistens Wellenfläche genannt). Sie liege vor. Dann sagt die Gleichung (99) aus: Für irgend eine vorgeschriebene Richtung $\mathfrak{n}$ der Wellennormale konstruiere man die zu $\mathfrak{n}$ senkrechten Berührungsebenen an die Strahlenfläche (es wird sich zeigen, daß es im allgemeinen zwei solche Ebenen gibt); die Normalen vom Anfangspunkt auf diese Ebenen sind dann die Werte der Wellengeschwindigkeit V; die Vektoren, welche den Anfangspunkt mit den Berührungspunkten verbinden, geben nach Größe und Richtung je die zugehörige Strahlgeschwindigkeit $\mathfrak{U}$.

Bisher sind die Gleichungen (4a) nicht benutzt. Was wir gefunden haben, gilt daher für beliebige Werte der ε_{ik} und μ_{ik}. Die Auflösung der Gleichungen (94) läßt sich vollständig geben, sobald man nur voraussetzt, daß die elektrischen Symmetrieebenen mit den magnetischen zusammenfallen, d. h. unter Annahme der Gleichungen (4d), in aller Strenge also für die Kristallsysteme 3 bis 6[1]). Wir wollen aber, entsprechend der erreichbaren Meßgenauigkeit, die Gleichungen (4e) als gültig annehmen. Dann wird für alle Kristallsysteme aus (94):

$$\left.\begin{aligned} -c[\overline{\mathfrak{n}}\,\mathfrak{H}] &= V\mathfrak{D}\,, \\ c[\overline{\mathfrak{n}}\,\mathfrak{E}] &= V\mu\mathfrak{H}\,. \end{aligned}\right\} \tag{94a}$$

Jetzt ist die Richtung von $\mathfrak{H}$ gemeinsame Achse zweier rechtwinkligen Achsenkreuze: $\mathfrak{H}\mathfrak{D}\mathfrak{n}$ und $\mathfrak{H}\mathfrak{E}\mathfrak{S}$.

Wir wollen den Wert von V und die Richtung von $\mathfrak{D}$ bestimmen. Elimination von $\mathfrak{H}$ aus (94a) ergibt mittels (β):

$$V^2\mathfrak{D} = -\frac{c^2}{\mu}\,[\overline{\mathfrak{n}}\,[\overline{\mathfrak{n}}\,\mathfrak{E}]] = \frac{c^2}{\mu}\big\{\mathfrak{E} - \overline{\mathfrak{n}}\,(\overline{\mathfrak{n}}\,\mathfrak{E})\big\};$$

dazu:

$$\overline{\mathfrak{n}}\,\mathfrak{D} = 0\,.$$

Wenn wir nun die xyz der Gleichungen (4e) zu Koordinatenachsen wählen, die Komponenten von $\overline{\mathfrak{n}}$, d. h. die Richtungskosinus der Wellennormalen, mit lmn bezeichnen, und zur Abkürzung schreiben:

$$\frac{c^2}{\mu\varepsilon_1} = A^2\,, \qquad \frac{c^2}{\mu\varepsilon_2} = B^2\,, \qquad \frac{c^2}{\mu\varepsilon_3} = C^2\,, \qquad \frac{c^2}{\mu}(\overline{\mathfrak{n}}\,\mathfrak{E}) = \varkappa\,, \quad (100)$$

so lauten diese Gleichungen:

$$\left.\begin{aligned} (A^2 - V^2)\mathfrak{D}_x &= \varkappa l\,, \\ (B^2 - V^2)\mathfrak{D}_y &= \varkappa m\,, \\ (C^2 - V^2)\mathfrak{D}_z &= \varkappa n\,, \\ l\mathfrak{D}_x + m\mathfrak{D}_y + n\mathfrak{D}_z &= 0\,. \end{aligned}\right| \tag{101}$$

Die drei ersten Gleichungen bzw. mit

$$\frac{l}{A^2 - V^2}\,, \qquad \frac{m}{B^2 - V^2}\,, \qquad \frac{n}{C^2 - V^2}$$

---

[1]) Siehe z. B. Elm. Feld 1, S. 570.

multipliziert und addiert, ergeben unter Berücksichtigung der letzten Gleichung:

$$\frac{l^2}{A^2-V^2}+\frac{m^2}{B^2-V^2}+\frac{n^2}{C^2-V^2}=0\,. \tag{102}$$

Diese Gleichung ist quadratisch in V^2; sie gibt daher für jede Richtung lmn der Wellennormale $\mathfrak{n}$ im allgemeinen zwei Werte für die Wellengeschwindigkeit V. Für jede dieser Wellen gibt dann (101) die Verhältnisse $\mathfrak{D}_x:\mathfrak{D}_y:\mathfrak{D}_z$, d. h. die Richtung von $\mathfrak{D}$. Die gemeinsame Normale von $\mathfrak{n}$ und $\mathfrak{D}$ ist die Richtung der magnetischen Vektoren $\mathfrak{H}$ und $\mathfrak{B}$. Für eine Welle von gegebener Fortpflanzungsrichtung sind also im allgemeinen nur zwei ganz bestimmte Polarisationszustände möglich. Die beiden Lösungen von (101) mögen durch die Indizes 1 und 2 bezeichnet sein; also:

$$(A^2-V_1^2)\mathfrak{D}_{1x}=\varkappa_1 l\,,\ \text{usw.},\qquad (A^2-V_2^2)\mathfrak{D}_{2x}=\varkappa_2 l\,,\ \text{usw.},$$

$$l\mathfrak{D}_{1x}+m\mathfrak{D}_{1y}+n\mathfrak{D}_{1z}=0\,,\qquad l\mathfrak{D}_{2x}+m\mathfrak{D}_{2y}+n\mathfrak{D}_{2z}=0\,.$$

Man multipliziere die drei ersten Gleichungen der Gruppe 1 mit $\mathfrak{D}_{2x}$ usw. und addiere; dann kommt wegen der letzten Gleichung der Gruppe 2:

$$(A^2-V_1^2)\mathfrak{D}_{1x}\mathfrak{D}_{2x}+(B^2-V_1^2)\mathfrak{D}_{1y}\mathfrak{D}_{2y}+(C^2-V_1^2)\mathfrak{D}_{1z}\mathfrak{D}_{2z}=0\,.$$

Ebenso erhält man:

$$(A^2-V_2^2)\mathfrak{D}_{2x}\mathfrak{D}_{1x}+\cdot+\cdot=0\,.$$

Also durch Subtraktion:

$$(V_1^2-V_2^2)(\mathfrak{D}_{1x}\mathfrak{D}_{2x}+\mathfrak{D}_{1y}\mathfrak{D}_{2y}+\mathfrak{D}_{1z}\mathfrak{D}_{2z})=0\,.$$

D. h.: die beiden möglichen Richtungen von $\mathfrak{D}$ sind normal zueinander; oder: in den beiden Wellen von gleicher Fortpflanzungsrichtung sind die Richtungen von $\mathfrak{D}$ und $\mathfrak{B}$ vertauscht.

Die Gleichungen (102) und (101) sind identisch mit denjenigen, welche für die Fortpflanzungsgeschwindigkeit ebener Lichtwellen in Kristallen, bzw. für die Richtung des zur Polarisationsebene senkrechten Vektors von Fresnel aufgestellt und durch die Erfahrung bestätigt sind. Die Richtung von $\mathfrak{H}$ wird also identisch mit der Schnittlinie von Wellenebene und Polarisationsebene. Die Beziehung zwischen Strahlgeschwindigkeit und Wellengeschwindigkeit wird in der Kristalloptik entsprechend unserer Gleichung (99) festgelegt. Es lassen sich daher alle weiteren

Folgerungen aus der Kristalloptik herübernehmen, auf welche im allgemeinen nur verwiesen sei[1]). Angeführt sei noch die Gleichung der Strahlenfläche, d. h. der von den Ebenen $lx + my + nz = V$ eingehüllten Fläche. Sie lautet:

$$\frac{A^2 \mathfrak{u}_x^2}{A^2 - \mathfrak{u}^2} + \frac{B^2 \mathfrak{u}_y^2}{B^2 - \mathfrak{u}^2} + \frac{C^2 \mathfrak{u}_z^2}{C^2 - \mathfrak{u}^2} = 0 \,.$$

Diese zweischalige Fläche besitzt, wenn alle drei ε-Werte ungleich sind, zwei Paare von zwei je diametral liegenden Doppelpunkten, und somit zwei zu ihnen hinführende ausgezeichnete Durchmesser. Wenn zwei ε-Werte gleich sind, zerfällt sie in ein Umdrehungsellipsoid und eine Kugel, und hat somit einen ausgezeichneten Durchmesser. Sind endlich alle ε-Werte gleich, so fallen diese beiden Flächenteile in eine Kugel zusammen. Daher heißen die Kristalle der Systeme 1, 2, 3 optisch zweiachsig, die der Systeme 4, 5 optisch einachsig, die des Systems 6 optisch isotrop. — Abschließend haben wir noch hinzuzufügen, daß für Kristalle ebenso wie für isotrope Körper gilt: Die geometrischen Verhältnisse der Lichtausbreitung werden durch die Maxwellschen Gleichungen vollkommen dargestellt; aber von den Werten der Konstanten bei hoher Frequenz gibt die Theorie keine Rechenschaft.

Wir fügen auch hier an, was die elastische Theorie für anisotrope Körper ergibt[2]). Gegenüber den isotropen Körpern ändert sich an ihren Grundannahmen nur eines: der Wert des elastischen Potentials φ. Im allgemeinsten Fall, d. h. wenn durch die Kristallform keine Symmetrieeigenschaften vorgeschrieben sind, enthält φ als homogene quadratische Funktion von 6 Veränderlichen 21 Konstanten. In dem durch sie definierten elastischen Körper können sich ebene Wellen in folgender Weise fortpflanzen: Für jede vorgeschriebene Fortpflanzungsrichtung bestehen drei mögliche Richtungen der Verschiebung $\mathfrak{u}$ (oder Geschwindigkeit $\mathfrak{w}$); sie bilden ein rechtwinkliges Achsenkreuz; dieses liegt schief zur Wellennormale. Will man statt dessen, in Übereinstimmung mit der Erfahrung, zwei mögliche Richtungen erhalten, die

---

[1]) Vgl. z. B. Kirchhoff: Vorlesungen über mathematische Optik, 11. Vorlesung.

Unser $\bar{\mathfrak{n}}$ | $\mathfrak{D}$ | $\mathfrak{H}$ | $\mathfrak{S}$
hat dort die Richtungskosinus lmn | $\mathfrak{a\,b\,c}$ | $\alpha\beta\gamma$ | $\xi\eta\zeta$

[2]) Vgl. zum folgenden G. Kirchhoff: a. a. O. 11. Vorlesung, § 1 und 2.

normal zur Fortpflanzungsrichtung liegen, so muß man, wie bei
isotropen Körpern, annehmen, daß stets div $\mathfrak{u} = 0$ ist, ferner
aber die Funktion φ so spezialisieren, daß sie außer einem mit
div $\mathfrak{u}$ multiplizierten Glied nur 6 bestimmte Zusammenfassungen
der Deformationskomponenten und somit 6 Konstanten enthält.
Diese Form ist bereits lange vor der Aufstellung der elektromagnetischen Theorie von Green gefunden worden. Nimmt man
sie an, so erhält man als Richtung von $\mathfrak{u}$ diejenige, die wir für die
magnetische Feldstärke gefunden haben. Hier ist die Beziehung
eindeutig. Das liegt daran, daß wir einen μ-Wert und 6 verschiedene ε_{ik} haben, — und daß es andrerseits nur eine Dichte ϱ
geben kann, der 6 Elastizitätsmoduln gegenüberstehen.

§ 9. Bewegte Körper.

Die Gleichungen für bewegte Körper haben wir bereits aufgestellt und benutzt, soweit es sich um quasistationäre Felder
handelt. Es wurde in Kap. III angenommen, daß das Faradaysche Induktionsgesetz: „Elektrische Umlaufsspannung $= \dfrac{1}{c}$. Abnahme des magnetischen Induktionsflusses in der Zeiteinheit"
allgemein gilt, unabhängig davon, wie die Änderung des Induktionsflusses entsteht. Es mag das magnetische Feld sich ändern, oder
der Leiter, in dem die Umlaufsspannung zu bestimmen ist, sich
gegen das unveränderte Feld bewegen. Dieses Gesetz ist die
Grundlage für alle Berechnungen von Dynamomaschinen; an
seiner Gültigkeit für quasistationäre Felder kann kein Zweifel
sein. Andrerseits hat sich für beliebig veränderliche Felder
in beliebigen Körpern, Leitern wie Isolatoren, dieselbe Gleichung
bewährt, soweit es sich um ruhende Körper handelt. Es
ist die Grundgleichung (2a) des vorliegenden Kap. IV. Das
nächstliegende ist, anzunehmen, daß diese Gleichung allgemein
gilt, sofern man sie anwendet auf Kurven und von ihnen berandete Flächen, die dauernd durch die gleichen materiellen
Teilchen gehen, — auf substantielle Kurven und Flächen,
wie wir kurz sagen wollen. Und es liegt dann ferner nahe, auch
der Grundgleichung (1) die entsprechende erweiterte Geltung
zuzuschreiben. Wir nehmen also an:

$$c \int \mathfrak{H}_s \cdot ds' = \int \mathfrak{J}_N \cdot dS' + \frac{d}{dt} \int \mathfrak{D}_N \cdot dS' , \qquad (1'\text{a})$$

$$-c\int_{\mathfrak{O}} \mathfrak{E}_s \cdot ds' = \frac{d}{dt}\int \mathfrak{B}_N \cdot dS', \tag{2'a}$$

wo S' eine durch s' berandete substantielle Fläche bezeichnen soll. Als Differentialgleichungen geschrieben, nehmen die Gleichungen folgende Form an: [s. (v)]

$$c \cdot \operatorname{rot} \mathfrak{H} = \mathfrak{J} + \frac{d'\mathfrak{D}}{dt}, \tag{1'}$$

$$-c \cdot \operatorname{rot} \mathfrak{E} = \frac{d'\mathfrak{B}}{dt}. \tag{2'}$$

Neben diesen sollen die Gleichungen (3) und (4) in unveränderter Form gelten, also

$$W = \int d\tau \int_{\mathfrak{E}=0} \mathfrak{E} \cdot d\mathfrak{D} + \int d\tau \int_{\mathfrak{H}=0} \mathfrak{H} \cdot d\mathfrak{B}, \tag{3}$$

$$\mathfrak{J} = \sigma(\mathfrak{E} - \mathfrak{K}), \quad \mathfrak{D} = \varepsilon \mathfrak{E}, \quad \mathfrak{B} = \mu \mathfrak{H} + \mathfrak{M}. \tag{4}$$

Es sei daran erinnert, daß in ruhenden Körpern $\mathfrak{M}$ ein konstanter Vektor, und daß bei Bewegungen

$$\frac{d'\mathfrak{M}}{dt} = 0$$

sein soll. Wir dürfen daher sowohl in (2') wie in (3) $\mathfrak{B}$ durch $\mu\mathfrak{H}$ ersetzen. Es ist ferner $\operatorname{div}\mathfrak{B} = 0$. Also lauten (1') und (2') ausgeschrieben nach (v'):

$$\left.\begin{aligned} c \cdot \operatorname{rot} \mathfrak{H} &= \mathfrak{J} + \frac{\partial \mathfrak{D}}{\partial t} + \operatorname{div} \mathfrak{D} \cdot \mathfrak{w} - \operatorname{rot}[\mathfrak{w}\,\mathfrak{D}] \\ &= \mathfrak{J} + \frac{\partial(\varepsilon\mathfrak{E})}{\partial t} + \operatorname{div}(\varepsilon\mathfrak{E}) \cdot \mathfrak{w} - \operatorname{rot}[\mathfrak{w} \cdot \varepsilon\mathfrak{E}], \end{aligned}\right\} \tag{1'b}$$

$$\left.\begin{aligned} -c \cdot \operatorname{rot} \mathfrak{E} &= \frac{\partial \mathfrak{B}}{\partial t} - \operatorname{rot}[\mathfrak{w}\,\mathfrak{B}] \\ &= \frac{\partial(\mu\mathfrak{H})}{\partial t} + \operatorname{div}(\mu\mathfrak{H}) \cdot \mathfrak{w} - \operatorname{rot}[\mathfrak{w} \cdot \mu\mathfrak{H}] \end{aligned}\right\} \tag{2'b}$$

oder nach (v''):

$$c \cdot \operatorname{rot} \mathfrak{H} = \mathfrak{J} + \frac{d(\varepsilon\mathfrak{E})}{dt} + \operatorname{div} \mathfrak{w} \cdot \varepsilon\mathfrak{E} - (\varepsilon\mathfrak{E} \cdot \nabla)\mathfrak{w}, \tag{1'c}$$

$$-c \cdot \operatorname{rot} \mathfrak{E} = \frac{d(\mu\mathfrak{H})}{dt} + \operatorname{div} \mathfrak{w} \cdot \mu\mathfrak{H} - (\mu\mathfrak{H} \cdot \nabla)\mathfrak{w}, \tag{2'c}$$

wo $\mathfrak{w}$ die Geschwindigkeit der Materie, $\frac{\partial}{\partial t}$ die Änderung im festen Raumpunkt, $\frac{d}{dt}$ die Änderung im festen substantiellen Punkt bezeichnet.

Das hier zusammengestellte Gleichungssystem wird als das Maxwell-Hertzsche bezeichnet. Wir wollen die wichtigsten Folgerungen aus diesem Ansatz entwickeln.

1. Von grundsätzlicher Bedeutung ist dieses: Die Gleichungen gelten in derselben Form für alle Koordinatensysteme. Oder: Ein System von Körpern werde in eine gemeinsame Bewegung der Art versetzt, wie sie ein starrer Körper annehmen kann. Sei diese Bewegung nun eine gleichförmige oder ungleichförmige, fortschreitende oder drehende: es ändert sich dadurch nichts in den Gleichungen, wenn wir sie nur immer auf Kurven und Flächen beziehen, die der Materie anhaften. Insbesondere: ruhen die Körper des Systems gegeneinander, — sind sie, wie wir künftig sagen wollen, in relativer Ruhe —, so gelten in ihnen die Gleichungen (1), (2) für ruhende Körper. — Für die Mechanik besteht bekanntlich der Satz: in allen geradlinig gleichförmig gegeneinander bewegten Bezugssystemen gelten dieselben Gleichungen. Hier aber haben wir ein Relativitätsprinzip, das weit über das der Mechanik hinausgeht. — Für die Mechanik ist ein System, das wir als ruhend betrachten dürfen, das Fixsternsystem. Das gleiche wollen wir für die Elektrodynamik annehmen. In der Mechanik folgt daraus, daß für ein in der rotierenden Erde verankertes Bezugssystem nicht dieselben Gleichungen gelten, wie für ein ruhendes; man muß den Bewegungsgleichungen die bekannten Zusatzglieder: Zentrifugal- und Coriolis-Kräfte einfügen; aus ihnen ergibt sich u. a. die Drehung des Foucaultschen Pendels. Unser Ansatz aber sagt aus, daß auch für die rotierende Erde dieselben Gleichungen gelten wie für das Fixsternsystem.

2. Die bisherigen Bemerkungen betrafen das, was ein dem System angehöriger — mit ihm bewegter — Beobachter wahrnimmt. Denken wir uns nun einen außenstehenden Beobachter, so ergibt sich: um seine Wahrnehmungen darzustellen, können wir mit gleichem Ergebnis ihn und sein Bezugssystem als ruhend, das Körpersystem als bewegt betrachten, oder umgekehrt; nur die relative Bewegung der beiden starren Systeme geht in unsre Grundgleichungen ein.

Wir betrachten im einzelnen die Glieder der rechten Seite von (1'b). Die beiden ersten für sich ergeben die uns bekannte Gleichung für ruhende Körper, die beiden letzten geben den

Einfluß der Bewegung wieder. Das dritte Glied

$$\operatorname{div}\mathfrak{D}\cdot\mathfrak{w} = \varrho\mathfrak{w}$$

ist die durch Bewegung der Elektrizitätsträger hervorgerufene Elektrizitätsströmung; sein Auftreten in der Gleichung bedeutet also:

3. Bezüglich des erzeugten magnetischen Feldes ist ein elektrischer **Konvektionsstrom** dem Leitungsstrom gleichwertig.

4. Das letzte Glied bringt einen weiteren dem Leitungsstrom gleichwertigen Vektor:

$$-\operatorname{rot}[\mathfrak{w}\,\mathfrak{D}],$$

nach seinem Entdecker **Röntgenstrom** genannt. [Er ist für die Theorie wichtig geworden und wird in Kap. V besprochen werden.]

Die Gleichung (2′ b) ist gemäß ihrer Herleitung nur die allgemeinste Fassung uns bereits bekannter Gesetze.

Wir stellen jetzt die Energiegleichung auf, indem wir wie früher (1′) mit $\mathfrak{E}$, (2′) mit $\mathfrak{H}$ multiplizieren, addieren und über ein Volumen τ' integrieren. Wenn wir dabei die Form (1′ c), (2′ c) benutzen, so dürfen wir

$$\frac{d\varepsilon}{dt} = \frac{d\mu}{dt} = 0$$

setzen, müssen aber beachten, daß [vgl. (φ)]

$$\frac{d(d\tau')}{dt} = \operatorname{div}\mathfrak{w}\cdot d\tau',$$

und folglich

$$\frac{dW}{dt} = \int d\tau'\left\{\mathfrak{E}\frac{d(\varepsilon\mathfrak{E})}{dt} + \mathfrak{H}\frac{d(\mu\mathfrak{H})}{dt} + \operatorname{div}\mathfrak{w}\cdot\int(\mathfrak{E}\cdot d(\varepsilon\mathfrak{E}) + \mathfrak{H}\cdot d(\mu\mathfrak{H}))\right\}$$

ist. So ergibt sich:

$$\int\limits_{0}\mathfrak{S}_n\cdot dS' = \Psi + \frac{dW}{dt}$$

$$+ \int d\tau'\left\{(\mathfrak{E}\cdot\varepsilon\mathfrak{E} - \int\mathfrak{E}\cdot d(\varepsilon\mathfrak{E}) + \mathfrak{H}\cdot\mu\mathfrak{H} - \int\mathfrak{H}\cdot d(\mu\mathfrak{H}))\operatorname{div}\mathfrak{w}\right. \tag{103}$$

$$\left. - \mathfrak{E}\cdot(\varepsilon\mathfrak{E}\cdot\nabla)\mathfrak{w} - \mathfrak{H}\cdot(\mu\mathfrak{H}\cdot\nabla)\mathfrak{w}\right\}$$

Hier ist τ' ein bestimmtes Körpervolumen, S' seine Oberfläche,

$$\mathfrak{S} = c[\mathfrak{E}\mathfrak{H}], \qquad \Psi = \int\mathfrak{E}\mathfrak{J}\cdot d\tau',$$

W die elektromagnetische Energie in τ'. Das dritte, von $\mathfrak{w}$ abhängige Glied der rechten Seite stellt die in der Zeiteinheit geleistete Arbeit dar. Diese läßt sich schreiben:

$$A = -\int d\tau' \left\{ p_x^x \frac{\partial \mathfrak{w}_x}{\partial x} + p_y^y \frac{\partial \mathfrak{w}_y}{\partial y} + p_z^z \frac{\partial \mathfrak{w}_z}{\partial z} + p_z^y \left(\frac{\partial \mathfrak{w}_y}{\partial z} + \frac{\partial \mathfrak{w}_z}{\partial y} \right) \right.$$
$$\left. + p_x^z \left(\frac{\partial \mathfrak{w}_z}{\partial x} + \frac{\partial \mathfrak{w}_x}{\partial z} \right) + p_y^x \left(\frac{\partial \mathfrak{w}_x}{\partial y} + \frac{\partial \mathfrak{w}_y}{\partial x} \right) \right\} \tag{104}$$

wo

$$p_x^x = -\int \varepsilon \mathfrak{E} \cdot d\mathfrak{E} + \varepsilon \mathfrak{E}_x^2 - \int \mu \mathfrak{H} \cdot d\mathfrak{H} + \mu \mathfrak{H}_x^2; \quad \cdot \ \cdot$$
$$p_z^y = \varepsilon \mathfrak{E}_y \mathfrak{E}_z + \mu \mathfrak{H}_y \mathfrak{H}_z; \quad \cdot \ \cdot \tag{105}$$

Das ist [vgl. Kap. I, (41)] die Arbeit von Spannungen $p_k^i = p_i^k$. Daß sie sich in dieser Form ausdrücken läßt, sagt aus, daß die Kräfte dem dritten Newtonschen Axiom — Gleichheit von Wirkung und Gegenwirkung — gehorchen, und daß sie am starren Körper durch die Spannungen p^N an seiner Oberfläche ersetzt werden können [s. Kap. I, bei (41a)]. Die Kräfte berechnen sich für die Volmeinheit als

$$\mathfrak{f}_x = \frac{\partial p_x^x}{\partial x} + \frac{\partial p_x^y}{\partial y} + \frac{\partial p_x^z}{\partial z} \quad \text{usw.}$$

Es ergibt sich:

$$\mathfrak{f} = \operatorname{div}(\varepsilon \mathfrak{E}) \cdot \mathfrak{E} - \int \nabla \varepsilon \, |\mathfrak{E}| \, |d\mathfrak{E}| - [\varepsilon \mathfrak{E} \cdot \operatorname{rot} \mathfrak{E}]$$
$$+ \operatorname{div}(\mu \mathfrak{H}) \cdot \mathfrak{H} - \int \nabla \mu \, |\mathfrak{H}| \, |d\mathfrak{H}| - [\mu \mathfrak{H} \cdot \operatorname{rot} \mathfrak{H}]. \tag{106}$$

Wir hätten diese Kräfte unmittelbar erhalten, wenn wir die Form (1'b), (2'b) benutzt und dann über das ganze Feld integriert hätten. Bei der Rechnung wäre

$$\frac{\partial \varepsilon}{\partial t} = - \mathfrak{w} \cdot \nabla \varepsilon, \qquad \frac{\partial \mu}{\partial t} = - \mathfrak{w} \cdot \nabla \mu,$$

dafür aber

$$\frac{\partial (d\tau)}{\partial t} = 0$$

zu setzen gewesen.

Aus (106) erhalten wir die Kräfte auf relativ ruhende Körper, indem wir die für diesen Fall ($\mathfrak{w} = 0$) gültigen Werte von $\operatorname{rot} \mathfrak{E}$ und $\operatorname{rot} \mathfrak{H}$ einsetzen. Es wird:

$$\mathfrak{f} = \varrho_e \mathfrak{E} - \frac{1}{2} \mathfrak{E}^2 \cdot \nabla \varepsilon + \varrho_m \mathfrak{H} - \int \nabla \mu \, |\mathfrak{H}| \, |d\mathfrak{H}| + \left[\frac{\mathfrak{J}}{c} \mu \mathfrak{H} \right] + \mathfrak{f}', \tag{107}$$

wo

$$\mathfrak{f}' = \frac{1}{c} \left\{ \left[\varepsilon \frac{\partial \mathfrak{E}}{\partial t} \cdot \mu \mathfrak{H} \right] + \left[\varepsilon \mathfrak{E} \cdot \mu \frac{\partial \mathfrak{H}}{\partial t} \right] \right\}.$$

Die ersten fünf Glieder in (107) geben die uns bekannten Kräfte des stationären Feldes an. Zu ihnen tritt für veränderliche Zustände hinzu:

$$\mathfrak{f}' = \frac{\varepsilon\mu}{c^2}\frac{\partial\mathfrak{S}}{\partial t}\,.\tag{108}$$

5. Aus (107) folgern wir: es liege ein ruhender, seiner Umgebung gleichartiger, weder elektrisch geladener, noch durchströmter, noch permanent magnetisierter Körper vor. Dann wirkt **keine** Kraft auf ihn, wenn das Feld **stationär** ist; im **veränderlichen** Feld aber erfährt die Volumeinheit eine Kraft

$$\mathfrak{f} = \mathfrak{f}' = \frac{\varepsilon\mu}{c^2}\frac{\partial\mathfrak{S}}{\partial t}\tag{109}$$

6. Aus dem Ausdruck (105) der **Spannungen** ziehen wir zwei Folgerungen. Zunächst: eine ebene, nach $+\,x$ fortschreitende Welle falle normal auf die Oberfläche eines starren Körpers; sie werde, soweit sie nicht reflektiert wird, vom Körper vollständig absorbiert, so daß keine Strahlung den Körper durch andere Oberflächenteile verläßt. (Das ist durch genügende Dicke des Körpers stets zu erreichen.) Dann sind die Oberflächenspannungen p^N nur vorhanden, wo die Welle auffällt. Dort ist

$$\mathfrak{E}_x = \mathfrak{H}_x = 0\,, \qquad \text{folglich} \qquad p_y^x = p_z^x = 0\,,$$

und (für $\mu = \mathrm{const}\,_H$) $\quad p_x^x = -\dfrac{1}{2}\left(\varepsilon\,\mathfrak{E}^2 + \mu\mathfrak{H}^2\right).$

Es wirkt also auf die Einheit der Fläche ein normaler **Druck** vom Betrage $w_e + w_m = w$. Dieser drückt sich nach (59) im zeitlichen Mittel durch die auffallende Strahlung $\mathfrak{S}$ aus als

$$\bar{p} = \frac{1 + |R^2|}{a}\,\overline{\mathfrak{S}}\,.\tag{110}$$

Ferner: In einem Raum, der von vollkommen spiegelnden (also für Strahlung undurchlässigen) Wänden eingeschlossen ist, habe sich ein **stationärer Strahlungszustand** hergestellt. Diese sog. **schwarze Strahlung** ist, wie **Kirchhoff** gezeigt hat, statistisch gleichförmig im Hohlraum verteilt und gleichförmig über alle Richtungen verteilt. D. h. es ist im Mittel beliebig kleiner, aber der Messung noch zugänglicher Zeiten:

$$\overline{\mathfrak{E}_x\mathfrak{E}_y} = 0,\,..\quad \overline{\mathfrak{H}_x\mathfrak{H}_y} = 0,\,..\quad \overline{\mathfrak{E}_x^2} = \overline{\mathfrak{E}_y^2} = \overline{\mathfrak{E}_z^2} = \frac{1}{3}\,\overline{\mathfrak{E}^2};$$

$$\overline{\mathfrak{H}_x^2} = \overline{\mathfrak{H}_y^2} = \overline{\mathfrak{H}_z^2} = \frac{1}{3}\,\overline{\mathfrak{H}^2}\,.$$

Daher:

$$\overline{p_y^x} = \overline{p_z^y} = \overline{p_x^z} = 0; \qquad \overline{p_x^x} = \overline{p_y^y} = \overline{p_z^z} = -\frac{1}{6}\left(\overline{\varepsilon\,\mathfrak{E}^2 + \mu\,\mathfrak{H}^2}\right) \equiv -p.$$

Es ist also, wenn wir das Volumen des Hohlraums mit V bezeichnen, die (mittlere) Energie des Systems:

$$W = 3pV.$$

Hier bedeutet p einen stets zur Fläche normalen, von der Stellung der Fläche unabhängigen, also sog. hydrostatischen Druck. Oder: bei einer Veränderung von V wird eine Arbeit $A = p \cdot dV$ geleistet. Nun sagt unsre Voraussetzung: der Zustand des abgeschlossenen Systems sei stationär geworden, — in der Sprache der Thermodynamik aus: es herrsche in ihm Temperaturgleichgewicht. Und eine Grundgleichung der Thermodynamik für solche Gleichgewichtszustände lautet:

$$dW + p \cdot dV = T \cdot dS,$$

wo T die absolute Temperatur und dS ein vollständiges Differential (das der sog. Entropie) bezeichnet. Setzen wir hier, indem wir die Energiedichte (bisher w) mit ψ bezeichnen,

$$W = \psi V, \qquad p = \frac{\psi}{3},$$

so kommt:

$$\frac{d(\psi V) + \dfrac{\psi}{3}\,dV}{T} = dS$$

oder

$$\frac{4}{3}\frac{\psi}{T}\,dV + \frac{V}{T}\,d\psi = dS;$$

wo $d\psi = \dfrac{\partial\psi}{\partial T}\,dT$, da ψ nicht von V abhängt; folglich:

$$\frac{\partial}{\partial T}\left(\frac{4}{3}\frac{\psi}{T}\right) = \frac{\partial}{\partial V}\left(\frac{V}{T}\frac{\partial\psi}{\partial T}\right) = \frac{1}{T}\frac{\partial\psi}{\partial T} \qquad \text{oder} \qquad \frac{\partial\psi}{\partial T} = 4\frac{\psi}{T},$$

$$\psi = \text{const.}\ T^4. \tag{111}$$

Die Energie der stationären Hohlraumstrahlung (schwarzen Strahlung) ist der vierten Potenz der absoluten Temperatur proportional.

Diesen Folgerungen aus den Maxwell-Hertzschen Gleichungen wollen wir jetzt gegenüberstellen, was die Erfahrung ergibt. Dabei sollen die Beobachtungen nur kurz angeführt werden; an späterer Stelle (Kap. V, § 4 D) kommen wir eingehender auf sie zurück. Zunächst: wie es der Forderung unter 1. entspricht, scheint in keiner elektromagnetischen Erscheinung, die sich an der Erdoberfläche abspielt, die Bewegung der Erde zur Geltung zu kommen. Es hat sich aber gezeigt, daß dies in Strenge nur für die Bewegung des Erdmittelpunkts relativ zu den Fixsternen, nicht aber für die Drehung der Erde um ihre Achse gilt. Diese hat vielmehr denselben Einfluß, der sich in der Mechanik durch die Drehung des Foucaultschen Pendels bemerkbar macht. Er ist freilich so klein, daß er erst in neuester Zeit festgestellt werden konnte. — Zu 2. Die Fixsterne betrachten wir als ruhende Körper, welche Lichtwellen nach allen Richtungen mit der Geschwindigkeit a_0 aussenden. Durch dieses Strahlungsfeld bewegt sich die Erde mit einer Geschwindigkeit $\mathfrak{w}$, die während eines Jahres alle Richtungen einer Ebene durchläuft. Eine elementare Betrachtung ergibt dann eine im allgemeinen nach Richtung und Größe wechselnde Verlagerung der Visierlinie Beobachter-Stern, die mit der beobachteten Aberration übereinstimmt. — Auch bei der Lichtausbreitung in einem an der Erdoberfläche sich bewegenden Körper dürfen wir nach der Theorie den Körper als ruhend betrachten. Um die Ausbreitungsgeschwindigkeit zu erhalten, die wir beobachten, müssen wir dann zur Ausbreitungsgeschwindigkeit im ruhenden Körper die Geschwindigkeit des Körpers selbst vektoriell hinzusetzen. Hier zeigt aber die Erfahrung etwas anderes: nur ein Bruchteil der Körpergeschwindigkeit kommt hinzu, der vom Brechungsexponenten abhängt. Für Luft ist dieser Bruchteil Null. — Betrachten wir den Beobachter als ruhend, so geben uns die in 3. und 4. angeführten Größen den Einfluß der Körpergeschwindigkeit an. Es hat sich gezeigt, daß der Konvektionsstrom der Theorie eine Erfahrungstatsache darstellt. Der Röntgenstrom aber wird nur nach dem Bildungsgesetz, nicht nach der Größe von der Theorie richtig wiedergegeben; für Luft ist er Null.

Gehen wir zu den Kräften über. Zu 6. Den Strahlungsdruck einseitig auffallender Wellen hat zuerst Lebedew[1]) festgestellt und in quantitativer Übereinstimmung mit (110) gefunden. — Daß die Energiedichte der stationären Hohlraumstrahlung der

---

[1]) Ann. d. Physik IV, Bd. 6, 1901.

Gleichung (111) genügt, ist ein als Stefan-Boltzmannsches Gesetz bekanntes Grundgesetz in der Theorie der Strahlung. Da die Gleichung auf der Beziehung zwischen Energiedichte und Druck beruht, stützt die Erfahrung unsern Wert der Druckkräfte.

Zu 5. Die Kraft (109) besteht auch im Vakuum. Das ist ein Satz ohne Sinn, solange man nicht im leeren Raum etwas aufweist, das sich bewegen kann, — m. a. W.: das sich in seinen einzelnen Teilen durch Raum und Zeit verfolgen läßt.

Überblicken wir die Fälle, in denen die Maxwell-Hertzschen Gleichungen versagen, so zeigt sich, daß gerade im Vakuum (oder der in ihren Konstanten vom Vakuum kaum unterscheidbaren Luft) die Unvereinbarkeit von Theorie und Erfahrung am deutlichsten wird, — im vollen Gegensatz zu den Fällen, wo die Gleichungen für ruhende Körper sich als unzulänglich erwiesen. Diese betrafen ausschließlich gewisse Vorgänge in wägbaren Körpern, und deuteten mehr auf eine Unvollständigkeit als auf einen Fehler der Theorie. Jene aber rühren an die Grundlagen der Theorie; das zeigt sich in schärfster Form an der zuletzt besprochenen Kraft. Hertz sagt am Schluß seines Aufsatzes „Über die Grundgleichungen der Elektrodynamik für bewegte Körper": „Die richtige Theorie dürfte eine solche sein, welche in jedem Punkte die Zustände des Äthers von denen der eingebetteten Materie unterscheidet." Die Entwicklung der Elektrodynamik nach Hertz stellt sich als Ausführung des hier aufgestellten Programms dar. Diese Entwicklungsreihe darzustellen, soll im folgenden unsre Aufgabe sein.

Fünftes Kapitel.

Weitere Entwicklung der Maxwellschen Theorie.

§. 1 Die Grundlagen der Lorentzschen Elektronentheorie.

A. Unter den Versuchen, die Mängel der Maxwellschen Theorie zu beseitigen, nimmt die Theorie von H. A. Lorentz eine hervorragende Stelle ein[1]). Ihre Grundlagen sind von zweierlei Art: 1. Träger des elektromagnetischen Feldes ist ein überall vorhandener, in absoluter Ruhe verharrender Äther; er tritt in Wechsel-

---

[1]) Zusammenfassende Darstellungen von H. A. Lorentz: Enzyklopädie der mathem. Wissensch. V, 14. 1903, und Theory of electrons 1906.

wirkung mit der Materie ausschließlich durch deren elektrische Ladungen. 2. Die Elektrizität hat atomistische Struktur. — Die zweite Annahme hat der Theorie den Namen Elektronentheorie verschafft. Sie kommt aber nicht in Betracht für ein großes Anwendungsgebiet, welches vielmehr Folgerungen aus der ersten, noch näher auszuführenden Annahme enthält. Gerade diese Folgerungen werden uns vorzugsweise beschäftigen. Die Annahmen zu 1. sind die folgenden[1]):

a) Im reinen Äther sind die Grundgleichungen dieselben, welche auch nach Maxwell im leeren Raum gelten: Das Feld wird durch zwei Vektoren $\mathfrak{E}$ und $\mathfrak{H}_1$ dargestellt; zwischen ihnen bestehen die Wechselbeziehungen

$$c \cdot \operatorname{rot} \mathfrak{H}_1 = \varepsilon_0 \frac{\partial \mathfrak{E}}{\partial t}, \quad (1\,\text{a}) \qquad -c \cdot \operatorname{rot} \mathfrak{E} = \mu_0 \frac{\partial \mathfrak{H}_1}{\partial t}; \qquad (2)$$

durch sie drückt sich die Energie des Äther-Feldes aus als

$$W_1 = \int w_1 \cdot d\tau; \qquad w_1 = \frac{1}{2}\,\varepsilon_0\,\mathfrak{E}^2 + \frac{1}{2}\,\mu_0\,\mathfrak{H}_1^2 .\qquad (3)$$

Nach (1a) und (2) breiten sich elektromagnetische Felder im Äther als Transversalwellen mit der Geschwindigkeit

$$a_0 = \frac{c}{\sqrt{\mu_0\,\varepsilon_0}}$$

aus.

b) Die einzige Veränderung in diesen Gleichungen, welche der Anwesenheit von Materie entspringt, besteht darin, daß auf der rechten Seite von (1a) der Konvektionsstrom bewegter elektrischer Ladungen hinzutritt. Ihre Dichte sei ϱ_1, ihre Geschwindigkeit $\mathfrak{v}$; dann tritt an Stelle von (1a) die allgemeingültige Gleichung

$$c \cdot \operatorname{rot} \mathfrak{H}_1 = \varepsilon_0 \frac{\partial \mathfrak{E}}{\partial t} + \varrho_1 \mathfrak{v} . \qquad (1)$$

Aus der Bedeutung von ϱ_1 und $\mathfrak{v}$ folgt, daß

$$\frac{\partial}{\partial t} \int \varrho_1 \cdot d\tau = - \int_O \varrho_1 \mathfrak{v}_N \cdot dS \quad \text{oder} \quad \frac{\partial \varrho_1}{\partial t} = - \operatorname{div}(\varrho_1 \mathfrak{v}) \qquad (4)$$

ist; denn jede Seite der ersten Gleichung drückt die Zunahme des Elektrizitätsinhalts des Raumes τ in der Zeiteinheit aus (Konti-

---

[1]) Entsprechende Größen der beiden Theorien sind durch gleiche Buchstaben bezeichnet; ist die Bedeutung nicht gleich, sondern nur ähnlich, so ist dies durch den Index 1 angedeutet.

nuitätsgleichung). Nach (1) ist aber

$$\operatorname{div}(\varrho_1 \mathfrak{v}) = \frac{\partial}{\partial t} \operatorname{div}(\varepsilon_0 \mathfrak{E}) \,.$$

Dementsprechend wird gesetzt:

$$\operatorname{div}(\varepsilon_0 \mathfrak{E}) = \varrho_1 \tag{5}$$

und ebenso, in Übereinstimmung mit (2):

$$\operatorname{div}(\mu_0 \mathfrak{H}_1) = 0 \,. \tag{6}$$

Gleichung (1) stellt die Wirkung dar, welche die Materie im Äther hervorbringt.

c) Die Wirkung, welche sie erleidet, besteht darin, daß der Äther auf ein Teilchen, welches die Ladung $\varrho_1 \cdot d\tau$ trägt, die Kraft $\mathfrak{f}_1 \cdot d\tau$ ausübt, wo

$$\mathfrak{f}_1 = \varrho_1 \left\{ \mathfrak{E} + \left[\frac{\mathfrak{v}}{c}\, \mu_0 \mathfrak{H}_1 \right] \right\} \tag{7}$$

ist.

Hiermit sind die Grundannahmen erschöpft. Wir ziehen einige allgemeine Folgerungen.

Die Arbeit der Kräfte $\mathfrak{f}_1$, für die Zeiteinheit und den Raum τ berechnet, ist

$$A_1 = \int \mathfrak{f}_1 \mathfrak{v} \cdot d\tau = \int \varrho_1 \mathfrak{E} \mathfrak{v} \cdot d\tau \,.$$

Bildet man aber

$$(1) \cdot \mathfrak{E} \cdot d\tau + (2) \cdot \mathfrak{H}_1 \cdot d\tau,$$

und integriert über τ, so ergibt sich nach (o') und (3):

$$\int_{()} \mathfrak{S}_{1N} \cdot dS = \frac{\partial W_1}{\partial t} + \int \varrho_1 \mathfrak{v} \mathfrak{E} \cdot d\tau,$$

wo

$$\mathfrak{S}_1 = c \, [\mathfrak{E}\, \mathfrak{H}_1] \,. \tag{8}$$

Also ist

$$A_1 + \int_O \mathfrak{S}_{1N} \cdot dS = - \frac{\partial W_1}{\partial t} \,. \tag{9}$$

Faßt man das ganze Feld ins Auge, so verschwindet das Oberflächenintegral, und (9) sagt aus, daß die Arbeit der Kräfte $\mathfrak{f}_1$ aus der Energie W_1 des Äthers geschöpft wird. Zwischen zwei Teilen des Feldes aber, die durch die Fläche S geschieden sind, findet weiter ein Energieaustausch statt durch die Energieströmung $\mathfrak{S}_1$.

Um die resultierende Kraft

$$\mathfrak{F}_1 = \int \mathfrak{f}_1 \cdot d\tau$$

zu erhalten, bilden wir

$$\left[(1) \cdot \frac{\mu_0}{c}\, \mathfrak{H}_1\right] - \left[(2) \cdot \frac{\varepsilon_0}{c}\, \mathfrak{E}\right] + (5) \cdot \mathfrak{E} + (6) \cdot \mathfrak{H}_1\,,$$

und erhalten:

$$[\varepsilon_0 \operatorname{rot} \mathfrak{E} \cdot \mathfrak{E}] + \varepsilon_0 \operatorname{div} \mathfrak{E} \cdot \mathfrak{E} + [\mu_0 \operatorname{rot} \mathfrak{H}_1 \cdot \mathfrak{H}_1] + \mu_0 \operatorname{div} \mathfrak{H}_1 \cdot \mathfrak{H}_1$$

$$= \frac{\varepsilon_c \mu_0}{c} \left\{ \left[\frac{\partial \mathfrak{E}}{\partial t}\, \mathfrak{H}_1\right] - \left[\frac{\partial \mathfrak{H}_1}{\partial t}\, \mathfrak{E}\right] \right\} + \varrho_1 \left\{ \mathfrak{E} + \left[\frac{\mathfrak{v}}{c}\, \mu_0 \mathfrak{H}_1\right] \right\}$$

$$= \frac{1}{a_0^2} \frac{\partial \mathfrak{S}_1}{\partial t} + \mathfrak{f}_1\,.$$

Eine beliebige Komponente der linken Gleichungsseite läßt sich in ihrem elektrischen Anteil auf die Form von Kap. I, (38), (39) bringen, und entsprechend in ihrem magnetischen Anteil. Die Integration über τ ergibt dann nach dem Muster von Kap. I, (41 b), (39 a):

$$\mathfrak{F}_1 = \int \mathfrak{f}_1 \cdot d\tau = -\frac{\partial}{\partial t} \int \frac{\mathfrak{S}_1}{a_0^2}\, d\tau + \int_O p_1^N \cdot dS\,, \tag{10}$$

$$p_1^N = -\frac{1}{2}\left(\varepsilon_0 \mathfrak{E}^2 + \mu_0 \mathfrak{H}_1^2\right) \overline{\mathfrak{n}} + \varepsilon_0 \mathfrak{E}_N \cdot \mathfrak{E} + \mu_0 \mathfrak{H}_{1N} \cdot \mathfrak{H}_1\,, \tag{11}$$

wo $\overline{\mathfrak{n}}$ den Einheitsvektor in der Richtung von N bezeichnet.

Ebenso ergibt sich das resultierende Drehmoment

$$\mathfrak{N}_1 = \int [\mathfrak{r}\,\mathfrak{f}_1] \cdot d\tau = -\frac{\partial}{\partial t} \int \left[\mathfrak{r}\, \frac{\mathfrak{S}_1}{a_0^2}\right] d\tau + \int_O [\mathfrak{r}\, p_1^N]\, dS\,. \tag{12}$$

Für das vollständige Feld verschwinden die Oberflächenintegrale in (10) und (12); aber $\mathfrak{F}_1$ und $\mathfrak{N}_1$ werden nicht Null. In anderer Fassung: zerlegt man das vollständige Feld durch eine Fläche S, so werden die beiden resultierenden Kräfte und Drehmomente nicht entgegengesetzt gleich; die Kräfte $\mathfrak{f}_1$ gehorchen nicht dem Newtonschen Gegenwirkungsprinzip. (Es sind Kräfte, die der Äther auf die Materie ausübt; auf den Äther aber wirken keine Kräfte.)

Bezeichnen wir der Kürze wegen

$$\int \frac{\mathfrak{S}_1}{a_0^2}\, d\tau = \mathfrak{G}_1\,, \qquad \int \left[\mathfrak{r}\, \frac{\mathfrak{S}_1}{a_0^2}\right] d\tau = \mathfrak{Y}_1\,, \tag{13}$$

so haben wir:

$$\mathfrak{F}_1 = -\frac{\partial \mathfrak{G}_1}{\partial t} + \oint p_1^N \cdot dS, \quad \mathfrak{R}_1 = -\frac{\partial \mathfrak{Y}_1}{\partial t} + \oint [\mathfrak{r}\, p_1^N]\, dS \qquad (14)$$

und für das vollständige Feld:

$$\mathfrak{F}_1 = -\frac{\partial \mathfrak{G}_1}{\partial t} \quad (15\,\text{a}); \qquad\qquad \mathfrak{R}_1 = -\frac{\partial \mathfrak{Y}_1}{\partial t}. \quad (15\,\text{b})$$

Nun ist nach mechanischen Prinzipien die resultierende Kraft gleich der Zunahme des Impulses (oder der Bewegungsgröße)

$$\mathfrak{G}_0 \doteq \Sigma\, (m\mathfrak{v}),$$

und das resultierende Drehmoment gleich der Zunahme des Impulsmoments oder Drehimpulses

$$\mathfrak{Y}_0 = \Sigma\, [\mathfrak{r}\, m\mathfrak{v}]$$

in der Zeiteinheit, wo die m Massen bezeichnen:

$$\mathfrak{F}_1 = \frac{\partial \mathfrak{G}_0}{\partial t}, \quad \mathfrak{R}_1 = \frac{\partial \mathfrak{Y}_0}{\partial t}.$$

Beide Zunahmen sind Null für ein vollständiges System. Unser System, das aus Äther (Feld) und Materie besteht, läßt sich daher dem Schema der Mechanik einordnen, wenn man dem elektromagnetischen Feld neben einer Energie W_1 auch einen Impuls $\mathfrak{G}_1$ und einen Drehimpuls $\mathfrak{Y}_1$ zuschreibt. Denn es ist

$$\frac{\partial}{\partial t}\,(\mathfrak{G}_0 + \mathfrak{G}_1) = 0, \qquad \frac{\partial}{\partial t}\,(\mathfrak{Y}_0 + \mathfrak{Y}_1) = 0.$$

Zur Veranschaulichung diene folgendes Beispiel: Zwei parallele Platten A und B von der Fläche Σ stehen sich in einem Abstand b gegenüber. Von A gehe normal in der Richtung nach B eine unveränderliche Strahlung $\mathfrak{S}_1$ aus, und zwar während der Zeit von $t = 0$ bis $t = t_1$, wo

$$t_1 < \frac{b}{a_0}$$

sein soll. Zu einer Zeit t, welche diesem Intervall angehört, befindet sich die Strahlung vollständig innerhalb eines Raumes τ,

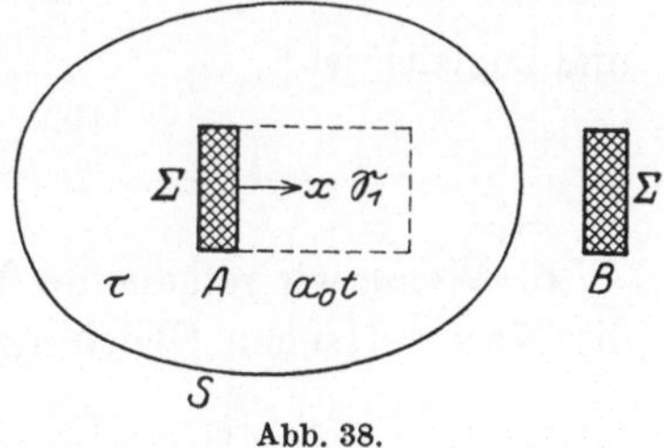

Abb. 38.

der A einschließt und B ausschließt (s. Abb. 38). Da auf den Äther keine Kräfte wirken, können wir $\mathfrak{F}_1$ als die Kraft berechnen, die auf A wirkt. Da der Zustand von A als unveränderlich vorausgesetzt wird, und ein Feld nur auf der Vorderseite von A vorhanden sein soll, ist nach (10) $\mathfrak{F}_1 = p_1^x \Sigma$, und da die Strahlung als Transversalwelle fortschreitet, ist nach (11) p_1^x nach $- x$ gerichtet und vom Betrag

$$\frac{1}{2}\left(\varepsilon_0\,\mathfrak{E}^2 + \mu_0\,\mathfrak{H}_1^2\right) = \frac{\mathfrak{S}_1}{a_0}.$$

Also:

$$\mathfrak{F}_1 = -\frac{\mathfrak{S}_1}{a_0}\,\Sigma.$$

Die elektromagnetische Bewegungsgröße $\mathfrak{G}_1$ nimmt aber in der Zeit 1 zu um den Beitrag eines Zylinders von der Grundfläche Σ und der Höhe a_0; d. h. $\dfrac{\partial\,\mathfrak{G}_1}{\partial t}$ ist nach $+ x$ gerichtet und hat den Betrag

$$\frac{\mathfrak{S}_1}{a_0^2}\cdot a_0\,\Sigma = \frac{\mathfrak{S}_1}{a_0}\,\Sigma.$$

So ist Gleichung (15a) erfüllt. Während der Zeit von $t = t_1$ bis $t = \dfrac{b}{a_0}$ befindet sich die Strahlung zwischen A und B; keine der beiden Platten erfährt eine Kraft; die Strahlung ändert ihren Platz, aber nicht ihr Volumen; $\mathfrak{G}_1$ bleibt unverändert; (15a) nimmt die Form $0 = 0$ an. Während der Zeit von $t = \dfrac{b}{a_0}$ bis $t = \dfrac{b}{a_0} + t_1$ verschwindet die Strahlung in der, als vollständig absorbierend vorausgesetzten, Platte B. Auf B wirkt eine Kraft

$$\mathfrak{F}_1 = +\frac{\mathfrak{S}_1}{a_0}\,\Sigma$$

und zugleich ist

$$\frac{\partial\,\mathfrak{G}_1}{\partial t} = -\frac{\mathfrak{S}_1}{a_0}\,\Sigma.$$

B. Wenn wir remanente Magnetisierung ausschließen, lauten die Maxwellschen Gleichungen:

$$c\cdot\operatorname{rot}\mathfrak{H} = \varepsilon\,\frac{\partial\,\mathfrak{E}}{\partial t} + \mathfrak{J} \qquad \operatorname{div}(\varepsilon\,\mathfrak{E}) = \varrho\,,$$

$$-c\cdot\operatorname{rot}\mathfrak{E} = \mu\,\frac{\partial\,\mathfrak{H}}{\partial t} \qquad \operatorname{div}(\mu\,\mathfrak{H}) = 0$$

und der Vergleich mit (1), (2), (5), (6) zeigt: die Lorentzschen Gleichungen gehen formal aus den Maxwellschen hervor, wenn man in diesen

$$\varepsilon = \varepsilon_0, \quad \mu = \mu_0, \quad \mathfrak{H} = \mathfrak{H}_1, \quad \mathfrak{J} = \varrho_1 \mathfrak{v}, \quad \varrho = \varrho_1$$

setzt. Wird daher die Aufgabe gestellt, aus gegebener Verteilung und Bewegung der Elektrizität das Feld abzuleiten, so können wir die allgemeine Lösung unmittelbar aus den Formeln (8) (9) (11) (16) (17) des Kap. IV, § 1 ablesen, bei deren Herleitung, wie hier, ε und μ als konstant im ganzen Raum vorausgesetzt ist. So erhalten wir: Das Feld leitet sich aus den verzögerten Potentialen $\mathfrak{A}$ und φ ab gemäß den Gleichungen:

$$\mu_0 \mathfrak{H}_1 = \operatorname{rot} \mathfrak{A}, \qquad \mathfrak{E} = -\frac{1}{c}\frac{\partial \mathfrak{A}}{\partial t} - \nabla \varphi,$$

$$\mathfrak{A} = \frac{\mu_0}{4\pi c}\int \frac{(\varrho_1 \mathfrak{v})_{t-\frac{r}{a_0}}}{r}\cdot d\tau, \qquad \frac{\partial \varphi}{\partial t} = \frac{\partial}{\partial t}\int \frac{(\varrho_1)_{t-\frac{r}{a_0}}}{4\pi\varepsilon_0\, r}\cdot d\tau, \qquad a_0 = \frac{c}{\sqrt{\varepsilon_0\mu_0}}. \tag{16}$$

Daß dort a, hier aber a_0 als Ausbreitungsgeschwindigkeit erscheint, liegt daran, daß dort ϱ und $\mathfrak{J}$, hier ϱ_1 und $\varrho_1 \mathfrak{v}$ als gegeben betrachtet wird. Tatsächlich gegeben sind die erstgenannten Größen; die ϱ_1-Werte dagegen sind erst durch das sich ausbreitende Feld bestimmt gemäß Gleichung (5). Die vorstehenden Gleichungen enthalten daher nur eine Scheinlösung. Andrerseits: die Formeln des Kap. IV setzen voraus, daß der stationäre Wert $\mathfrak{D} = \varepsilon \mathfrak{E}$ auch für beliebig schnell veränderliche Felder richtig ist. Daß dies nicht zutrifft, wurde bereits in Kap. IV, § 7 ausgesprochen. Nur in dem Fall, wo die beiden Theorien identisch werden, sind die Lösungen ihrer Grundgleichungen zugleich richtig und ausreichend; das ist der Fall der Ausbreitung im leeren Raum.

C. Das soeben Besprochene betrifft die Frage nach dem Feld bei gegebener Bewegung der Elektrizitätsträger. Das Gegenstück bildet die Frage: Wie bewegt sich ein Elektrizitätsträger in einem gegebenen Feld? Wir betrachten an dieser Stelle solche Träger, die aus dem Verband ausgedehnter Körper gelöst sind. Sie finden sich tatsächlich in hochevakuierten Räumen, mit negativen Ladungen in den Kathodenstrahlen, mit positiven in den sog. Kanalstrahlen; ferner mit beiderlei Ladungen in der Umgebung radioaktiver Körper als β- bzw. α-Strahlen.

a) Ein Teilchen mit der Ladung e_1, der Masse m und der anfänglichen Geschwindigkeit $\mathfrak{v}$ parallel zu x bewege sich in einem gleichförmigen elektrischen Feld $\mathfrak{E}_0$, das parallel zu y sei. Die Bewegungsgleichung ist:

$$m\,\frac{d\mathfrak{v}}{dt} = e_1\,\mathfrak{E}_0\,.$$

Die Bewegung ist die eines im Schwerefeld horizontal geschleuderten Körpers. Die Bahn ist eine Parabel mit der Gleichung

$$x^2 = \frac{2}{|\mathfrak{E}_0|}\,\frac{m}{e_1}\,v^2\cdot y\,.$$

b) Das Teilchen bewege sich in einem gleichförmigen, zu y parallelen magnetischen Feld $\mathfrak{H}_0$. Die Bewegungsgleichung ist:

$$m\,\frac{d\mathfrak{v}}{dt} = e_1\left[\frac{\mathfrak{v}}{c}\,\mu_0\,\mathfrak{H}_0\right].$$

Die Beschleunigung ist also normal zur Bewegungsrichtung und zum Felde. Daher ist erstens der Betrag der Geschwindigkeit konstant, und erfährt zweitens die zu $\mathfrak{H}_0$ parallele Geschwindigkeitskomponente keine Veränderung. Sei der Einfachheit wegen die Anfangsgeschwindigkeit normal zu $\mathfrak{H}_0$ (parallel zu x). Dann bleibt $\mathfrak{v}_y = 0$. Der Träger durchläuft eine Bahn in der xz-Ebene mit konstanter Geschwindigkeit. Die Bahn ist dadurch gegeben, daß die Zentripetalbeschleunigung $\dfrac{v^2}{r}$ (r der Krümmungsradius) den Wert

$$\mu_0\,|\mathfrak{H}_0|\,\frac{v}{c}\,\frac{e_1}{m}$$

hat. Also ist sie ein Kreis mit dem Radius

$$r = \frac{c}{\mu_0\,|\mathfrak{H}_0|}\,\frac{m}{e_1}\,v\,.$$

Die beiden Bahngleichungen enthalten einerseits $\dfrac{m}{e_1}\,v^2$, andrerseits $\dfrac{m}{e_1}\,v$. Werden bekannte elektrische und magnetische Felder gleichzeitig erregt, so ergibt die Beobachtung $\dfrac{e_1}{m}$ und v.

Bisher haben wir die Kraft, die jetzt $\mathfrak{F}_0$ heißen mag, lediglich aus dem äußeren Feld $\mathfrak{E}_0$ bzw. $\mathfrak{H}_0$ berechnet. Wir haben aber oben [Gleichung (13), (15a)] gesehen, daß das Eigenfeld des elektrisch geladenen Teilchens auf dieses eine resultierende Kraft

$$\mathfrak{F}_1 = -\frac{\partial\,\mathfrak{G}_1}{\partial t} = -\frac{\partial}{\partial t}\int\frac{\mathfrak{S}_1}{a_0^2}\,d\tau$$

ausübt, so daß die Bewegungsgleichung in Wahrheit lautet:

$$\frac{\partial}{\partial t}\,(m\mathfrak{v} + \mathfrak{G}_1) = \mathfrak{F}_0\,.$$

Die Größe $\mathfrak{G}_1$ hat Abraham[1]) für ein kugelförmiges Teilchen mit gleichförmiger, sei es räumlicher, sei es oberflächlicher Ladung und gleichförmiger Geschwindigkeit berechnet. Er fand, daß $\mathfrak{G}_1$ allgemein parallel zu $\mathfrak{v}$ ist, daß es ferner für Geschwindigkeiten, die klein gegen a_0 sind, proportional mit v ist, dann aber schneller wächst als v, und zwar in verschiedener Weise, wenn die Beschleunigung tangential zur Bahn, und wenn sie normal zu ihr ist. Schreibt man also

$$(m + m')\,\frac{d\mathfrak{v}}{dt} = \mathfrak{F}_0\,,$$

so ist für transversale Beschleunigungen, wie sie in den soeben besprochenen Versuchen vorkommen, m' eine bestimmte Funktion von v, die für $v \ll a_0$ in eine Konstante übergeht. Die Versuche sind von W. Kaufmann an β-Strahlen angestellt[2]). Er fand, daß der Faktor von $\dfrac{d\mathfrak{v}}{dt}$ tatsächlich keine Konstante ist, und daß er durch die Abrahamsche Formel dargestellt wird, wenn man $m = 0$ setzt, d. h. wenn man annimmt, daß die Träger der negativen Ladung nur eine elektromagnetische Masse, aber neben dieser keine „wahre" Masse besitzen. Wir führen die Rechnung nicht durch, da spätere Messungen gezeigt haben, daß die Lorentzsche Theorie und die aus ihr abgeleitete Abrahamsche Formel den Tatsachen nicht vollkommen gerecht werden (s. § 3, 4). Auch in der berichtigten Theorie behält aber der untere Grenzwert von $m + m'$, die Ruhmasse m_0, seine Bedeutung. Bei allen freien Trägern negativer Ladungen hat sich der Wert

$$\frac{|e|}{m_0} = 1{,}766 \cdot 10^7$$

in c. g. s.-Einheiten ergeben. (Für e_1 ist hier und im folgenden e geschrieben.)

Die Methoden, nach denen die Größen e und m_0 einzeln bestimmt wurden, können hier nur angedeutet werden. An negativ geladenen Nebeltröpfchen, die unter der gemeinsamen

---

1) Ann. d. Physik, IV, Bd. 10. 1903.
2) Göttinger Nachrichten 1903, Heft 3.

Wirkung der Schwere und eines vertikalen elektrischen Feldes fallen oder steigen, kann ihre Ladung bestimmt werden. Sie erwies sich stets als ganzzahliges Vielfaches der Elementarladung

$$e = -\,1{,}592 \cdot 10^{-20} \text{ c. g. s.}$$

Bezeichnet man ferner mit L die Loschmidtsche Zahl, d. h. die Anzahl tatsächlicher Atome, die in einem Grammatom, — etwa die Anzahl H-Atome, die in 1,008 Gramm Wasserstoff enthalten ist, und mit e die Ladung eines einwertigen Atoms, so ergibt die Elektrolyse [vgl. Kap. III, (44)]:

$$L\,|e| = 9649{,}4 \text{ c. g. s.}$$

Setzt man hierin für $|e|$ den obigen Wert, so folgt

$$\frac{1}{L} = 1{,}650 \cdot 10^{-24} \text{ g},$$

und dies ist in guter Übereinstimmung mit den Werten, die aus einer Reihe anderer Erscheinungen abgeleitet sind. Man nimmt an, daß die obige Elementarladung allgemein die kleinste Elektrizitätsmenge ist, und nennt das negative e ein Elektron. — Aus $\dfrac{e}{m_0}$ und e folgt:

$$m_0 = 0{,}9016 \cdot 10^{-27} \text{ g},$$

Aus:

$$\frac{|e|}{m_H} = \frac{9649}{1{,}008} \quad \text{und} \quad \frac{|e|}{m_0} = 1{,}766 \cdot 10^7$$

folgt:

$$\frac{m_H}{m_0} = 1845.$$

Die Masse eines Elektrons ist also sehr klein gegen die Masse irgend eines Atoms. — Die seitliche Ablenkung der Kathodenstrahlen bildet das weitestreichende Mittel zum Nachweis sehr schnell wechselnder Felder.

Als einfachstes Modell einer punktförmigen monochromatischen Lichtquelle erscheint jetzt ein einzelnes Elektron, das pendelartige Schwingungen gemäß der Gleichung

$$\mathfrak{r} = \mathfrak{A} \cdot \sin \nu_0 t$$

ausführt. Damit solche zustande kommen, muß eine Kraft vorhanden sein, die in der Art elastischer Kräfte das Elektron in eine

bestimmte Ruhelage treibt; d. h. die Bewegungsgleichung muß
sein:

$$m\frac{d^2\mathfrak{r}}{dt^2} = -a^2\mathfrak{r}, \quad \text{wo} \quad \frac{a^2}{m} = v_0^2.$$

[Die Bewegungen werden als hinlänglich langsam vorausgesetzt,
so daß m eine Konstante ($= m_0$) ist.] Über die Herkunft der Kraft,
die als quasielastische bezeichnet wird, gibt die Theorie keine
Rechenschaft. Sie muß also die Schwingungsbewegung als gegeben hinnehmen; wohl aber kann sie über die Änderung der
Bewegung unter gewissen Bedingungen Auskunft geben: Das
Elektron werde in ein gleichförmiges äußeres magnetisches Feld
$\mathfrak{H}_0$ gebracht. Dann verwandelt sich die Bewegungsgleichung in:

$$m\frac{d^2\mathfrak{r}}{dt^2} = -m\,v_0^2\,\mathfrak{r} + \left[\frac{e}{c}\,\mathfrak{v}\mu_0\,\mathfrak{H}_0\right], \quad \text{wo} \quad \mathfrak{v} = \frac{d\mathfrak{r}}{dt}.$$

Sei $\mathfrak{H}_0$ parallel zu z, und werde zur Abkürzung

$$\frac{e\,\mu_0\mathfrak{H}_{0z}}{cm} = b$$

gesetzt; dann haben wir also:

$$\frac{d^2x}{dt^2} = -v_0^2x + b\frac{dy}{dt}; \quad \frac{d^2y}{dt^2} = -v_0^2y - b\frac{dx}{dt}; \quad \frac{d^2z}{dt^2} = -v_0^2z.$$

Die Integration ergibt:

$$x = A\cos(v_1 t + \alpha) + B\cos(v_2 t + \beta),$$

$$y = -A\sin(v_1 t + \alpha) + B\sin(v_2 t + \beta),$$

$$z = C\cos(v_0 t + \gamma),$$

$$\text{wo} \quad v_1^2 - bv_1 = v_0^2; \quad v_2^2 + bv_2 = v_0^2,$$

während $ABC\alpha\beta\gamma$ willkürliche Konstanten sind.

Das bedeutet: eine geradlinige Schwingung parallel zum
Felde $\mathfrak{H}_0$ mit der ursprünglichen Frequenz v_0; zwei entgegengesetzt zirkulare in der zu $\mathfrak{H}_0$ normalen Ebene mit den Frequenzen
v_1 und v_2. Es sei $\mathfrak{H}_{0z}$ positiv; da e negativ ist, so ist dann b negativ, also v_1 die kleinere, v_2 die größere Frequenz. Die Kreis-
bahn mit der Frequenz v_1 wird aber in der Richtung von $+y$
nach $+x$, also im negativen Umlaufssinn bezüglich $+z$ durchlaufen, die Bahn von der Frequenz v_2 im positiven. Zusammen-

gefaßt: die zirkulare Bewegung mit der Frequenz $\nu_1 < \nu_0$ verläuft im negativen Sinn um $\mathfrak{H}_0$, diejenige mit der Frequenz
$\nu_2 > \nu_0$ im positiven Sinn. Da stets $b \ll \nu_0$ ist, so ist mit genügender Annäherung:

$$\nu_2 - \nu_0 = \nu_0 - \nu_1 = -\frac{b}{2}.$$

Das Feld, welches diese Schwingungen erzeugen, kennen wir
bereits: jeder einzelnen ihrer rechtwinkligen Komponenten entspricht ein Feld der Art, wie es in Kap. IV (43) u. folg. angegeben ist.
Wir haben uns lediglich unter dem Stromelement (dort $i\mathfrak{l}$) jetzt
ein Elektron e zu denken, das sich auf der kleinen Strecke $\mathfrak{l}$ hin
und her bewegt. Das Feld breitet sich in großen Entfernungen
(groß gegen die Wellenlänge) als transversale Welle aus
(a. a. O. unter a). Daher kommen für das, was man von $+ z$
aus beobachtet, nur die Schwingungen parallel zu x und y in
Betracht. Licht von der ursprünglichen Frequenz ν_0 erscheint
also aufgespalten in rechts-zirkulares von der nach rot verschobe-
nen Frequenz ν_1 und linkszirkulares von der nach violett ver-
schobenen Frequenz ν_2. — Normal zu $\mathfrak{H}_0$ (etwa in der Richtung
x) gesehen aber, erscheint es aufgespalten in drei geradlinig polarisierte Anteile: einen von der Frequenz ν_0, für welchen der elektrische Vektor in der Richtung von $\mathfrak{H}_0$ liegt, und zwei von den
Frequenzen ν_1 und ν_2, für welche er normal zu $\mathfrak{H}_0$ liegt (in der
Richtung y). — Alles dies ist von Zeeman an den D-Linien des
leuchtenden Natriumdampfs entdeckt worden. Der aus den
Beobachtungen abgeleitete Wert von $\frac{e}{m}$ war ferner in genügender
Übereinstimmung mit dem oben angeführten[1]). — Weitere Untersuchungen haben aber gezeigt, daß im allgemeinen (u. a. auch
beim Natriumdampf) eine Aufspaltung der Spektrallinien in
mehr — häufig viel mehr — als drei Linien erfolgt. Diesen Tatsachen gegenüber versagt nicht nur das einfachste Bild, das
unsern Rechnungen zugrunde lag: ein einziges Elektron, un-
beeinflußt von anderen Ladungen. Auch durch irgend welche
allgemeinere Annahmen hat die Lorentzsche Theorie die Gesetzmäßigkeiten, welche die Liniengruppen aufweisen, nicht erklären
können.

---

[1]) Phil. Mag. V, Bd. 43—45, 1897/8.

§ 2. Lorentzsche und Maxwellsche Theorie
für ruhende Körper.

A. Vergleichen wir die Grundlagen der Lorentzschen Theorie nun mit den Maxwellschen Gleichungen, und zwar zunächst für den Fall, daß nirgends Bewegungen ausgedehnter greifbarer Körper vorhanden sind. Das $\mathfrak{v}$ unserer Gleichungen bedeutet dann die Geschwindigkeit der Elektrizitätsträger gegen die als ganzes ruhende Materie. Die Gleichungen für den leeren Raum zeigen, daß dort $\mathfrak{E}$ und $\mathfrak{H}_1$ mit den Maxwellschen Feldstärken $\mathfrak{E}$ und $\mathfrak{H}$ gleichbedeutend sind. Diese Gleichsetzung können wir auch im Materie-erfüllten Raum aufrecht erhalten, solange es sich um Körper handelt, die weder temporäre, noch permanente Magnetisierung besitzen. Die Gleichung (1) zeigt dann, daß in dem Konvektionsstrom $\varrho_1\mathfrak{v}$ der Leitungsstrom $\mathfrak{J}$ und die zeitliche Änderung der elektrischen Polarisation $\dfrac{\partial \mathfrak{P}}{\partial t}$ zusammengefaßt sind, wo

$$\mathfrak{P} = \mathfrak{D} - \varepsilon_0\mathfrak{E} \tag{17}$$

[Kap. I, § 5 (57)]. Gleichung (5) zeigt, daß ϱ_1 nicht die Dichte der wahren, sondern die der freien Elektrizität ist; s. Kap. I, (49) bis (51). — Lassen wir magnetisch polarisierbare und (oder) permanent magnetische Körper zu, so nötigt uns Gleichung (6), allgemein unter $\mu_0\mathfrak{H}_1$ die Induktion zu verstehen, also

$$\mu_0\mathfrak{H}_1 = \mathfrak{B} = \mu_0\mathfrak{H} + \mathfrak{M}_1 \tag{18}$$

zu setzen, wo [wie in Kap. II, § 9 B], $\mathfrak{M}_1$ die freie Magnetisierung bezeichnet. Führen wir (18) in (1) ein, so ergibt sich:

$$c \cdot \operatorname{rot}\mathfrak{H} = \varepsilon_0 \frac{\partial \mathfrak{E}}{\partial t} + \varrho_1\mathfrak{v} - \frac{c}{\mu_0} \operatorname{rot}\mathfrak{M}_1. \tag{19}$$

Damit dies mit der Maxwellschen Grundgleichung übereinstimmt, muß der allgemeinste Ausdruck des Konvektionsstroms in ruhenden Körpern sein:

$$\varrho_1\mathfrak{v} = \mathfrak{J} + \frac{\partial \mathfrak{P}}{\partial t} + \frac{c}{\mu_0} \operatorname{rot}\mathfrak{M}_1. \tag{20}$$

Zusammengefaßt: der Lorentzsche Ansatz (1), (2) läßt sich in die Maxwellsche Form:

$$c \cdot \operatorname{rot}\mathfrak{H} = \mathfrak{J} + \frac{\partial \mathfrak{D}}{\partial t}, \tag{21}$$

$$-c \cdot \operatorname{rot}\mathfrak{E} = \frac{\partial \mathfrak{B}}{\partial t} \tag{22}$$

bringen, wenn man zwischen beiden Gleichungsgruppen die Beziehungen (17), (18) (20) annimmt. Von diesen sind (17) und (18) bloße Definitionen; (20) wird zu rechtfertigen sein.

Die Größen

$$\varrho_1 = \lim \frac{1}{\tau} \sum_\tau e_1 \quad \text{und} \quad \varrho_1 \mathfrak{v} = \lim \frac{1}{\tau} \sum_\tau e_1 \mathfrak{v},$$

auf die aus den Beobachtungen geschlossen werden kann, betrachten wir als Mittelwerte, gebildet für einen sehr kleinen Raum τ, in welchem aber noch sehr viele Teilchen (Molekeln) enthalten sind. So sind wir bereits in Kap. I, § 5 verfahren, um uns die elektrische Polarisation zu veranschaulichen. Auf die dortige Darstellung nehmen wir für das folgende Bezug. — Der Mittelwert $\bar{q}$ einer Größe q, die für jede einzelne Molekel einen von Null verschiedenen Wert hat, stellt sich einfach dar als die durch τ dividierte Summe der q-Werte für alle in τ vorhandenen Molekeln:

$$\bar{q} = \frac{1}{\tau} \sum_\tau q, \quad \text{oder kürzer geschrieben:} \quad \bar{q} = \sum_1 q.$$

Bei einer Größe q aber, die sich für jede einzelne Molekel aus entgegengesetzt gleichen Beiträgen zusammensetzt, entsteht $\bar{q}$ lediglich aus den Anteilen der die Oberfläche von τ schneidenden Molekeln, und es ist — s. Kap. I, (55), (56) — für ein skalares q:

$$\bar{q} = - \operatorname{div} \sum_1 (q\mathfrak{r}).$$

Bei unserer Aufgabe liegen nun drei Möglichkeiten vor:

a) Für jede Molekel ist

$$\sum e_1 \neq 0, \quad \sum e_1 \mathfrak{v} \neq 0.$$

Dann ist

$$\varrho_{1a} = \sum_1 e_1 = \varrho; \tag{23}$$

$$(\varrho_1 \mathfrak{v})_a = \sum_1 e_1 \mathfrak{v} = \mathfrak{J}. \tag{24}$$

b) Für jede Molekel ist

$$\sum e_1 = 0, \quad \sum e_1 \mathfrak{v} \neq 0.$$

Dann ist

$$\varrho_{1b} = - \operatorname{div} \sum_1 e_1 \mathfrak{r} = - \operatorname{div} \mathfrak{P}; \tag{25}$$

$$(\varrho_1 \mathfrak{v})_b = \sum_1 e_1 \mathfrak{v} = \frac{\partial \mathfrak{P}}{\partial t}.$$

c) Für jede Molekel ist

$$\sum e_1 = 0, \qquad \sum e_1 \mathfrak{v} = 0.$$

In diesem Fall soll weiter vorausgesetzt werden, — wie es etwa für zwei entgegengesetzt geladene, axial-symmetrische Schalen zutrifft, die gegen einander rotieren —:

$$\sum e_1 \mathfrak{r} = 0; \qquad \sum e_1 x^2, \quad \sum e_1 xy, \ldots \qquad \text{unabhängig von der Zeit.}$$

Dann ist also:

$$\sum e_1 x \mathfrak{v}_x = 0; \quad \sum e_1 x \mathfrak{v}_y + \sum e_1 y \mathfrak{v}_x = 0; \quad \sum e_1 x \mathfrak{v}_z + \sum e_1 z \mathfrak{v}_x = 0; \ldots$$

Diese Annahmen ergeben:

$$\varrho_{1c} = -\operatorname{div} \sum_1 e_1 \mathfrak{r} = 0,$$

$$(\varrho_1 \mathfrak{v}_x)_c = -\operatorname{div} \sum_1 e_1 \mathfrak{v}_x \mathfrak{r}$$

$$= -\left\{ \frac{\partial}{\partial x} \sum_1 e_1 \mathfrak{v}_x x + \frac{\partial}{\partial y} \sum_1 e_1 \mathfrak{v}_x y + \frac{\partial}{\partial z} \sum_1 e_1 \mathfrak{v}_x z \right\}$$

$$= \frac{\partial}{\partial y} \frac{1}{2} \sum_1 (e_1 x \mathfrak{v}_y - e_1 y \mathfrak{v}_x) - \frac{\partial}{\partial z} \frac{1}{2} \sum_1 (e_1 z \mathfrak{v}_x - e_1 x \mathfrak{v}_z).$$

Dies kann geschrieben werden:

$$= \frac{c}{\mu_0} (\operatorname{rot} \mathfrak{M}_1)_x,$$

und also allgemein:

$$(\varrho_1 \mathfrak{v})_c = \frac{c}{\mu_0} \operatorname{rot} \mathfrak{M}_1, \qquad \text{wenn} \qquad \mathfrak{M}_1 = \frac{\mu_0}{2c} \sum_1 [\mathfrak{r}_1 e \mathfrak{v}] \qquad (26)$$

gesetzt wird.

Faßt man alle Beiträge zusammen, so ergibt sich:

$$\varrho_1 = \varrho - \operatorname{div} \mathfrak{P}, \qquad \text{also} \qquad \varrho = \operatorname{div}(\varepsilon_0 \mathfrak{E} + \mathfrak{P}) = \operatorname{div} \mathfrak{D};$$

$$\varrho_1 \mathfrak{v} = \mathfrak{J} + \frac{\partial \mathfrak{P}}{\partial t} + \frac{c}{\mu_0} \operatorname{rot} \mathfrak{M}_1, \quad \text{d. h. (20)}.$$

Demnach bedeutet die durch (23) definierte Größe ϱ die wahre elektrische Dichte; das durch (24) definierte $\mathfrak{J}$ den Leitungsstrom; das durch (25) definierte $\mathfrak{P}$ die elektrische Polarisation; das durch (26) definierte $\mathfrak{M}_1$ die freie Magnetisierung. Die Molekeln mögen danach heißen: a) Leitungsmolekeln, b) Polarisationsmolekeln, c) Magnetisierungsmolekeln.

Die Bewegung der Elektrizitätsträger, und damit nach (20) die $\mathfrak{J}$, $\mathfrak{P}$ und $\mathfrak{M}_1$ müssen wir uns als Wirkung der Kräfte $\mathfrak{f}_1$ vorstellen. Die Kraft auf die freie Elektrizität e_1 ist nach (7) und (18):

$$e_1\left\{\mathfrak{E}+\left[\frac{\mathfrak{v}}{c}\cdot\mathfrak{B}\right]\right\}.$$

Zunächst eine Bemerkung bezüglich der Größenordnung der beiden Glieder. Im allgemeinen werden sich in Isolatoren elektrische und magnetische Energie an jeder Raumstelle als von gleicher Größenordnung erweisen, was wir bezeichnen wollen durch:

$$\varepsilon_0\mathfrak{E}^2\sim\frac{\mathfrak{B}^2}{\mu_0}.$$

Dann ist

$$|\mathfrak{E}|\sim\frac{|\mathfrak{B}|\,a_0}{c};$$

also

$$\frac{|\mathfrak{v}|\,|\mathfrak{B}|}{c}\ll\mathfrak{E},\quad\text{sobald}\quad|\mathfrak{v}|\ll a_0$$

ist. — Wo im folgenden Größenordnungen abzuschätzen sind, werden Geschwindigkeiten $\mathfrak{v}$ (oder $\mathfrak{w}$) stets, wie hier, in der Verbindung $\frac{\mathfrak{v}}{c}\left(\text{oder }\frac{\mathfrak{w}}{c}\right)$ auftreten, und es wird sich stets um das Verhältnis von $\mathfrak{v}$ ($\mathfrak{w}$) zur **Lichtgeschwindigkeit** handeln. Wenn wir später der Kürze wegen von großen oder kleinen Geschwindigkeiten sprechen, so ist dieses Verhältnis gemeint.

Wir wollen nun die einfachsten möglichen Annahmen machen:

a) Die Geschwindigkeit $\mathfrak{v}$ der Leitungsmolekeln soll erstens sehr klein gegen die Lichtgeschwindigkeit sein und zweitens der Kraft proportional, — womit reibungsartige Gegenkräfte und Beharrungszustand vorausgesetzt sind. Dann wird erstens die Kraft $=e_1\mathfrak{E}$, und zweitens $\mathfrak{J}$ proportional mit $\mathfrak{E}$. Wir schreiben:

$$\mathfrak{J}=\sigma\mathfrak{E}.\tag{27}$$

b) In den Polarisationsmolekeln bringen, da $\Sigma e_1=0$ ist, die Kräfte $\mathfrak{f}_1$ keine Gesamtbewegung hervor. Die Polarisation können wir nach Kap. I, (54), (55) schreiben:

$$\mathfrak{P}=\sum_1|e_1|\,\mathfrak{l}.$$

Wir nehmen sie als langsam veränderlich an, so daß die Kraft wieder $e_1\mathfrak{E}$ wird, und setzen die Abstände $\mathfrak{l}$ der $\pm\,e$ proportional der Kraft, — womit elastische Gegenkräfte und quasistationärer Zustand vorausgesetzt sind. Dann wird $\mathfrak{P}$ proportional mit $\mathfrak{E}$. Wir schreiben:

$$\mathfrak{P}=(\varepsilon-\varepsilon_0)\mathfrak{E}.\tag{28}$$

c) In den Magnetisierungsmolekeln wollen wir, — ohne daß uns die Theorie dafür einen ausreichenden Anlaß gibt, — die freie Magnetisierung $\mathfrak{M}_1$ proportional mit $\mathfrak{B}$ annehmen. Dann wird nach (18) $\mathfrak{B}$ proportional mit $\mathfrak{H}$. Wir schreiben:

$$\mathfrak{B} = \mu\,\mathfrak{H}\,. \tag{29}$$

Führt man die Annahmen (27), (28), (29) in (1), (2), (20), (17), (18) ein, so werden die Feldgleichungen identisch mit den Maxwellschen Gleichungen für nicht-ferromagnetische Körper in der bisher von uns benutzten Form. Wir haben aber in der unbestimmteren Form (21), (22) einen elastischen Rahmen, dem wir durch allgemeinere Beziehungen zwischen

$$\mathfrak{J},\qquad \mathfrak{P} = \mathfrak{D} - \varepsilon_0\,\mathfrak{E},\qquad \mathfrak{M}_1 = \mathfrak{B} - \mu_0\,\mathfrak{H}$$

einerseits und $\mathfrak{E}$, $\mathfrak{H}$ andrerseits einen vermehrten Inhalt geben können.

Hierbei ist zu bemerken, daß die Art, in welcher der Vektor $\mathfrak{M}_1$ in die Lorentzschen Gleichungen eingeht, der Durchführung der Lorentzschen Theorie Schwierigkeiten bereitet hat. Es hängt dies damit zusammen, daß, sobald $\mathfrak{M}_1 \neq 0$ ist, die Gleichungen nicht mehr symmetrisch sind bezüglich der elektrischen und der magnetischen Vektoren. Dieser Umstand erschwert zugleich den Vergleich mit den Maxwellschen Gleichungen. Wir werden uns daher hier auf die Behandlung des Falls $\mathfrak{M}_1 = 0$ beschränken, d. h. tatsächlich auf Körper ohne temporäre oder permanente Magnetisierung, theoretisch auf Leitungs- und Polarisationsmolekeln.

Man macht die allgemeine Annahme: in einer Molekel sind stets die Elektronen $-\,|e|$ vorhanden, welche die Kathoden- und β-Strahlen bilden; außerdem Atome, beladen mit beliebigen Vielfachen von $\pm\,e$. Man spricht von **Leitungs-**, **Polarisations-**, **Magnetisierungselektronen**, wo wir bisher von Leitungs- .. Molekeln sprachen.

B. Gemäß dem in Kap. IV, §1 Ausgeführten und unsrer Einschränkung haben wir in allen auch nur mäßig guten **Leitern**, besonders aber in den Metallen ausschließlich **Leitungselektronen** anzunehmen. Sie sollen durch elektrische Kräfte eine geordnete Bewegung erhalten, die sich ihrer ungeordneten Wärmebewegung überlagert. Diese ungeordnete Bewegung soll von der

Art sein, wie sie in der kinetischen Gastheorie angenommen wird. Ob die geradlinigen Bahnen wesentlich durch Zusammenstöße mit Metallatomen oder durch solche mit anderen Elektronen begrenzt werden, ist für das Folgende gleichgültig. Die Atome dürfen wegen ihrer viel größeren Masse (s. § 1) als ruhend betrachtet werden. Seien also N Elektronen in der Volumeinheit vorhanden, und sei $\mathfrak{v}$ ihre mittlere Geschwindigkeit. Dann ist

$$\mathfrak{J} = \varrho_1 \mathfrak{v} = N e \mathfrak{v}.$$

Die mittlere Geschwindigkeit der ungeordneten, über alle Richtungen gleichmäßig verteilten Bewegung habe den Betrag u; die Weglänge und die Zeit zwischen zwei Zusammenstößen seien l und t, so daß $u = \dfrac{l}{t}$ ist. Das elektrische Feld und somit $\mathfrak{J}$ sei parallel mit x, also $\mathfrak{v}$ parallel mit x, die x-Komponente der Beschleunigung $= \dfrac{e\,\mathfrak{E}_x}{m}$, und im Mittel für jeden Weg zwischen zwei Zusammenstößen

$$\mathfrak{v}_x = \frac{t}{2} \cdot \frac{e\,\mathfrak{E}_x}{m} = \frac{1}{2}\,\frac{e}{m}\,\frac{l}{u}\,\mathfrak{E}_x;$$

folglich das durch $\mathfrak{J} = \sigma\,\mathfrak{E}$ definierte elektrische Leitvermögen:

$$\sigma = \frac{1}{2}\,\frac{e^2 N l}{m u}.$$

Es kann nun $m u^2$ aus folgender Annahme berechnet werden: die Bewegung eines Elektrons besitzt 3 Freiheitsgrade (wie die einer starren Kugel), und die Gesamtheit der Elektronen ist bei gleicher Temperatur im statistischen Gleichgewicht mit jeder anderen Gesamtheit. D. h. die mittlere kinetische Energie ihrer Bewegung ist gleich der mittleren kinetischen Energie der fortschreitenden Bewegung von Gasmolekeln, (die ebenfalls 3 Freiheitsgrade besitzt). Das ergibt:

$$\frac{1}{2}\,m u^2 = \frac{3}{2}\,k T,$$

wo T die absolute Temperatur und k die Boltzmannsche Konstante ($k = \dfrac{R}{L}$ = allgemeine Gaskonstante geteilt durch Loschmidtsche Zahl) bedeutet. Also wird

$$\sigma = \frac{e^2 N l u}{6 k T}.$$

Nimmt man nun weiter an, daß auch die Wärmeleitung eines Metalls in der Übertragung der Energie der Elektronenbewegung besteht, so ergibt sich, wie in der kinetischen Gastheorie, das Wärmeleitvermögen $\varkappa$ als

$$\varkappa = \frac{k}{2} N l u \, .$$

Demnach wird

$$\frac{\varkappa}{\sigma} = \frac{3 k^2 T}{e^2} \, , \tag{30}$$

also unabhängig von der besonderen Wahl des Metalls und proportional der absoluten Temperatur (Wiedemann-Franzsches Gesetz). Der Faktor $\left(\dfrac{k}{e}\right)^2 = \left(\dfrac{R}{e L}\right)^2$ ist eine genau angebbare Größe[1]). Die Erfahrung stimmt recht gut mit dem Ergebnis der vorstehenden Rechnung. Diese leidet jedoch an manchen Ungenauigkeiten in der Einführung der Mittelwerte; die Verbesserung der Rechnung verschlechtert die Übereinstimmung mit der Erfahrung (Lorentz). Der Gegenstand ist sehr vollständig behandelt in der Enzyklopädie der mathem. Wissensch. V, 20: Seeliger, Elektronentheorie der Metalle.

Wir wollen noch untersuchen, ob die in Kap. IV, § 7 erwähnten Versuche von Hagen und Rubens mit der Elektronentheorie in Einklang sind. Reinganum hat diese Frage mit Hilfe der soeben benutzten Vorstellung der Zusammenstöße beantwortet[2]). Es ist aber nicht nötig, das Bild so weit auszuführen; es genügt vielmehr die folgende Annahme: Das Metall verhält sich wie ein Elektrolyt, in welchem die Metallatome das Kation, die Elektronen das Anion bilden, und bei dem die Wanderungsgeschwindigkeit des ersten verschwindend klein ist gegen die des zweiten. Es ist hiernach:

$$\mathfrak{J} = N e \mathfrak{v}; \qquad \frac{|e|}{m} = 1{,}77 \cdot 10^7 \text{ c. g. s.} ,$$

und wenn d die Dichte, A das Äquivalentgewicht des Metalls bezeichnet:

$$N e = 9650 \cdot \frac{d}{A} \text{ c. g. s.}$$

---

[1]) Das Vorstehende enthält den Gedankengang der Arbeiten von Drude: Ann. d. Physik IV, Bd. 1, 1900 und von Reinganum: ebenda, Bd. 2.

[2]) Ann. d. Physik IV, Bd. 16. 1905.

Dazu kommt, was die Erfahrung an stationären Strömen aussagt:

$$\mathfrak{J} = \sigma \mathfrak{E},$$

wo $\mathfrak{E}$ der Kraft proportional und σ eine Konstante ist. Damit die stationäre Geschwindigkeit diesem Gesetz folge, muß neben der konstanten Kraft noch ein der Geschwindigkeit proportionaler Widerstand vorhanden sein. Die Bewegungsgleichung lautet also:

$$m \frac{d\mathfrak{v}}{dt} = e\mathfrak{E} - \gamma \mathfrak{v} .$$

Sie hat die Lösung:

$$\mathfrak{v} = \frac{e\mathfrak{E}}{\gamma} + \mathfrak{a}\, e^{-\frac{\gamma t}{m}} .$$

Der stationäre Endwert ist

$$\mathfrak{v}_1 = \frac{e\mathfrak{E}}{\gamma},$$

was $\qquad \mathfrak{J} = \dfrac{N e^2 \mathfrak{E}}{\gamma} \qquad$ und $\qquad \gamma = \dfrac{N e^2}{\sigma}$

ergibt. Damit dieser stationäre Wert merklich auch für veränderliche Felder gelte, die proportional $\sin \nu t$ verlaufen, muß offenbar die Zeit zwischen zwei Vorzeichenwechseln groß gegen $\dfrac{m}{\gamma}$,

d. h. $\qquad\qquad \dfrac{\nu}{\pi} \ll \dfrac{N e^2}{m\sigma}$

sein. Das gibt z. B. für Kupfer mit den obigen Zahlen und $d = 8{,}9$; $A = 31{,}7$; $\sigma = 57 \cdot 10^{-5}$ die Bedingung:

$$\frac{\nu}{\pi} \ll \frac{10^{14}}{\mathrm{sec}},$$

in guter Übereinstimmung mit der Beobachtung.

C. In einem Isolator, — von dessen magnetischer Polarisierbarkeit stets abgesehen werden darf, — haben wir ausschließlich Polarisationselektronen anzunehmen. Ihre Ruhelage ist durch das Gleichgewicht zwischen elektrischer Kraft $\mathfrak{F}_1$ und quasielastischer Kraft gegeben. Ihre Bewegung erhalten wir aus Gleichungen von der Form:

$$m \frac{d^2\mathfrak{r}}{dt^2} = \mathfrak{F}_1 - a^2\mathfrak{r} - b \frac{d\mathfrak{r}}{dt}, \qquad\qquad (31)$$

wo das letzte Glied eine die Bewegung dämpfende Kraft darstellt. Die beiden letzten Glieder bedeuten Kräfte, die außerhalb der

Elektronentheorie liegen; ihre Konstanten sind willkürlich. Durch Summation über alle Elektronen der Volumeinheit — für welche wir hier zunächst gleiche Werte der Konstanten annehmen — gelangt man gemäß der Definition von $\mathfrak{P}$ zu einer Gleichung von der Form:

$$\frac{d^2\mathfrak{P}}{dt^2} = \alpha\,\mathfrak{E} - \beta\,\mathfrak{P} - \gamma\,\frac{d\mathfrak{P}}{dt}\,. \tag{32}$$

Hier ist in $\mathfrak{F}_1$ das Glied mit $\mathfrak{B}$ fortgelassen, was bei den jetzt zu behandelnden, gegen die Lichtgeschwindigkeit verschwindend kleinen Elektronengeschwindigkeiten stets gestattet ist. Befindet sich aber der Körper in einem genügend starken fremden Feld $\mathfrak{B}_0$, so kommt zu der rechten Seite von (31) ein Glied

$$\frac{e}{c}\left[\frac{d\mathfrak{r}}{dt}\,\mathfrak{B}_0\right]$$

hinzu, so daß an die Stelle von (32) tritt:

$$\frac{d^2\mathfrak{P}}{dt^2} = \alpha\,\mathfrak{E} - \beta\,\mathfrak{P} - \gamma\,\frac{d\mathfrak{P}}{dt} + \delta\left[\frac{d\mathfrak{P}}{dt}\,\mathfrak{B}_0\right]. \tag{33}$$

Setzt man die Feldgrößen proportional mit $e^{\iota\nu t}$ an, so wird aus (33):

$$(\nu^2 - \beta - \iota\nu\gamma)\,\mathfrak{P} + \iota\nu\delta\,[\mathfrak{P}\,\mathfrak{B}_0] = -\,\alpha\,\mathfrak{E}. \tag{34}$$

Nehmen wir zunächst $\mathfrak{B}_0 = 0$ an. Die Gleichung (34) zusammen mit $\mathfrak{D} = \varepsilon_0\,\mathfrak{E} + \mathfrak{P}$ ergibt dann:

$$\mathfrak{D} = (\varepsilon)\,\mathfrak{E}\,, \tag{35}$$

wo (ε) eine von ν abhängige komplexe Größe ist. Die Gleichung (35) zusammen mit $\mathfrak{J} = 0$ und $\mathfrak{B} = \mu_0\,\mathfrak{H}$ bildet jetzt die notwendige Ergänzung der Grundgleichungen (21), (22). Sie ist die Verallgemeinerung der Maxwellschen Gleichung:

$$\mathfrak{D} = \varepsilon\,\mathfrak{E},$$

wo ε eine reelle und konstante Größe bedeutet. Durch die Annahme von mehreren verschiedenen Arten polarisierbarer Teilchen kann die Verallgemeinerung noch weiter getrieben werden. Während der Maxwellsche Ansatz für alle ebenen Wellen eine Fortpflanzung mit gleicher Geschwindigkeit und ohne Absorption ergibt, erhalten wir jetzt eine von der Frequenz abhängige Geschwindigkeit, und zugleich Absorption. Jede Art von Teilchen besitzt eine Eigenfrequenz, die durch die Gleichung:

$$\frac{d^2\mathfrak{P}_n}{dt^2} = -\,\beta_n\,\mathfrak{P}_n$$

als $\sqrt{\beta_n}$ gegeben ist. Diese Eigenfrequenzen bestimmen den Verlauf der Dispersion und Absorption; die Absorptionsmaxima fallen mit den Eigenfrequenzen zusammen.

Tatsächlich steht der allgemeine Verlauf der Dispersion als Funktion von ν in engem Zusammenhang mit der Lage der Absorptionsmaxima. Dieser Zusammenhang wird durch die Theorie gut wiedergegeben. Zur Anpassung im einzelnen stehen die willkürlichen Konstanten unseres Ansatzes zur Verfügung.

Bisher sind wir von der Gleichung (32) ausgegangen. Dieser Ansatz ist eine genaue Übertragung der atomistischen Annahmen, die bereits in die elastische Theorie mit dem gleichen Erfolg eingeführt waren. — Etwas neues entsteht aber im Fall eines äußeren Magnetfeldes $\mathfrak{B}_0$. Unsere Gleichungen ergeben dann erstens, daß sich in Richtung des Feldes nur zirkular polarisierte Wellen unverzerrt fortpflanzen, und zwar mit einer für die beiden Umlaufsrichtungen verschiedenen Geschwindigkeit. D. h. sie liefern die von Faraday entdeckte magnetische Drehung der Polarisationsebene. Sie ergeben ferner, daß die Absorptionslinien aufgespalten werden in der gleichen Weise, wie wir es für die Emissionslinien abgeleitet haben. Das ist der sog. inverse Zeeman-Effekt, den Zeeman ebenfalls entdeckt hat[1]).

Nach dem bisher erwähnten erscheinen unsere atomistischen Annahmen im wesentlichen als richtig, — freilich als unvollständig, insofern sie Kräfte einführen, von denen sie keine Rechenschaft geben. In Wahrheit aber steht es ungünstiger für die Theorie. Die Linienspektra glühender Gase und Dämpfe zeigen in ihren Serien strenge Gesetzmäßigkeiten; die Schwingungszahlen der einzelnen Linien erweisen sich als Differenzen ganzzahlig gebildeter Terme. Das gleiche gilt von den magnetischen Aufspaltungen der Spektrallinien. Die Begründung dieser Gesetzmäßigkeiten entzieht sich jeder Theorie, die auf der Mechanik schwingungsfähiger Gebilde aufgebaut ist, und somit auch der Lorentzschen Elektronentheorie. Hier setzt grundstürzend die Quantentheorie ein. Sie steht noch in voller Entwicklung[2]).

D. Wir wollen noch klarstellen, wie sich die Kräfte $\mathfrak{f}_1$ der Lorentzschen Theorie zu den $\mathfrak{f}$ der Maxwellschen Theorie ver-

---

[1]) Nähere Ausführungen bei Lorentz: Theory of Electrons, Chapter IV.
[2]) Siehe Sommerfeld: Atombau und Spektrallinien.

halten. Dazu betrachten wir einen Fall, in welchem einerseits die Maxwellschen Kräfte zweifelfrei den Ausdruck der Erfahrung bilden, und andererseits für die Lorentzsche Theorie die oben erwähnte Schwierigkeit nicht in Frage kommt: das Feld soll stationär sein, und die Körper frei von permanenter und induzierter Magnetisierung. Es wird dann:

$$\mathfrak{f}_1 = \varrho_1 \mathfrak{E} + \left[\frac{\mathfrak{J}}{c} \, \mu_0 \mathfrak{H} \right].$$

Diese Kräfte sind, wie sich aus Kap. I, § 5 und Kap. II, § 1 ergibt, den Maxwellschen Kräften dann, aber auch nur dann gleichwertig, wenn es sich um starre Körper handelt, die von Vakuum umgeben sind. Der Unterschied zwischen den Lorentzschen Kräften $\mathfrak{f}_1$ und den Maxwellschen $\mathfrak{f}$ beruht grundsätzlich darauf, daß jene Arbeit leisten, wo freie Elektrizität sich bewegt, — also auch beim Bestehen einer Strömung, beim Entstehen elektrischer Polarisation (und im allgemeinen Fall beim Bestehen einer Magnetisierung) —; daß diese dagegen nur Arbeit leisten, wo Materie sich bewegt. Die Arbeit der $\mathfrak{f}_1$ wird aus der Energie W_1 des Äthers, die der $\mathfrak{f}$ aus der Gesamtenergie W bestritten. (Die Energieabgabe, die der Strömung entspricht, entfällt auf W_1, wie auf W; dort zunächst als Arbeit, hier sogleich als Wärme gedeutet.)

§ 3. Die Lorentzsche Theorie für bewegte Körper.

A. Die Aufgabe, aus der ursprünglich die Elektronentheorie erwachsen ist, war durch die Unzulänglichkeit der Maxwell-Hertzschen Gleichungen für bewegte Körper gestellt. Die Lösung, die sie bietet, ist durch die Gleichungen (1) bis (7) vollständig bestimmt. Es darf in diesen Gleichungen ϱ_1 eine beliebige Funktion des Orts sein; die Annahme, daß die Elektrizität atomistisch, aus Elektronen, aufgebaut sei, spielt in den folgenden Überlegungen keine Rolle mehr.

Die Bewegung der Materie kommt in den Grundgleichungen dadurch zur Geltung, daß (1) und (7) die absolute Geschwindigkeit $\mathfrak{v}$ der Elektrizitätsträger enthalten. Sei nun $\mathfrak{w}$ die Geschwindigkeit der Materie, $\mathfrak{v}'$ die Geschwindigkeit der Elektrizitätsträger relativ zur Materie, dann ist

$$\mathfrak{v} = \mathfrak{w} + \mathfrak{v}'.$$

Hierin ist $\mathfrak{w}$ eine Ortsfunktion, die wir als konstant betrachten dürfen, wenn wir für Raumelemente Mittelwerte bilden. Es ist daher mit den in § 2 benutzten Bezeichnungen:

$$\varrho_1 \mathfrak{v} = \sum_1 (e_1)\cdot\mathfrak{w} + \sum_1 (e_1\mathfrak{v}').$$

Unter der Strömung $\mathfrak{J}$ und der Polarisation $\mathfrak{P}$ verstehen wir Verschiebungen **gegen die Materie.** Von freier Magnetisierung sehen wir zunächst ab, setzen also:

$$\mathfrak{B} = \mu_0\,\mathfrak{H} \quad \text{oder} \quad \mathfrak{H}_1 = \mathfrak{H}\,. \tag{29a}$$

Dann ist

$$\sum_1 (e_1\mathfrak{v}') = \mathfrak{J} + \frac{d'\mathfrak{P}}{dt}\,,$$

wo, wie früher, $d'\mathfrak{P}$ die Änderung bedeutet, welche die eine **substantielle** Flächeneinheit durchsetzende Polarisation erfährt. Also, da

$$\sum_1 (e_1) = \varrho_1 = \operatorname{div}(\varepsilon_0\,\mathfrak{E})$$

ist:

$$\varrho_1 \mathfrak{v} = \operatorname{div}(\varepsilon_0\,\mathfrak{E})\cdot\mathfrak{w} + \mathfrak{J} + \frac{d'\mathfrak{P}}{dt}\,. \tag{36}$$

Nach (v') ist

$$\frac{d'\mathfrak{P}}{dt} = \frac{\partial\mathfrak{P}}{\partial t} + \operatorname{div}\mathfrak{P}\cdot\mathfrak{w} - \operatorname{rot}[\mathfrak{w}\,\mathfrak{P}]\,.$$

Führt man dies nebst (29a) und (36) in (1) ein, und schreibt wieder, wie in (17):

$$\varepsilon_0\,\mathfrak{E} + \mathfrak{P} = \mathfrak{D},$$

so kommt:

$$c\cdot\operatorname{rot}\mathfrak{H} = \mathfrak{J} + \frac{\partial\mathfrak{D}}{\partial t} + \operatorname{div}\mathfrak{D}\cdot\mathfrak{w} - \operatorname{rot}[\mathfrak{w}\,\mathfrak{P}]\,. \tag{37}$$

Dazu kommt wieder die Gleichung (2):

$$-c\cdot\operatorname{rot}\mathfrak{E} = \frac{\partial\mathfrak{B}}{\partial t}\,. \tag{38}$$

Ersetzt man in (37) $[\mathfrak{w}\,\mathfrak{P}]$ durch: $[\mathfrak{w}\,\mathfrak{D}] - [\mathfrak{w}\,\varepsilon_0\,\mathfrak{E}]$,

und beachtet in (38), daß $\operatorname{div}\mathfrak{B} = 0$ ist, so lassen sich diese Gleichungen schreiben:

$$c\cdot\operatorname{rot}\left\{\mathfrak{H} - \left[\frac{\mathfrak{w}}{c}\,\varepsilon_0\,\mathfrak{E}\right]\right\} = \mathfrak{J} + \frac{d'\mathfrak{D}}{dt}\,, \tag{37a}$$

$$-c\cdot\operatorname{rot}\left\{\mathfrak{E} + \left[\frac{\mathfrak{w}}{c}\,\mu_0\,\mathfrak{H}\right]\right\} = \frac{d'\mathfrak{B}}{dt}\,. \tag{38a}$$

Wie die entsprechenden Gleichungen für ruhende Körper, so bilden auch die jetzigen nur einen leeren Rahmen, der erst durch 3 Beziehungen zwischen den 5 Vektoren $\mathfrak{E}\ \mathfrak{D}\ \mathfrak{J}\ \mathfrak{H}\ \mathfrak{B}$ einen Inhalt erhält. Die eine haben wir bereits festgelegt: es soll

$$\mathfrak{B} = \mu_0\,\mathfrak{H}$$

sein. Die beiden fehlenden können wir eben so wenig allgemeingültig angeben, wie dies für ruhende Körper möglich war. Aber wir können die Frage beantworten: welches sind die Beziehungen für eine beliebige Geschwindigkeit $\mathfrak{w}$, wenn sie für $\mathfrak{w} = 0$ gegeben sind? Wohlbekannt sind sie im Fall $\mathfrak{w} = 0$ für stationäre Felder in homogenen isotropen Körpern. Sie lauten dann:

$$\mathfrak{J} = \sigma\mathfrak{E}, \quad \mathfrak{D} = \varepsilon\mathfrak{E} \quad (\text{oder} \quad \mathfrak{P} = (\varepsilon - \varepsilon_0)\mathfrak{E}),$$

wo σ und ε Körperkonstanten bedeuten. Die gleichen Werte gelten für nicht allzuschnell veränderliche Felder. Wir fragen, was im gleichen Geltungsbereich für beliebige $\mathfrak{w}$ - Werte an Stelle dieser Gleichungen tritt. Die Verschiebungen der Elektrizitätsträger gegen die Materie, und damit die Werte von $\mathfrak{J}$ und $\mathfrak{P}$, sind bei stationärem Zustand dadurch bestimmt, daß den elektromagnetischen Kräften $\mathfrak{f}_1$ das Gleichgewicht gehalten wird von Kräften, die zwischen den Elektrizitätsträgern und der Materie wirken. $\mathfrak{J}$ und $\mathfrak{P}$ werden also eindeutig bestimmt sein durch den Wert von $\mathfrak{f}_1$, welches auch der Wert von $\mathfrak{w}$ sei. Das heißt aber nach (7): sie sind nur abhängig von dem einen Argument

$$\mathfrak{E} + \left[\frac{\mathfrak{v}}{c}\,\mathfrak{B}\right].$$

Dieses ist bei absoluter Ruhe der Elektrizitätsträger $= \mathfrak{E}$, bei relativer Ruhe

$$= \mathfrak{E} + \left[\frac{\mathfrak{w}}{c}\,\mathfrak{B}\right].$$

Also wird

$$\mathfrak{P} = (\varepsilon - \varepsilon_0)\left\{\mathfrak{E} + \left[\frac{\mathfrak{w}}{c}\,\mathfrak{B}\right]\right\}. \tag{39}$$

Und ebenso:

$$\mathfrak{J} = \sigma\left\{\mathfrak{E} + \left[\frac{\mathfrak{w}}{c}\,\mathfrak{B}\right]\right\}. \tag{40}$$

Gleichbedeutend mit (39) ist:

$$\mathfrak{D} = \varepsilon_0\,\mathfrak{E} + (\varepsilon - \varepsilon_0)\left\{\mathfrak{E} + \left[\frac{\mathfrak{w}}{c}\,\mathfrak{B}\right]\right\}$$

oder

$$\mathfrak{D} = \varepsilon\,\mathfrak{E} + (\varepsilon - \varepsilon_0)\left[\frac{\mathfrak{w}}{c}\,\mathfrak{B}\right]. \tag{39a}$$

Die Gleichungen (37a), (38a), (39a), (29), (40) wollen wir nun so verallgemeinern, daß sie sowohl für

$$\mathfrak{w} = 0 \quad \text{und beliebiges } \mathfrak{M}_1,$$

wie für

$$\mathfrak{M}_1 = 0 \qquad (\mu = \mu_0, \quad \mathfrak{B} = \mu_0\,\mathfrak{H}) \qquad \text{und beliebiges } \mathfrak{w}$$

die bisherige Form behalten, für beliebiges $\mathfrak{w}$ und beliebige Magnetisierung aber symmetrisch bleiben. Damit weichen wir freilich von der Lorentzschen Theorie ab, aber an einer Stelle, wo ihre Aussagen schon für ruhende Körper nicht bestimmt sind (s. Seite 317). Wir setzen also an:

$$\left.\begin{aligned} c\cdot\operatorname{rot}\mathfrak{H}_1 &= \mathfrak{J} + \frac{d'\mathfrak{D}}{dt}\\[2mm] -\,c\cdot\operatorname{rot}\mathfrak{E}_1 &= \frac{d'\mathfrak{B}}{dt} \end{aligned}\right\} \tag{41} \qquad \left.\begin{aligned} \mathfrak{H}_1 &= \mathfrak{H} - \left[\frac{\mathfrak{w}}{c}\,\varepsilon_0\,\mathfrak{E}\right]\\[2mm] \mathfrak{E}_1 &= \mathfrak{E} + \left[\frac{\mathfrak{w}}{c}\,\mu_0\,\mathfrak{H}\right] \end{aligned}\right\} \tag{42}$$

$$\left.\begin{aligned} \mathfrak{D} &= \varepsilon\,\mathfrak{E}_1 - \varepsilon_0\mu_0\left[\frac{\mathfrak{w}}{c}\,\mathfrak{H}\right]\\[2mm] \mathfrak{B} &= \mu\,\mathfrak{H}_1 + \varepsilon_0\mu_0\left[\frac{\mathfrak{w}}{c}\,\mathfrak{E}\right]\\[2mm] \mathfrak{J} &= \sigma\,\mathfrak{E}_1 \end{aligned}\right\} \tag{43}$$

Die Gleichungen setzen voraus, daß weder eingeprägte elektromotorische Kräfte, noch permanente Magnetisierung vorhanden sind.

Es wäre nun noch die Energiegleichung aufzustellen, und aus ihr das System der Kräfte abzuleiten. Es wären diese Kräfte und ebenso der Inhalt der Gleichungen (41), (42), (43) mit dem zu vergleichen, was in Kap. IV, § 9 als Inhalt der Maxwell-Hertzschen Gleichungen und als Ergebnis der Beobachtungen besprochen ist. Dabei würde sich ergeben, daß die dort aufgeführten Widersprüche zwischen Theorie und Erfahrung jetzt durchweg verschwunden sind. Wir schieben jedoch dies alles hinaus. Denn an Stelle der beseitigten Widersprüche hat sich jetzt ein neuer erhoben, — und dieser trifft die Grundlage der Lorentzschen Theorie.

B. Nach der Maxwell-Hertzschen Theorie (vgl. a. a. O. unter 1) ist jedes starre Bezugssystem jedem andern gleichwertig. Nach

der Lorentzschen Theorie gibt es ein einziges ausgezeichnetes
Bezugssystem, in dem unsere Gleichungen gelten. Es ist dasjenige,
welches wir als ruhend bezeichnet haben. [Genau das gleiche
bedeutet die Aussage: es ist der Äther. Denn in dem unendlich
ausgedehnten, überall gleichen Äther können wir einzelne Teile
nicht wiedererkennen; von ihrer Bewegung zu sprechen, hat keinen
Sinn. Der „ruhende Äther" ist nichts anderes als ein starres Bezugs-
system]. Diese Grundannahme kommt naturgemäß in den soeben
abgeleiteten Kontinuumsgleichungen zum Ausdruck. Sie kann
auf ihre Zulässigkeit geprüft werden, indem diese mit der
Erfahrung verglichen werden. Das ist auf vielerlei Weise geschehen. Von entscheidender Bedeutung für die Weiter-
entwicklung der Theorie war ein Versuch: der Michel-
son-Morleysche Interferenzversuch. Es liegt dies nicht
nur an seiner Genauigkeit, son-
dern besonders daran, daß es sich
um die Ausbreitung des Lichts in
Luft handelt. Hier sind $\Im$, $\mathfrak{P}$
und $\mathfrak{M}_1$ gleich Null zu setzen, und
die besonderen Annahmen, die wir
über die Werte dieser Größen gemacht haben, fallen daher außer
Betracht. Der Versuch hat es un-

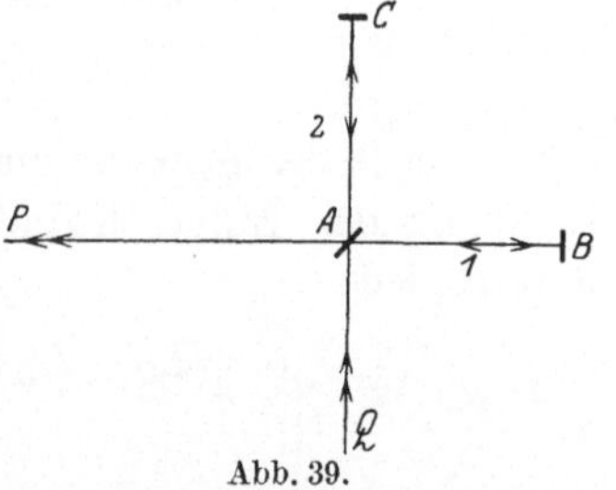

Abb. 39.

mittelbar mit den Grundannahmen der Lorentzschen Theorie zu
tun. Die oft beschriebene Anordnung ist, schematisiert, die folgende (Abb. 39): Ein von Q herkommendes Parallelstrahlen-
bündel fällt unter 45^0 auf einen halbdurchsichtigen Spiegel A.
Es wird in zwei Anteile 1 und 2 zerlegt, die, in B und C unter 0^0
gespiegelt und durch A wieder vereinigt, nach P ins Fernrohr
gelangen und dort gemäß ihrem Gangunterschied interferieren.
Die, sehr nahe gleichen, Strecken von Spiegel zu Spiegel seien l_1
und l_2. Die Erdgeschwindigkeit sei $\mathfrak{w}$, die Lichtgeschwindigkeit $\mathfrak{u}$ (mit dem Betrage a_0); die Geschwindigkeit der Lichtausbreitung relativ zur Erde ist dann

$$\mathfrak{u}' = \mathfrak{u} - \mathfrak{w},$$

die Zeit für die Strecke l ist

$$\frac{l}{|\mathfrak{u}'|},$$

der vom Licht zurückgelegte Weg:

$$L = \frac{a_0\, l}{|\mathfrak{u}'|}\,.$$

Bewege sich nun die Erde in der Richtung $A\,B$; dann ist der vom Anteil 1 zurückgelegte Weg:

$$L_B = \frac{a_0\, l_1}{a_0 - w} + \frac{a_0\, l_1}{a_0 + w} = \frac{2\, l_1}{1 - \dfrac{w^2}{a_0^2}}\,,$$

der vom Anteil 2 zurückgelegte, da hier $\mathfrak{u}' \perp \mathfrak{w}$ ist:

$$L_C = \frac{2\, l_2}{\sqrt{1 - \dfrac{w^2}{a_0^2}}}\,,$$

der Gangunterschied:

$$\delta = L_C - L_B = \frac{2\, l_2}{\sqrt{1 - \dfrac{w^2}{a_0^2}}} - \frac{2\, l_1}{1 - \dfrac{w^2}{a_0^2}}\,.$$

Jetzt werde der Apparat um 90^0 gedreht, so daß nun $A\,C$ in die Richtung der Erdgeschwindigkeit fällt. Dann wird der Gangunterschied:

$$\delta' = L_C' - L_B' = \frac{2\, l_2}{1 - \dfrac{w^2}{a_0^2}} - \frac{2\, l_1}{\sqrt{1 - \dfrac{w^2}{a_0^2}}}\,.$$

Also ist die Veränderung des Gangunterschieds:

$$\varDelta = \delta' - \delta = 2(l_1 + l_2)\left\{\frac{1}{1 - \dfrac{w^2}{a_0^2}} - \frac{1}{\sqrt{1 - \dfrac{w^2}{a_0^2}}}\right\}.$$

Nun ist

$$\frac{w}{a_0} \approx 10^{-4}.$$

Vernachlässigt man die vierte Potenz dieser Größe, so wird

$$\varDelta = (l_1 + l_2)\left(\frac{w}{a_0}\right)^2.$$

Ist λ die Wellenlänge des benutzten Lichts, so ist $\dfrac{\varDelta}{\lambda}$ die in Streifenbreiten ausgedrückte Verschiebung, welche das Interferenzbild durch die Drehung erfährt. — Der Apparat wird tatsächlich um eine vertikale Achse gedreht. Es tritt also nicht $\mathfrak{w}$, sondern die horizontale Komponente von $\mathfrak{w}$ in den Gleichungen auf. Ihr Betrag und ihre Lage im Horizont wechselt mit der Sternzeit. Ferner tritt zu einem im Jahreslauf veränderlichen w die konstante Eigengeschwindigkeit der Sonne. — So die Theorie. Das Ergebnis aller Versuche und ihrer kritischen Durchmusterung ist, daß keine Verschiebung eintrat, die auch nur einem Zehntel der Erdgeschwindigkeit entsprochen hätte, und daß in den tatsächlich beobachteten Verschiebungen keine der zu erwartenden Gesetzmäßigkeiten zu erkennen ist. Kurz: die Beobachtungen zeigen, daß das Licht sich gleichmäßig gegenüber der Erde ausbreitet.

Die Bewegung der Erde setzt sich zusammen aus der Bewegung ihres Mittelpunkts (als deren Geschwindigkeit oben w gedeutet ist), und der Drehung um ihre Achse. Der zweite Anteil kommt, wie wir sehen werden, bei dem Michelson-Morleyschen Versuch deshalb nicht in Betracht, weil die beiden Lichtwege keine Fläche einschließen: es besteht ja bereits jeder für sich aus einem Hin- und Rücklauf über dieselbe Strecke. Wir müssen also genauer sagen: die Beobachtungen beweisen, daß das Licht sich gleichmäßig ausbreitet gegenüber einem System, das die Translationsbewegung der Erde teilt.

Das gleiche lehren, wenn auch mit geringerer Genauigkeit, alle optischen Vorgänge, die sich vollständig an der Erdoberfläche (in gegen die Erde ruhenden Körpern) abspielen. Ihnen steht die Tatsache der Aberration gegenüber; wir schließen aus ihr (vgl. Kap. IV, § 9), daß das Licht sich gleichförmig relativ zu den Fixsternen ausbreitet.

Man kann zunächst denken, daß der Unterschied in den Lichtquellen begründet ist: dort solche, die die Bewegung der Erde teilen, hier solche, die sie nicht teilen. Man könnte annehmen — und W. Ritz[1]) hat dies getan —, daß eine bewegte Lichtquelle das Licht aussendet, wie ein bewegtes Geschütz sein Geschoß. Das Licht, das von Doppelsternen kommt, beweist aber die Unzulässigkeit dieser Annahme. Nach ihr müßte der Teil der Umlaufszeit vom Punkt der schnellsten Annäherung an die Erde bis zum Punkt der schnellsten Entfernung stets länger erscheinen, als der andre Teil des Umlaufs; d. h. die Spektrallinien müßten sich, der Beobachtung zuwider, langsam von

---

[1]) Ann. chim. phys. Bd. 13. 1908.

violett zu rot, schnell von rot zu violett verschieben[1]). Ferner haben Beobachtungen von Tomaschek[2]) gezeigt, daß es für das Ergebnis des Michelson-Morleyschen Versuchs gleichgültig ist, ob das Licht von einer irdischen Lichtquelle oder von einem Fixstern herrührt.

Man kann ferner versuchen, die Aberration anders zu deuten. Man kann mit Stokes die Annahme machen, daß das Licht sich gleichmäßig fortpflanzt in einem Medium, das an der Oberfläche jedes Himmelskörpers, des Fixsternes wie der Erde, haftet, während im Zwischenraum ein stetiger Übergang des Bewegungszustands stattfindet. Damit sich unter dieser Voraussetzung die Aberration richtig ergibt, muß man dann weiter annehmen, daß die Geschwindigkeit $\mathfrak{v}$ dieses Mediums ein Potential besitzt (rot $\mathfrak{v} = 0$ ist). Alle diese Annahmen sind aber nicht miteinander verträglich bei einem Medium von unveränderlicher Dichte; man muß ihm vielmehr an der Oberfläche der Erde eine ungeheure Verdichtung zuschreiben, während man zugleich die Lichtgeschwindigkeit als unabhängig von dieser Verdichtung annimmt[3]).

Es bleibt noch eine letzte Möglichkeit, die Aberration mit dem Michelson-Morley-Versuch in Einklang zu bringen: Der Versuch ist in Luft angestellt, die die Bewegung der Erde teilt; es wäre denkbar — und diese Annahme liegt einem Ansatz des Verfassers zugrunde —, daß er im Vakuum zu einem andern Ergebnis führte. Eine solche Annahme wird zwar nicht ausgeschlossen, wohl aber sehr unwahrscheinlich gemacht durch die Tatsache, daß die elektromagnetischen Konstanten (ε und μ) der Gase sehr wenig von denen des Vakuums verschieden sind, und mit zunehmender Verdünnung stetig in diese übergehen[4]).

Lehnen wir alle diese Vermittlungsversuche ab, so kommen wir schließlich zu dem paradoxen Satz: Dieselbe Lichtausbreitung im Vakuum, die gleichförmig ist relativ zu den Fixsternen, ist auch gleichförmig relativ zur Erde.

Hier ist (s. oben) unter „Erde" ein Bezugssystem verstanden, das bei unveränderter Achsenrichtung die Bewegung des Erd-

---

[1]) Siehe de Sitter: Physikal. Zeitschr. Bd. 14, S. 429 und 1267. 1913.
[2]) Ann. d. Physik, IV, Bd. 73. 1924.
[3]) Lorentz: Theory of electrons, Nr. 147 ff.
[4]) E. Cohn: Berliner Berichte, 1904. S. 1294.

mittelpunkts besitzt. Nun ist die Beschleunigung des Erdmittelpunkts gegen die Sonne nur rund 0,6 cm/sec², die Bewegung der Sonne selbst aber ist als unbeschleunigt zu betrachten. Der Satz lautet also — mit einer Verallgemeinerung, an deren Zulässigkeit kein Zweifel sein kann —: Die Lichtausbreitung im Vakuum ist gleichförmig relativ zu den Fixsternen, und sie ist ebenfalls gleichförmig relativ zu jedem System, das gegenüber den Fixsternen eine nach Größe und Richtung konstante Geschwindigkeit besitzt.

Um zu erkennen, daß dieser Satz, dem Anschein zuwider, keinen innern Widerspruch enthält, beachten wir folgendes. Um eine Geschwindigkeit relativ zur Erde zu bestimmen, müssen wir die Differenz zweier Zeiten an verschiedenen Orten der Erde messen, müssen also zunächst festlegen, was gleiche Zeitpunkte in verschiedenen Raumpunkten sind. Dazu dienen im allgemeinen Lichtsignale. Es genügt für die meisten Zwecke, die Übermittlung dieser Signale als zeitlos anzusehen. Handelt es sich aber um Geschwindigkeiten, die mit der Lichtgeschwindigkeit vergleichbar sind, so muß die Ausbreitungszeit des Lichtsignals in Rechnung gezogen werden. Wir nehmen dabei an, daß das Licht sich nach allen Richtungen gleichförmig ausbreitet. D. h. wir definieren Gleichzeitigkeit an verschiedenen Orten durch dieses Postulat. Die Erfahrung lehrt uns nur, daß eine solche Definition möglich ist, d. h. daß wir zum gleichen Ergebnis gelangen, ob wir nun die Zeit im Punkt A mit der Zeit im Punkt Z unmittelbar vergleichen, oder ob wir dies auf einem beliebigen Umweg über Punkte $B, C \ldots$ tun. Indem wir ein physikalisches Gesetz aussprechen, setzen wir stillschweigend voraus, daß Geschwindigkeiten, Beschleunigungen, ... in Übereinstimmung mit dieser Zeitdefinition gemessen sind. In diesem Sinn wollen wir von irdischer Zeit und irdischer Physik sprechen. — Ist es nun möglich, daß dasselbe Gesetz der Lichtausbreitung und allgemein dieselbe Physik auch gelten in einem System, das sich mit konstanter Geschwindigkeit gegen die Erde bewegt? Wir wollen es fordern, und sehen, zu welchen Folgerungen das führt. Es wird sich zeigen: die Forderung ist durchführbar, sobald man sich nur von der Vorstellung freimacht, daß Gleichzeitigkeit an verschiedenen Orten ohne Bezugnahme auf physikalische Vorgänge definiert werden kann. Schon die eine Forderung: „Wenn das Licht sich gleichförmig mit der Geschwindigkeit a_0 in einem System Σ ausbreitet, dann gilt das gleiche auch für ein System Σ', das sich mit der konstanten Geschwindigkeit $\mathfrak{w}$ gegen Σ bewegt", — genügt, um die Beziehungen festzulegen, die zwischen den Koordinaten und Zeiten der beiden Systeme ($xyzt$ und $x'y'z't'$) bestehen müssen. Ist uns dann die Physik des Systems Σ bekannt, d. h. das, was ein Beobachter B in Σ als Funktion von $xyzt$ wahrnimmt, so haben wir damit zugleich die Physik des Systems Σ', d. h. das, was ein Beobachter B' in Σ' als Funktion von $x'y'z't'$ wahrnimmt. Um aber zu erfahren, wie der Beobachter B diese Vorgänge wahrnimmt, haben wir lediglich von $x'y'z't'$ auf $xyzt$ zu transformieren. Die Durchführung dieses Programms bildet den Inhalt der Theorie, die gegenwärtig spezielle Relativitätstheorie heißt. Hier soll es soweit entwickelt werden, wie es die Gesetze der Elektrodynamik für bewegte Körper liefert.

§ 4. Relativitätstheorie.

A. Wir wählen die Richtung von $\mathfrak{w}$ als gemeimsame x- und x'-Richtung; es sind dann alle zu x normalen Richtungen unter sich gleichwertig. Wir wählen weiter y' und z' parallel zu y bzw. z. Da kein Raumpunkt oder Zeitpunkt vor dem andern ausgezeichnet ist, müssen die Beziehungen zwischen $xyzt$ und $x'y'z't'$ linear sein. Wir können und wollen ferner die Festsetzung treffen, daß für $x = y = z = t = 0$ auch $x' = y' = z' = t' = 0$ sein soll; dann sind diese linearen Gleichungen homogen. Es gilt, ihre Koeffizienten zu bestimmen.

Eine ebene Welle pflanze sich in Σ nach $+x$ fort. Die Feldgrößen sind dann nur Funktionen von $x - a_0 t$. Unsere Forderung lautet, daß sie in Σ' nur Funktionen von $x' - a_0 t'$ sind. Es muß also $x - a_0 t$ eine Funktion von $x' - a_0 t'$ sein, und zwar nach dem vorstehenden:

$$x' - a_0 t' = \lambda (x - a_0 t) \quad (\lambda \text{ unabhängig von } xyzt). \quad (a)$$

Eine ebene Welle pflanze sich in Σ nach $-x$ fort. In diesem Fall ist

$$x' + a_0 t' = \mu (x + a_0 t). \quad (b)$$

Die Welle in (a) schreitet in Σ in der Bewegungsrichtung von Σ' (gegen Σ) fort. Es ist aber zugleich eine Welle, die in Σ' entgegen der Bewegungsrichtung von Σ (gegen Σ') fortschreitet.

Es muß also, da in Σ und Σ' dieselben Gesetze gelten, nach (b) sein:

$$- x + a_0 t = \mu \left(- x' + a_0 t'\right). \tag{c}$$

Aus (a) und (c) folgt:

$$\lambda \mu = 1. \tag{d}$$

Schreibt man:

$$\lambda + \mu = 2\,k, \quad \lambda - \mu = 2\,l,$$

so ergibt (a), (b), (d):

$$x' = k\,x - l\,a_0 t; \qquad t' = k\,t - \frac{l}{a_0}\,x; \qquad k^2 - l^2 = 1. \tag{e}$$

Es soll sich aber Σ' in Σ mit der Geschwindigkeit w nach $+\,x$ verschieben, d. h. es ist $x' = 0$, wenn $x = w\,t$ ist; folglich ist x' proportional mit $x - w\,t$. Also nach der ersten Gleichung (e):

$$\frac{l\,a_0}{k} = w.$$

Somit wird aus (e):

$$x' = k\,(x - w\,t); \qquad t' = k\left(t - \frac{w}{a_0^2}\,x\right); \qquad k^2\left(1 - \frac{w^2}{a_0^2}\right) = 1. \tag{f}$$

Da für $w = 0$ beide Bezugssysteme zusammenfallen müssen, ist für k die positive Wurzel zu nehmen.

Eine ebene Welle pflanze sich in Σ nach $+\,y$ fort. Die Feldgrößen sollen also nur Funktionen von $y - a_0 t$ sein. Dann sind sie in Σ' nur Funktionen von $y' - a_0 t'$. Also ist

$$y' - a_0 t' = \nu\,(y - a_0 t). \tag{g}$$

Aber da alle zu x normalen Richtungen, und also auch $+\,y$ und $-\,y$, gleichwertig sind, ist ebenso für eine nach $-\,y$ fortschreitende Welle:

$$y' + a_0 t' = \nu\,(y + a_0 t). \tag{h}$$

Andrerseits: da $-\,y$ zur Bewegungsrichtung von Σ (gegen Σ') liegt, wie $+\,y$ zur Bewegungsrichtung von Σ' (gegen Σ), so muß (h) gelten unter Vertauschung von $-\,y, t$ mit $+\,y', t'$; also:

$$y - a_0 t = \nu\,(y' - a_0 t'). \tag{i}$$

Aus (g) und (i) folgt:

$$\nu = 1, \quad y' = y, \quad t' = t.$$

Ebenso transformiert sich eine nur von $z - a_0 t$ abhängige Größe gemäß den Gleichungen:

$$z' = z, \quad t' = t.$$

Wir umfassen alle hier behandelten Einzelfälle, wenn wir als Transformationsgleichungen nehmen:

$$x' = k\,(x - wt); \quad y' = y; \quad z' = z; \quad t' = k\left(t - \frac{w}{a_0^2}\,x\right); \\ k = \frac{1}{\sqrt{1 - \dfrac{w^2}{a_0^2}}}. \tag{44}$$

Diese Gleichungen ergeben aber **allgemein**, daß Wellenausbreitung mit der Geschwindigkeit a_0 in Σ den **gleichen Vorgang** in Σ' bedeutet. Beweis: Das allgemeinste Gesetz dieser Ausbreitung ist die **Wellengleichung**:

$$\frac{\partial^2 \varphi}{\partial t^2} = a_0^2 \left(\frac{\partial^2 \varphi}{\partial x^2} + \frac{\partial^2 \varphi}{\partial y^2} + \frac{\partial^2 \varphi}{\partial z^2} \right). \tag{k}$$

Es folgt aber aus (44):

$$\frac{\partial^2 \varphi}{\partial x^2} = k^2 \frac{\partial^2 \varphi}{\partial x'^2} - \frac{2 k^2 w}{a_0^2} \frac{\partial^2 \varphi}{\partial x' \cdot \partial t'} + \frac{k^2 w^2}{a_0^4} \frac{\partial^2 \varphi}{\partial t'^2}; \quad \frac{\partial^2 \varphi}{\partial y^2} = \frac{\partial^2 \varphi}{\partial y'^2};$$

$$\frac{\partial^2 \varphi}{\partial z^2} = \frac{\partial^2 \varphi}{\partial z'^2}; \quad \frac{\partial^2 \varphi}{\partial t^2} = k^2 w^2 \frac{\partial^2 \varphi}{\partial x'^2} - 2 k^2 w \frac{\partial^2 \varphi}{\partial x' \cdot \partial t'} + k^2 \frac{\partial^2 \varphi}{\partial t'^2};$$

und durch Einsetzen dieser Werte in (k):

$$\frac{\partial^2 \varphi}{\partial t'^2} = a_0^2 \left(\frac{\partial^2 \varphi}{\partial x'^2} + \frac{\partial^2 \varphi}{\partial y'^2} + \frac{\partial^2 \varphi}{\partial z'^2} \right).$$

D. h. das Bestehen der Wellengleichung für Σ hat die Wellengleichung für Σ' zur Folge.

Die Auflösung von (44) nach $x\,y\,z\,t$ liefert:

$$x = k\,(x' + wt'); \quad y = y'; \quad z = z'; \quad t = k\left(t' + \frac{w}{a_0^2}\,x'\right); \\ k = \frac{1}{\sqrt{1 - \dfrac{w^2}{a_0^2}}}, \tag{44'}$$

d. h. die Gleichungen, die aus (44) durch Vertauschung von $x\,y\,z\,t$, w mit $x'\,y'\,z'\,t'$, $-w$ entstehen, wie es sein muß.

Die Gleichungen (44) heißen die **Lorentz-Transformation**. Sie sind von H. A. **Lorentz** gefunden und benutzt worden als ein wertvolles mathematisches Hilfsmittel. Ihre Bedeutung für die grundlegenden Begriffsbildungen der Physik hat A. Einstein erkannt und zur Geltung gebracht. Er ist dadurch zum Schöpfer der Relativitätstheorie geworden. Wir schließen uns im folgenden wesentlich seinen Ausführungen an[1]).

Kinematische Folgerungen. Aus den Gleichungen (44) ist zunächst ersichtlich, daß eine Relativgeschwindigkeit $w > a_0$ zweier Systeme unmöglich ist, da sie k imaginär ergeben würde. Es scheint so, als ob man durch Überlagerung von Relativgeschwindigkeiten

$$w_{12} < a_0, \quad w_{23} < a_0, \ldots$$

zu einer Relativgeschwindigkeit

$$w_{1\,n} > a_0$$

müsse gelangen können. Daß dies nicht zutrifft, wird alsbald gezeigt werden.

a) Für zwei Punkte 1 und 2 folgt aus $(44'_4)$: Wenn $t_1 - t_2 = 0$ ist, so ist

$$t'_1 - t'_2 = \frac{w}{a_0^2}\,(x'_2 - x'_1)\,.$$

Also: Gleichzeitigkeit in Σ ist nicht auch Gleichzeitigkeit in Σ'.

b) Aus (44_1) folgt: Für $t_1 = t_2$ ist $x'_2 - x'_1 = k\,(x_2 - x_1)$. Nun ist t die Zeit des Beobachters B in Σ. Um eine zu x parallele Strecke im vorübergleitenden System Σ' zu messen, muß er ihre Endpunkte gleichzeitig an einem in Σ ruhenden Maßstab ablesen. Diese von B abgelesene Länge ist $x_2 - x_1$; die vom Beobachter B' in Σ' gemessene „wirkliche" Länge aber ist $x'_2 - x'_1$. Also sagt die Gleichung aus (da $k > 1$): von Σ aus beobachtet, erscheinen alle zu w parallelen Strecken in Σ' verkürzt im Verhältnis k. Für Strecken, die normal zu w sind, gilt das nicht. Eine Kugel in Σ' erscheint, von Σ aus beobachtet, in der w-Richtung abgeplattet.

b') Aus $(44'_1)$ folgt ebenso: Von Σ' aus beobachtet, erscheinen alle zu w parallelen Strecken in Σ verkürzt im Verhältnis k; usw.

---

[1]) Einstein: Jahrb. d. Radioaktivität und Elektronik Bd. 4. 1907; Einstein und Laub: Ann. d. Physik, IV, Bd. 26. 1908. Darstellungen der gesamten Relativitätstheorie bieten: Einstein: Vier Vorlesungen über Relativitätstheorie, 1922; Laue: Das Relativitätsprinzip.

c) Aus ($44'_4$) folgt: Für $x'_2 = x'_1$, ist $t_2 - t_1 = k\,(t'_2 - t'_1)$. D. h. die Zeitdauer eines Vorgangs, der in einem bestimmten Punkt von Σ' stattfindet, erscheint von Σ aus größer, als sie „wirklich" (in Σ' selbst gemessen) ist.

c′) Aus (44_4) folgt ebenso: Die Dauer eines Vorgangs, der in einem Punkt von Σ stattfindet, erscheint, von Σ' aus beobachtet, größer, als ihre Messung in Σ selbst ergibt.

Es ist zu bemerken: Die Verschiebung des Zeitmaßstabes in a) ist der ersten Potenz von $\dfrac{w}{a_0}$ proportional. Die Verzerrungen der Längen- und Zeitmaße in b) und c) sind in erster Näherung der zweiten Potenz von $\dfrac{w}{a_0}$ proportional.

Aus b), b′) folgt: Ein Körpervolumen sei V_0, wenn es von einem Beobachter ausgemessen ist, gegen den es ruht. Dann bestimmt ein Beobachter, gegen den es die Geschwindigkeit w hat, ein Volumen

$$V = \frac{V_0}{k}. \tag{45}$$

Ein materieller Punkt habe im System Σ die Geschwindigkeit $\mathfrak{v}$ mit den Komponenten

$$\mathfrak{v}_x = \frac{\delta x}{\delta t} \ \ . \ .;$$

im System Σ' die Geschwindigkeit $\mathfrak{v}'$ mit den Komponenten

$$\mathfrak{v}'_x = \frac{\delta x'}{\delta t'} , \ . \ .;$$

Aus ($44'$) folgt:

$$\mathfrak{v}_x = \frac{\delta x' + w \cdot \delta t'}{\delta t' + \dfrac{w}{a_0^2}\,\delta x'}, \ \text{usw.}$$

oder:

$$\mathfrak{v}_x = \frac{\mathfrak{v}'_x + w}{1 + \dfrac{w\,\mathfrak{v}'_x}{a_0^2}}; \quad \mathfrak{v}_y = \frac{\mathfrak{v}'_y}{k\left(1 + \dfrac{w\,\mathfrak{v}'_x}{a_0^2}\right)}; \quad \mathfrak{v}_z = \frac{\mathfrak{v}'_z}{k\left(1 + \dfrac{w\,\mathfrak{v}'_x}{a_0^2}\right)}. \tag{46}$$

Die Gleichungen sagen aus, daß sich die Geschwindigkeit $\mathfrak{w}$ von Σ' gegen Σ, und die Geschwindigkeit $\mathfrak{v}'$ eines Punktes gegen Σ' nicht vektormäßig zusammensetzen zu der Geschwindigkeit $\mathfrak{v}$ des Punktes gegen Σ. Das trifft nur zu, solange man

$$\frac{w^2}{a_0^2} \quad \text{und} \quad \frac{w\mathfrak{v}'}{a_0^2}$$

gegen Eins vernachlässigt.

Dieses Additionstheorem der Geschwindigkeiten, das Einsteins Vorgängern fehlte, ist entscheidend für den widerspruchsfreien Aufbau der Elektrodynamik; denn, wie wir sogleich sehen werden, bedarf es seiner, um die Grundlagen der Lorentzschen Theorie mit dem Relativitätsprinzip zu versöhnen.

Es habe $\mathfrak{v}'$ die Richtung von $\mathfrak{w}$; dann wird nach (46):

$$v = \frac{v' + w}{1 + \dfrac{wv'}{a_0^2}}\,.$$

Dies läßt sich schreiben:

$$v = a_0\,\frac{v' + w}{v' + w + \dfrac{(a_0 - v')(a_0 - w)}{a_0}}\,.$$

Ist nun $w < a_0$, $v' < a_0$, so ist auch $v < a_0$.

Es sei $\mathfrak{v}'$ normal zu $\mathfrak{w}$; dann wird nach (46):

$$v^2 = w^2 + \frac{v'^2}{k^2} = a_0^2\left\{\left(\frac{w}{a_0}\right)^2 + \left(\frac{v'}{a_0}\right)^2 - \left(\frac{w}{a_0}\right)^2\left(\frac{v'}{a_0}\right)^2\right\}$$

und dies gibt, wenn $w < a_0$ und $v' < a_0$, wiederum: $v < a_0$. Das heißt: durch die Überlagerung von zwei beliebigen Unterlichtgeschwindigkeiten entsteht stets wieder eine Unterlichtgeschwindigkeit. Die Lichtgeschwindigkeit selbst aber gibt, mit einer beliebigen Unterlichtgeschwindigkeit zusammengesetzt, stets wieder die Lichtgeschwindigkeit. (Das war der Ausgangspunkt unsrer Rechnungen.) Die Lichtgeschwindigkeit bildet also nach dem Relativitätsprinzip die Grenze der erreichbaren Geschwindigkeiten.

Wie (46) aus (44') folgt, so folgt aus (44):

$$\mathfrak{v}'_x = \frac{\mathfrak{v}_x - w}{1 - \dfrac{w\mathfrak{v}_x}{a_0^2}}\,;\quad \mathfrak{v}'_y = \frac{\mathfrak{v}_y}{k\left(1 - \dfrac{w\mathfrak{v}_x}{a_0^2}\right)}\,;\quad \mathfrak{v}'_z = \frac{\mathfrak{v}_z}{k\left(1 - \dfrac{w\mathfrak{v}_x}{a_0^2}\right)}\,. \quad (46')$$

Multiplikation der zweiten Gleichungen in (46) und (46') ergibt:

$$k^2\left(1 + \frac{w\mathfrak{v}'_x}{a_0^2}\right)\left(1 - \frac{w\mathfrak{v}_x}{a_0^2}\right) = 1\,. \quad (47)$$

B. Die Lorentzschen Grundgleichungen. In die Gleichungen (1), (2), (4), (5), (6) (in denen jetzt der untere Index 1 durchweg fortgelassen sei) führe man statt der unabhängigen Veränderlichen $x \ldots t$ mittels (44): $x' \ldots t'$ ein, und bezeichne durch rot′ und div′ die Operationen, die formal aus rot und div entstehen, wenn $x \ldots t$ durch $x' \ldots t'$ ersetzt wird. Dann entsteht:

$$c \cdot \mathrm{rot}' \, \mathfrak{H}' = \varepsilon_0 \, \frac{\partial \mathfrak{E}'}{\partial t'} + \varrho' \, \mathfrak{v}', \qquad (1')$$

$$- c \cdot \mathrm{rot}' \, \mathfrak{E}' = \mu_0 \, \frac{\partial \mathfrak{H}'}{\partial t'}, \qquad (2')$$

$$\frac{\partial \varrho'}{\partial t'} = - \mathrm{div}' (\varrho' \, \mathfrak{v}'), \qquad (4')$$

$$\mathrm{div}' (\varepsilon_0 \, \mathfrak{E}') = \varrho', \qquad (5')$$

$$\mathrm{div}' (\mu_0 \, \mathfrak{H}') = 0, \qquad (6')$$

wo $\mathfrak{v}'$ durch (46′) definiert ist, und weiter gesetzt ist:

$$\left.\begin{aligned}
\mathfrak{E}'_x &= \mathfrak{E}_x & \mathfrak{H}'_x &= \mathfrak{H}_x \\
\mathfrak{E}'_y &= k \left(\mathfrak{E}_y - \frac{w \mu_0}{c} \, \mathfrak{H}_z \right) & \mathfrak{H}'_y &= k \left(\mathfrak{H}_y + \frac{w \varepsilon_0}{c} \, \mathfrak{E}_z \right) \\
\mathfrak{E}'_z &= k \left(\mathfrak{E}_z + \frac{w \mu_0}{c} \, \mathfrak{H}_y \right) & \mathfrak{H}'_z &= k \left(\mathfrak{H}_z - \frac{w \varepsilon_0}{c} \, \mathfrak{E}_y \right)
\end{aligned}\right\} \quad (48)$$

$$\varrho' = k \left(1 - \frac{w \mathfrak{v}_x}{a_0^2} \right) \varrho. \qquad (49)$$

[Indem man (46′), (48), (49) in (1′) $\ldots$ (6′) einsetzt, die Differentiationen nach $x' \ldots t'$ gemäß (44′) durch solche nach $x \ldots t$ ersetzt, und die Beziehungen

$$a_0^2 \varepsilon_0 \mu_0 = c^2 \quad \text{und} \quad k^2 \left(1 - \frac{w^2}{a_0^2} \right) = 1$$

beachtet, sieht man, daß die Gleichungen (1′) $\ldots$ (6′) erfüllt sind, wenn die Gleichungen (1) $\ldots$ (6) bestehen.]

Bezeichnen wir mit $d\tau'$ ein in Σ' ruhendes Volumelement, mit S' die Oberfläche von τ' und schreiben wir

$$\int \varrho' \cdot d\tau' = e',$$

so folgt aus (4′):

$$\frac{\partial e'}{\partial t'} = - \int_O \varrho' \mathfrak{v}'_N \cdot dS',$$

d. h.: e' ist eine Größe, die an den mit der Geschwindigkeit $\mathfrak{v}'$ bewegten Teilchen fest haftet. Wir können sie berechnen als den

Wert, den sie besitzt, wenn $\mathfrak{v}' = 0$ ist innerhalb τ'. Nun folgt aus (49) mittels (47):

$$\varrho = k\left(1 + \frac{w\mathfrak{v}'_x}{a_0^2}\right)\varrho'. \tag{49'}$$

Für $\mathfrak{v}' = 0$ wird also:

$$\varrho = k\varrho',$$

zugleich wird nach (45):

$$d\tau = \frac{d\tau'}{k};$$

folglich

$$\varrho' \cdot d\tau' = \varrho \cdot d\tau \quad \text{und} \quad e' = e. \tag{50}$$

Zusammengefaßt: die $\mathfrak{v}'$ und ϱ' der Gleichungen (4') und (5') sind die in Σ' gemessene Geschwindigkeit und Dichte der gleichen Elektrizitätsverteilung e, deren Geschwindigkeit und Dichte in Σ durch $\mathfrak{v}$ und ϱ bezeichnet wurde. — Das Feld dieser Elektrizitätsverteilung stellt sich, nach den Gleichungen (1'), (2'), (5'), (6') einerseits und (1), (2), (5), (6) andrerseits, in Σ' in der gleichen Form dar wie in Σ: Die Lorentzschen Grundgleichungen erfüllen das Postulat der Relativität. — Die Vektoren $\mathfrak{E}'$ und $\mathfrak{H}'$ haben für einen in Σ' ruhenden Beobachter B' die gleiche Bedeutung, die $\mathfrak{E}$ und $\mathfrak{H}$ für den Beobachter B in Σ haben. Wir nennen dementsprechend $\mathfrak{E}'\mathfrak{H}'$ die Feldstärken in Σ', wie $\mathfrak{E}\mathfrak{H}$ die Feldstärken in Σ. — Man erhält $\mathfrak{E}$ und $\mathfrak{H}$ aus $\mathfrak{E}'$ und $\mathfrak{H}'$, indem man in (48) die gestrichenen mit den ungestrichenen Buchstaben, und gleichzeitig w mit $-w$ vertauscht. [Von der Richtigkeit der so entstehenden Gleichungen überzeugt man sich, indem man in ihnen $\mathfrak{E}'\mathfrak{H}'$ aus (48) einsetzt.]

Dynamik des Elektrons. Die Gleichungen der auf Galilei und Newton zurückgehenden Dynamik, die heute die klassische heißt, bleiben unverändert, wenn man von einem System Σ, in dem sie gelten, — einem Inertialsystem — zu einem System Σ' übergeht, das gegen Σ die nach Größe und Richtung konstante, im übrigen beliebige Geschwindigkeit $\mathfrak{w}$ besitzt. Der Übergang wird, wenn $\mathfrak{w}$ parallel zu x ist, ausgeführt durch die Galilei-Transformation:

$$x' = x - wt; \quad y' = y; \quad z' = z; \quad t' = t. \tag{51}$$

Diese Gleichungen entstehen aus den Gleichungen (44) der Lorentz-Transformation, wenn w gegenüber a_0 verschwindet.

In diesem Grenzfall stimmt das Relativitätsprinzip der klassischen
Mechanik mit dem der Elektrodynamik überein. Da, mit Aus-
nahme der Bewegungen freier Elektronen, alle relativen Körper-
geschwindigkeiten sehr klein gegen a_0 sind, so konnte es bis vor
wenigen Jahrzehnten durch keine Beobachtung bemerkbar werden,
wenn tatsächlich statt des Galilei-Newtonschen das Lorentz-
Einsteinsche Relativitätsprinzip auch in der Mechanik gilt. Die
Forderung, daß es gelte, müssen wir aber stellen, wenn wir nicht
auf eine einheitliche Physik verzichten wollen.

Wir wollen das Bewegungsgesetz eines Teilchens mit der
Elektrizitätsmenge e und der Masse m_0 aufstellen, das sich in
einem gegebenen elektromagnetischen Feld befindet[1]). Wir
nehmen an, daß für verschwindende Geschwindigkeit dieses
Gesetz die überlieferte Form habe:

$$\frac{d}{dt}(m_0\mathfrak{v}) = \mathfrak{F},$$

wo $\mathfrak{F}$ die wirkende Kraft bezeichnet. Das System, auf das wir
die Bewegung beziehen wollen, sei Σ. In einem Augenblick, in
dem das Elektron die Geschwindigkeit $\mathfrak{v}$ parallel zu x hat, ruht
es in dem System Σ', falls wir $w = \mathfrak{v}_x$ wählen. In diesem Augenblick soll also gelten:

$$\frac{d}{dt'}(m_0\mathfrak{v}') = e\,\mathfrak{E}'. \tag{52}$$

Gleichung (52) transformieren wir auf das System Σ. Es ist
nach (46') und (44):

$$\frac{d\mathfrak{v}_x'}{dt'} = \left\{\frac{d\mathfrak{v}_x}{1-\dfrac{w\mathfrak{v}_x}{a_0^2}} + \frac{\dfrac{w}{a_0^2}(\mathfrak{v}_x-w)\,d\mathfrak{v}_x}{\left(1-\dfrac{w\mathfrak{v}_x}{a_0^2}\right)^2}\right\}\frac{1}{k\left(1-\dfrac{w\mathfrak{v}_x}{a_0^2}\right)dt};$$

$$\frac{d\mathfrak{v}_y'}{dt'} = \left\{\frac{d\mathfrak{v}_y}{k\left(1-\dfrac{w\mathfrak{v}_x}{a_0^2}\right)} + \frac{\dfrac{w}{a_0^2}\mathfrak{v}_y\cdot d\mathfrak{v}_x}{k\left(1-\dfrac{w\mathfrak{v}_x}{a_0^2}\right)^2}\right\}\frac{1}{k\left(1-\dfrac{w\mathfrak{v}_x}{a_0^2}\right)dt};$$

ebenso $\dfrac{d\mathfrak{v}_z'}{dt'}$.

Diese Werte sind zu bilden für

$$\mathfrak{v}_x = w, \qquad \mathfrak{v}_y = 0, \qquad \mathfrak{v}_z = 0;$$

---

[1]) s. Planck: Verhdlgn. der D. Physikal. Ges., 1906.

also:

$$\frac{d\mathfrak{v}_x'}{dt'} = k^3 \frac{d\mathfrak{v}_x}{dt}; \quad \frac{d\mathfrak{v}_y'}{dt'} = k^2 \frac{d\mathfrak{v}_y}{dt}; \quad \frac{d\mathfrak{v}_z'}{dt'} = k^2 \frac{d\mathfrak{v}_z}{dt}; \quad k^2 = \frac{1}{1 - \frac{v^2}{a_0^2}} \quad (53)$$

Auf der rechten Seite von (52) sind die Werte aus (48) einzusetzen. So ergibt sich:

$$m_0 k \frac{d\mathfrak{v}_x}{dt} = e\mathfrak{E}_x\left(1 - \frac{\mathfrak{v}_x^2}{a_0^2}\right); \qquad m_0 k \frac{d\mathfrak{v}_y}{dt} = e\left(\mathfrak{E}_y - \frac{\mathfrak{v}_x \mu_0}{c}\mathfrak{H}_z\right);$$

$$m_0 k \frac{d\mathfrak{v}_z}{dt} = e\left(\mathfrak{E}_z + \frac{\mathfrak{v}_x \mu_0}{c}\mathfrak{H}_y\right);$$

oder, von der Beziehung auf Koordinatenachsen befreit:

$$m_0 k \frac{d\mathfrak{v}}{dt} = e\left\{\mathfrak{E} - \frac{\mathfrak{v}}{a_0}\left(\frac{\mathfrak{v}}{a_0}\mathfrak{E}\right) + \left[\frac{\mathfrak{v}\mu_0}{c}\mathfrak{H}\right]\right\}. \quad (54)$$

Daraus:

$$m_0 k \mathfrak{v} \frac{d\mathfrak{v}}{dt} = e\left(1 - \frac{\mathfrak{v}^2}{a_0^2}\right)\mathfrak{v}\mathfrak{E},$$

oder

$$m_0 k^3 \mathfrak{v} \frac{d\mathfrak{v}}{dt} = e\mathfrak{v}\mathfrak{E}. \quad (55)$$

Es ist aber

$$\frac{dk}{dt} = \frac{k^3}{a_0^2}\mathfrak{v}\frac{d\mathfrak{v}}{dt};$$

also kann (55) geschrieben werden:

$$m_0 \frac{dk}{dt} = \frac{e}{a_0^2}\mathfrak{v}\mathfrak{E}.$$

Diese Gleichung mit $\mathfrak{v}$ multipliziert und zu (54) addiert, ergibt:

$$\frac{d}{dt}(m_0 k \mathfrak{v}) = e\left\{\mathfrak{E} + \left[\frac{\mathfrak{v}\mu_0}{c}\mathfrak{H}\right]\right\},$$

d. h. nach (7):

$$\frac{d}{dt}(m_0 k \mathfrak{v}) = \mathfrak{F}. \quad (56)$$

Dies ist die gesuchte Verallgemeinerung des Newtonschen Bewegungsgesetzes: Die Bewegungsgröße (der Impuls) des Elektrons ist: $\mathfrak{G} = m_0 k \mathfrak{v}$; sie hat den Newtonschen Wert $m_0 \mathfrak{v}$ zum Grenzwert.

Der Satz läßt sich anders aussprechen: Bezeichnet $\bar{\mathfrak{j}}$ den zur Bahntangente parallelen Einheitsvektor, so ist $\frac{d\bar{\mathfrak{j}}}{dt}$ ein nach dem Krümmungsmittelpunkt hin gerichteter Vektor. Nun ist

$$\mathfrak{v} = v \cdot \bar{\mathfrak{j}}, \qquad \mathfrak{G} = G \cdot \bar{\mathfrak{j}},$$

wo $G = m_0 k v$. Folglich

$$\frac{d\mathfrak{v}}{dt} = \frac{dv}{dt}\bar{\mathfrak{j}} + v\frac{d\bar{\mathfrak{j}}}{dt}, \qquad \frac{d\mathfrak{G}}{dt} = \frac{dG}{dv}\frac{dv}{dt}\bar{\mathfrak{j}} + G\frac{d\bar{\mathfrak{j}}}{dt}. \quad (57)$$

Da $\dfrac{d\mathfrak{G}}{dt}$ nicht parallel mit $\dfrac{d\mathfrak{v}}{dt}$ ist, so gibt es keine skalare Größe m, die allgemein der Gleichung

$$\mathfrak{F} = \frac{d\mathfrak{G}}{dt} = m\,\frac{d\mathfrak{v}}{dt}$$

genügt. Aber eine solche Beziehung besteht in jedem der zwei Sonderfälle, aus denen sich der allgemeine Fall zusammensetzt. Die Gleichung (56) ergibt, wenn die Indices s und n zur Bahn tangentiale (longitudinale) und zur Bahn normale (transversale) Komponenten bezeichnen:

$$\left(\frac{d\mathfrak{G}}{dt}\right)_{s} = \mathfrak{F}_s\,; \quad \left(\frac{d\mathfrak{G}}{dt}\right)_{n} = \mathfrak{F}_n\,.$$

Also ist nach (57):

$$\frac{dG}{dv}\left(\frac{d\mathfrak{v}}{dt}\right)_{s} = \mathfrak{F}_s\,; \quad \frac{G}{v}\left(\frac{d\mathfrak{v}}{dt}\right)_{n} = \mathfrak{F}_n\,.$$

Man nennt

$$\frac{dG}{dv} = m_s$$

die longitudinale Masse,

$$\frac{G}{v} = m_n$$

die transversale Masse. Es ist

$$m_s = m_0 k^3\,, \qquad m_n = m_0 k\,. \tag{58}$$

Bei den Ablenkungen der Kathoden- und β-Strahlen durch elektrische und magnetische Felder (s. § 1) wird die Abhängigkeit des m_n von v bestimmt. Die Beobachtungen sind in guter Übereinstimmung mit der Theorie.

C. Die Feldgleichungen für bewegte Körper. Gegeben seien die Maxwellschen Gleichungen für einen ruhenden Körper; sie werden gesucht für einen gleichmäßig bewegten Körper. Ruhe und Bewegung seien bezogen auf das System Σ. Der bewegte Körper habe die Geschwindigkeit w in der x-Richtung. Dann ruht er in Σ'. Es gelten folglich nach dem Relativitätsprinzip in ihm die Maxwellschen Gleichungen in folgender Form: Erstens ist

$$\left.\begin{aligned} c\cdot\mathrm{rot}'\,\mathfrak{H}' &= \frac{\partial\mathfrak{D}'}{\partial t'} + \mathfrak{J}' \\[2mm] -\,c\cdot\mathrm{rot}'\,\mathfrak{E}' &= \frac{\partial\mathfrak{B}'}{\partial t'} \end{aligned} \qquad \mathrm{div}'\,\mathfrak{B}' = 0 \right\} \tag{59}$$

und zweitens bestehen zwischen $\mathfrak{D}'\,\mathfrak{J}'\,\mathfrak{B}'$ einerseits und $\mathfrak{H}'\,\mathfrak{E}'$ andrerseits die Beziehungen, die für ruhende Körper gelten. Die Form dieser Beziehungen hängt von der Beschaffenheit des Körpers an der betrachteten Stelle und vom zeitlichen Verlauf des Feldes ab. Wir wollen diejenigen Beziehungen voraussetzen, die sich für isotrope, nicht ferromagnetische Körper ohne eingeprägte elektromotorische Kräfte bei nicht allzu schnell veränderlichen Zuständen bewährt haben, nämlich:

$$\mathfrak{D}' = \varepsilon\,\mathfrak{E}', \quad \mathfrak{J}' = \sigma\,\mathfrak{E}', \quad \mathfrak{B}' = \mu\,\mathfrak{H}' \quad (\varepsilon,\, \sigma,\, \mu \text{ Körperkonstanten}). \quad (60)$$

Es soll also in Σ' gelten:

$$\left.\begin{aligned}
c\left(\frac{\partial \mathfrak{H}_z'}{\partial y'} - \frac{\partial \mathfrak{H}_y'}{\partial z'}\right) &= \varepsilon\,\frac{\partial \mathfrak{E}_x'}{\partial t'} + \sigma\,\mathfrak{E}_x', \\[4pt]
c\left(\frac{\partial \mathfrak{H}_x'}{\partial z'} - \frac{\partial \mathfrak{H}_z'}{\partial x'}\right) &= \varepsilon\,\frac{\partial \mathfrak{E}_y'}{\partial t'} + \sigma\,\mathfrak{E}_y', \\[4pt]
c\left(\frac{\partial \mathfrak{H}_y'}{\partial x'} - \frac{\partial \mathfrak{H}_x'}{\partial y'}\right) &= \varepsilon\,\frac{\partial \mathfrak{E}_z'}{\partial t'} + \sigma\,\mathfrak{E}_z', \\[4pt]
\frac{\partial}{\partial x'}(\mu\,\mathfrak{H}_x') + \frac{\partial}{\partial y'}(\mu\,\mathfrak{H}_y') &+ \frac{\partial}{\partial z'}(\mu\,\mathfrak{H}_z') = 0. \\[4pt]
-c\left(\frac{\partial \mathfrak{E}_z'}{\partial y'} - \frac{\partial \mathfrak{E}_y'}{\partial z'}\right) &= \mu\,\frac{\partial \mathfrak{H}_x'}{\partial t'}, \\[4pt]
-c\left(\frac{\partial \mathfrak{E}_x'}{\partial z'} - \frac{\partial \mathfrak{E}_z'}{\partial x'}\right) &= \mu\,\frac{\partial \mathfrak{H}_y'}{\partial t'}, \\[4pt]
-c\left(\frac{\partial \mathfrak{E}_y'}{\partial x'} - \frac{\partial \mathfrak{E}_x'}{\partial y'}\right) &= \mu\,\frac{\partial \mathfrak{H}_z'}{\partial t'},
\end{aligned}\right\} \quad (61)$$

Diese Gleichungen transformieren wir mittels der Substitution (44') auf Σ. Dann ergibt sich:

$$\left.\begin{aligned}
c\left(\frac{\partial \mathfrak{H}_z}{\partial y} - \frac{\partial \mathfrak{H}_y}{\partial z}\right) &= \mathfrak{J}_x + \frac{\partial \mathfrak{D}_x}{\partial t} + w\left(\frac{\partial \mathfrak{D}_x}{\partial x} + \frac{\partial \mathfrak{D}_y}{\partial y} + \frac{\partial \mathfrak{D}_z}{\partial z}\right), \\[4pt]
c\left(\frac{\partial \mathfrak{H}_x}{\partial z} - \frac{\partial \mathfrak{H}_z}{\partial x}\right) &= \mathfrak{J}_y + \frac{\partial \mathfrak{D}_y}{\partial t}, \\[4pt]
c\left(\frac{\partial \mathfrak{H}_y}{\partial x} - \frac{\partial \mathfrak{H}_x}{\partial y}\right) &= \mathfrak{J}_z + \frac{\partial \mathfrak{D}_z}{\partial t}, \\[4pt]
-c\left(\frac{\partial \mathfrak{E}_z}{\partial y} - \frac{\partial \mathfrak{E}_y}{\partial z}\right) &= \frac{\partial \mathfrak{B}_x}{\partial t}, \\[4pt]
-c\left(\frac{\partial \mathfrak{E}_x}{\partial z} - \frac{\partial \mathfrak{E}_z}{\partial x}\right) &= \frac{\partial \mathfrak{B}_y}{\partial t}, \qquad \frac{\partial \mathfrak{B}_x}{\partial x} + \frac{\partial \mathfrak{B}_y}{\partial y} + \frac{\partial \mathfrak{B}_z}{\partial z} = 0, \\[4pt]
-c\left(\frac{\partial \mathfrak{E}_y}{\partial x} - \frac{\partial \mathfrak{E}_x}{\partial y}\right) &= \frac{\partial \mathfrak{B}_z}{\partial t},
\end{aligned}\right\} \quad (62)$$

wo

$$\begin{aligned}
\mathfrak{E}_x &= \mathfrak{E}'_x, & \mathfrak{H}_x &= \mathfrak{H}'_x, \\
\mathfrak{E}_y &= k\left(\mathfrak{E}'_y + \frac{w}{c}\mu\mathfrak{H}'_z\right), & \mathfrak{H}_y &= k\left(\mathfrak{H}'_y - \frac{w}{c}\varepsilon\mathfrak{E}'_z\right), \\
\mathfrak{E}_z &= k\left(\mathfrak{E}'_z - \frac{w}{c}\mu\mathfrak{H}'_y\right), & \mathfrak{H}_z &= k\left(\mathfrak{H}'_z + \frac{w}{c}\varepsilon\mathfrak{E}'_y\right), \\
\mathfrak{D}_x &= \varepsilon\mathfrak{E}'_x, & \mathfrak{B}_x &= \mu\mathfrak{H}'_x, \\
\mathfrak{D}_y &= k\left(\varepsilon\mathfrak{E}'_y + \frac{w}{c}\varepsilon_0\mu_0\mathfrak{H}'_z\right), & \mathfrak{B}_y &= k\left(\mu\mathfrak{H}'_y - \frac{w}{c}\varepsilon_0\mu_0\mathfrak{E}'_z\right), \\
\mathfrak{D}_z &= k\left(\varepsilon\mathfrak{E}'_z - \frac{w}{c}\varepsilon_0\mu_0\mathfrak{H}'_y\right), & \mathfrak{B}_z &= k\left(\mu\mathfrak{H}'_z + \frac{w}{c}\varepsilon_0\mu_0\mathfrak{E}'_y\right),
\end{aligned} \qquad (63)$$

$$\mathfrak{J}_x = \frac{1}{k}\sigma\mathfrak{E}'_x,$$
$$\mathfrak{J}_y = \sigma\mathfrak{E}'_y,$$
$$\mathfrak{J}_z = \sigma\mathfrak{E}'_z.$$

[Man führe (63) in (62) ein und setze gemäß (44′):

$$k\frac{\partial}{\partial x} + \frac{kw}{a_0^2}\frac{\partial}{\partial t} = \frac{\partial}{\partial x'}, \qquad \frac{\partial}{\partial y} = \frac{\partial}{\partial y'}, \qquad \frac{\partial}{\partial z} = \frac{\partial}{\partial z'},$$

$$k\frac{\partial}{\partial t} + kw\frac{\partial}{\partial x} = \frac{\partial}{\partial t'}, \qquad k^2\left(1 - \frac{w^2}{a_0^2}\right) = 1, \qquad \varepsilon_0\mu_0 a_0^2 = c^2;$$

dann entstehen die Gleichungen (61).]

Aus (63) ergeben sich folgende Beziehungen zwischen den Feldkomponenten in Σ:

$$\begin{aligned}
\mathfrak{D}_x &= \varepsilon\mathfrak{E}_x, \\
\mathfrak{D}_y - \frac{w}{c}\varepsilon_0\mu_0\mathfrak{H}_z &= \varepsilon\left(\mathfrak{E}_y - \frac{w}{c}\mathfrak{B}_z\right), \\
\mathfrak{D}_z + \frac{w}{c}\varepsilon_0\mu_0\mathfrak{H}_y &= \varepsilon\left(\mathfrak{E}_z + \frac{w}{c}\mathfrak{B}_y\right), \\
\mathfrak{B}_x = \mu\mathfrak{H}_x, &\qquad \mathfrak{J}_x = \frac{1}{k}\sigma\mathfrak{E}_x, \\
\mathfrak{B}_y + \frac{w}{c}\varepsilon_0\mu_0\mathfrak{E}_z = \mu\left(\mathfrak{H}_y + \frac{w}{c}\mathfrak{D}_z\right), &\qquad \mathfrak{J}_y = k\sigma\left(\mathfrak{E}_y - \frac{w}{c}\mathfrak{B}_z\right), \\
\mathfrak{B}_z - \frac{w}{c}\varepsilon_0\mu_0\mathfrak{E}_y = \mu\left(\mathfrak{H}_z - \frac{w}{c}\mathfrak{D}_y\right), &\qquad \mathfrak{J}_z = k\sigma\left(\mathfrak{E}_z + \frac{w}{c}\mathfrak{B}_y\right).
\end{aligned} \qquad (64)$$

Die Gleichungen (62) und (64) lassen sich, befreit von der Bezugnahme auf ein bestimmtes Koordinatensystem, in folgender Form schreiben:

$$c \cdot \operatorname{rot} \mathfrak{H} = \mathfrak{J} + \frac{\partial \mathfrak{D}}{\partial t} + \mathfrak{w} \cdot \operatorname{div} \mathfrak{D} \,, \\[4pt] - c \cdot \operatorname{rot} \mathfrak{E} = \frac{\partial \mathfrak{B}}{\partial t} \,, \\[4pt] \operatorname{div} \mathfrak{B} = 0 \,, \qquad (65)$$

wo

$$\mathfrak{D} = \varepsilon \mathfrak{E}_1 - \left[\frac{\mathfrak{w}}{c} \, \varepsilon_0 \mu_0 \mathfrak{H} \right], \qquad \mathfrak{E}_1 = \mathfrak{E} + \left[\frac{\mathfrak{w}}{c} \, \mathfrak{B} \right], \\[4pt] \mathfrak{B} = \mu \mathfrak{H}_1 + \left[\frac{\mathfrak{w}}{c} \, \varepsilon_0 \mu_0 \mathfrak{E} \right], \qquad \mathfrak{H}_1 = \mathfrak{H} - \left[\frac{\mathfrak{w}}{c} \, \mathfrak{D} \right], \\[4pt] \mathfrak{J} = k \sigma \left\{ \mathfrak{E}_1 - \varepsilon_0 \mu_0 \frac{\mathfrak{w}}{c} \left(\frac{\mathfrak{w}}{c} \, \mathfrak{E}_1 \right) \right\}. \qquad (66)$$

Gleichbedeutend mit (65) ist nach (v'):

$$c \cdot \operatorname{rot} \mathfrak{H}_1 = \mathfrak{J} + \frac{d' \mathfrak{D}}{d t} \,, \\[4pt] - c \cdot \operatorname{rot} \mathfrak{E}_1 = \frac{d' \mathfrak{B}}{d t} \\[4pt] \operatorname{div} \mathfrak{B} = 0 \,. \qquad (67)$$

Die Gleichungen (67) nehmen Bezug auf Flächen, die in der bewegten Materie festliegen. Nach der Ableitung gelten sie für jedes in das Vakuum eingebettete Stück Materie, das eine zeitlich und räumlich gleichförmige Translationsbewegung besitzt. Wir nehmen im folgenden an, daß sie allgemein gelten. Mit anderen Worten: wir nehmen an, daß jedes Raumelement jedes irgendwie gegen Σ bewegten Körpers in jedem Zeitelement ein System Σ' bildet, für das die Transformationsgleichungen (44) gelten. Diese Annahme wird eine ausreichende Näherung liefern, solange die Geschwindigkeiten sich räumlich und zeitlich genügend langsam ändern.

Energie und Kräfte. Multiplizieren wir die erste der Gleichungen (65) mit $\mathfrak{E}$, die zweite mit $\mathfrak{H}$, und addieren, so entsteht:

$$- c \cdot \operatorname{div} [\mathfrak{E} \mathfrak{H}] = \mathfrak{J} \mathfrak{E} + \mathfrak{E} \frac{\partial \mathfrak{D}}{\partial t} + \mathfrak{H} \frac{\partial \mathfrak{B}}{\partial t} + \operatorname{div} \mathfrak{D} \cdot (\mathfrak{w} \mathfrak{E}). \qquad (68)$$

Läßt sich die rechte Seite auf die Form bringen:

$$\frac{\partial \psi}{\partial t} + \frac{\mathfrak{J}^2}{\sigma} + \mathfrak{w} \mathfrak{f}, \qquad (69)$$

so ist

$$c \, [\mathfrak{E} \, \mathfrak{H}] = \mathfrak{S} \qquad (70)$$

die Strahlung, und — je auf die Volumeinheit berechnet — ψ die Energie, $\dfrac{\mathfrak{J}^2}{\sigma}$ die Joulesche Wärme, $\mathfrak{f}$ die Kraft. Die Rechnung ist von Abraham[1]) vollständig durchgeführt. Wir dürfen uns eine Vereinfachung gestatten. Es geht uns um die Kräfte. Die freien Elektronen sind bereits behandelt. Sehen wir jetzt von ihnen ab und betrachten wir nur ausgedehnte Körper. In unsern Versuchen beobachten wir Bewegungen relativ zur Erde. Die Geschwindigkeiten der Versuchskörper gegen die Erde sind so klein gegen die Lichtgeschwindigkeit, daß Bruchteile von der Größenordnung dieses Verhältnisses in unsern Kraftmessungen nicht zur Geltung kommen. Wir dürfen also in $\mathfrak{f}$ alle Glieder mit $\mathfrak{w}$ und folglich in (68) alle Gleder mit $\mathfrak{w}^2$ vernachlässigen. Mit dieser Näherung aber erhalten wir das Ergebnis auch, wenn wir (66) ersetzen durch:

$$\left.\begin{aligned}
\mathfrak{D} &= \varepsilon\,\mathfrak{E} + (\varepsilon\mu - \varepsilon_0\mu_0)\left[\frac{\mathfrak{w}}{c}\,\mathfrak{H}\right], \\[2mm]
\mathfrak{B} &= \mu\,\mathfrak{H} - (\varepsilon\mu - \varepsilon_0\mu_0)\left[\frac{\mathfrak{w}}{c}\,\mathfrak{E}\right], \\[2mm]
\mathfrak{J} &= \sigma\left\{\mathfrak{E} + \left[\frac{\mathfrak{w}}{c}\,\mu\mathfrak{H}\right]\right\}.
\end{aligned}\right\} \qquad (66\,\mathrm{a})$$

Dann wird:

$$\mathfrak{E}\,\frac{\partial\mathfrak{D}}{\partial t} + \mathfrak{H}\,\frac{\partial\mathfrak{B}}{\partial t} = \left\{\begin{aligned}
&\frac{\partial}{\partial t}\left(\frac{1}{2}\,\varepsilon\,\mathfrak{E}^2 + \frac{1}{2}\,\mu\mathfrak{H}^2\right) + \frac{1}{2}\,\mathfrak{E}^2\,\frac{\partial\varepsilon}{\partial t} + \frac{1}{2}\,\mathfrak{H}^2\,\frac{\partial\mu}{\partial t} \\[2mm]
&-\frac{\partial}{\partial t}\,(\varepsilon\mu - \varepsilon_0\mu_0)\,2\,\frac{\mathfrak{w}}{c}\,[\mathfrak{E}\mathfrak{H}] \\[2mm]
&-(\varepsilon\mu - \varepsilon_0\mu_0)\left\{\frac{2}{c}\,\frac{\partial\mathfrak{w}}{\partial t}\,[\mathfrak{E}\mathfrak{H}] + \frac{\mathfrak{w}}{c}\,\frac{\partial}{\partial t}\,[\mathfrak{E}\mathfrak{H}]\right\},
\end{aligned}\right.$$

und folglich, da

$$\frac{\partial\varepsilon}{\partial t} = -\mathfrak{w}\cdot\nabla\varepsilon, \qquad \frac{\partial\mu}{\partial t} = -\mathfrak{w}\cdot\nabla\mu, \qquad \mathfrak{J}\mathfrak{E} = \frac{\mathfrak{J}^2}{\sigma} + \frac{\mathfrak{w}}{c}\,[\mathfrak{J}\mu\mathfrak{H}]$$

ist:

$$\psi = \frac{1}{2}\,\varepsilon\,\mathfrak{E}^2 + \frac{1}{2}\,\mu\mathfrak{H}^2 - 2\,(\varepsilon\mu - \varepsilon_0\mu_0)\,\frac{\mathfrak{w}}{c^2}\,\mathfrak{S}, \qquad (71)$$

$$\mathfrak{f} = \operatorname{div}\mathfrak{D}\cdot\mathfrak{E} - \frac{1}{2}\,\mathfrak{E}^2\cdot\nabla\varepsilon - \frac{1}{2}\,\mathfrak{H}^2\cdot\nabla\mu + \left[\frac{\mathfrak{J}}{c}\,\mu\mathfrak{H}\right] + \frac{\varepsilon\mu - \varepsilon_0\mu_0}{c^2}\,\frac{\partial\mathfrak{S}}{\partial t}. \quad (72)$$

Dieser Wert von $\mathfrak{f}$ gilt in Strenge für ruhende Körper.

---

[1]) Rendiconti del circolo matematico di Palermo Bd. 28. 1909.

Bezeichnen wir ihn jetzt mit $\mathfrak{f}_E$, den für den Fall der Ruhe geltenden Wert der Maxwell-Hertzschen Theorie [Kap. IV, (107), (108)] mit $\mathfrak{f}_H$, so ist

$$\mathfrak{f}_E = \mathfrak{f}_H - \frac{1}{a_0^2}\frac{\partial \mathfrak{S}}{\partial t};$$

denn alle Feldvektoren haben im Fall der Ruhe die gleiche Bedeutung in beiden Theorien. Dieselbe Umformung, die a. a. O. vorgenommen wurde, ergibt daher jetzt als resultierende Kraft:

$$\int \mathfrak{f}_E \cdot d\tau = \int_O p^N \cdot dS - \frac{d}{dt}\int \frac{\mathfrak{S}}{a_0^2}\, d\tau.$$

Die p^N sind hier dieselben Größen wie dort; die p_k^i sind auch hier die Größen der Gleichungen Kap. IV, (105), und es ergeben sich also wieder die Folgerungen, die dort unter 6. gezogen sind. Aber für das **vollständige** Feld ist

$$\int \mathfrak{f}_E \cdot d\tau = -\frac{d}{dt}\int \frac{\mathfrak{S}}{a_0^2}\, d\tau.$$

D. h. (vgl. § 1 A): das Gegenwirkungsprinzip läßt sich aufrecht erhalten, wenn man dem Feld eine Bewegungsgröße zuschreibt, von der auf die Volumeinheit der Betrag $\dfrac{\mathfrak{S}}{a_0^2}$ entfällt.

Man kann also eine träge Masse von der Dichte ϱ und der (kleinen) Geschwindigkeit $\mathfrak{v}$ durch die Gleichung

$$\frac{\mathfrak{S}}{a_0^2} = \varrho\,\mathfrak{v}$$

einführen. Dann folgt aus der Kontinuitätsgleichung

$$\int_O \varrho\,\mathfrak{v}_n \cdot dS = \frac{d}{dt}\int \varrho \cdot d\tau$$

die Beziehung:

$$\int_O \frac{\mathfrak{S}_n}{a_0^2}\, dS = \frac{d}{dt}\int \varrho \cdot d\tau = \frac{dm}{dt},$$

wo m die Masse innerhalb S bedeutet. Andrerseits ist

$$\int_O \mathfrak{S}_n \cdot dS = \frac{d\mathcal{E}}{dt},$$

wo $\mathcal{E}$ die gesamte Energie innerhalb S bezeichnet. Also ist mit jeder Zufuhr von Energie eine Vermehrung der trägen Ruhmasse gemäß der Gleichung

$$\delta m = \frac{1}{a_0^2}\delta \mathcal{E}$$

verknüpft. **Die Energie besitzt Trägheit.** — Die doppelte
Bedeutung von $\mathfrak{S}$ in der Relativitätstheorie entspricht als Erweiterung der doppelten Bedeutung von $\mathfrak{S}_1$ in der Elektronentheorie.

Jetzt, im Licht der Lorentz-Einsteinschen Theorie, gewinnt
auch der Satz von der dauernd kreisenden Energie (Kap. IV, § 2),
der im Sinn der Maxwellschen Theorie inhaltslos erschien, einen
physikalischen Inhalt. Man denke sich einen permanenten Magneten und einen Kondensator, dessen elektrische Kraftlinien von
den magnetischen Kraftlinien geschnitten werden. Solange der
Kondensator ungeladen ist, besteht kein elektrisches Feld, folglich
keine Energieströmung und kein Impuls. Während der Kondensator geladen wird, besteht ein Strom und bestehen mechanische
Kräfte magnetischen Ursprungs am Stromleiter; es entsteht im
allgemeinen ein mechanischer Impuls und Drehimpuls. Zugleich
entsteht ein elektromagnetischer Impuls und Drehimpuls, der ihm
entgegengesetzt gleich ist. Sobald die Ladung beendet ist, hören
mit der Strömung auch die Kräfte auf. Der mechanische Impuls —
der unmeßbar klein ist — wird durch reibungsartige Kräfte ver-
zehrt. Das elektromagnetische Feld und sein Impuls dauern an.
Nach eingetretenem statischen Zustand stehen die elektrischen
Kraftlinien normal auf den Leiteroberflächen; es dringt also keine
Strahlung in die Leiter ein. Die Energie strömt dauernd im Kreis-
lauf, indem sie an den Leiteroberflächen entlang gleitet[1]).

D. Theorie und Erfahrung. Es bleibt uns übrig, den Aussagen der Relativitätstheorie, die in den Gleichungen (44), (46)
und (65), (66), (72) ihren Ausdruck finden, die Erfahrung gegen-
überzustellen. Zuvor wollen wir noch einmal aussprechen, was
die drei von uns behandelten Theorien — die Maxwell-Hertzsche,
die Lorentzsche, die Einsteinsche — grundsätzlich unterscheidet.
In der Maxwell-Hertzschen Elektrodynamik sind alle starren
Bezugssysteme gleichwertig. In der Lorentzschen Elektrodynamik
ist ein Bezugssystem ausgezeichnet, das des Äthers[2]), — er-
fahrungsgemäß dasjenige, welches in den Fixsternen verankert
ist; es mag das Fixstern-System heißen. In der Einsteinschen
speziellen Relativitätstheorie sind für die gesamte Physik alle

---

[1]) W. Kaufmann, nach brieflicher Mitteilung.
[2]) Vgl. die abschließenden Sätze bei Lorentz: Theory of electrons,
Seite 230.

Bezugssysteme gleichwertig, die gegeneinander eine konstante Geschwindigkeit besitzen; ausgezeichnet ist diejenige System-gruppe, zu der das Fixstern-System gehört.

Die Maxwell-Hertzsche Theorie wird durch die Erfahrungen widerlegt, die am Schluß des Kap. IV besprochen sind. — Die Lorentzsche Theorie versagt gegenüber dem Michelson-Morley-schen Versuch. Hilfshypothesen, die Lorentz ihr eingefügt hat (sie sind hier nicht besprochen), nähern sie der Relativitäts-theorie an, ohne vollständige Übereinstimmung herbeizuführen[1]).

Das Verhältnis $\dfrac{w}{a_0}$ (w Körpergeschwindigkeit, a_0 Lichtgeschwin-digkeit) ist, wenn es sich um die Erde in ihrer Bahn um die Sonne handelt, gleich 10^{-4}. Alle kosmischen Geschwindigkeiten sind von gleicher Größenordnung; alle irdischen Geschwindigkeiten sind wesentlich kleiner. Allgemein mögen Größen, die $\left(\dfrac{w}{a_0}\right)^k$ als Faktor enthalten, Größen k-ter Ordnung heißen. Dann zeigt der Vergleich von (41), (43), (42) (Lorentz) mit (67), (66) (Ein-stein), daß die Aussagen beider Theorien sich nur in den Größen zweiter und höherer Ordnung unterscheiden. Das Ergebnis des Michelson-Morleyschen Versuchs ist in Übereinstimmung mit der Einsteinschen Theorie; es weicht von der Lorentzschen in Größen zweiter Ordnung ab. Alle im folgenden zu besprechenden Versuche geben nur über die Größen erster Ordnung Auskunft. Wir werden sehen, daß die Einsteinsche Theorie von ihnen Rechen-schaft gibt. Das gleiche gilt also auch von der Lorentzschen Theorie.

Im folgenden bezeichnen Σ und Σ' stets Systeme, welche zur Gruppe des Fixsternsystems gehören; Σ' hat gegen Σ die Geschwindigkeit w parallel zu x.

Eine Reihe von Sätzen folgt bereits aus der einen Tatsache, daß die Konstante a_0 der Transformationsgleichungen (44) die Lichtgeschwindigkeit im leeren Raum ist. Eine ebene Welle breite sich im Vakuum aus: die Feldgrößen seien, auf Σ bezogen, pro-portional mit

$$\sin \nu\left(t - \frac{lx+my+nz}{a_0}\right),$$

wo

$$l^2 + m^2 + n^2 = 1.$$

<hr>

[1]) Vgl. Lorentz: a. a. O. S. 230 u. 328.

Nach (44′) wird dies

$$= \sin \nu' \left(t' - \frac{l'x' + m'y' + n'z'}{a_0} \right),$$

wo

$$\left. \begin{aligned} \nu' &= k\nu \left(1 - \frac{wl}{a_0} \right), \\ \nu'l' &= k\nu \left(l - \frac{w}{a_0} \right); \qquad \nu'm' = \nu m; \qquad \nu'n' = \nu n, \\ l'^2 &+ m'^2 + n'^2 = 1. \end{aligned} \right\} \tag{73}$$

Aus (73$_1$) folgt: Die unendlich ferne Lichtquelle von der Frequenz ν ruhe in Σ, der Beobachter in Σ'. Die Verbindungslinie Lichtquelle-Beobachter bilde mit der Bewegungsrichtung von Σ' (gegen Σ) den Winkel φ ($\cos \varphi = l$). Dann ist

$$\nu' = \nu \, \frac{1 - \dfrac{w}{a_0} \cos \varphi}{\sqrt{1 - \dfrac{w^2}{a_0^2}}} \tag{74}$$

die Frequenz, die der Beobachter wahrnimmt. **Dopplersches Prinzip.**

Aus (73$_{3,4}$) folgt: $\dfrac{m'}{n'} = \dfrac{m}{n}$, d. h. die Ebene durch Bewegungsrichtung und Wellennormale ist in Σ' die gleiche wie in Σ. Bildet ferner die Richtung der Relativbewegung von Σ' gegen Σ mit der Wellennormale in Σ den Winkel φ, mit der Wellennormale in Σ' den Winkel φ'

$$(\cos \varphi = l, \qquad \cos \varphi' = l'),$$

so ist nach (73$_{1,2}$):

$$\cos \varphi' = \frac{\cos \varphi - \dfrac{w}{a_0}}{1 - \dfrac{w}{a_0} \cos \varphi}, \tag{75}$$

Das ist das **Gesetz der Aberration.** Ist insbesondere

$$\varphi = \frac{\pi}{2},$$

und wird

$$\varphi' = \frac{\pi}{2} + \alpha$$

gesetzt, durch welche Gleichung der **Aberrationswinkel** α

definiert ist; dann folgt:

$$\sin \alpha = \frac{w}{a_0} \, .$$

(Die elementare Darstellung ergibt in Übereinstimmung mit der Maxwell-Hertzschen Theorie:

$$\mathrm{tg}\, \alpha = \frac{w}{a_0} \, ,$$

was in den angenommenen Genauigkeitsgrenzen dasselbe bedeutet.) — Bisher ist nur eine im Vakuum liegende Wellenebene des Systems Σ' bestimmt. Die weitere Ausbreitung der Welle in Σ' erfolgt aber nach dem Relativitätsprinzip unabhängig von der Bewegung gegen Σ, d. h. unabhängig von der Herkunft der Welle, — genau so, wie wenn die Lichtquelle in Σ' ruhte. Die Beobachtungsmittel — die Gläser des Fernrohrs — ändern nichts am Betrage des Aberrationswinkels.

In einem Körper vom Brechungsexponenten n, der in Σ' ruht, pflanze sich Licht in der Richtung x mit der Geschwindigkeit

$$a = \frac{a_0}{n}$$

fort. Nach (46) ist dann seine Fortpflanzungsgeschwindigkeit für einen in Σ ruhenden Beobachter:

$$v = \frac{\dfrac{a_0}{n} + w}{1 + \dfrac{w}{n\, a_0}} \, ,$$

oder bei Vernachlässigung von $\left(\dfrac{w}{a_0}\right)^2$:

$$v = \frac{a_0}{n} + \left(1 - \frac{1}{n^2}\right) w \, . \tag{76}$$

Das ergaben tatsächlich die Versuche von **Fizeau** und seinen Nachfolgern. Die Auswertung der Beobachtungen erfordert bei den verschiedenen Versuchsanordnungen noch je eine eingehende Überlegung[1].

In einem gegen Σ rotierenden Körper mögen zwei aus gleicher Quelle stammende Strahlenbündel die gleiche in sich

---

[1] Siehe hierzu **Lorentz**: Theory of electrons, S. 316; **Zeeman**: Proc. Amsterdam Bd. 22, 1920; **Zeeman** und **Snethlage**: ebenda.

zurückkehrende Bahn in entgegengesetztem Sinn durchlaufen —
nach dem Schema der Abb. 40, in der A, B, C Spiegel, D eine
auf der einen Seite halbdurchlässig versilberte Glas-
platte bezeichnen sollen. Die Strahlenbündel interferieren nach ihrer Wiedervereinigung. Wir bezeichnen ein Wegelement, bezogen auf Σ mit ds,
— bezogen auf den rotierenden Körper mit ds'.
Es sei $\mathfrak{w}$ die Geschwindigkeit des Körperteilchens
an der betrachteten Stelle. Wir wenden gemäß
unserer Annahme [s. den Text nach Gl. (67)] auf ds
die Gleichungen (44′) an. Die drei ersten ergeben,

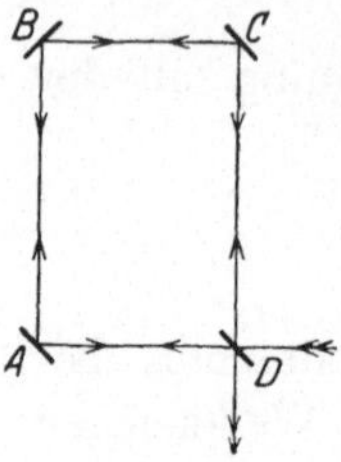

Abb. 40.

wenn wir $\left(\dfrac{w}{c}\right)^2$ vernachlässigen, also $k = 1$ setzen:

$$ds = ds' + \mathfrak{w}_{s'} \cdot dt'$$

(d. h. die Transformation der gewohnten — klassischen — Kine-
matik). Es handle sich um die Ausbreitung des Lichts in Luft
(Vakuum); dann ist

$$dt' = \frac{ds'}{a_0}, \qquad \text{also} \qquad ds = ds' + \frac{\mathfrak{w}_{s'}}{a_0}\, ds'.$$

Für eine in Σ' geschlossene Bahn, die die ebene Fläche S'
mit der Normale N' positiv umkreist, wird [s. (λ)]

$$\int ds = \int ds' + \int \frac{(\operatorname{rot} \mathfrak{w})_{N'}}{a_0} \cdot dS'.$$

Nun sei ω die konstante Winkelgeschwindigkeit, mit der der
Körper um die feste Achse $\mathfrak{A}$ rotiert, und es sei $\mathfrak{u}$ der Vektor
von der Richtung $\mathfrak{A}$ und dem Betrage ω. Dann ist, wenn $x\varrho\alpha$
die Zylinderkoordinaten des betrachteten Punkts bezeichnen,
$\mathfrak{w}_a = \pm \varrho\mathfrak{u}$, $\mathfrak{w}_\varrho = \mathfrak{w}_x = 0$; daher nach $(\varkappa_2)$:

$$\operatorname{rot} \mathfrak{w} = \pm 2\,\mathfrak{u}.$$

Also wird

$$s = s' \pm \frac{2\,\mathfrak{u}_{N'} S'}{a_0} = s' \pm \frac{2\omega S' \cdot \cos\vartheta}{a_0},$$

wo ϑ den Winkel zwischen Flächennormale und Drehachse bezeichnet. Laufen nun zwei Strahlen in entgegengesetztem Sinn
um S', so erhalten sie einen in Wellenlängen λ ausgedrückten
Gangunterschied

$$\varDelta = \frac{4\omega S' \cdot \cos\vartheta}{a_0 \lambda}.$$

Um Δ Streifenbreiten muß sich das Interferenzbild verschieben beim Übergang von der Ruhe zur Drehgeschwindigkeit ω.

Der Versuch ist von Sagnac ausgeführt mit dem von der Theorie geforderten Ergebnis[1]). — Ferner ist von Michelson und Gale nach der gleichen Methode der Einfluß der Erddrehung auf die Ausbreitung des Lichts untersucht worden. Die Messung bestand, da ω hier vorgeschrieben ist, in dem Vergleich der Interferenzbilder beim Umlauf um eine sehr große und um eine kleine horizontale Fläche. (ϑ ist also das Komplement der geographischen Breite.) Theorie und Beobachtung waren in voller Übereinstimmung[2]). Es mag bemerkt werden, daß sich für ein Quadrat von 100 m Seitenlänge in der Breite von 45^0 bei Benutzung von Natriumlicht Δ zu rund $1/100$ ergibt. Die Erdrotation kommt daher bei keinem der übrigen Versuche in Betracht.

Die bisherigen Ableitungen betrafen rein kinematische Beziehungen; dabei bedurften wir der Feldgleichungen (65), (66) nicht. Ziehen wir diese jetzt heran. Wir vernachlässigen w^2 und ersetzen demgemäß (66) durch (66a). Wir betrachten zwei Sonderfälle:

1. Es sei das Feld, auf Σ bezogen, stationär $\left(\dfrac{\partial}{\partial t} = 0\right)$, keine Strömung vorhanden ($\mathfrak{J} = 0$), und keine magnetisch polarisierbaren Körper ($\mu = \mu_0$). Dann wird aus (65):

$$\left. \begin{aligned} c \cdot \operatorname{rot} \mathfrak{H} &= \mathfrak{w} \cdot \operatorname{div} \mathfrak{D}, \\ \operatorname{rot} \mathfrak{E} &= 0, \\ \operatorname{div} \mu_0 \left\{ \mathfrak{H} - \left[\frac{\mathfrak{w}}{c} (\mathfrak{D} - \varepsilon_0 \mathfrak{E}) \right] \right\} &= 0. \end{aligned} \right\} \quad (77)$$

Für $\mathfrak{w} = 0$ wird $\mathfrak{H} = 0$. Für $\mathfrak{w} \neq 0$ ist $\mathfrak{H}$ klein von erster Ordnung, also $|\mathfrak{w}| \, |\mathfrak{H}|$ zu vernachlässigen. Das ergibt nach (66a) als vierte Gleichung:

$$\mathfrak{D} = \varepsilon \mathfrak{E}. \quad (77)$$

Die zweite und vierte Gleichung sagen aus, daß das elektrische Feld durch die Elektrizitätsverteilung in derselben Weise bestimmt ist, wie im Fall der Ruhe. Wir nehmen es als bekannt

---

[1]) Comptes rendus Bd. 157. 1913.
[2]) Astrophysical Journal Bd. 61, 1925.

an. Schreiben wir dann

$$\mathfrak{H} = \mathfrak{H} - \left[\frac{\mathfrak{w}}{c}(\varepsilon - \varepsilon_0)\mathfrak{E}\right] = \mathfrak{H}_1 + \left[\frac{\mathfrak{w}}{c}\varepsilon_0\mathfrak{E}\right], \tag{78}$$

so werden die erste und dritte Gleichung:

$$\left.\begin{aligned}c \cdot \operatorname{rot}\mathfrak{H} &= \mathfrak{w} \cdot \operatorname{div}\mathfrak{D} - \operatorname{rot}\left[\mathfrak{w}(\varepsilon - \varepsilon_0)\mathfrak{E}\right], \\ \operatorname{div}(\mu_0\mathfrak{H}) &= 0\,.\end{aligned}\right\} \tag{79}$$

D. h. das Feld $\mathfrak{H}$ ist dasjenige einer Strömung

$$\mathfrak{J}' = \mathfrak{w} \cdot \operatorname{div}\mathfrak{D} - \operatorname{rot}\left[\mathfrak{w}(\varepsilon - \varepsilon_0)\mathfrak{E}\right].$$

Das Feld wird durch einen Magneten außerhalb der bewegten Körper gemessen, an Stellen also, wo $\mathfrak{H} \equiv \mathfrak{H}$ ist. — Die Strömung $\mathfrak{J}'$ besteht aus zwei Teilen; sie sind einzeln und vereinigt untersucht worden.

a) Eine isolierende Kreisscheibe ist an ihrem Rande beiderseitig mit einem ringförmigen (an einer Stelle aufgeschnittenen) leitenden Streifen bedeckt. Sie ist von einer flachen metallischen Schachtel umgeben, mit der der Streifen einen Kondensator von der Kapazität C bildet. Sie rotiert mit n Umdrehungen in der Sekunde, während der Streifen auf das Potential V gegen die Hülle geladen ist. In der Scheibe ist $\mathfrak{E} = 0$, außen ist $\mathfrak{w} = 0$; das zweite Glied von $\mathfrak{J}'$ ist also $= 0$. Das erste Glied gibt für den Gesamtstrom: $i' = VCn$. Nun wird der Streifen bei stillstehender Scheibe n_1-mal in der Sekunde auf das Potential V_1 geladen. Das bedeutet einen Strom $i_1 = V_1 C n_1$, der an einem Galvanometer gemessen werden kann. Dadurch ist C bestimmt, und somit i'. Bei feststehender Scheibe wird ferner ein konstanter Strom i durch den Streifen geleitet. An einem Magnetometer werden die Ablenkungen durch i' und durch i verglichen. Es zeigt sich, daß i' den von der Theorie geforderten Wert hat. Dieser Konvektionsstrom ist zuerst von Rowland gemessen worden. Die hier besprochene Anordnung hat Eichenwald getroffen[1]).

b) Eine kreisförmige isolierende Scheibe rotiert zwischen zwei feststehenden zu ihr parallelen Metallscheiben, zwischen denen eine bekannte Potentialdifferenz hergestellt ist. Durch Schutz-

---

[1]) Ann. d. Physik IV, Bd. 11, S. 1. 1903; dort auch die gesamte Literatur.

ringe ist dafür gesorgt, daß das elektrische Feld gleichförmig ist. Hier ist im Metall

$$\mathfrak{w} = 0,$$

im Zwischenraum

$$\operatorname{div} \mathfrak{D} = 0;$$

also verschwindet das erste Glied in $\mathfrak{J}'$. Zu dem zweiten Glied liefert das Innere der rotierenden Scheibe keinen Beitrag; denn der Vektor $[\mathfrak{w}\,\mathfrak{E}]$ ist radial gerichtet, und sein Betrag hängt nur vom Achsenabstand ab; seine Rotation ist also $= 0$. [vgl. $(\varkappa_2)$]. Wohl aber ergibt die Grenzfläche Scheibe — Luft den Flächenwirbel

$$|\mathfrak{w}|\,(\varepsilon - \varepsilon_0)\,|\mathfrak{E}|$$

in tangentialer Richtung [vgl. $(\varkappa_4)$]. Man hat also eine Oberflächenströmung von diesem Betrage. $\mathfrak{E}$ bedeutet die Feldstärke in der dielektrischen Scheibe. Sie kann aus der Potentialdifferenz zwischen den Metallplatten und der Dicke der dielektrischen Scheibe und der Luftzwischenräume berechnet werden (s. Kap. I, § 3, A unter 4). Die Strömung ist also bei gegebener Umdrehungszahl und Potentialdifferenz in ihrem absoluten Betrage bekannt. Ihr magnetisches Feld kann mit demjenigen eines ebenso verteilten Leitungsstroms verglichen werden. Dieser Stromanteil ist zuerst von Röntgen beobachtet worden und heißt daher Röntgenstrom. Die genauesten Messungen rühren von Eichenwald her; sie bestätigen quantitativ den theoretischen Ansatz.

c) Die Anordnung ist wie bei b); aber der ganze Kondensator — die dielektrische Scheibe mit den unmittelbar anliegenden Metallbelegungen — rotiert einheitlich. Die beiden Glieder von $\mathfrak{J}'$ vereinigen sich. Das Ergebnis übersieht man am einfachsten, wenn man (79) in der Form schreibt:

$$c \cdot \operatorname{rot} \mathfrak{H} = \operatorname{rot} [\mathfrak{w}\varepsilon_0\mathfrak{E}].$$

[Es ist bei der vorliegenden Versuchsanordnung sowohl

$$\frac{d'\mathfrak{D}}{dt}, \qquad \text{wie} \qquad \frac{\partial \mathfrak{D}}{\partial t} = 0,$$

also nach (v'):

$$\mathfrak{w} \cdot \operatorname{div} \mathfrak{D} = \operatorname{rot} [\mathfrak{w}\mathfrak{D}].$$

Dasselbe unmittelbar aus (67), (78)].

Die Strömung $\mathfrak{J}'$ ist also unabhängig vom Material des Dielektrikums; sie ist die gleiche, wie wenn der Zwischenraum von Luft erfüllt wäre, und die Platten allein rotierten. Auch dies konnte **Eichenwald** bestätigen[1]). Die Hertzsche Theorie würde in diesem Fall $\mathfrak{J}' = 0$ ergeben.

2. Versuch von **H. A. Wilson**[2]). Vgl. Abb. 41. Ein Zylinderkondensator (äußerer Radius a, innerer b, Dielektrizitätskonstante des Zwischenmediums ε) rotiert mit konstanter Geschwindigkeit in einem gleichförmigen Magnetfeld, dessen Richtung seiner Achse parallel ist (Drehgeschwindigkeit $\mathfrak{u}$, $|\mathfrak{u}| = \omega$). Die beiden Belegungen α, β sind durch Schleiffedern mit den Teilen γ, δ eines

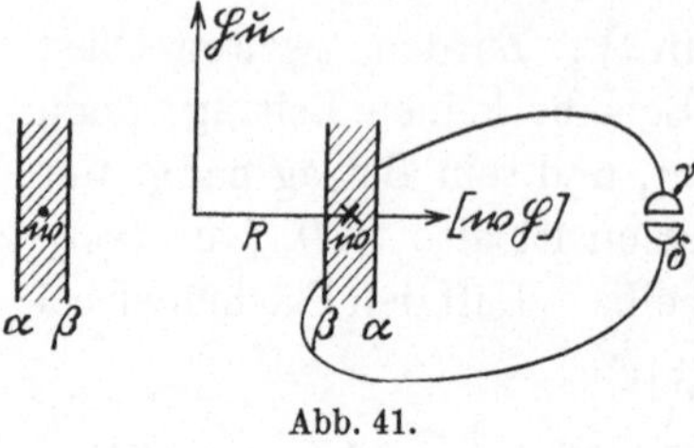

Abb. 41.

Elektrometers verbunden; δ ist zur Erde abgeleitet. Der Kondensator soll als geschlossener behandelt werden. Seine Kapazität sei C; die der äußeren Belegung α, des Elektrometerteils γ und der Zuleitung zusammengenommen gegen Erde sei C'. Das ganze System sei in der Ruhe ungeladen; die gesamte Elektrizitätsmenge des isolierten Teils von α bis γ bleibt dann auch während der Bewegung Null. Der Zustand ist stationär; also ist erstens nach (65):

$$\operatorname{rot} \mathfrak{E} = 0 \quad \text{oder} \quad \mathfrak{E} = -V\varphi;$$

und zweitens sind die Leitungen $\alpha\gamma$ und $\beta\delta$ stromlos, also, da auf ihnen $\mathfrak{w} = 0$ ist, nach (66a): $\mathfrak{E} = 0$. Am Elektrometer wird daher $\varphi_\alpha - \varphi_\beta$ gemessen. — Der Vektor $[\mathfrak{w}\,\mathfrak{H}]$ ist radial — bei dem Umlaufssinn der Abbildung von der Achse fort, bei entgegengesetztem Umlaufssinn nach ihr hin gerichtet; sein Betrag im Abstand R von der Achse ist:

$$\omega R\,|\mathfrak{H}|;$$

also wird nach (66a):

$$\mathfrak{D} = -\varepsilon \cdot V\varphi', \quad \text{wo} \quad \varphi' = \varphi - kR^2, \quad k = \pm \frac{\varepsilon\mu - \varepsilon_0\mu_0}{\varepsilon} \cdot \frac{\omega\,|\mathfrak{H}|}{2c},$$

Durch den Wert der Konstanten $\varphi'_\beta - \varphi_\alpha$ und die Bedingung: $\operatorname{div}\mathfrak{D} = 0$ ist $\mathfrak{D}$ innerhalb des Kondensaters bestimmt. Nach Definition von C ist die Ladung $e = \int_\beta \mathfrak{D}_N \cdot dS$ der inneren

---

[1]) Zu b) und c) siehe **Eichenwald**: Ann. d. Physik IV, Bd. 11, S. 421. 1903 und Bd. 13, S. 919. 1904.

[2]) Transact. of the Roy. Soc. of London. Bd. 204, 1905.

Belegung im Fall $\omega = 0$:

$$e = C\,(\varphi_\beta - \varphi_a)\,.$$

Also ist allgemein:

$$e = C\,(\varphi_\beta' - \varphi_a') = C\,\{\varphi_\beta - \varphi_a + k\,(a^2 - b^2)\}\,.$$

Die Ladung $- e$ befindet sich auf der Innenseite der äußeren Belegung; also $+ e$ auf der Außenseite und den mit ihr verbundenen Leitern; d. h.

$$e = C'\,(\varphi_\alpha - \varphi_\beta)\,.$$

Beide Gleichungen zusammen ergeben:

$$\varphi_\lambda - \varphi_\beta = \frac{C}{C + C'}\,k(a^2 - b^2)\,. \tag{80a}$$

Praktisch ist stets $\mu = \mu_0$, also

$$k = \pm\,\frac{\varepsilon - \varepsilon_0}{\varepsilon} \cdot \frac{\omega\,\mu_0\,\mathfrak{H}}{2c}\,. \tag{80b}$$

Die Messungen von Wilson haben die Beziehung (80) bestätigt. Für einen Luft-Kondensator folgt aus ihr $k = 0$. Die Hertzsche Theorie würde, unabhängig von der Natur des Isolators,

$$k = \pm\,\frac{\omega\,\mu_0\,\mathfrak{H}}{2c}$$

ergeben. [Bei der Auswertung der Versuche ist für $\mathfrak{H}$ das Feld genommen, welches bei ruhendem Kondensator herrscht. Das ist berechtigt; denn $\mathfrak{E}$ und $\mathfrak{D}$ sind von der Ordnung w; die Feldgleichungen bleiben daher mit der hier benutzten Annäherung auch im Fall der Bewegung:

$$c \cdot \operatorname{rot}\mathfrak{H} = \mathfrak{J}; \qquad \operatorname{div}\mu\,\mathfrak{H} = 0.]$$

Es ist noch nach den mechanischen Wirkungen des Feldes zu fragen. Die Werte der Spannungen sind, wie ausgeführt wurde, die gleichen wie in der Hertzschen Theorie; sie werden durch die Erfahrung bestätigt. Das gleiche gilt von den vier ersten Gliedern im Ausdruck der Kräfte in (72), welche zusammen die Kräfte des stationären Feldes ausmachen. Im Fall veränderlicher Zustände tritt zu ihnen ein Glied, welches sich als Differentialquotient nach der Zeit darstellt. Dieser Umstand schließt die Möglichkeit aus, die Augenblickswirkungen periodischer Vorgänge beliebig zu summieren. Die Strahlung $\mathfrak{S}$ aber ist in ihm mit einem Faktor behaftet, der für alle leicht beweglichen Körper (Gase) sehr klein ist, und mit zunehmender Verdünnung zur Grenze

Null geht. Diese Zusatzkraft des veränderlichen Feldes entzieht sich daher der Beobachtung. — Wesentlich ist, daß im leeren Raum jedes Glied von $\mathfrak{f}$ einzeln verschwindet. Der Widersinn einer im Vakuum wirkenden Kraft, der der Maxwell-Hertzschen Theorie anhaftet, ist der Relativitätstheorie — wie auch der Lorentzschen Theorie — fremd.

Zusammengefaßt: Alles, was die Relativitätstheorie über den Einfluß der Bewegung auf das Feld und über die mechanischen Kräfte aussagt, ist in voller Übereinstimmung mit der Erfahrung.

Dem Relativitätsprinzip, von dem hier nur die elektrodynamischen Folgerungen entwickelt wurden, fällt die Aufgabe zu, auch die Mechanik und Thermodynamik in ihren Bereich zu ziehen. Ist diese Aufgabe gelöst, so gilt nun für die gesamte Physik, was vorher für die Mechanik galt: Ihre Gesetze haben die gleiche Form für die Gruppe aller Bezugssysteme, die gegen einander eine nach Größe und Richtung konstante Geschwindigkeit besitzen. Unter allen Gruppen aber ist eine ausgezeichnet: diejenige, zu welcher das in den Fixsternen verankerte Bezugssystem gehört. — Es entstehen dann die Fragen: Welches sind die physikalischen Merkmale, welche dieser Gruppe ihre Vorzugsstellung verschaffen? — und: Gibt es eine Fassung der physikalischen Gesetze, welche diese Ausnahmestellung aufhebt? Eine Antwort gibt die allgemeine Relativitätstheorie, die ebenso wie die spezielle von Einstein begründet ist. Gleich der Quantentheorie steht sie noch in der Entwicklung. Vereint mit dieser ist sie am Werk, das Lehrgebäude der Physik in seinen Grundmauern zu erschüttern. Eine neue Physik ist im Werden, die in viel weiterem Sinn, als die bisherige Atomistik der Materie und der Elektrizität, eine Physik der Unstetigkeiten ist. — In vollem Gegensatz hierzu steht die Elektrodynamik, die dieses Buch darstellt. Ihr mathematisches Bild ist das in Zeit und Raum stetige elektromagnetische Feld. Es ist außer Zweifel, daß dieses Bild die Erscheinungen nur in ihren gröberen Zügen wiedergibt. Auch den Meistern, die es schufen, galt es nur in diesem Sinn für treu. Aber man darf vertrauen, daß es — beständiger, als die in feinsten Einzelheiten ausgeführten Zeichnungen — den bescheidenen Platz, den es beansprucht, auch in Zukunft behaupten wird.

Anhang.

Durchgehende Bezeichnungen.

Deutsche Buchstaben bedeuten Vektoren; außerdem ist p^N ein Vektor. Der Betrag von $\mathfrak{A}$ ist durch $|\mathfrak{A}|$ oder A bezeichnet; die Komponente nach der Richtung l durch $\mathfrak{A}_l$.

$\mathfrak{r}$ Ortsvektor (Fahrstrahl).

τ Raum.

S Fläche (auch L).

s Linie (auch l). $ds = |d\mathfrak{r}|$.

$\bar{\mathfrak{r}}$ Einheitsvektor in der Richtung von $\mathfrak{r}$.

$\bar{\mathfrak{n}}$ Einheitsvektor in der Richtung von $\mathfrak{n}$ (oder in der Richtung der Normalen n oder N laut Text).

Die Zuordnung von Fortschreitung und Drehung entspricht stets einer Rechtsschraube. — Die kartesischen Koordinaten xyz, die Zylinderkoordinaten $x\varrho\alpha$, die Polarkoordinaten $r\vartheta\alpha$ bilden in der hingeschriebenen Folge stets ein Rechtssystem.

In $\oint \dots dS$ ist S eine geschlossene Fläche; in $\oint \dots ds$ ist s eine geschlossene Linie.

Stehen $\int \dots d\tau$ und $\oint \dots dS$ in derselben Gleichung, so ist S die vollständige Begrenzung von τ und N die äußere, n die innere Normale von dS.

Stehen $\int \dots dS$ und $\oint \dots ds$ in derselben Gleichung, so ist s die vollständige Begrenzung von S, und s ein positiver Umlauf um die positive Normale N von dS.

$\mathfrak{k}$ Kraft; $\mathfrak{F}$ resultierende Kraft; $\mathfrak{N}$ resultierendes Drehmoment; p^N, p_k^i Spannungen; A Arbeit.

$\mathfrak{E}, \mathfrak{D}, \mathfrak{J}$ elektrische Feldstärke, Erregung, Stromdichte; i Gesamtstrom, φ elektrisches Potential.

— $\mathfrak{K}$, E eingeprägte elektr. Feldstärke, elektromotorische Kraft.

$\mathfrak{H}, \mathfrak{B}$ magnetische Feldstärke, Induktion; $\mathfrak{M}$ Magnetisierung; $\mathfrak{K}$ magnetisches Moment.

$\mathfrak{S}$ Strahlung.

Q Induktionsfluß; L Induktivität; C elektrische Kapazität; w Widerstand.

W_e, W_m elektrische, magnetische Energie.

ε Dielektrizitätskonstante, σ elektr. Leitvermögen; μ magnet. Durchlässigkeit (Permeabilität).

Die eckige Klammer [ ] dient ausschließlich zur Bezeichnung des Vektorprodukts. Runde Klammern und Punkt sind zur Zusammenfassung und Trennung in gleicher Weise bei Skalaren und Vektoren verwandt.

In den Abbildungen bedeutet $\left\{\begin{matrix}\times\\ \cdot\end{matrix}\right\}$ einen zur Zeichnungsebene normalen, von $\left\{\begin{matrix}\text{vorn}\\ \text{hinten}\end{matrix}\right\}$ nach $\left\{\begin{matrix}\text{hinten}\\ \text{vorn}\end{matrix}\right\}$ gerichteten Vektor.

Benutzt und unter den hier beigefügten griechischen Buchstaben angeführt sind folgende

Formeln:

$$\mathfrak{A}^2 = A^2; \qquad \mathfrak{A} \cdot d\mathfrak{A} = A \cdot dA$$

$$[\mathfrak{A}\mathfrak{B}]\mathfrak{C} = [\mathfrak{B}\mathfrak{C}]\mathfrak{A} = [\mathfrak{C}\mathfrak{A}]\mathfrak{B} = -[\mathfrak{B}\mathfrak{A}]\mathfrak{C} \qquad (\alpha)$$

= Volumen des Parallelepipeds, dessen Kanten $\mathfrak{A}\mathfrak{B}\mathfrak{C}$ sich in dieser Folge auf ein Rechtssystem projizieren.

$$[\mathfrak{A}[\mathfrak{B}\mathfrak{C}]] = (\mathfrak{A}\mathfrak{C})\mathfrak{B} - (\mathfrak{A}\mathfrak{B})\mathfrak{C}. \qquad (\beta)$$

Der Vektor $\mathfrak{A} = V U$ ist definiert durch:

$$\mathfrak{A}_l = \frac{\partial U}{\partial l}. \qquad (\gamma)$$

Die Komponenten von $\mathfrak{A} = V U$ sind

in kartesischen Koordinaten: $\quad \mathfrak{A}_x = \dfrac{\partial U}{\partial x}, \qquad \mathfrak{A}_y = \dfrac{\partial U}{\partial y}, \qquad \mathfrak{A}_z = \dfrac{\partial U}{\partial z}, \qquad (\gamma_1)$

„ Zylinder-Koordinaten: $\quad \mathfrak{A}_x = \dfrac{\partial U}{\partial x}, \qquad \mathfrak{A}_\varrho = \dfrac{\partial U}{\partial \varrho}, \qquad \mathfrak{A}_a = \dfrac{1}{\varrho}\dfrac{\partial U}{\partial \alpha}, \qquad (\gamma_2)$

„ Polar-Koordinaten: $\quad \mathfrak{A}_r = \dfrac{\partial U}{\partial r}, \qquad \mathfrak{A}_\vartheta = \dfrac{1}{r}\dfrac{\partial U}{\partial \vartheta}, \quad \mathfrak{A}_a = \dfrac{1}{r\cdot\sin\vartheta}\dfrac{\partial U}{\partial \alpha}. (\gamma_3)$

Der Vektor $\mathfrak{C} = (\mathfrak{A} V)\mathfrak{B}$ kann definiert werden durch:

$$\mathfrak{C}_x = \mathfrak{A} \cdot V\mathfrak{B}_x, \qquad \mathfrak{C}_y = \mathfrak{A} \cdot V\mathfrak{B}_y, \qquad \mathfrak{C}_z = \mathfrak{A} \cdot V\mathfrak{B}_z. \qquad (\delta)$$

Der Skalar $\operatorname{div}\mathfrak{A}$ ist definiert durch:

$$\operatorname{div}\mathfrak{A} = \lim_{\tau=0}\left\{\frac{1}{\tau}\int_O \mathfrak{A}_N \cdot dS\right\}. \qquad (\varepsilon)$$

Es ist:

$$\operatorname{div}\mathfrak{A} = \frac{\partial \mathfrak{A}_x}{\partial x} + \frac{\partial \mathfrak{A}_y}{\partial y} + \frac{\partial \mathfrak{A}_z}{\partial z} \qquad (\varepsilon_1) \text{ in kartesischen Koordinaten,}$$

$$= \frac{\partial \mathfrak{A}_x}{\partial x} + \frac{1}{\varrho}\frac{\partial(\varrho\mathfrak{A}_\varrho)}{\partial \varrho} + \frac{1}{\varrho}\frac{\partial \mathfrak{A}_a}{\partial \alpha} \qquad (\varepsilon_2) \text{ in Zylinder-Koordinaten,}$$

$$= \frac{1}{r^2}\frac{\partial(r^2\mathfrak{A}_r)}{\partial r} + \frac{1}{r\cdot\sin\vartheta}\frac{\partial(\sin\vartheta\cdot\mathfrak{A}_\vartheta)}{\partial \vartheta} + \frac{1}{r\sin\vartheta}\frac{\partial \mathfrak{A}_a}{\partial \alpha}$$

$$(\varepsilon_3) \text{ in Polar-Koordinaten.}$$

An Unstetigkeitsflächen: $\operatorname{div}_s\mathfrak{A} = \mathfrak{A}_{n_1} + \mathfrak{A}_{n_2} = \mathfrak{A}_1\bar{n}_1 + \mathfrak{A}_2\bar{n}_2. \qquad (\varepsilon_4)$

Aus $(\gamma)\,(\varepsilon)$: Der Skalar $\Delta U = \operatorname{div} \nabla U$ ist definiert durch:

$$\Delta U = \lim_{\tau = 0} \left\{ \frac{1}{\tau} \int_O \frac{\partial U}{\partial N}\, dS \right\}. \tag{ζ}$$

Es ist in kartesischen Koordinaten:

$$\Delta U = \frac{\partial^2 U}{\partial x^2} + \frac{\partial^2 U}{\partial y^2} + \frac{\partial^2 U}{\partial z^2}. \tag{ζ_1}$$

Wenn U nur $f(\varrho)$ (unabhängig von x und α) ist:

$$\Delta U = \frac{1}{\varrho}\, \frac{\partial}{\partial \varrho} \left(\varrho\, \frac{\partial U}{\partial \varrho} \right). \tag{ζ_2}$$

Wenn U nur $f(r)$ (unabhängig von ϑ und α) ist:

$$\Delta U = \frac{1}{r^2}\, \frac{\partial}{\partial r} \left(r^2 \frac{\partial U}{\partial r} \right) = \frac{1}{r}\, \frac{\partial^2 (rU)}{\partial r^2}. \tag{ζ_3}$$

Der Vektor $\Delta \mathfrak{A}$ kann definiert werden durch:

$$(\Delta \mathfrak{A})_x = \Delta \mathfrak{A}_x, \quad \text{usw.}$$

$$\int \operatorname{div} \mathfrak{A} \cdot d\tau = \int_O \mathfrak{A}_N \cdot dS, \quad \text{wenn } \mathfrak{A} \text{ stetig in } \tau. \text{ (Gauß)}. \tag{η}$$

$$\int \operatorname{div} \mathfrak{A} \cdot d\tau + \sum \int \operatorname{div}_s \mathfrak{A} \cdot dS_{12} = \int_O \mathfrak{A}_N \cdot dS \quad \text{allgemein}. \tag{η_1}$$

Die S_{12} bedeuten Unstetigkeitsflächen. Statt (η_1) ist in der Regel (η) geschrieben; die $\operatorname{div}_s \mathfrak{A}$ werden als Grenzfälle betrachtet. Entsprechend in (ϑ) und (ι).

$$-\int \nabla U \cdot \mathfrak{B} \cdot d\tau = \int U \cdot \operatorname{div} \mathfrak{B} \cdot d\tau + \int_O U \mathfrak{B}_n \cdot dS, \tag{ϑ}$$

wenn U einwertig und stetig in τ.

$$-\int \frac{\partial \alpha}{\partial x}\, \beta \cdot d\tau = \int \alpha \frac{\partial \beta}{\partial x}\, d\tau + \int_O \alpha \beta \cos(nx)\, dS, \tag{ϑ_1}$$

wenn α und β stetig in τ.

$$\begin{aligned}
-\int \nabla U \cdot \nabla V \cdot d\tau &= \int U \cdot \Delta V \cdot d\tau + \int_O U \frac{\partial V}{\partial n} \cdot dS \\
&= \int V \cdot \Delta U \cdot d\tau + \int_O V \frac{\partial U}{\partial n} \cdot dS,
\end{aligned} \tag{ι}$$

wenn U, V, ∇U, ∇V einwertig und stetig in τ. (Green)

Der Vektor $\mathfrak{B} = \operatorname{rot} \mathfrak{A}$ ist definiert durch:

$$\mathfrak{B}_N = \lim_{S = 0} \left\{ \frac{1}{S} \int_O \mathfrak{A}_s \cdot ds \right\}, \quad \text{wo } S \perp N. \tag{$\varkappa$}$$

Die Komponenten von $\mathfrak{B} = \operatorname{rot} \mathfrak{A}$ sind:

in kartesischen Koordinaten:

$$\left.\begin{aligned}
\mathfrak{B}_x &= \frac{\partial \mathfrak{A}_z}{\partial y} - \frac{\partial \mathfrak{A}_y}{\partial z}, \\[2ex]
\mathfrak{B}_y &= \frac{\partial \mathfrak{A}_x}{\partial z} - \frac{\partial \mathfrak{A}_z}{\partial x}, \\[2ex]
\mathfrak{B}_z &= \frac{\partial \mathfrak{A}_y}{\partial x} - \frac{\partial \mathfrak{A}_x}{\partial y};
\end{aligned}\right\} \qquad (\varkappa_1)$$

in Zylinder-Koordinaten:

$$\left.\begin{aligned}
\mathfrak{B}_x &= \frac{1}{\varrho}\left\{\frac{\partial}{\partial \varrho}(\varrho \mathfrak{A}_a) - \frac{\partial \mathfrak{A}_\varrho}{\partial \alpha}\right\}, \\[2ex]
\mathfrak{B}_\varrho &= \frac{1}{\varrho}\cdot\frac{\partial \mathfrak{A}_x}{\partial \alpha} - \frac{\partial \mathfrak{A}_a}{\partial x}, \\[2ex]
\mathfrak{B}_a &= \frac{\partial \mathfrak{A}_\varrho}{\partial x} - \frac{\partial \mathfrak{A}_x}{\partial \varrho};
\end{aligned}\right\} \qquad (\varkappa_2)$$

in Polar-Koordinaten:

$$\left.\begin{aligned}
\mathfrak{B}_r &= \frac{1}{r\sin\vartheta}\left\{\frac{\partial}{\partial\vartheta}(\sin\vartheta\cdot\mathfrak{A}_a) - \frac{\partial \mathfrak{A}_\vartheta}{\partial\alpha}\right\}, \\[2ex]
\mathfrak{B}_\vartheta &= \frac{1}{r\sin\vartheta}\left\{\frac{\partial \mathfrak{A}_r}{\partial\alpha} - \frac{\partial}{\partial r}(r\sin\vartheta\cdot\mathfrak{A}_a)\right\}, \\[2ex]
\mathfrak{B}_a &= \frac{1}{r}\left\{\frac{\partial}{\partial r}(r\cdot\mathfrak{A}_\vartheta) - \frac{\partial \mathfrak{A}_r}{\partial\vartheta}\right\};
\end{aligned}\right\} \qquad (\varkappa_3)$$

an Unstetigkeitsflächen: $\operatorname{rot}_s \mathfrak{A} = [\bar{\mathfrak{n}}_1 \mathfrak{A}_1] + [\bar{\mathfrak{n}}_2 \mathfrak{A}_2].$ $(\varkappa_4)$

Wenn $\mathfrak{B} = \operatorname{rot}\mathfrak{A}$, so ist

$$\int\mathfrak{B}_N \cdot dS = \oint\mathfrak{A}_s \cdot ds \quad \text{(Stokes)} \qquad (\lambda)$$

und $$\operatorname{div}\mathfrak{B} = 0. \qquad (\lambda_1)$$

Wenn $\mathfrak{A} = \nabla U$, so $\operatorname{rot}\mathfrak{A} = 0$ und umgekehrt. (μ)

Aus (μ) und (ϑ): Wenn in einem vollständigen einfach zusammenhängenden Feld τ:

$$\operatorname{rot}\mathfrak{A} = 0 \quad \text{und} \quad \operatorname{div}\mathfrak{B} = 0, \text{ so ist } \int\mathfrak{A}\mathfrak{B}\cdot d\tau = 0. \qquad (\mu, \vartheta)$$

Wenn $\operatorname{div}\mathfrak{B} = 0$, so $\mathfrak{B} = \operatorname{rot}\mathfrak{A}$, $\mathfrak{A} = \mathfrak{A}_0 + \nabla U$, wo U willkürlich. (ν)

Wenn $\operatorname{rot}\mathfrak{A} = 0$ in einem $(n+1)$ fach zusammenhängenden Raum τ, so ist in τ:

$$\oint\mathfrak{A}_s \cdot ds = \sum_{i=1}^{n} k_i p_i, \quad \text{wo } k_i \text{ jede ganze Zahl sein kann.} \qquad (\xi)$$

$$\mathfrak{B}\cdot\operatorname{rot}\mathfrak{A} - \mathfrak{A}\cdot\operatorname{rot}\mathfrak{B} = \operatorname{div}[\mathfrak{A}\mathfrak{B}]. \qquad (o)$$

$$\int\mathfrak{B}\cdot\operatorname{rot}\mathfrak{A}\cdot d\tau - \int\mathfrak{A}\cdot\operatorname{rot}\mathfrak{B}\cdot d\tau = \oint[\mathfrak{A}\mathfrak{B}]_N \cdot dS. \qquad (o')$$

$$\operatorname{div}(\alpha\,\mathfrak{A}) = \nabla\alpha\cdot\mathfrak{A} + \alpha\cdot\operatorname{div}\mathfrak{A}. \tag{π}$$

$$\operatorname{rot}(\alpha\,\mathfrak{A}) = [\nabla\alpha\cdot\mathfrak{A}] + \alpha\cdot\operatorname{rot}\mathfrak{A}. \tag{ϱ}$$

$$\operatorname{rot}(\operatorname{rot}\mathfrak{A}) = \nabla(\operatorname{div}\mathfrak{A}) - \varDelta\mathfrak{A}. \tag{σ}$$

Es sei $\mathfrak{u}$ die unendlich kleine Verschiebung der Materie, ∂ Änderung im festen Raumpunkt, d Änderung im festen substantiellen Punkt. Dann ist

$$dU = \partial U + \mathfrak{u}\cdot\nabla U, \tag{τ}$$

$$d\mathfrak{A} = \partial\mathfrak{A} + (\mathfrak{u}\nabla)\,\mathfrak{A}. \tag{τ_1}$$

Es sei S' eine substantielle Fläche; dann ist die Gesamtänderung von $\int\mathfrak{A}_N\cdot dS'$:

$$d\int\mathfrak{A}_N\cdot dS' = \int(d'\mathfrak{A})_N\cdot dS, \tag{v}$$

wo

$$d'\mathfrak{A} = \partial\mathfrak{A} + \mathfrak{u}\cdot\operatorname{div}\mathfrak{A} - \operatorname{rot}[\mathfrak{u}\mathfrak{A}], \tag{v'}$$

$$= d\mathfrak{A} + \mathfrak{A}\cdot\operatorname{div}\mathfrak{u} - (\mathfrak{A}\nabla)\,\mathfrak{u}. \tag{v''}$$

Es sei $d\tau'$ ein substantielles Volumen; seine Änderung durch die Verschiebungen ist:

$$\delta(d\tau') = \operatorname{div}\mathfrak{u}\cdot d\tau'. \tag{φ}$$

Sachverzeichnis.

Druckfehler.

Seite 262 letzte Zeile muß es heißen: $\mathfrak{E}_z(1) \equiv \dfrac{I}{\sigma}$, $\mathfrak{E}_z(2) \equiv -\dfrac{I}{\sigma}$.

Seite 315 in Formel (26) muß es heißen: $\mathfrak{M}_1 = \dfrac{\mu_0}{2c} \sum_1 [\mathfrak{r}\, e_1 \mathfrak{v}]$ (26)

Druck von Oscar Brandstetter in Leipzig.

Handbuch der Physik.

Unter der Presse befinden sich u. a.:

Band XII: **Theorien der Elektrizität und des Magnetismus. Elektrostatik.**

Inhalt: Maxwell-Hertz'sche Theorie. — Elektronentheorie. — Elektrodynamik bewegter Körper und spezielle Relativitätstheorie. — Das Elektron und die Ionen. — Elektrostatik der Leiter. — Dielektrika.

Band XIII: **Elektrizitätsbewegung in festen und flüssigen Körpern.**

Inhalt: Leitfähigkeit der Metalle. — Berechnung von Strömungsfeldern. — Thermoelektrizität. — Thermomagnetische und galvanomagnetische Erscheinungen. — Austritt von Ionen und Elektronen aus glühenden Körpern. — Lichtelektrische Erscheinungen. — Pyro- und Piezoelektrizität. — Elektrolytische Leitung in festen Körpern. — Berührungs- und Reibungselektrizität. — Elektrizitätsleitung in Flüssigkeiten und Theorie der elektrolytischen Dissoziation. — Elektrolyse. — Elektrokinetik. — Elektrokapillarität. — Wasserfallelektrizität.

Band XVI: **Apparate und Meßmethoden für Elektrizität und Magnetismus.**

Inhalt: Die elektrischen Maßsysteme und Normalien. — Auf Influenz und Reibungselektrizität beruhende Apparate und Geräte. — Elemente. — Auf der Induktion beruhende Apparate. — Ventile, Gleichrichter, Verstärkerröhren, Relais. — Telephon und Mikrophon. — Schwingung und Dämpfung in Meßgeräten und elektrischen Stromkreisen. — Elektrostatische Meßinstrumente. — Auf dem magnetischen Feld beruhende Meßinstrumente. — Auf dem thermischen Effekt beruhende Meßinstrumente. — Auf elektrolytischer Wirkung beruhende Meßinstrumente. — Widerstände. — Selbstinduktionen und Kapazitäten. — Meßwandler, Stromwandler, Spannungswandler. — Allgemeines und Technisches über elektrische Messungen. — Messung der Elektrizitätsmenge des Stromes, der Leistung und der Arbeit. — Elektrometrie. — Widerstandsmessungen. — Messung von Selbstinduktionen und Kapazitäten. — Messung von Dielelektrizitätskonstanten und dielektrischen Verlusten. — Meßmethoden bei elektrischen Schwingungen. — Elektrochemische Messungen. — Messung der magnetischen Eigenschaften der Körper. — Herstellung und Ausmessung magnetischer Felder. — Erdmagnetische Messungen.

Die Relativitätstheorie Einsteins und ihre physikalischen Grundlagen. Elementar dargestellt von **Max Born.** Dritte, verbesserte Auflage. Mit 135 Textabbildungen. (Bildet Band III der „Naturwissenschaftlichen Monographien und Lehrbücher", herausgegeben von der Schriftleitung der „Naturwissenschaften".) XII, 268 Seiten. 1922.

Gebunden RM 10.—

Die Bezieher der „Naturwissenschaften" erhalten die Monographien mit einem Nachlaß von 10%.

Die Idee der Relativitätstheorie. Von **Hans Thirring,** a. o. Professor der Theoretischen Physik an der Universität Wien. Zweite, durchgesehene und verbesserte Auflage. Mit 8 Textabbildungen. IV, 171 Seiten. 1922.

RM 4.50

Die mathematischen Hilfsmittel des Physikers. Von Dr. **Erwin Madelung,** ord. Professor der Theoretischen Physik an der Universität Frankfurt a. M. Zweite, verbesserte Auflage. Mit 20 Textfiguren. (Bildet Band IV der „Grundlehren der mathematischen Wissenschaften".) XIV, 284 Seiten. 1925.

RM 13.50; gebunden RM 15.—

Physikalisches Handwörterbuch. Unter Mitwirkung von zahlreichen Fachgelehrten herausgegeben von **Arnold Berliner** und **Karl Scheel.** Mit 573 Textfiguren. VI, 903 Seiten. 1924. Gebunden RM 39.—

Lehrbuch der Elektrodynamik von Dr. **J. Frenkel,** Professor für theoretische Physik am Polytechnischen Institut in Leningrad.

Erster Band: **Allgemeine Mechanik der Elektrizität.** Mit 39 Abbildungen. X, 365 Seiten. 1926.   RM 28.50; gebunden RM 29.70

Inhaltsübersicht: Einleitung. Grundzüge der Vektor- und Tensorrechnung. Erster Abschnitt: **Die von der Zeit unabhängigen elektromagnetischen Wirkungen.** 1. Elektrostatische Wirkungen und Energieprinzip. — 2. Elektrokinetische (magnetische) Wirkungen. — 3. Die Struktur der elektrischen und magnetischen Felder in Verbindung mit dem Aequivalenzprinzip. — 4. Darstellung willkürlicher Systeme durch Multipole: Potentialtheorie.

Zweiter Abschnitt: **Die von der Zeit abhängigen elektromagnetischen' Wirkungen.** 1. Die allgemeinen Gesetze des elektromagnetischen Feldes. — 2. Das elektromagnetische Feld bewegter Punktladungen (Elektronen). — 3. Energie und Bewegungsgröße bei zeitlich veränderlichen elektromagnetischen Erscheinungen; Dynamik der Elektronen.

Dritter Abschnitt: **Die Relativitätstheorie.** 1. Begründung der Relativitätstheorie. — 2. Anwendung der Relativitätstheorie auf die elektromagnetischen Erscheinungen. — 3. Die relativistische Mechanik.

Elektronen- und Ionen-Ströme.   Experimental-Vortrag bei der Jahresversammlung des Verbandes Deutscher Elektrotechniker am 30. Mai 1922. Von Prof. Dr. **J. Zenneck,** München. Mit 41 Abb. 48 S. 1923. RM 1.50

Elektrische Durchbruchfeldstärke von Gasen. Theoretische Grundlagen und Anwendung. Von Prof. **W. O. Schumann,** Jena. Mit 80 Textabbildungen. VII, 246 Seiten. 1923.   RM 7.20; gebunden RM 8.40

Einführung in die Elektrizitätslehre. Von Prof. Dr. **Robert Wichard Pohl,** Göttingen. Mit 393 Abbildungen.   Erscheint im März 1927.

Die Grundlagen der Hochfrequenztechnik.   Eine Einführung in die Theorie von Dr.-Ing. **Franz Ollendorff,** Charlottenburg. Mit 379 Abb im Text und 3 Tafeln. XVI, 640 S. 1926.   Gebunden RM 36.—

Die Grundlagen der Hochvakuumtechnik. Von Dr. **Saul Dushman.** Deutsch von Dr. phil. **R. G. Berthold** und Dipl.-Ing. **E. Reimann.** Mit 110 Abb. im Text u. 52 Tab. XII, 298 S. 1926. Geb. RM 22.50

Die elektrische Kraftübertragung. Von Oberingenieur Dipl.-Ing. **Herbert Kyser.** In 3 Bänden.

Erster Band: **Die Motoren, Umformer und Transformatoren.** Ihre Arbeitsweise, Schaltung, Anwendung und Ausführung. Zweite, umgearbeitete und erweiterte Auflage. Mit 305 Textfiguren und 6 Tafeln. XV, 417 Seiten. 1920. Unv. Neudruck. 1923. Gebunden RM 15.—

Zweiter Band: **Die Niederspannungs- und Hochspannungs-Leitungsanlagen.** Ihre Projektierung, Berechnung, elektrische und mechanische Ausführung und Unterhaltung. Zweite, umgearbeitete und erweiterte Auflage. Mit 319 Textfiguren und 44 Tabellen. VIII, 405 Seiten. 1921. Unveränderter Neudruck. 1923. Gebunden RM 15.—

Dritter Band: **Die maschinellen und elektrischen Einrichtungen des Kraftwerkes und die wirtschaftlichen Gesichtspunkte für die Projektierung.** Zweite, umgearbeitete und erweiterte Auflage. Mit 665 Textfig.. 2 Taf. und 87 Tab. XII, 930 S. 1923.   Geb. RM 28.—

Elektrische Schaltvorgänge und verwandte Störungserscheinungen in Starkstromanlagen. Von Prof. Dr.-Ing. und Dr.-Ing. e. h. **Reinhold Rüdenberg,** Privatdozent, Berlin. Zweite, berichtigte Auflage. Mit 477 Abbildungen im Text und 1 Tafel. VIII, 510 Seiten. 1926. Gebunden RM 24.—

Elektrische Maschinen. Von Prof. **Rudolf Richter,** Direktor des Elektrotechnischen Instituts Karlsruhe. In zwei Bänden.

Erster Band: **Allgemeine Berechnungselemente. Die Gleichstrommaschinen.** Mit 453 Textabbildungen. X, 630 Seiten. 1924. Gebunden RM 27.—

Elektromaschinenbau. Berechnung elektrischer Maschinen in Theorie und Praxis. Von Dr.-Ing. **P. B. Arthur Linker,** Hannover. Mit 128 Textfiguren und 14 Anlagen. VIII, 304 Seiten. 1925. Gebunden RM 24.—

Elektrische Festigkeitslehre. Von Prof. Dr.-Ing. **A. Schwaiger,** München. Zweite, vollständig umgearbeitete und erweiterte Auflage des „Lehrbuchs der elektrischen Festigkeit der Isoliermaterialien". Mit 448 Textabbildungen, 9 Tafeln und 10 Tabellen. VIII, 474 Seiten. 1925. Gebunden RM 27.—

Dielektrisches Material. Beeinflussung durch das elektrische Feld. Eigenschaften, Prüfung, Herstellung. Von Dr.-Ing. **A. Bültemann,** Dresden. Mit 17 Textabbildungen. VI, 160 Seiten. 1926. RM 10.50; gebunden RM 12.—

Die Eigenschaften elektrotechnischer Isoliermaterialien in graphischen Darstellungen. Eine Sammlung von Versuchsergebnissen aus Technik und Wissenschaft von Dr. **U. Retzow,** Abteilungsleiter der AEG Fabrik für elektrische Meßinstrumente, Berlin. Mit 330 Abbildungen. VI, 250 Seiten. 1927. Gebunden RM 24.—

Die Isolierstoffe der Elektrotechnik. Vortragsreihe, veranstaltet von dem Elektrotechnischen Verein E. V. und der Technischen Hochschule Berlin. Herausgegeben im Auftrage des Elektrotechnischen Vereins E. V. von Prof. Dr. **H. Schering.** Mit 197 Abbildungen im Text. IV, 392 Seiten. 1924. Gebunden RM 16.—

Die Materialprüfung der Isolierstoffe der Elektrotechnik. Herausgegeben von **Walter Demuth,** Oberingenieur, Vorstand des Mech.-Techn. Laboratoriums der Porzellanfabrik Hermsdorf i. Th., unter Mitwirkung der Oberingenieure **Hermann Franz** und **Kurt Bergk.** Zweite, vermehrte und verbesserte Auflage. Mit 132 Abbildungen im Text. VIII, 254 Seiten. 1923. Gebunden RM 12.—